2025

제과제빵
기능사 필기

— 기사/기능사 단기합격 —

기사단

제과
기능사

① 개요

제과에 관한 숙련기능을 가지고 제과 제조와 관련되는 업무를 수행할 수 있는 능력을 가진 전문인력을 양성하고자 자격제도를 제정하였다.

② 수행직무

각 제과제품 제조에 필요한 재료의 배합표 작성, 재료 평량을 하고 각종 제과용 기계 및 기구를 사용하여 성형, 굽기, 장식, 포장 등의 공정을 거쳐 각종 제과제품을 만드는 업무를 수행한다.

③ 진로 및 전망

식빵류, 과자빵류를 제조하는 제빵 전문업체, 비스킷류, 케익류 등을 제조하는 제과 전문생산업체, 빵 및 과자류를 제조하는 생산업체, 손작업을 위주로 빵과 과자를 생산 판매하는 소규모 빵집이나 제과점, 관광업을 하는 대기업이 제과, 제빵부서, 기업체 및 공공기관의 단체 급식소, 장기간 여행하는 해외 유람선이나 해외로 취업이 가능하다. 현재 자격이 있다고 해서 취직에 결정적인 요소로 작용하는 것은 아니지만, 제과점에 따라 자격수당을 주며, 인사고과 시 유리한 혜택을 받을 수 있다. – 해당 직종이 점차 전문성을 요구하는 방향으로 나아가고 있어 제과제빵사를 직업으로 선택하려는 사람에게는 필요한 자격직종이다.

④ 출제기준

주요항목	세부항목	
재료 준비	1. 재료 준비 및 계량	
과자류 제품 제조	1. 반죽 및 반죽 관리 3. 팬닝 5. 반죽 익히기	2. 충전물 · 토핑물 제조 4. 성형
제품저장관리	1. 제품의 냉각 및 포장	2. 제품의 저장 및 유통
위생안전관리	1. 식품위생 관련 법규 및 규정 3. 환경위생관리	2. 개인위생 관리 4. 공정 점검 및 관리

제빵 기능사

❶ 개요

제빵에 관한 숙련기능을 가지고 제빵을 제조와 관련되는 업무를 수행할 수 있는 능력을 가진 전문인력을 양성하고자 자격제도를 제정하였다.

❷ 수행직무

제빵제품 제조에 필요한 재료의 배합표 작성, 재료 평량을 하고 각종 제빵용 기계 및 기구를 사용하여 반죽, 발효, 성형, 굽기 등의 공정을 거쳐 각종 빵류를 만드는 업무를 수행한다.

❸ 진로 및 전망

식빵류, 과자빵류를 제조하는 제빵 전문업체, 비스킷류, 케익류 등을 제조하는 제과 전문생산업체, 빵 및 과자류를 제조하는 생산업체, 손작업을 위주로 빵과 과자를 생산 판매하는 소규모 빵집이나 제과점, 관광업을 하는 대기업이 제과, 제빵부서, 기업체 및 공공기관의 단체 급식소, 장기간 여행하는 해외 유람선이나 해외로 취업이 가능하다. 현재 자격이 있다고 해서 취직에 결정적인 요소로 작용하는 것은 아니지만, 제과점에 따라 자격수당을 주며, 인사고과 시 유리한 혜택을 받을 수 있다. – 해당 직종이 점차 전문성을 요구하는 방향으로 나아가고 있어 제과제빵사를 직업으로 선택하려는 사람에게는 필요한 자격직종이다.

❹ 출제기준

주요항목	세부항목	
재료 준비	1. 재료 준비 및 계량	
빵류 제품 제조	1. 반죽 및 반죽 관리	2. 충전물 · 토핑물 제조
	3. 반죽 발효 관리	4. 분할하기
	5. 둥글리기	6. 중간발효
	7. 성형	8. 팬닝
	9. 반죽 익히기	
제품저장관리	1. 제품의 냉각 및 포장	2. 제품의 저장 및 유통
위생안전관리	1. 식품위생 관련 법규 및 규정	2. 개인위생 관리
	3. 환경위생관리	4. 공정 점검 및 관리

GUIDE

검정방법

구분	검정기준	
	필기시험	실기시험
산업기사	• 객관식 4지택일형(과목당 20문항) • 과목당 40점 이상, 전과목 평균 60점 이상	• 작업형 실기시험 (100점 만점에 60점 이상)
기능사	• 객관식 4지택일형(60문항) • 100점 만점에 60점 이상	• 작업형 실기시험 (100점 만점에 60점 이상)

※ 필기시험 시간 : 산업기사 − 과목별 30분, 기능사 − 60분
※ 고용노동부령으로 정하는 국가기술자격의 종목은 실기시험만 실시하거나, 작업형 실기시험을 주관식 필기시험 또는 주관식 필기와 실기를 병합한 시험으로 갈음할 수 있다.

응시자격 조건체계

기술사
• 기사 취득 후 + 실무능력 4년
• 산업기사 취득 후 + 실무능력 5년
• 기능사 취득 후 + 실무경력 7년
• 4년제 대졸(관련학과) 후 + 실무경력 6년
• 동일 및 유사직무분야의 다른 종목 기술사 등급 취득자

기능장
• 산업기사(기능사) 취득 후 + 기능대
• 기능장 과정 이수
• 산업기사등급 이상 취득 후 + 실무경력 5년
• 기능사 취득 후 + 실무경력 7년
• 실무경력 9년 등
• 동일 및 유사직무분야의 다른 종목 기능장 등급 취득자

기사
• 산업기사 취득 후 + 실무능력 1년
• 기능사 취득 후 + 실무경력 3년
• 대졸(관련학과)
• 2년제 전문대졸(관련학과) 후 + 실무경력 2년
• 3년제 전문대졸(관련학과) 후 + 실무경력 1년
• 실무경력 4년 등
• 동일 및 유사직무분야의 다른 종목 기사 등급 이상 취득자

산업기사
• 기능사 취득 후 + 실무경력 1년
• 대졸(관련학과)
• 전문대졸(관련학과)
• 실무경력 2년 등
• 동일 및 유사직무분야의 다른 종목 산업기사 등급 이상 취득자

기능사
• 자격제한 없음

시험 응시 절차

**필기
원서접수**
- 원서접수는 온라인(인터넷, 모바일앱)에서만 가능
- 스마트폰, 태블릿pc 사용자는 모바일앱 프로그램을 설치한 후 접수 및 취소/환불 서비스를 이용
- 사진 : 6개월 이내 촬영한 컬러 사진(3.5×4.5㎝, 120×160 픽셀의 JPG 파일)
- 시험장소 본인 선택(선착순)
- 접수 확인 및 수험표 출력기간 : 접수 당일부터 시험시행일까지 출력 가능

필기 시험
- 신분증, 수험표, 필기구 지참
- 전자통신기기(전자계산기, 수험자 지참공구 등 공단에서 사전 소지를 지정한 물품은 제외)의 시험장 반입은 원칙적으로 금지한다.
- 시험 시작 시간 이후 입실 및 응시가 불가하며, 수험표 및 접수내역 사전확인을 통한 시험장 위치, 시험장 입실 가능 시간을 숙지해야 한다.

필기 합격자 발표

**실기
원서접수**
- 사진 : 6개월 이내 촬영한 컬러 사진(3.5×4.5㎝, 120×160 픽셀의 JPG 파일)
- 시험장소 본인 선택(선착순)

실기 시험
- 신분증, 수험표, 수험자 지참 준비물
- 작업형 : 시험시간 2~4시간(과제별로 다름)
- 시험시작 전에 지급된 재료의 이상 유무를 확인하고 이상이 있을 경우에는 시험위원으로부터 조치를 받아야 한다(시험 시작 후 재료교환 및 추가지급 불가).

최종합격자 발표

**자격증
발급**
- 인터넷 : 공인인증 등을 통해 발급한다. 택배 가능
- 방문 수령 : 신분증 지참

GUIDE

이 책의 구성과 특징

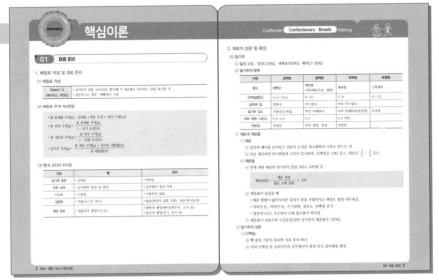

시험에 반복 출제되는 핵심 내용만을 정리하여 수록하였다.
학습의 시작 전 「선행학습」으로 학습 방향을 제시하고, 학습의 마무리 단계 「최종 정리 학습」에 도움이
될 것이다.

핵심문제 풀어보기

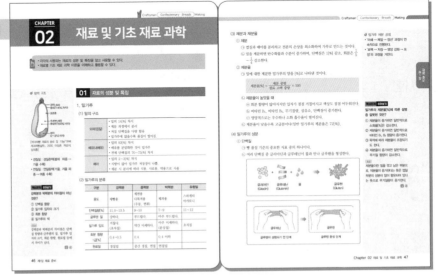

이론의 중요 포인트를 핵심문제로 제시하여 **이론의 개념과 정의**를 이해하고 문제 적응력을 키울 수 있
도록 하였다.

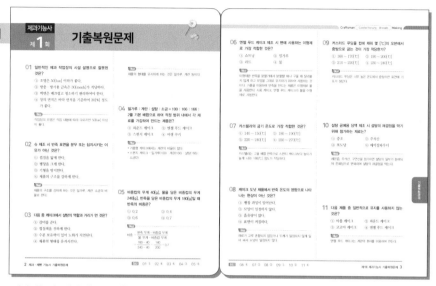

제과기능사, 제빵기능사 기출문제를 수록하여 중요 문제가 반복되는 **출제경향**을 파악하여 학습 계획을 세울 수 있도록 하였다.

CBT 실전모의고사 정답·해설

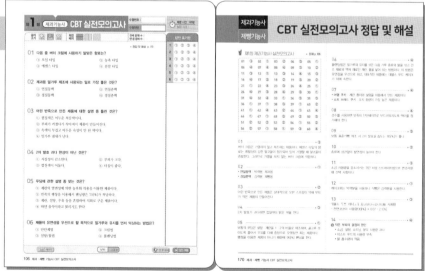

실제 CBT 시험 환경에 적응할 수 있도록 **CBT 시험 유형**을 적용한 모의고사를 수록하여 충분한 연습을 통하여 실제 시험 현장에서 본인의 실력을 발휘할 수 있도록 하였다.

CBT 응시 요령

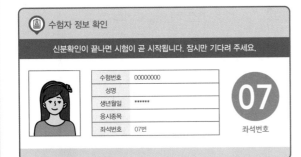

📍 수험자 정보 확인
- 시험장 감독위원이 컴퓨터에 나온 수험자 정보와 신분증이 일치하는지를 확인하는 단계입니다.
- 수험번호, 성명, 생년월일, 응시종목, 좌석번호를 확인합니다.

📍 안내사항
- 시험에 관한 안내사항을 확인합니다.

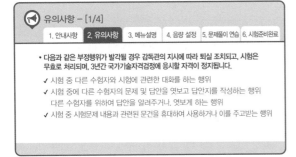

📍 유의사항
- 부정행위에 관한 유의사항이므로 꼼꼼히 확인합니다.

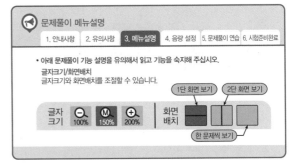

📍 문제풀이 메뉴설명
- 문제풀이 메뉴의 기능에 관한 설명을 유의해서 읽고 기능을 숙지해 주세요.

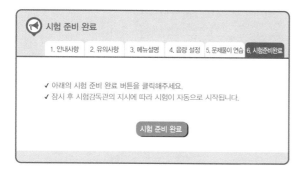

시험 준비 완료

- 시험 안내사항 및 문제풀이 연습까지 모두 마친 수험자는
  시험 준비 완료 버튼을 클릭한 후 잠시 대기합니다.

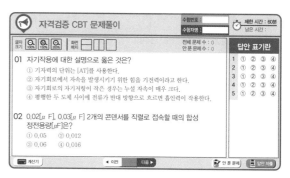

시험 화면

- 시험 화면이 뜨면 수험번호와 수험자명을 확인하고, 글자크기 및
  화면배치를 조절한 후 시험을 시작합니다.

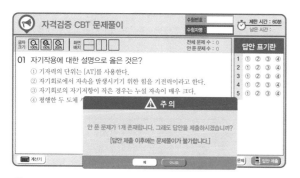

답안 제출

- [답안 제출] 버튼을 클릭하면 답안 제출 승인 알림창이 나옵니다.
  시험을 마치려면 [예] 버튼을 클릭하고 시험을 계속 진행하려면
  [아니오] 버튼을 클릭하면 됩니다.
- 답안 제출은 실수 방지를 위해 두 번의 확인 과정을 거칩니다.
  [예] 버튼을 누르면 답안 제출이 완료되며 득점 및 합격여부 등을
  확인할 수 있습니다.

CBT 필기시험 Hint

1. CBT 시험이란 인쇄물 기반 시험인 PBT와
   달리 컴퓨터 화면에 시험문제가 표시되어
   응시자가 마우스를 통해 문제를 풀어나가는
   컴퓨터기반의 시험을 말합니다.

2. 입실 전 본인좌석을 반드시 확인 후 착석하
   시기 바랍니다.

3. 전산으로 진행됨에 따라, 안정적 운영을 위
   해 입실 후 감독위원의 안내에 적극 협조하
   여 응시하여 주시기 바랍니다.

4. 최종 답안 제출 시 수정이 절대 불가하오니
   충분히 검토 후 제출 바랍니다.

5. 제출 후 본인 점수 확인완료 후 퇴실 바랍
   니다.

CONTENTS

제과 · 제빵 기능사
핵심이론

summary 핵심이론

01 재료 준비

1. 배합표 작성 및 재료 준비

(1) 배합표 작성

Baker's % (베이커스 퍼센트)	• 밀가루의 양을 100[%]로 환산해 각 재료별로 차지하는 양을 표시한 것 • 일반적으로 제과 · 제빵에서 사용

(2) 배합표 무게 계산방법

• 총 완제품 무게[g] = 완제품 1개당 무게 × 생산 수량[ea]

$$\text{총 반죽 무게[g]} = \frac{\text{총 완제품 무게[g]}}{1 - \text{굽기 손실[\%]}}$$

$$\text{총 재료량 무게[g]} = \frac{\text{총 반죽 무게[g]}}{1 - \text{분할 손실[\%]}}$$

$$\text{밀가루 무게[g]} = \frac{\text{총 재료 무게[g]} \times \text{밀가루 배합률[\%]}}{\text{총 배합률[\%]}}$$

(3) 빵과 과자의 차이점

구분	빵	과자
밀가루 종류	• 강력분	• 박력분
반죽 상태	• 글루텐의 생성 및 발전	• 글루텐의 생성 억제
이스트	• 사용함.	• 사용하지 않음.
설탕량	• 적음(이스트 먹이).	• 많음(반죽의 윤활 작용), 유동성(이동성)
팽창 종류	• 생물학적 팽창(이스트)	• 화학적 팽창(베이킹파우더, 소다 등) • 물리적 팽창(공기, 유지 등)

2. 재료의 성분 및 특징

(1) 밀가루

① 밀의 구조 : 껍질(14[%]), 내배유(83[%]), 배아(2~3[%])

② 밀가루의 분류

구분	강력분	중력분	박력분	듀럼밀
용도	제빵용	제면용 다목적용(우동, 면류)	제과용	스파게티
단백질량[%]	11.0~13.5	9~10	7~9	11~12
글루텐 질	강하다.	부드럽다.	아주 부드럽다.	
밀가루 입도	거칠다(초자질).	약간 미세하다.	아주 미세하다(분상질).	초자질
회분 함량 1급[%]	0.4~0.5	0.4	0.4 이하	
원료밀	경질밀	중간 경질, 연질	연질밀	

③ 제분과 제분율

ㄱ 제분

ⓐ 껍질과 배아를 분리하고 전분의 손상을 최소화하여 가루로 만드는 것

ⓑ 밀을 제분하면 탄수화물과 수분이 증가하며, 단백질은 1[%] 감소, 회분은 $\frac{1}{5} \sim \frac{1}{4}$ 감소

ㄴ 제분율

ⓐ 밀에 대한 제분한 밀가루의 양을 [%]로 나타낸 것

$$제분율[\%] = \frac{제분\ 중량}{원료\ 소맥\ 중량} \times 100$$

ⓑ 제분율이 높았을 때

- 회분 함량이 많아지지만 입자가 점점 거칠어지고 색싱도 점섬 어두워짐.
- 비타민 B_1, 비타민 B_2, 무기질량, 섬유소, 단백질 증가
- 영양적으로는 우수하나 소화 흡수율이 떨어짐.

ⓒ 제분율이 낮을수록 고급분임(일반 밀가루의 제분율은 72[%]).

④ 밀가루의 성분

ㄱ 단백질

ⓐ 빵 품질 기준의 중요한 지표 중의 하나

ⓑ 여러 단백질 중 글리아딘과 글루테닌이 물과 만나 글루텐을 형성

ⓒ 글리아딘은 신장성, 글루테닌은 탄력성에 영향을 줌.

글리아딘	약 36[%]
글루테닌	약 20[%]
메소닌	약 17[%]
알부민, 글로불린	약 7[%]

ⓛ 탄수화물

　　ⓐ 70[%]를 차지하며 대부분이 전분으로 이루어져 있음.

　　ⓑ 전분의 함량은 단백질의 함량과 반비례 관계를 가짐.

　　ⓒ 전분의 함량 : 박력분 > 강력분

　　ⓓ 이스트의 주된 영양 성분이 됨.

　　ⓔ 손상전분 : 제분 공정 중 전분 입자가 손상된 것으로 권장량은 4.5~8[%]

ⓒ 회분

　　ⓐ 밀가루의 등급을 나타내는 기준(밀가루 색상과 관련 있음)

　　ⓑ 껍질 부위가 적을수록 회분 함량이 적어짐.

　　ⓒ 제분 공정의 점검 기준

ⓔ 수분

　　ⓐ 밀가루에 10~15[%] 정도 함유되어 있음.

　　ⓑ 밀가루 수분 함량이 1[%] 감소하면 반죽의 흡수율은 1.3~1.6[%] 증가함.

　　ⓒ 실질적인 중량을 결정하는 중요한 요소(밀가루 구입 시)

⑤ 밀가루 표백, 숙성 및 저장

　ⓛ 표백 : 제분 직후의 밀가루 속 카로티노이드 색소를 산소로 산화시켜 탈색시키는 과정

　ⓛ 숙성 : 제분 직후 밀가루는 불안정한 상태이므로 표백 및 제빵 적성을 향상시키는 과정

숙성 전 밀가루 특징	• 노란빛을 띰. • pH는 6.1~6.2 정도 • 효소 작용이 활발함.
숙성 후 밀가루 특징	• 흰색을 띰. • pH는 5.8~5.9로 낮아짐(발효 촉진, 글루텐 질 개선, 흡수성 향상). • 환원성 물질이 산화되어 반죽 글루텐 파괴를 막아줌.

　ⓒ 저장 : 온도 18~24[℃], 습도 55~65[%]에서 보관

⑥ 반죽의 물리적 시험

아밀로그래프 (Amylograph)	• α-아밀라아제의 활성, 밀가루의 호화 정도를 알 수 있음. • 제빵용 밀가루의 적정 그래프 = 400~600[B.U.]
패리노그래프 (Farinograph)	• 밀가루의 흡수율, 믹싱 내구성, 믹싱 시간 측정 • 500[B.U.]에 도달해서 이탈하는 시간 등으로 특성 판단
익스텐소그래프 (Extensograph)	• 반죽의 신장성과 신장에 대한 저항을 측정하는 기계
맥미카엘 점도계	• 케이크, 쿠키, 파이, 페이스트리용 밀가루의 제과 적성 및 점성을 측정하는 기계

(2) 기타 가루

① 호밀 가루

단백질	• 밀가루에 비해 단백질 양적인 차이는 없으나 질적인 차이가 있음. • 글루텐을 형성하는 단백질은 밀의 경우 90[%]이고, 호밀의 경우 25.7[%]임. • 글리아딘과 글루테닌의 함량이 적어 밀가루와 혼합하여 사용함.
탄수화물	• 전분이 70[%] 이상이며, 펜토산의 함량이 많음. • 펜토산 함량이 높아 반죽을 끈적이게 하고 글루텐의 탄력성을 약화시킴. • 사워종을 같이 사용하여 좋은 호밀빵을 만듦.

② 활성 밀 글루텐(건조 글루텐)

   ㉠ 밀가루에서 단백질(글루텐)을 추출하여 만든 연한 황갈색 분말

   ㉡ 다른 분말로 인해 밀가루 양이 적어질 경우 개량제로 사용

   ㉢ 젖은 글루텐과 건조 글루텐

> • 젖은 글루텐[%] = (젖은 글루텐 반죽의 중량 ÷ 밀가루 중량) × 100
> • 건조 글루텐[%] = 젖은 글루텐[%] ÷ 3

(3) 정제당

불순물과 당밀을 제거하여 만든 설탕

① 설탕(Sucrose, 자당)

   ㉠ 전화당 : 자당을 산이나 효소로 가수분해하여 생성되는 포도당과 과당의 시럽 형태의 혼합물

   ㉡ 분당 : 3[%]의 옥수수 전분을 혼합하여 만들며 덩어리지는 것을 방지

   ㉢ 액당 : 자당 또는 전화당이 물에 녹아 있는 시럽

> 액당의 당도[%] = 설탕의 무게 ÷ (설탕의 무게 + 물의 무게) × 100

더 알아보기

✦ 전화당의 특징
- 설탕의 1.3배 감미도(130)를 가짐.
- 단당류의 단순한 혼합물로 갈색화 반응이 빠름.
- 10~15[%]의 전화당 사용 시 제과의 설탕 결정화가 방지됨.

(4) 전분당
① 전분을 가수분해하여 얻는 당
② 포도당, 물엿, 이성화당 등

(5) 당밀(Molasses)
① 사탕수수나 사탕무에서 원당을 분리하고 남은 1차 산물
② 럼주는 당밀을 발효시킨 후 증류해서 만든 술

(6) 소금
① 소금 : 나트륨(Na)과 염소(Cl)의 화합물로, 염화나트륨(NaCl)이라고 함.
② 제빵에서 소금의 역할
　㉠ 글루텐을 강하게 하여 반죽이 탄력성을 갖게 함.
　㉡ 설탕의 감미와 작용하여 풍미를 증가시킴.
　㉢ 글루텐 막을 얇게 하여 빵 내부의 기공을 좋게 함.
　㉣ 잡균 번식을 억제(삼투압 작용)시킴.

(7) 이스트
① 이스트의 정의
　㉠ 출아법으로 번식, 고형분 25~30[%], 수분 70~75[%] 정도 함유
　㉡ 자신이 가지고 있는 효소를 이용해 당을 분해시키며, 이산화탄소와 알코올을 생성하는 발효 역할을 함.
　㉢ 이스트의 학명은 Saccharomyces Cerevisiae(사카로미세스 세레비시아)
② 구성 성분

수분[%]	단백질[%]	회분[%]	인산[%]	pH
68~83	11.6~14.5	1.7~2.0	0.6~0.7	5.4~7.5

③ 이스트에 들어 있는 효소 : 말타아제, 치마아제(찌마아제), 리파아제, 인버타아제(인베르타아제), 프로테아제

효소	기질	분해산물
말타아제	맥아당	2분자의 포도당
치마아제	포도당, 과당	에틸알코올, 탄산가스, 에너지
리파아제	지방	지방산, 글리세린
인버타아제	설탕(자당)	포도당, 과당
프로테아제	단백질	아미노산, 펩티드, 폴리펩티드, 펩톤

④ 발효 작용 : 이스트(효모)의 효소로 반죽 속의 당을 분해하여 탄산가스와 알코올을 만들고, 열을 발생

부피 팽창	이산화탄소(탄산가스) 발생으로 팽창
향의 발달	알코올 및 유기산, 알데히드의 생성으로 인해 pH가 하강하고 향이 발달
글루텐 숙성	pH 하강으로 반죽이 연화되고 탄력성과 신장성이 생김.
반죽 온도 상승	에너지(열량) 발생으로 온도 상승

⑤ 이스트 번식 조건

공기	호기성으로 산소가 필요
온도	28~32[℃]가 적당(38[℃]가 가장 활발)
산도	pH 4.5~4.8
영양분	당, 질소, 무기질(인산과 칼륨)

(8) 물

① 물의 기능

　㉠ 효모와 효소의 활성을 제공

　㉡ 제품에 따라 맞는 반죽 온도 조절

　㉢ 원료를 분산하고 글루텐을 형성시키며 반죽의 되기 조절

② 아경수 : 제빵에 가장 적합한 물

연수	아연수	아경수	경수
60[ppm] 이하	61~120[ppm] 미만	120~180[ppm] 미만	180[ppm] 이상

(9) 유지류

① 유지의 종류

버터	• 우유의 유지방으로 제조하며 수분 함량이 16[%] 내외 • 융점이 낮고 가소성 범위가 좁음. • 융점이 낮아 입안에서 녹고 독특한 향과 맛을 가짐.
마가린	• 버터 대용품으로 쓰이며 식물성 유지로 만듦. • 가소성, 유화성, 크림성은 좋으나 버터보다 풍미에서 약간 떨어짐.
라드	• 보존성이 떨어지며 품질이 일정하지 않음. • 가소성의 범위가 비교적 넓고 쇼트닝성을 가지고 있음.
쇼트닝	• 라드의 대용품으로 동식물 유지에 수소를 첨가한 경화유 • 수분 함량 0[%]로 무색, 무미, 무취 • 가소성의 온도 범위가 넓음.
튀김 기름	• 100[%] 지방으로 수분이 0[%] • 도넛 튀김용 유지는 발연점이 높은 면실유가 적당 • 고온으로 계속적으로 가열하면 유리지방산이 많아져 발연점이 낮아짐.

※ 튀김 기름의 4대 적 : 온도, 공기, 수분, 이물질

② 유지의 화학적 반응

산패	• 유지를 공기 중에 오래 두었을 때 산화되어 불쾌한 냄새가 나고 맛이 떨어지며 색이 변하는 현상
가수분해	• 유지가 가수분해 과정을 통해 모노글리세리드, 디글리세리드와 같은 중간 산물을 만들고 지방산과 글리세린이 되는 것
건성	• 이중결합이 있는 불포화지방산의 불포화도에 따라 유지가 공기 중에서 산소를 흡수하여 산화, 중화, 축합을 일으킴으로써 점성이 증가하여 고체가 되는 성질 • 요오드가가 100 이하는 불건성유, 100~130은 반건성유, 130 이상은 건성유

③ 유지의 안정화

항산화제 (산화방지제)	• 산화적 연쇄반응을 방해함으로써 유지의 안정 효과를 갖게 하는 물질 • 항산화제 : 비타민 E(토코페롤), PG(프로필갈레이트), BHA, BHT, NDGA 등 • 항산화 보완제 : 비타민 C, 주석산, 구연산, 인산 등
수소 첨가 (유지의 경화)	• 지방산의 이중결합에 니켈을 촉매로 수소(H)를 첨가하여 유지의 융점이 높아지고 유지가 단단해지는 현상, 불포화도를 감소시키는 것 예 쇼트닝, 마가린 등

④ 제과 · 제빵 유지의 특성

안정성	지방의 산화와 산패를 장기간 억제하는 성질
가소성	유지가 상온에서 너무 단단하지 않으면서 고체 모양을 유지하는 성질
크림성	유지가 믹싱 조작 중 공기를 포집하는 성질
쇼트닝성	빵 · 과자 제품에 부드러움을 주는 성질
유화성	유지가 물을 흡수하여 물과 기름이 잘 섞이게 하는 성질

⑤ 제과 · 제빵 유지의 기능

　㉠ 밀가루 단백질에 대해 연화 작용(부드럽게 하는 작용)

　㉡ 수분 증발을 방지하고 노화를 지연시키는 작용

　㉢ 껍질을 얇고 부드럽게 함.

　㉣ 유지 특유의 맛과 향을 부여

　㉤ 반죽의 신장성을 좋게 하고 가스 보유력을 증대시켜 부피를 크게 만듦.

(10) 유제품

　① 우유의 구성 성분

　　㉠ 수분 87.5[%], 고형물 12.5[%]로 이루어짐.

　　㉡ 단백질 3.4[%], 유지방 3.65[%], 유당 4.75[%], 회분 0.7[%] 함유

　　㉢ 비중 : 평균 1.030 전후

　　㉣ 수소이온농도(pH) : pH 6.6

　② 치즈 : 우유나 그 밖의 유즙에 레닌을 넣어 카제인을 응고시킨 후 발효 숙성시켜 만든 제품

　③ 제빵에서 우유의 기능

　　㉠ 글루텐 강화로 반죽의 내구성을 높이고 오버 믹싱의 위험을 감소

　　㉡ 유당의 캐러멜화로 껍질색이 좋아짐.

　　㉢ 이스트에 의해 생성된 향을 착향시켜 풍미 개선

　　㉣ 보수력이 있어 촉촉함을 오래 지속

　　㉤ 영양 강화와 단맛을 냄.

(11) 계란

　모든 빵과 과자 제품에 쓰이는 중요한 재료로 무기질도 많으며, 특히 인(P)과 철(Fe)이 풍부

　① 계란의 구성

　　㉠ 계란의 수분 - 전란 : 노른자 : 흰자 = 75[%] : 50[%] : 88[%]

　　㉡ 계란의 구성 비율 - 껍질 : 노른자 : 흰자 = 10[%] : 30[%] : 60[%]

② 계란의 성분

전란	수분 75[%], 고형분 25[%]로 구성
노른자	수분과 고형분의 함량은 각각 50[%]로 이루어짐.
흰자	수분은 88[%], 고형분은 12[%]로 이루어짐.
껍질	세균의 침입이 일어날 수 있음(살모넬라).

③ 계란의 기능

　㉠ **농후화제(결합제)** : 가열에 의해 응고되어 제품을 되직하게 함(커스터드 크림, 푸딩).

　㉡ **유화제** : 노른자에 들어 있는 인지질인 레시틴은 기름과 물의 혼합물에서 유화제 역할을 함.

　㉢ **팽창제** : 흰자의 단백질에 의해 거품을 형성함(스펀지 케이크, 엔젤 푸드 케이크 등).

(12) **이스트 푸드** : 제빵 반죽이나 제품의 질을 개선시켜 주는 물질

① **이스트 푸드의 역할 및 성분**

　㉠ **물 조절제(물의 경도 조절)** : 칼슘염(인산칼슘, 황산칼슘, 과산화칼슘)

　㉡ **반죽의 pH 조절** : 효소제, 칼슘염(산성인산칼슘)

　㉢ **이스트의 영양원인 질소 공급** : 암모늄염(인산암모늄, 황산암모늄, 염화암모늄)

② **반죽 조절제(물리적 성질 조절)**

효소제	• 반죽의 신장성 강화 • 프로테아제, 아밀라아제 등
산화제	• 반죽의 글루텐을 강화시켜 제품의 부피 증가 • 비타민 C(아스코르브산), 브롬산칼륨, 아조디카본아마이드(ADA)
환원제	• 반죽의 글루텐을 약화시켜 반죽 시간을 단축함. • 글루타치온, 시스테인

(13) **계면 활성제(유화제)**

① **계면 활성제의 역할**

　㉠ 물과 유지를 균일하게 분산시켜 반죽을 안정시킴.

　㉡ 유화력, 기포력, 분산력, 세척력, 삼투력을 가지고 있음.

　㉢ 제품의 조직과 부피를 개선하고 노화를 지연시킴.

② **계면 활성제의 종류** : 레시틴(노른자에 함유), 모노–디 글리세리드, 아실 락틸레이트, SSL 등

(14) **초콜릿**

① **초콜릿의 구성 성분**

　㉠ **코코아** : 62.5[%]($\frac{5}{8}$)

　㉡ **카카오버터(코코아버터)** : 37.5[%]($\frac{3}{8}$)

ⓒ 유화제 : 0.2~0.8[%]

② 템퍼링(Tempering) : 커버추어 초콜릿을 각각의 적정 온도까지 녹이고, 식히고, 다시 살짝 온도를 올리는 온도 조절 과정을 통해 초콜릿의 분자 구조를 안정하고 좋은 상태로 만드는 것을 템퍼링이라고 함.

③ 템퍼링을 하는 이유

　　㉠ 초콜릿의 결정 형태가 안정하고 일정해짐.

　　㉡ 내부 조직이 치밀해지고 수축 현상이 일어나 틀에서 분리가 잘됨.

　　㉢ 매끄러운 광택이 남.

　　㉣ 팻 블룸(Fat Bloom)이 일어나지 않음.

　　㉤ 용해성이 좋아져 입안에서 잘 녹음.

④ 초콜릿 블룸(Bloom) 현상

　　㉠ 블룸(Bloom) : 초콜릿 표면에 하얀 반점이나 얼룩 같은 것이 생기는 현상으로, 꽃이 핀 것처럼 보여 블룸이라고 함.

　　㉡ 팻 블룸(Fat Bloom)

　　　　ⓐ 초콜릿의 카카오버터가 분리되었다가 다시 굳어서 얼룩이 생기는 현상

　　　　ⓑ 높은 온도에 보관하거나 템퍼링이 잘 안되었을 때 자주 발생

　　㉢ 슈가 블룸(Sugar Bloom)

　　　　ⓐ 초콜릿의 설탕이 공기 중의 수분을 흡수하여 녹았다가 재결정화되면서 표면이 하얗게 되는 현상

　　　　ⓑ 습도가 높은 곳에 보관한 경우에 발생

(15) 팽창제

① 베이킹파우더 : 빵 · 과자 제품을 부풀려 부피를 크게 하고 부드러움을 주기 위해 반죽에 사용하는 첨가물

　　㉠ 베이킹파우더의 구성 : 베이킹파우더 = 탄산수소나트륨 + 산성제 + 분산제

　　㉡ 베이킹파우더 과다 사용 시 제품의 결과

　　　　ⓐ 밀도가 낮고 부피가 큼.

　　　　ⓑ 속색이 어두움.

　　　　ⓒ 기공이 많아서 속결이 거칠고, 빨리 건조되어서 노화가 빠르게 진행됨.

　　　　ⓓ 오븐 스프링이 커서 찌그러지기 쉬움.

② 탄산수소나트륨(중조, 소다)

　　㉠ 단독으로 사용하거나 베이킹파우더 형태로 사용

　　㉡ 가스 발생량이 적고 이산화탄소 외에 탄산나트륨이 생겨 식품을 알칼리성으로 만듦.

(16) 안정제

① 안정제의 특징

　　㉠ 유동성이 있는 액체 혼합물의 불안정한 상태를 점도를 증가시켜 안정된 상태로 만듦.

ⓛ 안정적인 반고체 상태로 바꿔 주는 식품첨가제 중 하나

ⓒ 겔화제, 증점제, 응고제, 유화 안정세의 역할

② 안정제의 종류 : 펙틴(과일), 젤라틴(동물성), 한천(우뭇가사리)

③ 안정제의 사용 목적

ⓐ 머랭의 수분 배출 억제

ⓒ 아이싱의 끈적거림과 부서짐 방지

ⓒ 젤리, 무스 등의 제조에 사용

ⓔ 흡수제로 노화 지연 효과

ⓜ 파이 충전물의 농후화제로 사용

3. 기초 재료 과학

(1) 탄수화물

① 탄수화물의 특징

ⓐ 탄소(C), 수소(H), 산소(O)의 3원소로 구성된 유기 화합물(탄소를 포함한 화합물)

ⓒ 1[g]당 4[kcal]의 열량을 발생하는 에너지원

구분	종류
단당류(6탄당)	포도당(Glucose), 과당(Fructose), 갈락토오스(Galactose), 만노오스(Mannose)
이당류	자당(설탕, Sucrose), 맥아당(엿당, Maltose), 유당(젖당, Lactose)
다당류	전분, 섬유소, 이눌린, 글리코겐, 펙틴, 알긴산, 한천, 키틴 등

② 당류 상대적 감미도 : 설탕(100)을 기준으로 한 상대적 단맛을 표시

과당	>	전화당	>	설탕(자당)	>	포도당	>	맥아당, 갈락토오스	>	유당
(175)		(135)		(100)		(75)		(32)		(16)

③ 단당류 : 포도당(Glucose, 글루코오스), 과당(Fructose, 프락토오스), 갈락토오스(Galactose), 만노오스(Mannose)

ⓐ 분자식은 $C_6H_{12}O_6$이다.

ⓒ 탄수화물이 가수분해(결합물에 물을 끼워 넣어서 쪼개는 화학반응)되지 않는 최소 단위의 당

④ 이당류 : 자당(설탕, Sucrose), 맥아당(엿당, Maltose), 유당(젖당, Lactose)

ⓐ 단당류 2개 분자로 이루어진 당

ⓒ 분자식은 $C_{12}H_{22}O_{11}$이다.

⑤ 다당류

ⓐ 다당류의 특징

ⓐ 3개 이상의 단당류가 결합된 고분자 화합물

ⓑ 일반적으로 물에 녹지 않고 콜로이드 상태

ⓛ 전분

    ⓐ 많은 포도당이 축합된 다당류

    ⓑ 가수분해 : 전분 $\xrightarrow{\text{산 + 효소}}$ 덱스트린 + 맥아당

    ⓒ 전분의 구조

전분의 종류	구성	
	아밀로오스	아밀로펙틴
밀가루	17~28[%]	72~83[%]
메밀	100[%]	−
찹쌀, 찰옥수수	−	100[%]
천연 전분	아밀로오스와 아밀로펙틴 모두 함유	

    ⓓ 아밀로오스와 아밀로펙틴 비교

구분	아밀로오스	아밀로펙틴
분자량	적음.	많음.
호화, 노화	빠름.	느림.
포도당 결합형태	직쇄상 구조($\alpha-1,4$결합)	직쇄상 구조($\alpha-1,4$결합) 측쇄상 구조($\alpha-1,6$결합)
점성	약함.	강함.
β−아밀라아제에 의한 분해	대부분 맥아당으로 분해	맥아당 + 덱스트린
함유량	곡물 : 17~28[%]	찹쌀, 찰옥수수 : 100[%]
요오드 용액	청색 반응	적자색 반응

    ⓒ 그 외의 다당류 : 글리코겐(간, 근육에 저장), 덱스트린, 셀룰로오스, 알긴산

(2) 지방

  ① 지방의 특징

    ㉠ 탄소(C), 수소(H), 산소(O)이 3인소로 구성된 유기 화합물

    ㉡ 1[g]당 9[kcal]의 열량을 내는 에너지원으로 물과 이산화탄소로 분해

  ② 지방산의 분류

    ㉠ 포화지방산

      ⓐ 탄소와 탄소의 결합으로 이중결합 없이 단일결합으로 이루어진 지방산

      ⓑ 동물성 유지에 다량 함유

ⓒ 산화되기 어려우며 상온에서 고체 상태

ⓓ 뷰티르산, 스테아르산, 팔미트산, 카프르산, 미리스트산 등

ⓛ **불포화지방산**

ⓐ 탄소와 탄소의 결합으로 이중결합이 1개 이상으로 이루어진 지방산

ⓑ 식물성 유지에 다량 함유

ⓒ 산화되기 쉽고 상온에서 액체 상태로 존재

ⓓ 올레산($C_{17}H_{33}COOH$, 이중결합 1개), 리놀레산($C_{18}H_{32}O_2$, 이중결합 2개), 리놀렌산($C_{18}H_{30}O_2$, 이중결합 3개), 아라키돈산($C_{20}H_{32}O_2$, 이중결합 4개) 등

ⓔ 필수 지방산 : 체내에서는 합성되지 않으며 음식물로만 섭취 가능한 지방산(리놀레산, 리놀렌산, 아라키돈산 등)

(3) 단백질

① 단백질의 특징

㉠ 탄소(C), 수소(H), 산소(O), 질소(N) 등으로 구성된 유기 화합물

㉡ 1[g]당 4[kcal]의 열량을 내는 에너지원으로 체조직 구성

② 아미노산

㉠ **아미노산의 특징**

ⓐ 단백질을 구성하는 기본 단위

ⓑ 단백질을 가수분해하면 아미노산을 생성함.

ⓒ 한 분자 내에 산성인 카르복실기(−COOH)와 염기성인 아미노기(−NH₂)를 가지고 있는 유기산

㉡ **아미노산의 분류**

구분	종류
산성 아미노산	글루탐산
중성 아미노산	류신, 발린, 트레오닌, 이소류신
염기성 아미노산	리신
함황(S) 아미노산	시스테인, 메티오닌, 시스틴

㉢ 필수 아미노산 : 체내 합성이 불가능하여 반드시 음식으로만 섭취해야 하는 아미노산

성인 8종	류신, 이소류신, 리신, 발린, 메티오닌, 트레오닌, 트립토판, 페닐알라닌
성장기 어린이 10종	8종 + 알기닌, 히스티딘

ㄹ 단백질의 영양학적 분류

구분	내용
완전 단백질	필수 아미노산을 골고루 갖춤.
부분적 불완전 단백질	필수 아미노산의 종류 부족, 생명 유지 가능, 성장 발육 불가능
불완전 단백질	생명 유지, 성장 발육 둘 다 불가능

(4) 효소

① 효소의 특징

ㄱ 단백질로 구성

ㄴ 생물체의 세포 안에서 합성되어 생체 안에서 일어나는 거의 모든 화학반응의 촉매 구실을 하는 고분자 화합물

ㄷ pH, 수분, 온도 등에 영향을 받음.

② 탄수화물 분해 효소

ㄱ 이당류 분해 효소

인버타아제	설탕을 포도당과 과당으로 분해
락타이제	유당을 포도당과 갈락토오스로 분해, 소장에서 분비함.
말타아제	맥아당을 포도당 2분자로 분해, 장에서 분비함.

ㄴ 다당류 분해 효소

셀룰라아제	섬유소 → 포도당으로 분해
아밀라아제	전분, 글리코겐 → 덱스트린, 맥아당으로 분해
이눌라아제	이눌린 → 과당으로 분해

ㄷ 산화 효소

치마아제	단당류(포도당, 갈락토오스, 과당) → 알코올과 이산화탄소로 분해(이스트가 함유되어 있어 발효에 관여)
퍼옥시다아제	카로틴계 황색 색소 → 무색으로 산화

③ 지방 분해 효소

스테압신	지방 → 지방산과 글리세린으로 분해, 췌장에 존재
리파아제	지방 → 지방산과 글리세린으로 분해, 밀가루, 이스트에 존재

④ 단백질 분해 효소

프로테아제	단백질을 아미노산, 펩티드, 폴리펩티드, 펩톤으로 분해
레닌	단백질 응고 효소(위액에 존재)
펩신	단백질 분해 효소(위액에 존재)
트립신, 펩티다아제, 에렙신	단백질 분해 효소(췌액에 존재)

4. 재료의 영양학적 특성

(1) 재료의 영양적 특성

① 영양소의 정의

㉠ 생리적 기능 및 생명 유지를 위해 섭취하는 식품에 함유되어 있는 성분

㉡ 종류 : 탄수화물, 지방, 단백질, 무기질, 비타민, 물
　　　　　　　　　　5대 영양소

② 영양소의 분류

구분	기능	종류
열량 영양소	에너지원(열량) 공급, 체온유지, 열량 발생	탄수화물, 지방, 단백질
구성 영양소	몸의 조직을 구성	단백질, 무기질, 물
조절 영양소	체내의 생리 작용 조절	무기질, 비타민, 물

(2) 영양과 건강

① 에너지원의 1[g]당 열량

탄수화물	지방	단백질	알코올	유기산
4[kcal]	9[kcal]	4[kcal]	7[kcal]	3[kcal]

② 기초 대사량 : 생명 유지에 꼭 필요한 최소 에너지 대사량을 뜻함.

(3) 탄수화물의 기능

① 1[g]당 4[kcal]의 에너지 공급

② 피로회복에 효과적

③ 단백질 절약 작용

④ 혈당량 유지, 변비 방지, 감미료 등으로 이용

(4) 지방의 기능

① 1[g]당 9[kcal]의 에너지 공급

② 충격으로부터 인체의 내장 기관 보호

③ 피하지방은 체온의 발산을 막아 체온을 조절

④ 비타민 A와 비타민 D가 지방의 대사에 관여

⑤ 윤활제 역할을 해 변비 예방 효과

(5) 제한 아미노산

① 단백질 식품에 함유된 여러 필수 아미노산 중에서 최적이라고 여겨지는 표준 필요량에 비해 가장 부족해서 영양가를 제한하는 아미노산

② 식품의 단백질 중 제한 아미노산으로는 트립토판이 대표적

(6) 단백질의 기능

① 1[g]당 4[kcal]의 에너지 발생

② 체내 삼투압 조절로 체내 수분 함량을 조절하고 체액의 pH를 유지

③ 1일 총 열량의 10~20[%] 정도 단백질로 섭취

④ 1일 단백질 권장량은 체중 1[kg]당 단백질의 생리적 필요량을 계산한 1.13[g]임.

(7) 무기질의 정의

① 무기질 또는 미네랄이라 함.

② 신체의 골격과 구조를 이루는 구성 요소이며, 체액의 전해질 균형, 체내 생리 기능 조절 작용

(8) 무기질의 조절 영양소 기능

① 호르몬과 비타민의 구성 요소

② 효소의 활성을 촉진

③ 신경 자극을 전달

④ 체액의 pH를 조절하여 산, 염기의 평형 유지

⑤ **혈액 응고** : 칼슘(Ca)

⑥ **체액의 삼투압 조절** : 칼륨(K), 나트륨(Na), 염소(Cl)

⑦ **조혈 작용** : 철(Fe), 구리(Cu), 코발트(Co)

(9) 무기질의 종류

칼슘(Ca), 칼륨(K), 나트륨(Na), 마그네슘(Mg), 인(P), 황(S), 염소(Cl), 아연(Zn), 철(Fe), 구리(Cu), 불소(F), 요오드(I), 코발트(Co) 등

(10) 비타민의 영양학적 특성

① 신체 기능을 조절하는 조절 영양소

② 체조직을 구성하거나 열량을 발생하지 못함.

③ 반드시 음식물에서 섭취

(11) 비타민의 분류

구분	지용성 비타민	수용성 비타민
종류	A, D, E, K	B군, C, 나머지
흡수	지방과 함께 흡수	물과 함께 흡수
용매	지방, 유기용매	물
저장	간이나 지방조직	저장하지 않음.
조리 시 손실	적음(열에 강함).	많음(열, 알칼리에 약함).
공급	매일 공급할 필요 없음.	매일 공급해야 함.
과잉 섭취	체내에 축적되고, 과잉증 및 독성 유발	소변을 통해 배출됨.
전구체	있음.	없음.
결핍증	증상이 서서히 나타남.	증상이 빠르게 나타남.

(12) 지용성 비타민

지방이나 지방을 녹이는 유기용매에 녹는 비타민(비타민 A, 비타민 D, 비타민 E, 비타민 K)

(13) 수용성 비타민

물에 녹는 비타민(비타민 B_1 , 비타민 B_2, 비타민 B_3, 비타민 B_6, 비타민 B_9, 비타민 B_{12}, 비타민 C, 비타민 P)

02 위생안전관리

1. 식품위생법 관련 법규

(1) 식품위생의 개요

① WHO(세계보건기구)의 식품위생의 정의 : 식품의 생육, 생산, 제조로부터 최종적으로 사람에게 섭취되기까지의 모든 단계에 있어서, 식품의 완전 무결성, 안전성, 건전성을 확보하기 위해 필요한 모든 관리수단

② 식품위생의 대상범위 : 식품(의약으로 섭취하는 것 제외), 식품첨가물, 기구 또는 용기 · 포장을 대상으로 하는 음식에 관한 위생

2. HACCP(위해요소 중점관리기준)

(1) HACCP의 정의

식품의 원료관리, 제조, 가공, 보존, 조리, 유통의 모든 과정에서 위해한 물질이 식품에 섞이거나 식품이 오염되는 것을 방지하기 위하여 각 과정의 위해요소를 확인, 평가하여 중점적으로 관리하는 기준

(2) HACCP 개요

① HACCP 적용 7원칙

　㉠ 위해요소 분석(Hazard Analysis)

　㉡ 중요관리점(Critical Control Point : CCP)

　㉢ 한계기준(Critical Limit)

　㉣ 모니터링(Monitoring)

　㉤ 개선조치(Corrective Action)

　㉥ 검증방법(Verification) 설정

　㉦ 기록(Record)의 유지관리

② HACCP 준비 5단계

　㉠ HACCP팀 구성

　㉡ 제품 설명서 작성

　㉢ 의도된 제품 용도 확인

　㉣ 공정 흐름도 작성 : 제조 공정도 및 배치도

　㉤ 공정 흐름도 확인

③ 선행요건 : 식품위생법, 건강기능식품에 관한 법률, 축산물 위생관리법에 따라 안전관리인증기준[HACCP]을 적용하기 위한 위생관리 프로그램

　㉠ 영업장 관리

　㉡ 위생 관리

ⓒ 제조 · 가공 시설 · 설비 관리

ⓔ 냉장 · 냉동시설 · 설비 관리

ⓜ 용수 관리

ⓗ 보관 · 운송 관리

ⓢ 검사 관리

ⓞ 회수 프로그램 관리

3. 식품첨가물

(1) 식품첨가물의 조건

① 미량으로 효과가 클 것

② 인체에 무해하거나 독성이 낮을 것

③ 사용하기 간편하고 값이 쌀 것

④ 무미, 무취이고 자극성이 없을 것

⑤ 미생물 발육저지력이 강하고 확실할 것

⑥ 공기, 빛, 열에 안전성이 있을 것

⑦ pH에 영향을 받지 않을 것

⑧ 장기적으로 사용해도 해가 없어야 함.

(2) 식품첨가물의 목적별 종류 및 용도

① **부패 · 변질 방지 목적**

ⓐ **방부제(보존료)** : 프로피온산칼슘, 프로피온산나트륨, 데히드로초산, 소르브산, 안식향산

ⓑ **살균제** : 차아염소산나트륨, 표백제

ⓒ **산화방지제(항산화제)** : BHA, BHT, PG, 비타민 E(토코페롤), 세사몰

② **품질 개량 및 유지 목적**

ⓐ **밀가루 개량제** : 과황산암모늄, 브롬산칼슘, 과산화벤조일, 이산화염소, 염소

ⓑ **유화제(계면 활성제)** : 대두 인지질, 글리세린, 레시틴, 모노-디 글리세리드, 폴리소르베이트20, 자당 지방산 에스테르, 글리세린 지방산 에스테르

ⓒ **호료(증점제)** : 카제인, 메틸셀룰로오스, 알긴산나트륨

ⓓ **이형제** : 유동파라핀 오일

ⓔ **피막제** : 몰포린지방산염, 초산비닐수지

ⓕ **품질 개량제** : 피로인산나트륨, 폴리인산나트륨

ⓖ **영양강화제** : 비타민류, 무기염류, 아미노산류

③ 기호성과 관능 목적

    ㉠ **착향료** : C-멘톨, 계피알데히드, 벤질알코올, 바닐린

    ㉡ **감미료** : 사카린나트륨, 아스파탐

    ㉢ **산미료** : 구연산, 젖산(유산), 사과산, 주석산

    ㉣ **표백제** : 과산화수소, 무수아황산, 아황산나트륨

    ㉤ **발색제** : 아질산나트륨, 질산나트륨, 질산칼륨

    ㉥ **착색료** : 캐러멜, β-카로틴(버터, 마가린), 식용타르색소, 황산동(채소, 과일)

4. 개인위생 관리

(1) 작업자의 매일 점검 의무사항

① 작업복(위생복, 위생모, 안전화) 착용 및 점검

② 개인 건강상태 확인

③ 작업 전 따뜻한 온수로 업무용 소독비누를 사용하여 30초 이상 씻기

5. 식중독의 이해

(1) 식중독의 정의

유독 · 유해 물질이 음식물에 흡인되어 경구적으로 섭취 시 열을 동반하거나 열을 동반하지 않으면서 구토, 식욕부진, 설사, 복통 등을 일으키는 질병

(2) 식중독의 분류

구분		종류
세균성 식중독	감염형	살모넬라, 장염 비브리오, 병원성 대장균, 캠필로박터, 여시니아
	독소형	보툴리누스, 포도상구균, 웰치균
바이러스성 식중독		노로바이러스, 로타바이러스, A형 간염바이러스
화학적 식중독		유해 첨가물, 금속, 농약 등
자연독 식중독		동물성, 식물성, 곰팡이 독

(3) 세균성 식중독

식중독 중 발생률이 가장 높고, 특히 여름철에 가장 많이 발생

① **감염형 식중독** : 식품 중에 미리 증식한 식중독균을 식품과 함께 섭취하여 구토, 복통, 설사 등 급성 위장관염 증세(잠복기 : 8~24시간)

② **독소형 식중독** : 병원체가 증식할 때 생성되는 독소를 식품과 함께 섭취했을 때 나타나는 위장관 이상 증세(잠복기 : 보통 3시간)

(4) 바이러스성 식중독

① 노로바이러스, 로타바이러스, 간염바이러스 종류가 있으며 병원체가 식품과 함께 우리 몸에 들어와 장에서 증식하여 감염을 일으킴과 동시에 독소를 분비하여 증세를 일으킨다.

② 미생물이 인체 내부에서 질병을 일으키는 독소를 생산하는 것이 독소형 식중독과 다르다.

(5) 화학적 식중독(유해 중금속에 의한 식중독)

종류	증상 및 질병
수은(Hg)	미나마타(구토, 신경장애, 마비)
카드뮴(Cd)	이타이이타이(골연화증, 신장장애)
비소(As)	피부암, 폐암, 방광암, 신장암
주석(Sn)	급성 위장염
납(Pb)	신경계이상, 빈혈, 구토, 복통, 실명, 사망, 칼슘대사이상
구리(Cu)	황달, 괴사, 용혈, 폐사
아연(Zn)	근육통, 발열, 떨림, 구토, 위통

(6) 자연독 식중독

① 식물성 식중독

독버섯	무스카린, 맹독성이 가장 강한 아마리타톡신
감자	솔라닌(발아 부위)
면실유(목화씨)	고시폴

② 동물성 식중독

복어	테트로도톡신
모시조개, 바지락, 굴	베네루핀
섭조개	삭시톡신

③ 곰팡이 독[마이코톡신(Mycotoxin), 진균독]

㉠ **곰팡이 독의 정의** : 수확 전 곡물에 번식하거나 수확 후 저장 중에 기생 또는 불량한 저장조건에서 곡류의 부패가 심할 때 기생함으로써 유해한 독소를 생산하는데, 곰팡이가 생산하는 2차 대사산물을 진균독이라 함.

㉡ **곰팡이 독의 종류** : 아플라톡신(Aflatoxin), 황변미 중독(독소 : 시트리닌), 맥각 중독(독소 : 에르고톡신)

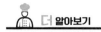 **더 알아보기**

- 곰팡이의 생육조건 : 온도 20~25[℃], 상대습도 80[%] 이상, 수분 활성도 0.8 이상, pH 4.0
- 곰팡이 독소 생성 방지 조건 : 곰팡이가 독소를 생성하는 수분 활성도는 0.93~0.98이며 pH 5.5 이상이다. 농산물을 저장할 때는 건조한 상태인 낮은 수분 활성도를 유지해야 함.

6. 감염병의 이해

(1) 감염병 생성 요인(감염병 발병의 3대 요소)

① 병원체(병인) : 병을 일으키는 원인이 되는 미생물

② 감염경로(병원소 탈출) – 새로운 숙주에 침입

③ 숙주의 감수성

(2) 경구 감염병의 정의

병원체가 음식물, 손, 기구, 물, 위생동물(파리, 바퀴벌레, 쥐 등) 등을 통해 경구(입)적으로 체내에 침입하여 일으키는 소화기계 질병

(3) 경구 감염병의 종류

세균성 감염병	장티푸스, 파라티푸스, 콜레라, 세균성이질, 파상열, 비브리오 패혈증, 성홍열, 디프테리아, 탄저, 결핵, 브루셀라
바이러스성 감염병	일본뇌염, 인플루엔자, 광견병, 천열, 소아마비(급성회백수염, 폴리오), 감염형 설사증, 홍역, 유행성간염
리케차성 감염병	발진티푸스, 발진열, 쯔쯔가무시병, Q열
원충류	아메바성 이질

(4) 경구 감염병과 세균성 식중독의 비교

구분	경구 감염병	세균성 식중독
세균수	적은 양	많은 양
잠복기	길다.	짧다.
원인균 검출	어려움.	비교적 쉬움.
사람 대 사람 간의 전염병(2차 감염)	있음.	거의 없음.
예방조치	불가능	가능
면역	가능	불가능

※ 감염병 발생신고 : 보건소장 → 시 · 도지사 → 보건복지부 장관

(5) 인수공통감염병

① 인수공통감염병 : 동물과 사람 사이에서 직접적 혹은 간접적으로 전염이 되는 질병

② 감염병의 종류 : 탄저, 파상열(브루셀라), 결핵, 광견병, 페스트, 라임병, 야토병, 돈단독, Q열, 리스테리아

(6) 기생충 감염병

① 채소류를 통한 기생충 : 회충, 요충 등

② 어패류를 통한 기생충

구분	간디스토마(간흡충)	폐디스토마(폐흡충)	광절열두조충	유극악구충	요코가와흡충(장흡충)
제1중간숙주	왜우렁이	다슬기	물벼룩	물벼룩	다슬기
제2중간숙주	민물고기	게, 가재	연어, 숭어	가물치	담수어

7. 소독과 살균

(1) 소독과 살균

소독	병원성 미생물을 파괴시켜 감염 및 증식력을 없애는 것 (병원균만 사멸시키며 포자는 죽이지 못함)
살균	강한 살균력으로 모든 미생물의 영양은 물론 포자까지 완전 파괴시키는 것 (무균, 멸균 상태로 됨)

(2) 물리적 소독법

① 무가열법 : 일광소독, 자외선 살균법, 방사선 멸균법 등

② 가열법 : 자비 멸균법(열탕 소독법) 등

(3) 화학적 소독법

① 소독약이 갖추어야 할 조건

ㄱ 살균력이 클 것

ㄴ 부식성과 표백성이 없을 것

ㄷ 석탄산계수가 높을 것

ㄹ 침투력이 강할 것

ㅁ 인체에 무해할 것

ㅂ 안전성이 있을 것

ㅅ 값이 싸고, 구입이 쉬울 것

ㅇ 사용방법이 간단할 것

ㅈ 용해성이 높을 것(잘 녹을 것)

(4) 소독약의 종류

종류	사용처
3~5[%] 석탄산수	실내벽, 실험대
2.5~3.5[%] 과산화수소	상처소독, 구내염
70~75[%] 알코올	건강한 피부(창상피부에 사용 금지)
3[%] 크레졸	배설물, 화장실 소독
0.01~0.1[%] 역성비누	손 소독에 적당(중성비누와 혼합하면 효과 없음)
0.1[%] 승홍	손 소독
생석회	화장실, 살균력 강함.
염소(Cl_2)	수영장, 상하수도

8. 미생물

(1) 미생물의 발육 조건

수분 활성도(Water Activity, Aw), 최적 pH, 영양원, 산소, 삼투압, 온도

(2) 미생물의 종류와 특징

① 미생물의 특징

㉠ 단세포 또는 균사로 이루어짐.

㉡ 식품의 제조 · 가공에 유익하게 이용되기도 하고, 유해하게 식중독과 전염병의 원인이 되기도 함.

② 세균류의 형태 : 구균, 간균, 나선균으로 분류

③ 세균류과 진균류의 종류

㉠ 세균류

종류	특징
Bacillus 속(바실루스)	• 내열성 아포 형성, 호기성 간균 • 자연계에 가장 널리 분포 – 식품오염의 주역 • 종류 : B. Natto(나토, 청국장 제조), 빵의 점조성의 원인이 되는 로프균
Lactobacillus 속 (락토바실루스)	• 간균 • 당을 발효시켜 젖산균 생성 • 셋산(유산) 음료에 이용됨.
Clostridium 속 (클로스트리디움, 보툴리누스)	• 아포형성 간균, 혐기성균 • 부패 시 악취의 원인 • 종류 : C. Botulinum(보툴리눔), C. Perfringens(퍼프린젠스)
Vibrio 속(비브리오)	• 무아포, 혐기성 간균 • 비브리오 패혈증 일으킴. • 종류 : 콜레라, 장염 비브리오균

ⓒ 진균류〔곰팡이(Mold), 효모〕

종류	특징
Rhizopus 속(리조푸스) – 거미줄곰팡이	• 딸기, 귤, 야채 등 변패의 원인균
Aspergillus 속(아스퍼질러스) – 누룩곰팡이	• 가장 보편적인 균 • 술, 간장, 된장 등 • 생육조건 : 온도 25~30[℃], 습도 80[%] 이상, pH 4
Penicillium 속(페니실리움) – 푸른색 곰팡이	• 항생 물질 제조에 사용

9. 공정 관리 및 설비, 기기

(1) 믹서의 종류

① 수직형 믹서 : 버티컬 믹서라고도 하며, 소규모 제과점에서 많이 사용

② 수평형 믹서 : 대량의 빵을 만들 때 사용

③ 스파이럴 믹서(나선형 믹서) : 믹서의 회전축에 S모양(나선형)의 훅이 내장되어 있으며, 믹싱볼과 회전축이 역방향으로 돌기 때문에 글루텐 형성에 더욱 효과적이어서 제빵 전용 믹서로 사용

④ 에어믹서 : 공기를 넣어가며 기포를 형성시키는 제과 전용 믹서

(2) 파이롤러

① 손으로 미는 밀대의 역할을 하는 기계

② 페이스트리, 파이, 쿠키, 스위트롤 등 밀어 펴는 작업에 효과적

(3) 오븐 : 제품의 생산능력을 나타내는 기준이며, 오븐 안에 넣을 수 있는 매입 철판 수로 계산

① 데크 오븐(Deck Oven) : 구울 반죽을 넣는 입구와 구워낸 제품을 꺼내는 출구가 같은 오븐. 소규모 베이커리에서 많이 사용

② 터널 오븐(Tunnel Oven) : 오븐 입구에 구울 반죽을 넣으면 터널을 통과하여 반대편 출구로 제품이 구워져 나오는 오븐

③ 컨벡션 오븐(Convection Oven) : 대류열을 이용한 오븐

(4) 제빵 전용 기기

① 분할기(Divider) : 기계 분할 시 스트로크(1회동작) 수는 분당 12~16회전

② 라운더(Rounder) : 둥글리기 기계

③ 정형기(Moulder) : 성형 기계

④ 발효기(Fermentation Room)

⑤ 도우 컨디셔너(Dough Conditioner) : 작업상황에 맞게 냉동, 냉장, 해동, 발효 등을 프로그래밍에 의해 자동적으로 조절하는 기계. 근로자의 근무환경 개선에 효과적

03   과자류 제품 제조

1. 반죽의 분류

(1) 반죽특성에 따른 분류

① **반죽형(Batter Type) 반죽 제품** : 밀가루, 계란, 설탕, 유지를 주재료로 이용하여 여기에 우유나 물을 넣고 화학 팽창제(베이킹파우더 등)를 사용하여 부풀린 반죽(비중 : 0.75~0.85)

ㄱ 크림법

반죽 순서	유지 → 설탕 → 계란 → 밀가루
장점	큰 부피감

ㄴ 블렌딩법

반죽 순서	유지 + 밀가루 → 기타 가루 + 물 $\frac{1}{2}$ → 계란 → 물 $\frac{1}{2}$
장점	부드러운 조직 유연감

ㄷ 설탕/물 반죽법

반죽 순서	설탕과 물을 2 : 1의 비율로 액당 제조 → 건조 재료 → 계란
장점	균일한 껍질색, 계량 편리, 스크래핑을 줄일 수 있고 베이킹파우더의 양을 10[%] 줄일 수 있다.

ㄹ 단단계법(1단계법)

반죽 순서	유화제, 베이킹파우더와 함께 전 재료를 넣고 반죽
장점	대량 생산으로 노동력과 시간 절약

② **거품형(Foam Type) 반죽 제품** : 계란, 설탕, 밀가루, 소금을 주재료로 이용하여 계란 단백질의 기포성과 유화성, 그리고 열에 대한 응고성(변성)을 이용한 반죽(비중 : 0.45~0.55)

▶ **공립법과 별립법 비교**

방법		특징
공립법	더운 빙법	• 고율 배합 반죽에 적당(거품형 반죽 중 계란과 설탕이 많은 반죽) • 중탕하여 거품 냄. • 껍질색이 예쁘고 기포성이 좋음.
	찬 방법	• 저율 배합 반죽에 적당 • 중탕하지 않고 섞음. • 화학 팽창제 사용
별립법		• 공립법보다 부피가 큼.

③ **머랭법** : 흰자와 설탕을 1 : 2의 비율로 단단하게 거품 낸 반죽. 머랭 제조 시 흰자에 노른자가 들어가지 않도록 주의한다. 예 머랭 쿠키, 마카롱, 다쿠아즈 등

④ **시퐁법** : 별립법처럼 노른자와 흰자를 분리하지만, 노른자는 거품 내지 않음. 머랭과 화학 팽창제(베이킹파우더)를 넣고 팽창시킴. 예 시퐁 케이크

2. 제과 제품 제조 공정 – 고율 배합과 저율 배합

(1) 고율 배합 : 밀가루량 < 설탕량, 유지량 < 전체 액체량

(2) 저율 배합 : 밀가루량 > 설탕량, 유지량 > 전체 액체량

(3) 고율 배합과 저율 배합의 특징

구분	고율 배합	저율 배합
밀가루, 설탕 사용량	밀가루 < 설탕	밀가루 ≥ 설탕
믹싱 중 공기 혼입량	많음.	적음.
비중	낮음.	높음.
화학 팽창제 사용량	적음.	많음.
굽는 온도(시간)	낮음(오랜 시간), 오버 베이킹	높음(짧은 시간), 언더 베이킹

3. 기타 과자류 만들기

(1) 파운드 케이크

① 밀가루 : 설탕 : 계란 : 버터의 비율이 1 : 1 : 1 : 1로 각 재료를 1파운드씩 사용하여 제조한 것에서 유래됨.

② 제조 방법 : 크림법

　㉠ 순서 : 유지 → 설탕 → 계란 → 체 친 가루

　㉡ 반죽 온도 : 23[℃]

　㉢ 비중 : 0.75~0.85

　㉣ 팬닝 : 70[%](비용적 : 1[g]당 2.4[cm³])

(2) 스펀지 케이크

계란의 기포성을 이용한 대표적인 거품형 반죽 과자

① 기본 배합률

밀가루	100[%]	설탕	166[%]
계란	166[%]	소금	2[%]

② 제조 방법

   ㉠ 공립법이나 별립법 이용

   ㉡ 반죽의 마지막 단계에 녹인 버터(60[℃] 정도)를 넣고 가볍게 섞기(제노와즈)

   ㉢ 팬닝 : 50~60[%](비용적 : 1[g]당 5.08[cm³])

   ㉣ 구워낸 직후 충격을 주어 수축시키고 틀에서 즉시 분리

(3) 엔젤 푸드 케이크

계란의 흰자만을 사용하여 만든 거품형 케이크. 비중이 가장 낮은 케이크

① 기본 배합률(True %)

밀가루	15~18[%]
흰자	40~50[%]
설탕	30~42[%]
주석산 크림	0.5~0.625[%]
소금	0.375~0.5[%]

※ True % 배합표를 사용하는 이유 : 밀가루와 흰자, 주석산 크림과 소금 사용량을 교차 선택해야 하므로

② 사용재료의 특성

   ㉠ 밀가루 : 특급 박력분 사용

   ㉡ 설탕량의 $\frac{2}{3}$ 는 입상형으로 머랭 반죽 시 사용하고, 설탕량의 $\frac{1}{3}$ 은 분당으로 밀가루와 혼합해 체 쳐 사용

③ 제조 공정

   ㉠ 머랭 반죽 제조 시 주석산 크림을 넣는 시기에 따라 산전 처리법과 산후 처리법으로 나눌 수 있다.

   ㉡ 팬닝 : 틀에 이형제로 물을 분무하고 60~70[%]를 담는다.

(4) 퍼프 페이스트리

대표적인 유지에 의한 팽창 제품. 반죽에 유지를 넣고 감싼 뒤 여러 번 접어 밀기를 반복해 유지층을 만들어 팽창시키는 제품

① 기본 배합률

밀가루	100[%]
유지(반죽용 유지 + 충전용 유지)	100[%]
물	50[%]
소금	1[%]

② 제조 공정

    ㉠ 반죽 온도 : 20[℃]

    ㉡ 제조 공정(프랑스식 접기형) : 3절 3회 접기

> 반죽 안에 충전용 유지 감싸기 → 밀어 펴기 → 3절 접기(1차) → 휴지하기 → 밀어 펴기 → 3절 접기(2차) →
> 휴지하기 → 밀어 펴기 → 3절 접기(3차) → 휴지하기 → 밀어 펴기 → 재단

    ㉢ 휴지의 목적(냉장고)

        ⓐ 글루텐의 안정과 재정돈

        ⓑ 밀어 펴기 용이

        ⓒ 반죽과 유지의 되기를 같게 하여 층을 선명하게 함.

        ⓓ 반죽 재단 시 수축 방지

(5) 파이(쇼트페이스트리)

반죽에 여러 가지 과일이나 견과류 충전물을 채워 굽는 제품 **예** 사과파이, 호두파이 등

① **사용재료의 특성**

    ㉠ 밀가루 : 중력분 사용

    ㉡ 유지 : 가소성 범위가 넓은 파이용 마가린 사용

    ㉢ 착색제 : 반죽에 설탕이 거의 들어가지 않으므로 설탕, 포도당, 녹인 버터, 계란물, 소다 등을 발라 주면 색을
       예쁘게 낼 수 있음.

② 제조 공정

    ㉠ 반죽하기(스코틀랜드식)

        ⓐ 밀가루에 유지를 넣고 호두 크기로 다져서 물을 넣고 반죽

        ⓑ 반죽 온도 : 18[℃](유지의 입자 크기에 따라 파이 결의 길이가 결정됨)

    ㉡ **과일 충전물용 농후화제(옥수수 전분, 타피오카 전분)의 사용 목적**

        ⓐ 충전물을 조릴 때 호화를 빠르고 진하게 함.

        ⓑ 광택 효과

        ⓒ 과일의 색을 선명하게 함.

        ⓓ 냉각되었을 때 적정 농도 유지

(6) 쿠키

① **반죽형 쿠키**

    ㉠ 드롭 쿠키(소프트 쿠키) : 계란 사용량이 많아 짤주머니에 모양깍지를 끼우고 짜는 쿠키

    ㉡ 스냅 쿠키(슈가 쿠키) : 설탕은 많고 계란이 적은 반죽을 밀어 모양틀로 찍는 쿠키

    ㉢ 쇼트 브레드 쿠키 : 스냅 쿠키보다 유지 사용량이 많은 반죽을 밀어 모양틀로 찍는 부드러운 쿠키

② 스펀지 쿠키(거품형 쿠키)

　　㉠ 스펀지 쿠키 : 전란을 사용하여 공립법으로 제조한 쿠키. 쿠키 중 가장 수분이 많은 짜는 쿠키

　　㉡ 머랭 쿠키 : 흰자와 설탕으로 머랭을 만들어 짠 뒤, 100[℃] 이하의 낮은 온도로 건조시키며 굽는 쿠키

4. 반죽의 온도

(1) 케이크류의 반죽 온도 : 23~25[℃]

(2) 반죽 온도 조절

- 마찰계수 = (결과 온도 × 6) − (밀가루 온도 + 실내 온도 + 수돗물 온도 + 설탕 온도 + 유지 온도 + 계란 온도)
- 사용할 물 온도 = (희망 온도 × 6) − (밀가루 온도 + 실내 온도 + 마찰계수 + 설탕 온도 + 유지 온도 + 계란 온도)
- 얼음 사용량 = $\dfrac{\text{사용할 물의 양} \times (\text{수돗물 온도} - \text{사용할 물 온도})}{80 + \text{수돗물 온도}}$

5. 반죽의 비중

(1) 비중의 정의

부피가 같은 물의 무게에 대한 반죽의 무게를 숫자로 나타낸 값

비중 측정하기 = $\dfrac{\text{반죽 무게}}{\text{물 무게}}$

(2) 비중이 제품에 미치는 영향

케이크 완제품의 부피, 기공, 조직, 식감에 결정적 영향을 미친다.

비중이 높으면 (반죽 안에 공기의 포함량이 적으면)	제품의 부피가 작고, 기공이 조밀하며, 조직이 무겁다.
비중이 낮으면 (반죽 안에 공기의 포함량이 많으면)	제품의 부피가 크고, 기공이 크며, 조직이 가볍고 거칠다.

6. 반죽 익히기

(1) 반죽 굽기

반죽에 열을 가해 익혀 주고 색을 내는 것

(2) 굽기 온도와 시간이 적당하지 않은 굽기

① 오버 베이킹(Over Baking)

　　㉠ 적정 온도보다 낮은 온도에서 오래 굽는 경우

ⓒ 특징 : 윗면이 평평, 수분 손실이 커 노화가 빠름, 부피가 큼.

② **언더 베이킹(Under Baking)**

　ⓐ 적정 온도보다 높은 온도에서 짧게 굽는 것

　ⓑ 특징 : 윗면이 갈라지고 솟아오름, 설익기 쉽고 조직이 거칠며 주저앉기 쉬움, 부피가 작음.

(3) 튀기기

① 튀김 기름을 산화시켜 산패를 일으키는 요인 : 온도, 공기, 수분, 이물질, 금속(구리, 철) 등

② **튀김 기름이 갖추어야 할 조건**

　ⓐ 발연점이 높아야 함(220[℃] 이상).

　ⓑ 산패취가 없어야 함.

　ⓒ 안정성, 저장성이 높아야 함.

　ⓓ 산가가 낮아야 함.

　ⓔ 융점이 낮아야 함(겨울).

7. 제품 평가의 기준

평가 항목	
외부평가	터짐성, 외형의 균형, 부피, 굽기의 균일화, 껍질색, 껍질 형성
내부평가	조직, 기공, 속결 색상
식감평가	냄새, 맛

8. 제품의 냉각 및 포장

(1) 냉각의 목적

① 곰팡이 및 세균 등의 피해 억제

② 제품의 재단 및 포장 용이

(2) 냉각의 방법

① **자연 냉각** : 상온 온도와 습도로 냉각하는 방법으로 3~4시간 걸린다.

② **에어컨디션식 냉각** : 공기 조절식 냉각 방법으로 온도 20~25[℃], 습도 85[%]의 공기를 통과시켜 60~90분 냉각시키는 방법(냉각 방법 중 가장 빠름)

③ **터널식 냉각** : 공기 배출기를 이용한 냉각으로 120~150분 걸린다.

(3) 포장의 목적

① 미생물, 세균에 의한 오염 방지

② 제품의 가치 및 상태를 보호하고 상품의 가치 향상

③ 수분 손실을 막아 제품의 노화 지연으로 저장성 향상

9. 제품 변질

(1) 식품의 변질

식품을 방치했을 때 미생물, 햇볕, 산소, 효소, 수분의 변화 등에 의하여 성분 변화, 영양가 파괴, 맛의 손상을 가져오는 것

① **부패** : 미생물의 번식으로 단백질이 분해되어 아미노산, 아민, 암모니아, 악취 등이 발생하는 현상

② **변패** : 탄수화물이 미생물에 의해 변질되는 현상

③ **산패** : 지방의 산화로 알데히드(Aldehyde), 케톤(Ketone), 에스테르(Ester), 알코올 등이 생성되는 현상

④ **발효** : 탄수화물이 유익하게 분해되는 현상

(2) 부패 과정

단백질 → 메타프로테인 → 프로테오스 → 펩톤 → 폴리펩티드 → 펩티드 → 아미노산 → 아민, 메탄

04 빵류 제품 제조

1. 반죽

(1) 반죽의 목적

① 원재료를 균일하게 분산하고 혼합

② 밀가루의 전분과 단백질에 물을 흡수

③ 반죽에 공기를 혼입시켜 이스트의 활력과 반죽의 산화를 촉진

④ 글루텐을 숙성(발전)시키며 반죽의 가소성, 탄력성, 점성을 최적 상태로 만듦.

(2) 반죽 온도 조절

① 스트레이트법에서의 반죽 온도 계산방법

- 마찰계수 = (결과 온도 × 3) − (밀가루 온도 + 실내 온도 + 수돗물 온도)
- 사용할 물 온도 = (희망 온도 × 3) − (밀가루 온도 + 실내 온도 + 마찰계수)
- 얼음 사용량 = $\dfrac{\text{사용할 물의 양} \times (\text{수돗물 온도} - \text{사용할 물 온도})}{80 + \text{수돗물 온도}}$

② 스펀지법에서의 반죽 온도 계산방법

- 마찰계수 = (결과 온도 × 4) − (밀가루 온도 + 실내 온도 + 수돗물 온도 + 스펀지 반죽 온도)
- 사용할 물 온도 = (희망 온도 × 4) − (밀가루 온도 + 실내 온도 + 마찰계수 + 스펀지 반죽 온도)
- 얼음 사용량 = $\dfrac{\text{사용할 물의 양} \times (\text{수돗물 온도} - \text{사용할 물 온도})}{80 + \text{수돗물 온도}}$

(3) 반죽에 부여하고자 하는 물리적 성질

① **탄력성** : 성형 단계에서 본래의 모습으로 되돌아가려는 성질

② **가소성** : 반죽이 성형과정에서 형성되는 모양을 유지시키려는 성질

③ **점탄성** : 점성과 탄력성을 동시에 가지고 있는 성질

④ **흐름성** : 팬 또는 용기의 모양이 되도록, 반죽이 흘러 모서리까지 차게 하는 성질

(4) 반죽이 만들어지는 6단계

픽업 단계 (Pick Up Stage)	• 원재료의 균일한 혼합 • 글루텐 구조 형성 시작	데니시 페이스트리
클린업 단계 (Clean Up Stage)	• 글루텐 형성 단계 • 믹싱기 안쪽이 깨끗해지는 단계 → 유지 투입 시기 • 후염법의 소금 투입 시기	스펀지법의 스펀지 반죽
발전 단계 (Development Stage)	• 반죽의 탄력성이 최대 • 믹서기의 최대 에너지 요구	하스브레드
최종 단계 (Final Stage)	• 글루텐 결합의 마지막 단계 • 가장 적당한 탄력성과 신장성 • 반죽에 윤기가 흐름. • 반죽을 펼치면 찢어지지 않고 얇게 늘어남.	식빵, 단과자빵
렛 다운 단계 (Let Down Stage)	• 오버 믹싱, 과반죽이라 함. • 탄력성이 떨어지고 신장성이 커지며 점성이 많아짐.	햄버거빵, 잉글리시 머핀
브레이크 다운 단계 (Break Down Stage)	• 글루텐이 파괴되는 단계(탄력성, 신장성 상실) • 빵을 만들 수 없는 단계	

2. 반죽의 종류

(1) 스트레이트법(Straight Dough Method)

직접 반죽법(직접법)이라고도 하며, 모든 재료를 믹서에 한 번에 넣고 반죽하는 방법

① 스트레이트법 제조 공정

재료 계량 → 반죽 → 1차 발효(발효 온도 : 27[℃], 상대습도 : 75~80[%]) → 분할 → 둥글리기 → 중간 발효 (벤치 타임) → 정형 → 팬닝 → 2차 발효(발효 온도 : 35~43[℃], 상대습도 : 85~90[%]) → 굽기 → 냉각

② 장단점(스펀지법 비교 시)

장점	단점
• 제조 공정 단순 • 시설 및 장비 간단 • 발효 손실 감소 • 노동력, 시간 절감	• 노화 빠름. • 향미, 식감 덜함. • 잘못된 공정 수정 어려움. • 발효 내구성, 기계 내성 약함.

(2) 비상 스트레이트법(Emergency Straight Dough Method)

① 비상 스트레이트법 : 비상 반죽법이라고도 하며, 전체 공정 시간을 줄임으로써 짧은 시간 내에 제품을 생산할 수 있다(표준 발효 시간 ↓, 발효 속도 ↑).

② 비상 스트레이트법 변화 시 조치사항

필수적 조치(6가지)		선택적 조치(4가지)	
물 사용량	1[%] 증가	이스트 푸드(제빵 개량제)	0.5[%] 증가
설탕 사용량	1[%] 감소	식초나 젖산	0.75[%] 첨가
이스트 양	2배 증가	소금	1.75[%] 감소
믹싱 시간	20~30[%] 증가	분유	1[%] 감소
반죽 온도	30[℃]		
1차 발효 시간	15~30분		

③ 장단점(스트레이트법 비교 시)

장점	단점
• 비상시 빠른 대처 가능 • 노동력, 임금 절약 가능(제조 시간 ↓)	• 저장성 짧아 노화 빠름. • 이스트 향 강해짐. • 제품의 부피가 고르지 않음.

(3) 스펀지 도우법(Sponge Dough Method)

① 스펀지 도우법 : 두 번 반죽을 하므로 중종법이라고 하며, 처음 반죽을 스펀지(Sponge) 반죽, 나중 반죽을 본 (Dough) 반죽이라고 함.

② 재료의 사용 범위(Baker's %)

스펀지(Sponge)		도우(Dough)	
재료	비율[%]	재료	비율[%]
밀가루	60~100	밀가루	40~0
물	스펀지 밀가루의 55~60	물	전체 밀가루의 60~66 − 스펀지 물 사용량
생이스트	1~3	생이스트	2~0
이스트 푸드(제빵 개량제)	0~0.5(0~2)	−	−
		소금	1.75~2.25
		설탕	4~10
		유지	2~7
		탈지분유	2~4

③ 제조 공정

재료 계량 → 스펀지 반죽(반죽 온도 : 24[℃], 반죽 시간 : 4~6분, 저속) → 1차 발효(발효 온도 : 스펀지 24[℃], 도우 27[℃], 상대습도 : 75~80[%], 발효 시간 : 처음 부피의 4~5배(3~4시간)) → 본 반죽(반죽 온도 : 27[℃]) → 플로어 타임(발효 시간 : 10~40분) → 분할 → 둥글리기 → 중간 발효(벤치 타임) → 정형 → 팬닝 → 2차 발효(발효 온도 : 35~43[℃], 상대습도 : 85~90[%]) → 굽기 → 냉각

④ 장단점(스트레이트법 비교 시)

장점	단점
• 공정 중 잘못된 공정을 수정할 기회가 있음. • 발효 내구성 강함. • 부피 크고, 속결 부드러움. • 저장성 좋음(노화 지연).	• 발효 시간 증가로 발효 손실 증가 • 노동력, 시설 등 경비 증가

(4) 액체 발효법(액종법, Pre-ferment Dough Method)

① 액체 발효법

㉠ 액체 발효법 또는 완충제(분유)를 사용하기 때문에 ADMI(아드미)법이라고도 불림.

㉡ 스펀지 도우법의 결함(많은 공간 필요)을 없애기 위해 만들어진 제조법

② 재료의 사용 범위(Baker's %)

액종		본 반죽	
재료	사용범위(100[%])	재료	사용범위(100[%])
물	30	액종	35
생이스트	2~3	강력분	100
이스트 푸드	0.1~0.3	물	32~34
탈지분유	0~4	설탕	2~5
설탕	3~4	소금	1.5~2.5
		유지	3~6

③ 장단점

장점	단점
• 발효 내구력이 약한 밀가루로 빵 생산 가능 • 한 번에 많은 양 발효 가능 • 발효 손실에 따른 생산 손실 감소 • 균일한 제품 생산이 가능 • 공간, 설비가 감소	• 산화제 사용량 증가 • 환원제, 연화제 필요

(5) 연속식 제빵법

① 연속식 제빵법 : 액체 발효법을 한 단계 발전시킨 방법

② 장단점

장점	단점
• 발효 손실 감소 • 노동력 감소 • 공장 면적과 믹서 등 설비의 감소	• 일시적 기계 구입 비용 부담 • 산화제 첨가로 인한 발효 향 감소

(6) 노타임 반죽법(No-time Dough Method)

① 노타임 반죽법 : 1차 발효를 하지 않거나 매우 짧게 하는 대신, 산화제와 환원제를 사용하여 믹싱 시간 및 발효 시간을 단축하는 방법

② 산화제와 환원제

산화제	• 1차 발효 시간을 단축할 수 있음. • 비타민 C(아스코르브산), 브롬산칼륨, 요오드칼륨, 아조디카본아마이드(ADA)를 사용하여 발효 시간 단축
환원제	• 반죽 시간을 단축할 수 있음. • L-시스테인, 소르브산을 사용하여 반죽 시간 단축

(7) 냉동 반죽법

① 냉동 반죽법 : 반죽 시 수분량을 63[%] → 58[%]로 줄여서 반죽하며, 이스트의 활동을 억제시킨 후 해동과정을 통해 제빵 공정을 진행하는 방법

② 장단점

장점	단점
• 인당 생산량 증가 • 계획 생산 가능함. • 다품종 소량 생산 가능 • 발효 시간 줄어 전체 제조 시간 단축 • 신선한 빵 제공(반죽의 저장성 향상) • 생산 시간 효율적 조절 가능	• 냉동 중 이스트 사멸로 가스 발생력 약화 및 가스 보유력 저하 • 냉동 저장의 시설비 증가 • 많은 양의 산화제 사용 • 제품의 노화가 빠름.

3. 1차 발효와 2차 발효

(1) 1차 발효 목적

팽창 작용	이산화탄소(CO_2) 발생 → 팽창 작용
숙성 작용	효소 작용 → 반죽을 유연하게 만듦.
풍미 생성	발효 생성물 축적 → 독특한 맛과 향 생성 ↳알코올, 유기산, 에스테르, 알데히드, 케톤 등

(2) 2차 발효 목적

① 기본적 요소는 온도, 습도, 시간

② 신장성을 잃고 단단해진 반죽이 다시 부풀어 오르는 것

③ 반죽의 숙성으로 알코올, 유기산 등의 방향성 물질을 생성

④ 신장성과 탄력성을 높여 오븐 팽창이 잘 일어나게 하기 위해 발효시킴.

4. 반죽 분할 및 중간 발효

(1) 반죽 분할의 정의

① 1차 발효가 끝난 반죽을 정해진 무게로 나누는 작업
② 통산 1배합당 10~15분 이내로 분할

(2) 중간 발효의 정의

벤치 타임(Bench Time)이라고도 하며, 둥글리기가 끝난 반죽을 정형하기 편하게 휴지시키는 과정

(3) 중간 발효의 목적

① 반죽의 유연성 회복
② 끈적거리지 않게 반죽 표면에 얇은 막을 형성
③ 정형 과정에서의 밀어 펴기 작업 용이
④ 분할, 둥글리기 하는 과정에서 손상된 글루텐 구조를 재정돈

5. 정형

(1) 정형의 정의

① 제품의 모양을 만드는 공정
② 실내 환경 : 온도 27~29[℃], 상대습도 75~80[%]

(2) 정형 공정

밀기 → 말기 → 봉하기

6. 반죽 익히기

(1) 반죽 굽기 하는 목적

① α화(호화) 전분으로 소화 잘되는 제품을 만듦.
② 구조 형성 및 맛과 향을 향상시킴.
③ 가스에 의한 열팽창으로 빵의 부피를 만듦.

(2) 굽기 중 일어나는 변화

오븐 라이즈 (Oven Rise)	• 반죽 내부 온도가 60[℃]에 이르지 않은 상태 • 반죽 속 가스로 인해 반죽의 부피가 조금씩 커짐.
오븐 스프링 (Oven Spring)	• 짧은 시간 동안 급격히 약 $\frac{1}{3}$ 정도 부피가 팽창(내부 온도 49[℃]) • 용해 탄산가스와 알코올이 기화(79[℃]) → 가스압 증가로 팽창
전분의 호화	• 전분 입자 40[℃]에서 팽윤 → 56~60[℃]에서 호화 시작(수분과 온도에 영향을 받음)

효소 작용	• 이스트 60[℃]에서 사멸 시작 • 적정 온도 범위에서 아밀라아제는 10[℃] 상승할 때 활성 2배 진행
단백질 변성	• 반죽 온도 74[℃]부터 단백질이 굳기 시작 • 호화된 전분과 함께 구조 형성
껍질의 갈색 변화	• 메일라드 반응 : 당류 + 아미노산 = 갈색 색소(멜라노이딘) 생성 • 캐러멜화 반응 : 당류 + 높은 온도 = 갈색이 변하는 반응
향의 발달	• 향은 주로 껍질에서 생성 → 빵 속으로 흡수 • 향의 원인 : 재료, 이스트 발효 산물, 열 반응 산물, 화학적 변화 • 관여 물질 : 유기산류, 알코올류, 케톤류, 에스테르류

(3) 튀기기

① 튀김용 기름을 열전달의 매체로 가열하여 익히는 방법

② 튀김용 기름의 온도는 150~200[℃] 정도로 가열되는 속도가 빠름.

③ 튀김 중 식품 수분 증발과 기름이 식품에 흡수되어 물과 기름의 교환이 일어남.

(4) 튀김용 유지 조건

① 발연점이 높은 것이 좋음.

② 튀김 중이나 튀김 후 불쾌한 냄새가 나지 않아야 함.

③ 기름에 튀겨지는 동안 구조 형성에 필요한 열전달을 할 수 있어야 함.

④ 엷은 색을 띠며 특유의 향이나 착색이 없어야 함.

⑤ 제품 냉각 시 충분히 응결되어 설탕이 탈색되거나 지방 침투가 되지 않아야 함.

⑥ 기름의 대치에 있어서 성분, 기능이 바뀌어서는 안 됨.

⑦ 수분 함량은 0.15[%] 이하로 유지

⑧ 튀김 기름의 유리지방산 함량이 0.1[%] 이상이 되면 발연 현상이 나타나므로 0.35~0.5[%]가 적당함.

7. 제품 관리(식빵류의 결함과 원인)

결함	원인
부피가 작음	• 이스트 사용량 부족 • 팬의 크기에 비해 부족한 반죽량 • 소금, 설탕, 쇼트닝, 분유 사용량 과다 • 2차 발효 부족 • 이스트 푸드 사용량 부족 • 알칼리성 물 사용 • 오븐에서 거칠게 다룸. • 부족한 믹싱 • 오븐의 온도가 초기에 높을 때

	• 미성숙 밀가루 사용 • 물 흡수량이 적음.
표피에 수포 발생	• 진 반죽 • 2차 발효실 습도 높음. • 성형기의 취급 부주의 • 오븐의 윗불 온도가 높음. • 발효 부족
빵의 바닥이 움푹 들어감	• 믹싱 부족 • 초기 굽기의 지나친 온도 • 진 반죽 • 뜨거운 틀, 철판 사용 • 팬에 기름칠을 하지 않음. • 팬 바닥에 구멍이 없음. • 2차 발효실 습도 높음.
윗면이 납작하고 모서리가 날카로움	• 진 반죽 • 소금 사용량 과다 • 발효실의 높은 습도 • 지나친 믹싱
껍질색이 옅음	• 설탕 사용량 부족 • 1차 발효 시간의 초과 • 연수 사용 • 2차 발효실 습도 낮음. • 굽기 시간의 부족 • 오븐 속의 습도와 온도가 낮음.
껍질색이 짙음	• 설탕, 분유 사용량 과다 • 높은 오븐 온도 • 높은 윗불 온도 • 과도한 굽기 • 2차 발효실 습도 높음.
부피가 큼	• 우유, 분유 사용량 과다 • 소금 사용량 부족 • 스펀지의 양이 많을 때 • 과도한 1차 발효와 2차 발효 • 낮은 오븐 온도 • 팬의 크기에 비해 많은 반죽
빵 속 줄무늬 발생	• 덧가루 사용량 과다 • 표면이 마른 스펀지 사용 • 건조한 중간 발효 • 된 반죽 • 과다한 기름 사용

제 1 장

재료 준비

CHAPTER 01 재료 준비 및 계량

- 배합표를 보고 재료의 양을 계산할 수 있다.
- 각각의 재료의 구성 성분 및 특성을 파악할 수 있다.
- 재료의 영양학적 특성을 알고 응용할 수 있다.

01 배합표 작성 및 점검

1. 배합표 작성 방법

재료의 종류와 무게, 그리고 비율[%]을 표시한 것으로 레시피라고도 불린다.

(1) 배합표의 종류 및 의미

Baker's % (베이커스 퍼센트)	• 밀가루의 양을 100[%]로 환산해 각 재료별로 차지하는 양을 표시한 것이다. • 일반적으로 제과 · 제빵에서 사용된다.
True % (트루 퍼센트)	• 전체 재료의 퍼센트 합이 100[%]인 것이다.

(2) 배합표 무게 계산방법

- 배합표는 베이커스 퍼센트를 사용하여 [%]로 작성하며, 실제 계량은 [g]으로 사용한다.
- 베이커스 퍼센트로 표시한 배합률과 밀가루 양을 알면 나머지 재료들의 양을 구할 수 있다.

① 총 완제품 무게

$$총\ 완제품\ 무게[g] = 완제품\ 1개당\ 무게 \times 생산\ 수량[ea]$$

② 총 반죽(굽기 전)의 무게

$$총\ 반죽\ 무게[g] = \frac{총\ 완제품\ 무게[g]}{1 - 굽기\ 손실[\%]}$$

⊘ 단위 환산
- 1[kg] = 1,000[g]
- 1[L] = 1,000[ml]

핵심문제 풀어보기

베이커스 퍼센트(Baker's Percent)에 대한 설명으로 맞는 것은?

① 전체 재료의 양을 100[%]로 하는 것이다.
② 물의 양을 100[%]로 하는 것이다.
③ 밀가루의 양을 100[%]로 하는 것이다.
④ 물과 밀가루의 양의 합을 100[%]로 하는 것이다.

해설
베이커스 퍼센트 : 밀가루 100[%]에 대하여 다른 재료들의 양이 몇 [%]인지 알 수 있어 재료의 증감에 따른 제품의 결과를 파악하기 쉽다. 또한 맛을 연상하여 새로운 제품을 만들기 쉽다.

답 ③

③ 총 재료량(믹싱 전)의 무게

$$\text{총 재료량 무게[g]} = \frac{\text{총 반죽 무게[g]}}{1 - \text{분할 손실[\%]}}$$

④ 밀가루 무게

$$\text{밀가루 무게[g]} = \frac{\text{총 재료 무게[g]} \times \text{밀가루 배합률[\%]}}{\text{총 배합률[\%]}}$$

02 재료 준비 및 계량 방법

1. 재료 준비

(1) 빵과 과자의 기본 재료는 거의 비슷하지만 사용하는 재료와 제법에 따라 서로 다른 여러 가지 방법으로 사용된다.

(2) 빵과 과자의 재료 준비

가루 재료	분말 형태의 재료는 사용 전에 체로 쳐서 사용한다.
소금, 설탕	믹싱 중 100[%] 녹을 수 있게 물에 녹여서 사용한다.
물	밀가루의 종류에 따라 사용 방법이 다르며, 반죽 온도를 고려해 물의 온도를 조절한다.
유지	제조 방법에 맞춰 유지를 알맞게 사용한다.
우유	가열 살균한 뒤 차갑게 하거나 또는 제품의 사용 온도에 맞게 가열해서 사용한다.

2. 재료 계량

① 배합표(레시피)에 맞게 각각의 재료를 준비하는 과정이다.
② 배합표(레시피)에 따라 재료의 양을 정확히 계량하는 공정이다.
③ 재료별로 무게[g]를 계량하는 방법과 부피[ml]를 계량하는 방법으로 나눌 수 있다.

핵심문제 풀어보기

어느 제과점이 완제품이 230[g]인 바게트 60개를 주문받았다. 전체 배합률이 170[%]이고, 믹싱 손실과 발효 손실이 2.2[%], 굽기 손실이 17[%]일 때

1) 완제품의 총무게는?
2) 분할 시의 무게는?
3) 재료의 무게는?
4) 밀가루의 무게는?
5) 바게트 1개를 만들기 위한 분할 무게는? (1[g] 미만은 버림)

[해설]
1) 완제품 = 230[g] × 60
　　　　= 13,800[g]
2) 분할 무게 = 13,800 ÷ 0.83
　　　　≒ 16,626.5[g]
3) 재료 무게 = 16,626.5 ÷ 0.978
　　　　≒ 17,000.5[g]
4) 1[g] 미만은 버려서 정수로 함.
　밀가루 무게 = 17,000.5 ÷ 1.7
　　　　≒ 10,000.3
　소수 버림 → 10,000[g]
5) 230[g] ÷ 0.83 ≒ 277.11[g]
　　　　→ 277[g]

♂ 빵과 과자의 차이점

구분	빵	과자
밀가루 종류	강력분	박력분
반죽 상태	글루텐의 생성 및 발전	글루텐의 생성 억제
이스트	사용함.	사용하지 않음.
설탕량	적음(이스트 먹이).	많음(반죽의 윤활 작용). 유동성(이동성)
팽창 종류	생물학적 팽창 (이스트)	화학적 팽창 (베이킹파우더, 소다 등) 물리적 팽창 (공기, 유지 등)

CHAPTER 02 재료 및 기초 재료 과학

• 각각의 사용되는 재료의 성분 및 특징을 알고 사용할 수 있다.
• 재료별 기초 재료 과학 이론을 이해하고 활용할 수 있다.

⏱ 밀의 구조

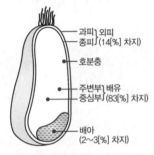

- 과피┐외피
- 종피┘(14[%] 차지)
- 호분층
- 주변부┐배유
- 중심부┘(83[%] 차지)
- 배아 (2~3[%] 차지)

[제과제빵 재료의 종류 및 기능(「완벽 제과제빵실무」, 2000, 이정훈, 채점석, 정재홍)]

• 경질밀 : 경질춘맥(봄에 파종→ 가을 수확)
• 연질밀 : 연질동맥(가을, 겨울 파 종→ 여름 수확)

핵심문제 풀어보기

강력분과 박력분의 차이점이 아닌 것은?
① 단백질 함량
② 밀가루 입자의 크기
③ 회분 함량
④ 밀가루의 색

[해설]
강력분과 박력분의 차이점은 단백질 함량과 글루텐의 질, 밀가루 입자의 크기, 회분 함량, 원료밀 등에서 차이가 난다.

답 ④

01 재료의 성분 및 특징

1. 밀가루

(1) 밀의 구조

외피(껍질)	• 밀의 14[%] 차지 • 제분 과정에서 분리 • 저질 단백질을 다량 함유 • 밀가루에 많을수록 품질이 떨어짐.
배유(내배유)	• 밀의 83[%] 차지 • 배유를 분말화한 것이 밀가루 • 전체 단백질의 70~75[%] 차지
배아	• 밀의 2~3[%] 차지 • 지방이 많아 밀가루 저장성이 나쁨. • 제분 시 분리에 따라 식용, 사료용, 약용으로 사용

(2) 밀가루의 분류

구분	강력분	중력분	박력분	듀럼밀
용도	제빵용	제면용 다목적용 (우동, 면류)	제과용	스파게티 마카로니
단백질량[%]	11.0~13.5	9~10	7~9	11~12
글루텐 질	강하다.	부드럽다.	아주 부드럽다.	
밀가루 입도	거칠다. (초자질)	약간 미세하다.	아주 미세하다. (분상질)	초자질
회분 함량 1급[%]	0.4~0.5	0.4	0.4 이하	
원료밀	경질밀	중간 경질, 연질	연질밀	

(3) 제분과 제분율

① 제분

ⓐ 껍질과 배아를 분리하고 전분의 손상을 최소화하여 가루로 만드는 것이다.

ⓑ 밀을 제분하면 탄수화물과 수분이 증가하며, 단백질은 1[%] 감소, 회분은 $\frac{1}{5}$ ~ $\frac{1}{4}$ 감소한다.

② 제분율

ⓐ 밀에 대한 제분한 밀가루의 양을 [%]로 나타낸 것이다.

$$제분율[\%] = \frac{제분\ 중량}{원료\ 소맥\ 중량} \times 100$$

ⓑ 제분율이 높았을 때

ⓐ 회분 함량이 많아지지만 입자가 점점 거칠어지고 색상도 점점 어두워진다.

ⓑ 비타민 B_1, 비타민 B_2, 무기질량, 섬유소, 단백질이 증가한다.

ⓒ 영양적으로는 우수하나 소화 흡수율이 떨어진다.

ⓒ 제분율이 낮을수록 고급분이다(일반 밀가루의 제분율은 72[%]).

(4) 밀가루의 성분

① 단백질

ⓐ 빵 품질 기준의 중요한 지표 중의 하나이다.

ⓑ 여러 단백질 중 글리아딘과 글루테닌이 물과 만나 글루텐을 형성한다.

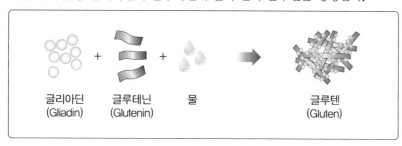

글리아딘　　　글루테닌　　　물　　　　　글루텐
(Gliadin)　　　(Glutenin)　　　　　　　　(Gluten)

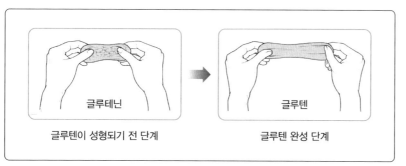

글루테닌　　　　　　　　　　　글루텐
글루텐이 성형되기 전 단계　　　글루텐 완성 단계

🕐 밀가루 제분 공정
• '마쇄 → 체질 → 정선' 과정이 연속적으로 진행된다.
• '표백 → 저장 → 영양 강화 → 포장'의 과정을 거친다.

재료 준비 / 제1장

핵심문제 풀어보기

밀가루의 제분율[%]에 따른 설명 중 잘못된 것은?

① 제분율이 증가하면 일반적으로 소화율[%]은 감소한다.

② 제분율이 증가하면 일반적으로 비타민 B_1, B_2 함량이 증가한다.

③ 목적에 따라 제분율이 조정되기도 한다.

④ 제분율이 증가하면 일반적으로 무기질 함량이 감소한다.

해설

제분율이란 밀을 깎고 남은 부분으로, 제분율이 증가한다는 뜻은 껍질 부분의 성분이 많이 함유되어 있다는 뜻으로 무기질량이 증가한다.

답 ④

- 글리아딘 : 신장성에 영향을 주며 70[%] 알코올, 묽은 산, 알칼리에 용해
- 글루테닌 : 탄력성에 영향을 주며, 묽은 산, 알칼리에 용해
- 메소닌 : 묽은 초산에 용해
- 알부민과 글로불린 : 수용성, 묽은 염류에 녹고 열에 응고

▶ **글루텐 형성 단백질의 종류 및 함량**

글리아딘	약 36[%]
글루테닌	약 20[%]
메소닌	약 17[%]
알부민, 글로불린	약 7[%]

② 탄수화물

    ㉠ 70[%]를 차지하며 대부분이 전분으로 이루어져 있다.

    ㉡ 전분의 함량은 단백질의 함량과 반비례 관계를 갖는다.

    ㉢ **전분의 함량 : 박력분 > 강력분**

    ㉣ 이스트의 주된 영양 성분이 된다.

    ㉤ 손상전분

        ⓐ 제분 공정 중 전분 입자가 손상된 것으로 권장량은 4.5~8[%]이다.

        ⓑ 자기 중량의 2배 흡수율을 갖는다.

핵심문제 풀어보기

밀가루 중 손상전분이 제빵 반죽에 미치는 영향으로 옳은 것은?

① 반죽 시 흡수가 늦고 흡수량이 많다.

② 반죽 시 흡수가 빠르고 흡수량이 적다.

③ 발효가 느리게 진행된다.

④ 손상전분의 함량은 4.5~8[%]가 적당하다.

[해설]
손상전분은 제빵 반죽 시 발효가 빠르게 진행되게 하고, 반죽 시 흡수가 빠르며 흡수량이 많다. 최적 함량은 4.5~8[%]이다.

[답] ④

③ 지방

    ㉠ 밀가루에 1~2[%] 포함되어 있다.

    ㉡ 산패와 밀접한 관련이 있다.

④ 회분

    ㉠ 밀가루의 등급을 나타내는 기준(밀가루 색상과 관련 있음)이다.

    ㉡ 껍질 부위가 적을수록 회분 함량이 적어진다.

    ㉢ 제분 공정의 점검 기준이 된다.

⑤ 수분

    ㉠ 밀가루에 10~15[%] 정도 함유되어 있다.

    ㉡ 밀가루 수분 함량이 1[%] 감소하면 반죽의 흡수율은 1.3~1.6[%] 증가한다.

    ㉢ 실질적인 중량을 결정하는 중요한 요소(밀가루 구입 시)이다.

- 아밀라아제 = 아밀레이스 (Amylase)

⑥ 효소

    ㉠ **아밀라아제** : 전분을 가수분해하여 당으로의 분해를 촉매하는 효소이다.

    ㉡ **프로테아제** : 단백질과 펩티드결합을 가수분해하는 효소이다.

(5) 밀가루 표백, 숙성 및 저장

    ① **표백** : 제분 직후의 밀가루 속 카로티노이드 색소를 산소로 산화시켜 탈색시키는 과정을 말한다.

        ㉠ **자연 표백** : 2~3개월 정도 자연 숙성하여 산소와 산화시켜 탈색시키는 과정이다.

ⓛ **인공 표백** : 화학적 첨가제를 사용해 빠른 시간에 탈색시키는 과정이다.

② **숙성** : 제분 직후 밀가루는 불안정한 상태이므로 표백 및 제빵 적성을 향상시키는 과정을 말한다.

  ㉠ **자연 숙성** : 2~3개월 정도 자연 숙성하여 산소와 산화시키는 과정이다.

  ㉡ **인공 숙성** : 산화제를 사용하여 산화시키는 과정이다.

  ㉢ **밀가루의 숙성 전후 비교**

숙성 전 밀가루 특징	• 노란빛을 띤다. • pH는 6.1~6.2 정도 • 효소 작용이 활발함.
숙성 후 밀가루 특징	• 흰색을 띤다. • pH는 5.8~5.9로 낮아짐(발효 촉진, 글루텐 질 개선, 흡수성 향상). • 환원성 물질이 산화되어 반죽 글루텐 파괴를 막아줌.

③ **저장**

  ㉠ 온도 18~24[℃], 습도 55~65[%]에서 보관해야 한다.

  ㉡ 바닥과 이격해서 보관해야 하며 선입 선출한다.

  ㉢ 환기가 잘되고 서늘한 곳에서 보관해야 한다.

  ㉣ 해충 침입에 유의해야 한다.

  ㉤ 휘발유, 석유, 암모니아 등 냄새가 강한 물건에 유의해야 한다.

④ **제빵용 밀가루의 선택 기준**

  ㉠ 2차 가공 내성이 좋아야 한다.

  ㉡ 품질이 안정되어 있어야 한다.

  ㉢ 단백질 양이 많고 질이 좋아야 한다.

  ㉣ 흡수량이 많아야 한다.

  ㉤ 제품 특성을 잘 파악하고 쓰임에 맞는 밀가루를 선택해야 한다.

◷ **인공 표백 시 화학적 첨가제**

과산화질소, 염소, 이산화염소, 과산화벤조일 등

◷ **제빵 적성**

잘 부풀 수 있는 정도. 알맞은 텍스처, 발효 동안 균일한 기공의 분포, 또는 좋은 품질의 제품을 생산할 수 있는 정도를 의미한다.

◷ **산화제**

비타민 C, 브롬산칼륨, ADA(아조디카본아마이드) 등

핵심문제 풀어보기

다음 중 밀가루의 숙성에 대한 설명으로 틀린 것은?

① 제빵 · 제과 적성을 높인다.

② 산화제를 쓰면 숙성 기간이 길어진다.

③ 포장된 밀가루는 실온에 3~4주 보관하여 숙성한다.

④ 숙성 기간은 온도와 습도의 영향을 받는다.

해설

숙성 기간 동안 단백질이 좋아지는데, 산화제를 쓰면 숙성 기간을 단축시킬 수 있다.

답 ②

- B.U.(Brabender Units)

일반적으로 양질의 빵 속을 만들기 위한 아밀로그래프의 수치는 어느 범위가 가장 적당한가?

① 0~150[B.U.]
② 200~300[B.U.]
③ 400~600[B.U.]
④ 800~1,000[B.U.]

해설

아밀로그래프 : 온도 변화에 따라 밀가루의 α-아밀라아제의 활성을 측정하는 기계로 400~600[B.U.] 범위가 적당하다.

답 ③

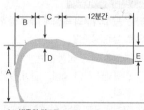

A : 반죽의 견고도
B : 반죽 시간
C : 반죽의 안정도
D : 탄성
E : 반죽의 약화도

강력분	중강력분	중력분	박력분
(빵전용)	(빵배합용)	(국수용)	(과자용)

패리노그래프(Farinograph)의 기능 및 특징이 아닌 것은?

① 흡수율 측정
② 믹싱 시간 측정
③ 500[B.U.]를 중심으로 그래프 작성
④ 전분 호화력 측정

해설

④ 아밀로그래프 : 밀가루의 호화 정도 측정

답 ④

(6) 반죽의 물리적 시험

아밀로그래프 (Amylograph)	• 밀가루의 점도 변화를 자동 기록하는 장치 • α-아밀라아제의 활성, 밀가루의 호화 정도를 알 수 있음. 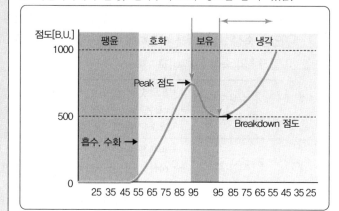 • 밀가루와 물의 현탁액을 저어주면서 1.5[℃/분] 상승시킬 때 점도의 변화를 계속적으로 자동 기록하는 장치 • 제빵용 밀가루의 적정 그래프 = 400~600[B.U.]
패리노그래프 (Farinograph)	• 밀가루의 흡수율, 믹싱 내구성, 믹싱 시간 측정 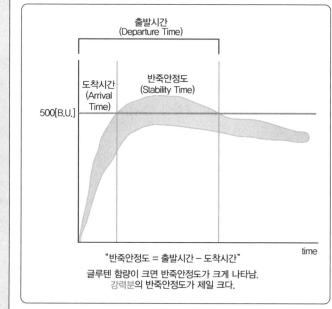 • 믹서와 연결된 파동곡선 기록기로 기록하여 측정 • 500[B.U.]에 도달해서 이탈하는 시간 등으로 특성 판단

익스텐소그래프 (Extensograph)	• 반죽의 신장성과 신장에 대한 저항을 측정하는 기계 • 패리노그래프 결과를 보완해 주는 기계 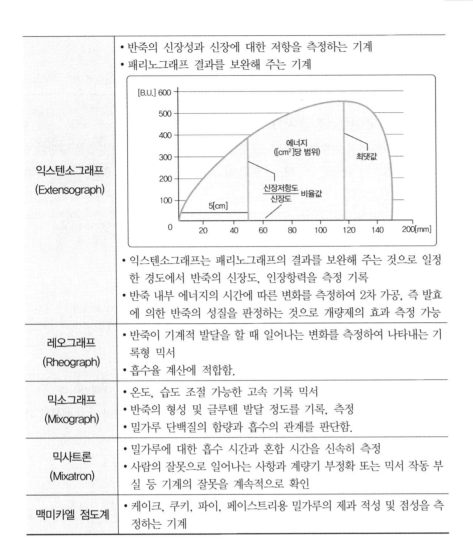 • 익스텐소그래프는 패리노그래프의 결과를 보완해 주는 것으로 일정한 경도에서 반죽의 신장도, 인장항력을 측정 기록 • 반죽 내부 에너지의 시간에 따른 변화를 측정하여 2차 가공, 즉 발효에 의한 반죽의 성질을 판정하는 것으로 개량제의 효과 측정 가능
레오그래프 (Rheograph)	• 반죽이 기계적 발달을 할 때 일어나는 변화를 측정하여 나타내는 기록형 믹서 • 흡수율 계산에 적합함.
믹소그래프 (Mixograph)	• 온도, 습도 조절 가능한 고속 기록 믹서 • 반죽의 형성 및 글루텐 발달 정도를 기록, 측정 • 밀가루 단백질의 함량과 흡수의 관계를 판단함.
믹사트론 (Mixatron)	• 밀가루에 대한 흡수 시간과 혼합 시간을 신속히 측정 • 사람의 잘못으로 일어나는 사항과 계량기 부정확 또는 믹서 작동 부실 등 기계의 잘못을 계속적으로 확인
맥미카엘 점도계	• 케이크, 쿠키, 파이, 페이스트리용 밀가루의 제과 적성 및 점성을 측정하는 기계

2. 기타 가루

(1) 호밀 가루의 특징

단백질	• 밀가루에 비해 단백질 양적인 차이는 없으나 질적인 차이가 있음. • 글루텐을 형성하는 단백질(글리아딘, 글루테닌)은 밀의 경우 90[%]이고, 호밀의 경우 25.7[%]임. • 글리아딘과 글루테닌의 함량이 적어 밀가루와 혼합하여 사용함.
탄수화물	• 전분이 70[%] 이상이며, 펜토산의 함량이 많음. • 펜토산 함량이 높아 반죽을 끈적게 하고 글루텐의 탄력성을 약화시킴. • 호밀 가루의 양이 많아지면 속이 설익거나 끈적게 되므로 사워종을 같이 사용해 좋은 호밀빵을 만듦.

☝ 사워(Sour)종

• 호밀 가루와 물로 만든 발효종으로 호밀빵에 이용되는 제법(최근 밀가루빵에도 이용)
• 풍미를 향상시키기 위해 사용
• 공기 중에 존재하는 효모균을 이용하여 발효 반죽을 만들기 시작한 것이 시초
• 산미가 있는 반죽으로 '신 반죽'이라고도 함.

지방	• 호밀의 배아 부분에 주로 존재함. • 인지질이 레시틴을 0.5[%] 함유함. • 호밀분이 지방 함량이 높으면 저장성이 나쁨.

🗝 활성 밀 글루텐 효과
• 다른 분말로 인해 밀가루 양이 적어질 경우 개량제로 사용
• 반죽의 믹싱 내구성, 안정성 증가
• 흡수율 1.5[%] 증가
• 제품의 부피, 기공, 조직, 저장성 증가

핵심문제 풀어보기

밀가루 반죽 100[g]에서 36[g]의 젖은 글루텐을 얻었다면 단백질의 함량과 밀가루의 종류는?

① 9[%], 중력분
② 12[%], 강력분
③ 12[%], 중력분
④ 13[%], 강력분

해설
• 젖은 글루텐 함량 [%]
  = (36 ÷ 100) × 100 = 36[%]
• 건조 글루텐 함량 [%]
  = 36 ÷ 3 = 12[%](강력분)

답 ②

(2) 활성 밀 글루텐(건조 글루텐)

① 밀가루에서 단백질(글루텐)을 추출하여 만든 연한 황갈색 분말을 말한다.

② **구성** : 약 단백질 76[%], 지방 1[%], 회분 1[%], 수분 4~6[%]

③ 젖은 글루텐과 건조 글루텐

> • 젖은 글루텐[%] = (젖은 글루텐 반죽의 중량 ÷ 밀가루 중량) × 100
> • 건조 글루텐[%] = 젖은 글루텐[%] ÷ 3

(3) 감자 가루

감자로 만든 가루로 이스트 영양제, 향료제, 노화 지연제로 사용된다.

(4) 옥수수 가루

① 옥수수로 만든 가루로 제빵, 제과에 직접 사용한다.

② 옥수수 단백질 제인은 리신과 트립토판이 결핍된 불완전 단백질이다.

③ 일반 곡류에 부족한 트레오닌과 함황 아미노산인 메티오닌이 많기 때문에 다른 곡류와 섞어서 사용한다.

④ 글루텐 형성 능력이 적어 밀가루와 섞어서 사용하기도 한다.

(5) 땅콩 가루

땅콩으로 만든 가루로 단백질과 필수 아미노산이 높아 영양 강화 식품으로 이용된다.

(6) 보리 가루

① 보리로 만든 가루로 비타민, 무기질, 섬유질이 많아 건강빵을 만들 때 이용된다.

② 주단백질인 호르데인은 글루텐 형성 능력이 작아 다른 밀가루 반죽 분할 중량에 비해 증가해서 분할해야 한다.

(7) 대두분

① 각종 아미노산을 함유하고 있어 밀가루의 영양소 보강을 위해 사용한다.

② **제빵에 쓰이는 대두분** : 탈지 대두분으로 리신(필수 아미노산)의 함량이 높아 밀가루 영양 보강제로 사용된다.

③ **케이크 도넛에 쓰이는 대두분** : 흡수율 감소, 껍질 구조 강화, 껍질색 강화, 식감 개선 효과를 얻을 수 있다.

(8) 면실분

① 목화씨를 갈아서 만든 가루이다.

② 단백질이 높은 생물가와 광물질, 비타민이 풍부하다.

(9) 프리믹스

밀가루, 설탕, 계란분말, 분유, 향료 등의 건조 재료에 팽창제 및 유지 재료를 알맞은 배합비로 일정하게 혼합한 가루로 물과 섞어 편리하게 만들 수 있는 가루를 말한다.

3. 감미제

(1) 정제당

불순물과 당밀을 제거하여 만든 설탕

① 설탕(Sucrose, 자당)

ㄱ 전화당

ⓐ 자당을 산이나 효소로 가수분해하여 생성되는 포도당과 과당의 시럽 형태의 혼합물을 말한다.

ⓑ 흡습성이 강해 제품의 보존기간(사용기한)의 확보가 가능하다.

ⓒ 향, 보습, 광택과 촉감을 위해 사용한다.

ㄴ 분당 : 설탕을 분쇄한 후 3[%]의 옥수수 전분을 혼합하여 만들며 덩어리지는 것을 방지한다.

ㄷ 액당 : 자당 또는 전화당이 물에 녹아 있는 시럽을 말한다.

> 액당의 당도[%] = 설탕의 무게 ÷ (설탕의 무게 + 물의 무게) × 100

ㄹ 황설탕 : 캐러멜 색소를 내는 원료로 사용한다.

ㅁ 함밀당(흑설탕) : 불순물만 제거하고 당밀이 함유되어 있는 설탕을 말한다.

(2) 전분당

전분을 가수분해하여 얻는 당

① 포도당(Glucose)

ㄱ 전분을 가수분해하여 만들어진다.

ㄴ 설탕 100에 대해 포도당은 75 정도의 감미도를 갖고 있다.

② 물엿

ㄱ 전분을 산 또는 효소로 가수분해하여 만든 전분당으로 물이 혼합된 끈끈한 액체 상태이다.

ㄴ 감미도는 설탕에 비해 낮지만 보습성이 뛰어나다.

🗸 전화당의 특징

- 설탕의 1.3배 감미도(130)를 가짐.
- 단당류의 단순한 혼합물로 갈색화 반응이 빠름.
- 10~15[%]의 전화당 사용 시 제과의 설탕 결정화가 방지됨.

🗸 전분당

전분을 산 또는 당화 효소로 가수분해하여 얻은 당류를 주체로 한 제품으로, 주로 가공식품의 감미료로 소비된다. 물엿(산당화엿), 가루엿, 고형 포도당, 분말 포도당, 결정 포도당 등의 총칭이다.

설탕은 사탕수수 또는 사탕무로 얻는 당이므로 전분당이 아니다.

핵심문제 풀어보기

다음 중 전분당이 아닌 것은?

① 물엿   ② 설탕
③ 포도당   ④ 이성화당

해설

② 설탕의 원료는 사탕수수이다.

- 전분당 : 전분을 원료로 하는 당을 말한다.
- 전분당의 종류 : 물엿, 맥아당, 포도당, 이성화당 등이 있다.

답 ②

③ 이성화당

　　　㉠ 포도당의 일부를 알칼리 또는 효소를 이용해 과당으로 변화시킨 당액이다.

　　　㉡ 포도당과 과당이 혼합된 액상의 감미제이다.

(3) 당밀(Molasses)

① 당밀

　　　㉠ 사탕수수나 사탕무에서 원당을 분리하고 남은 1차 산물을 말한다.

　　　㉡ 럼주는 당밀을 발효시킨 후 증류해서 만든 술을 말한다.

② 제과 · 제빵에 당밀을 넣는 이유

　　　㉠ 당밀 특유의 단맛을 내기 위해서 첨가한다.

　　　㉡ 제품의 노화를 지연시키기 위해서 첨가한다.

　　　㉢ 향료와 조화를 위해서 첨가한다.

　　　㉣ 당밀의 독특한 풍미를 얻기 위해서 첨가한다.

(4) 맥아(Malt)와 맥아 시럽(Malt Syrup)

핵심문제 풀어보기

맥아에 함유되어 있는 아밀라아제를 이용하여 전분을 당화시켜 엿을 만들 때, 엿에 주로 함유되어 있는 당류는?

① 포도당(Glucose)
② 맥아당(Maltose)
③ 과당(Fructose)
④ 유당(Lactose)

해설
엿당이라고도 하는 맥아당이 엿에 많이 함유되어 있다.

답 ②

맥아	• 발아시킨 보리의 낟알 • 탄수화물 분해 효소(아밀라아제)가 전분을 맥아당으로 분해 • 분해산물인 맥아당은 이스트 먹이로 이용되는 발효성 탄수화물
맥아 시럽	• 맥아분에 물을 넣고 열을 가해 만듦. • 설탕의 재결정화를 방지함. • 물엿에 비해 흡습성이 적음.
제빵에서의 역할	• 이스트 발효 촉진 • 가스 생산량 증가 • 특유의 향과 껍질색 개선 • 제품 내부의 수분 함량 증가

(5) 유당(젖당, Lactose)

① 포유동물의 젖에만 존재하는 감미 물질이다.

② 감미도는 설탕(100)에 비해 유당(16)이 낮다.

③ 이스트에 의해 발효되고 남은 잔류당으로 반죽에 존재하며, 갈변 반응을 일으켜 껍질색이 진해진다.

④ 유산균에 의해서 유당이 생성된다.

(6) 감미제의 기능

제과	• 캐러멜화와 메일라드 반응으로 껍질색 생성 • 글루텐을 부드럽게 만들어 제품의 기공, 속, 조직을 부드럽게 만듦. • 노화를 지연시키고 신선도를 지속시킴. • 감미제 특유의 향이 제품에 스며듦.
제빵	• 캐러멜화와 메일라드 반응으로 껍질색 생성 • 기공과 속결을 부드럽게 만듦. • 노화를 지연시키고 신선도를 지속시킴. • 발효 중 이스트에 발효성 탄수화물 공급

4. 소금

(1) 소금의 정의

① 나트륨(Na)과 염소(Cl)의 화합물로, 염화나트륨(NaCl)이라고 한다.

② 식염은 정제염 99[%]와 탄산칼슘, 탄산마그네슘의 혼합물 1[%]로 구성되어 있다.

(2) 제빵에서 소금의 역할

① 글루텐을 강하게 하여 반죽이 탄력성을 갖게 한다.

② 설탕의 감미와 작용하여 풍미를 증가시킨다.

③ 글루텐 막을 얇게 하여 빵 내부의 기공을 좋게 한다.

④ 잡균 번식을 억제(삼투압 작용)시킨다.

⑤ 점착성을 방지한다.

⑥ 빵 내부를 누렇게 또는 회색으로 만든다.

⑦ 이스트 발효 억제로 인해 발효 속도를 조절하여 작업 속도 조절을 가능하게 한다.

5. 이스트

(1) 이스트의 정의

① 출아법으로 번식하는 단세포 미생물이다.

② 자신이 가지고 있는 효소를 이용해 당을 분해시키며, 이산화탄소와 알코올을 생성하는 발효 역할을 한다.

(2) 구성 성분

수분[%]	단백질[%]	회분[%]	인산[%]	pH
68~83	11.6~14.5	1.7~2.0	0.6~0.7	5.4~7.5

• 메일라드 반응 = 마이야르 반응 (Maillard Reaction)

핵심문제 풀어보기

제과에서 설탕의 역할이 아닌 것은?

① 껍질색 개선

② 수분 보유

③ 밀가루 단백질의 강화

④ 연화 작용

해설

제과에서 설탕의 역할은 껍질색 개선, 수분 보유, 연화 작용, 노화 지연 등이 있다.

답 ③

핵심문제 풀어보기

제빵에서 밀가루, 이스트, 물과 함께 기본적인 필수 재료는?

① 분유　　② 유지

③ 소금　　④ 설탕

해설

소금을 넣지 않으면 맛과 향을 살릴 수 없으며, 발효 속도가 너무 빨라진다.
빵의 필수 재료인 밀가루, 이스트, 물, 소금으로만 만든 빵으로는 바게트가 있다.

답 ③

✿ 이스트 학명

Saccharomyces Cerevisiae(사카로미세스 세레비시아)

- 락타아제 : 유당 분해 효소
  유당은 분해되지 않고 잔여당으로 남아 껍질색을 내는 역할을 함.
- 아밀라아제 : 전분 분해 효소
  이스트에는 거의 없지만 밀가루에는 아밀라아제가 함유되어 있어 전분이 덱스트린과 맥아당으로 분해

✔ 이스트의 활동
이스트의 사멸 : 60[℃]에서 세포가 파괴되기 시작하여 세포는 63[℃], 포자는 69[℃]에서 사멸함.

✔ 호기성과 혐기성
- 호기성 : 생물에 있어서 공기 또는 산소가 존재하는 조건에서 자라고 또는 살 수 있는 성질
- 혐기성 : 생물에 있어서 산소를 싫어하여 공기 중에서 잘 자라지 않는 성질

(3) 이스트에 들어 있는 효소

효소	기질	분해산물
말타아제	맥아당	2분자의 포도당
치마아제 (찌마아제)	포도당, 과당	에틸알코올, 탄산가스, 에너지
리파아제	지방	지방산, 글리세린
인버타아제 (인베르타아제)	설탕(자당)	포도당, 과당
프로테아제	단백질	아미노산, 펩티드(펩타이드), 폴리펩티드, 펩톤

(4) 발효 작용

이스트(효모)의 효소로 반죽 속의 당을 분해하여 탄산가스와 알코올을 만들고, 열을 발생시킨다.

$$\text{치마아제(Zymase)}$$
$$\downarrow$$
알코올 발효 : $C_6H_{12}O_6 \rightarrow 2CO_2 + 2C_2H_5OH + 66[kcal]$
포도당　　　이산화탄소　알코올

부피 팽창	이산화탄소(탄산가스) 발생으로 팽창
향의 발달	알코올 및 유기산, 알데히드의 생성으로 인해 pH가 하강하고 향이 발달
글루텐 숙성	pH 하강으로 반죽이 연화되고 탄력성과 신장성이 생김.
반죽 온도 상승	에너지(열량) 발생으로 온도 상승

(5) 이스트 번식 조건

공기	호기성으로 산소가 필요
온도	28~32[℃]가 적당(38[℃]가 가장 활발)
산도	pH 4.5~4.8
영양분	당, 질소, 무기질(인산과 칼륨)

(6) 이스트 종류

생이스트 (Fresh Yeast)	• 배양 후 압축 정형하여 압착 효모라고 함. • 고형분 25~30[%], 수분 70~75[%] 정도 함유 • 사용법 : 이스트 양의 4~5배의 30[℃]의 물에 풀어 쓰거나 잘게 부숴 밀가루에 섞어 사용함. • 보관 장소 : 냉장 보관
활성 건조 효모 (Active dry Yeast)	• 배양 후 낮은 온도에서 수분을 건조한 것으로 입상형 • 수분 함량이 7.5~9[%] 정도이며, 고형분 함량은 생이스트의 3배 • 사용법 : 이스트 양의 4배가 되는 40~45[℃]의 물에 5~10분간 수화하여 사용
불활성 건조 효모 (Inactive Yeast)	• 글루타치온이 함유되어 있어 반죽을 느슨하게 함. • 높은 건조 온도에서 수분을 증발하여 이스트 내의 효소가 완전히 불활성화된 것 • 빵 · 과자 제품에 영양 보강제로 사용
인스턴트 이스트 (Instant Yeast)	• 건조 이스트의 단점을 보완한 제품 • 물에 풀지 않고 밀가루에 바로 섞어 사용 • 반죽 시간이 짧으며 완전히 용해되기 어려움.

※ 건조 이스트 사용 시 생이스트 양의 50[%] 사용
  (고형분의 양이 3배 차이가 나지만 건조 공정 중 활성세포가 줄어들기 때문)

(7) 취급과 저장 시 주의할 점

① 냉장실(0~5[℃])에 보관한다.

② 온도가 높은 물과 직접 닿지 않도록 한다(48[℃]에서 파괴 시작).

③ 설탕, 소금과 직접 닿지 않게 한다.

④ 사용 후 밀봉하여 냉장고에 보관한다.

⑤ 잡균이 오염되지 않도록 깨끗한 곳에 보관한다.

⑥ 선입 선출하여 사용한다.

6. 물

(1) 물의 정의

산소와 수소의 화합물로 분자식은 H_2O이며, 인체의 중요한 구성 성분으로 체중의 $\frac{2}{3}$ (60~65[%])를 차지한다.

(2) 물의 기능

① 효모와 효소의 활성을 제공한다.

② 제품에 따라 맞는 반죽 온도를 조절할 수 있다.

③ 원료를 분산하고 글루텐을 형성시키며 반죽의 되기를 조절할 수 있다.

핵심문제 풀어보기

생이스트의 수분 함량과 고형분 함량은?

① 수분 10[%], 고형분 90[%]

② 수분 90[%], 고형분 10[%]

③ 수분 70[%], 고형분 30[%]

④ 수분 30[%], 고형분 70[%]

[해설]
압착 효모라고도 하며 고형분 25~30[%]와 수분 70~75[%]를 함유하고 있다.

답 ③

ⓒ 활성 건조 효모의 장점
정확성, 경제성, 균일성, 편리성

ⓒ 질 좋은 이스트 조건
• 발효 저해 물질에 대한 저항력이 좋아야 함.
• 수화 시 용해성이 좋아야 하며 발효력이 일정해야 함.
• 보존성이 좋고, 이미와 이취가 없어야 하며 미생물의 오염이 없어야 함.

ⓒ 글루타치온
효모가 사멸하면서 생성되며 환원성 물질로 반죽을 약화시키고 빵의 맛과 품질을 떨어뜨린다.

(3) 경도에 따른 물의 분류

구분	내용	조치사항
연수 (60[ppm] 이하)	• 단물이라고 함(빗물, 증류수). • 글루텐을 연화시킴. • 끈적거리게 함.	• 2[%] 정도 흡수율을 낮춘다. • 가스보유력이 적으므로 이스트 푸드와 소금을 증가한다.
아연수 (61~120[ppm] 미만)	–	–
아경수 (120~180[ppm] 미만)	• 제빵에 가장 좋다.	–
경수 (180[ppm] 이상)	• 센물이라고 함(광천수, 바닷물, 온천수). • 반죽이 질겨지고 발효 시간이 길어진다.	• 이스트 사용량 증가 • 맥아 첨가 • 이스트 푸드 양 감소 • 급수량 증가

(4) pH에 따른 물의 분류

구분	내용	조치사항
산성 물 (pH 7 이하)	• 발효가 촉진된다. • 글루텐을 용해시켜 반죽이 찢어지기 쉬움.	• 이온교환수지를 이용해 물을 중화시킴.
알칼리성 물 (pH 7 이상)	• 발효 속도를 지연시킨다. • 부피가 작고 색이 노란 빵을 만듦.	• 황산칼슘을 함유한 산성 이스트 푸드의 양을 증가

7. 유지류

(1) 유지의 정의

① 3분자의 지방산과 1분자의 글리세린(글리세롤)으로 결합된 유기 화합물이다.
② 실온에서 고체인 지방(Fat)과 액체인 기름(Oil)을 총칭하여 유지라고 말한다.

(2) 유지의 종류

버터	• 우유의 유지방으로 제조하며 수분 함량이 16[%] 내외 • 우유지방 80~85[%], 수분 14~17[%], 소금 1~3[%] 등으로 구성 • 융점이 낮고 가소성의 범위가 좁다. • 융점이 낮아 입안에서 녹고 독특한 향과 맛을 가짐.

마가린	• 버터 대용품으로 쓰이며 식물성 유지로 만듦. • 지방 80[%], 우유 16.5[%], 소금 3[%], 유화제 0.5[%] 등으로 구성 • 가소성, 유화성, 크림성은 좋으나 버터보다 풍미에서 약간 떨어짐.
라드	• 돼지의 지방에서 추출하여 정제한 지방 • 보존성이 떨어지며 품질이 일정하지 않음. • 가소성의 범위가 비교적 넓고 쇼트닝성을 가지고 있음. • 크림성과 산화 안정성이 낮음.
쇼트닝	• 라드의 대용품으로 동식물 유지에 수소를 첨가한 경화유 • 수분 함량 0[%]로 무색, 무미, 무취 • 가소성의 온도 범위가 넓음. • 쇼트닝성이 있고 크림성이 크다.
튀김 기름	• 100[%] 지방으로 수분이 0[%] • 튀김 온도는 185~195[℃]로 높은 온도로 기름의 가수분해와 산패가 빨리 일어남. • 도넛 튀김용 유지는 발연점이 높은 면실유가 적당 • 고온으로 계속적으로 가열하면 유리지방산이 많아져 발연점이 낮아짐.

(3) 유지의 화학적 반응

산패	• 유지를 공기 중에 오래 두었을 때 산화되어 불쾌한 냄새가 나고 맛이 떨어지며 색이 변하는 현상 • 대기 중의 산소와 반응하여 산패되는 것을 자가 산화라 함.
가수분해	• 유지가 가수분해 과정을 통해 모노글리세리드, 디글리세리드와 같은 중간 산물을 만들고 지방산과 글리세린이 되는 것 • 가수분해 속도는 온도의 상승에 비례하며 유리지방산 함량이 높아지면 산가가 높아지고 튀김은 발연점이 낮아짐.
건성	• 이중결합이 있는 불포화지방산의 불포화도에 따라 유지가 공기 중에서 산소를 흡수하여 산화, 중화, 축합을 일으킴으로써 점성이 증가하여 고체가 되는 성질 • 요오드가가 100 이하는 불건성유, 100~130은 반건성유, 130 이상은 건성유이다. 표

건성유	아마인유, 들깨기름
반건성유	채종유, 면실유, 참기름, 콩기름
불건성유	피마자유, 동백유, 올리브유

※ 건성유 : 불포화도가 높은 지방산을 함유하여 산소를 흡수하고 산화시킴으로써 차차 점성이 증가하여 굳어버리는 성질을 가진 식물성 기름

✔ 튀김 기름의 4대 적

온도, 공기, 수분, 이물질

✔ 튀김 기름이 갖추어야 할 요건

• 발연점이 높아야 한다.
• 산패(산화)에 대한 안정성이 있어야 한다.
• 불쾌한 냄새가 나지 않아야 한다.
• 저항성이 크고 산가가 낮아야 한다.
• 제품이 냉각되는 동안 충분히 응결되어야 한다.

✔ 발연점(Smoking Point)

유지를 가열할 때 유지 표면에서 엷은 푸른 연기가 나기 시작할 때의 온도. 보통 식용 기름의 발연점은 200[℃] 이상이다(면실유 223[℃], 올리브유 175[℃], 땅콩기름 162[℃]).

핵심문제 풀어보기

도넛 튀김용 유지로 가장 적당한 것은?

① 라드　　　② 유화 쇼트닝
③ 면실유　　④ 버터

[해설]
튀김용 유지는 발연점이 높은 면실유가 적당하다.

답 ③

✔ 경화유(트랜스지방)의 특징

• 콜레스테롤 중 저밀도지단백질(LDL)을 증기시림.
• 올리브유(엑스트라버진), 참기름에는 트랜스지방이 없음.

(4) 유지의 안정화

항산화제
(산화방지제)
	• 산화적 연쇄반응을 방해함으로써 유지의 안정 효과를 갖게 하는 물질
	• 항산화제 : 비타민 E(토코페롤), PG(프로필갈레이트), BHA, BHT,
	  NDGA 등
	• 항산화 보완제 : 비타민 C, 주석산, 구연산, 인산 등(항산화제와 같이
	  사용 시 항산화 효과를 높일 수 있다.)

수소 첨가
(유지의 경화)
	• 지방산의 이중결합에 니켈을 촉매로 수소(H)를 첨가하여 유지의 융점
	  이 높아지고 유지가 단단해지는 현상, 불포화도를 감소시키는 것
	  예 쇼트닝, 마가린 등

(5) 제과 · 제빵 유지의 특성

안정성	• 지방의 산화와 산패를 장기간 억제하는 성질 • 사용기한이 긴 쿠키와 크래커, 높은 온도에 노출되는 튀김 제품에서 중요(팬 기름, 튀김 기름, 유지가 많이 들어가는 건과자)
가소성	• 유지가 상온에서 너무 단단하지 않으면서 고체 모양을 유지하는 성질 (퍼프 페이스트리, 데니시 페이스트리, 파이)
크림성	• 유지가 믹싱 조작 중 공기를 포집하는 성질(버터 크림, 파운드 케이 크, 크림법으로 제조하는 제품)
쇼트닝성	• 빵 · 과자 제품에 부드러움을 주는 성질 • 버터나 쇼트닝이 많이 가지고 있는 성질(식빵, 크래커)
유화성	• 유지가 물을 흡수하여 물과 기름이 잘 섞이게 하는 성질(레이어 케이 크류, 파운드 케이크)
검화가	• 유지 1[g]을 검화하는 데 필요한 수산화칼륨(KOH)의 [mg]의 수
산가	• 1[g]의 유지에 들어 있는 유리지방산을 중화하는 데 필요한 수산화칼 륨의 [mg]을 [%]로 나타낸 것 • 유지의 질을 판단함.

(6) 제과 · 제빵 유지의 기능

① 밀가루 단백질에 대해 연화 작용(부드럽게 하는 작용)을 한다.

② 수분 증발을 방지하고 노화를 지연시키는 작용을 한다.

③ 껍질을 얇고 부드럽게 한다.

④ 유지 특유의 맛과 향을 부여한다.

⑤ 반죽의 신장성을 좋게 하고 가스 보유력을 증대시켜 부피를 크게 만들어 준다.

8. 유제품

(1) 우유의 구성 성분 및 물리적 성질

① 수분 87.5[%], 고형물 12.5[%]로 이루어진다.

② 단백질 3.4[%], 유지방 3.65[%], 유당 4.75[%], 회분 0.7[%]가 함유되어 있다.

③ 비중 : 평균 1.030 전후

④ 수소이온농도(pH) : pH 6.6

⑤ 우유의 살균

저온 장시간	63~65[℃], 30분간 살균
고온 단시간	72~75[℃], 15초간 살균
초고온 순간	125~138[℃], 최소한 2~4초 살균

(2) 유제품의 종류

① 시유 : 일반적으로 마시기 위해 가공된 액상 우유를 말한다.

보통 우유	우유에 아무것도 넣지 않고 살균, 냉각한 뒤 포장한 것
가공 우유	우유에 탈지분유나 비타민 등을 강화한 것
탈지 우유	우유에서 지방을 제거한 것
응용 우유	우유에 커피, 과즙, 초콜릿 등을 혼합하여 맛을 낸 것

② 농축 우유

㉠ 우유의 수분 함량을 감소시켜 고형물 함량을 높인 제품이다.

㉡ 연유나 생크림도 농축 우유의 일종이다.

연유	• 가당 연유 : 우유에 40[%]의 설탕을 첨가하여 약 $\frac{1}{3}$ 부피로 농축시킨 것 • 무가당 연유 : 우유를 그대로 $\frac{1}{3}$ 부피로 농축시킨 것
생크림	• 생크림 : 유지방 함량이 18[%] 이상인 크림 • 버터용 생크림 : 유지방 함량 80[%] 이상 • 휘핑용 생크림 : 유지방 함량 35[%] 이상 • 조리용, 커피용 생크림 : 유지방 함량 16[%] 전후

핵심문제 풀어보기

우유의 비중과 pH는?

① 1.0, pH 5.5
② 1.030, pH 6.6
③ 1.04, pH 7.7
④ 0.4, pH 8.8

[해설]
우유의 수분 함량은 87.5[%], 고형물 함량은 12.5[%]이다.
비중은 물보다 무거워 1.030이고 pH는 6.6이다.

답 ②

핵심문제 풀어보기

우유를 살균할 때 고온 단시간 살균법(HTST)으로 가장 적합한 조건은?

① 72[℃]에서 15초 가열
② 80[℃] 이상에서 15초 가열
③ 130[℃]에서 2~3초 가열
④ 62~65[℃]에서 30분 가열

[해설]
우유의 살균법
• 저온 장시간 : 63~65[℃], 30분간 가열
• 고온 단시간 : 72~75[℃], 15초간 가열
• 초고온 순간 : 125~138[℃], 최소 2~4초간 가열

답 ①

⊘ 오버런

생크림이나 아이스크림 제조 시 믹싱에 의해 크림의 체적이 증가한 [%]를 수치로 나타낸 것

예 100[cc]의 생크림으로 150[cc]의 크림을 만들었다면 오버런은?
(150−100)÷100×100 = 50[%]

• 카제인 = 카세인
　(Casein)

✍ 제빵에서 분유의 기능

• 완충제 역할을 하여 발효 내구성 증가
• 분유 1[%] 증가하면 수분 흡수율도 1[%] 증가
• 밀가루 단백질을 강화하여 믹싱 내구성 증대

③ 분유 : 우유의 수분을 제거해 분말 상태로 만든 것을 말한다.

전지분유	원유를 건조시킨 것
탈지분유	지방을 뺀 원유를 건조시킨 것
혼합분유	전지분유나 탈지분유에 가공식품이나 식품첨가물을 25[%] 섞어 분말화한 것

④ 유장(유청) 제품

　㉠ 우유에서 유지방, 카제인을 분리하고 남은 제품으로 유장이라고 한다.

　㉡ 유장에는 수용성 비타민, 광물질, 약 1[%]의 비카제인 계열 단백질과 대부분의 유당이 함유되어 있다.

　㉢ 첨가량은 식빵의 경우 1~5[%] 정도이다.

⑤ 발효유 : 탈지유나 그 밖의 유즙에 젖산균을 넣어 발효시켜 유산을 생성하여 만든 제품으로 요구르트가 대표적 제품이다.

⑥ 치즈 : 우유나 그 밖의 유즙에 레닌을 넣어 카제인을 응고시킨 후 발효 숙성시켜 만든 제품이다.

　㉠ 자연 치즈

경질 치즈	1년 이상 숙성시킨 치즈	고다, 에담, 체다
반경질 치즈	수주, 수개월 동안 숙성시킨 치즈	윈스터, 스틸톤
연질 치즈	숙성을 시키지 않거나 숙성기간이 짧은 치즈	코티지 치즈, 까망베르, 크림 치즈

　㉡ 가공 치즈

　　ⓐ 자연 치즈의 강한 향을 입맛에 맞도록 가공한 제품이다.

　　ⓑ 자연 치즈에 버터, 분유 같은 유제품을 첨가해서 만든 제품이다.

　　ⓒ 자연 치즈에 비해 보존성이 좋고 위생적이라서 품질의 안정성이 높은 제품이다.

(3) 제빵에서 우유의 기능

① 글루텐 강화로 반죽의 내구성을 높이고 오버 믹싱의 위험을 감소한다.

② 유당의 캐러멜화로 껍질색이 좋아진다.

③ 이스트에 의해 생성된 향을 착향시켜 풍미를 개선시킬 수 있다.

④ 보수력이 있어 촉촉함을 오래 지속할 수 있다.

⑤ 영양 강화와 단맛을 낸다.

9. 계란

(1) 계란의 정의

① 모든 빵과 과자 제품에 쓰이는 중요한 재료로 비타민 C를 제외한 다른 비타민류가 풍부하다.

② 무기질도 많으며, 특히 인(P)과 철(Fe)이 풍부하다.

(2) 계란의 구성

① 계란의 수분

전란 : 노른자 : 흰자 = 75[%] : 50[%] : 88[%]

② 계란의 구성 비율

껍질 : 노른자 : 흰자 = 10[%] : 30[%] : 60[%]

(3) 계란의 성분 및 구성

① 계란의 성분

전란	• 껍질을 제외한 노른자와 흰자를 전란이라 함. • 수분 75[%], 고형분 25[%]로 구성
노른자	• 전란의 30[%]를 차지 • 수분과 고형분의 함량은 각각 50[%]로 이루어짐. • 단백질, 지방, 광물질, 포도당이 섞여 있는 복잡한 혼합물 • 레시틴(유화제), 트리글리세리드, 인지질, 콜레스테롤, 카로틴, 지용성 비타민 등으로 구성
흰자	• 전란의 60[%]를 차지 • 수분은 88[%], 고형분은 12[%]로 이루어짐. • 콘알부민, 오브알부민, 오보뮤코이드, 아비딘 등의 단백질을 함유함.
껍질	• 계란의 10[%] 정도 차지 • 94~95[%]가 탄산칼슘으로 되어 있고 작은 기공이 있어서 수분의 증발, 이산화탄소 가스의 방출, 세균의 침입이 일어남.

▶ 흰자의 단백질

콘알부민	약 15[%] 함유되어 있으며, 철과의 결합 능력이 강해 미생물이 이용하지 못하는 항세균 물질
오브알부민	약 54[%] 함유되어 있으며, 필수 아미노산 고루 함유
오보뮤코이드	효소 트립신의 활동 억제제로 작용함.
아비딘	비오틴의 흡수를 방해하고 대사 및 성장에 필연적인 조효소임.

핵심문제 풀어보기

흰자 300[g]을 얻으려면 껍질 포함 60[g]인 계란이 몇 개 필요한가?

① 4개   ② 9개
③ 10개   ④ 15개

해설
껍질 포함해서 계란 흰자가 차지하는 비율이 60[%]이므로
60[g]×0.6 = 36[g],
300[g]÷36 ≒ 8.3이므로
계란 9개가 필요하다.

답 ②

핵심문제 풀어보기

전란 1[kg]이 필요할 때 껍질 포함 60[g]인 계란이 몇 개 필요한가?

① 10개   ② 15개
③ 19개   ④ 22개

해설
껍질 포함해서 계란 전란이 차지하는 비율이 90[%]이므로
60[g]×0.9 = 54[g],
1,000[g] ÷ 54 ≒ 18.5이므로
계란 19개가 필요하다.

답 ③

② 계란의 구성비 및 화학적 조성[%]

부위	구성비	수분	고형분	단백질	지방	당(포도당 기준)	회분
껍질	10(10.3)	–	–	–	–	–	–
전란	90(89.7)	75	25	13.5	11.5	0.3	0.9
노른자	30(30.3)	50(49.5)	50(50.5)	16.5	31.6	0.2	1.2
흰자	60(59.4)	88	12	11.2	0.2	0.4	0.7

(4) 계란의 기능

① 농후화제(결합제) : 가열에 의해 응고되어 제품을 되직하게 한다(커스터드 크림, 푸딩).

② 유화제 : 노른자에 들어 있는 인지질인 레시틴은 기름과 물의 혼합물에서 유화제 역할을 한다.

③ 팽창제 : 흰자의 단백질에 의해 거품을 형성한다(스펀지 케이크, 엔젤 푸드 케이크 등).

(5) 신선한 계란

① 계란 껍질에 광택이 없으며 표면이 거칠다.

② 6~10[%] 소금물에 넣으면 가라앉는다.

③ 흔들었을 때 소리가 나지 않으며 등불에 비추어 보았을 때 밝게 보인다.

④ 계란을 깨트렸을 때 노른자가 깨지지 않고 동그란 모양을 유지해야 한다.

⑤ 신선한 계란의 난황계수는 0.361~0.442이다.

10. 이스트 푸드

(1) 이스트 푸드의 정의

① 제빵 반죽이나 제품의 질을 개선시켜 주는 물질이다.

② 산화제, 물 조절제, 반죽 조절제이며 제2의 기능은 이스트의 영양원인 질소를 공급하는 것이다.

③ 사용량은 밀가루 대비 0.1~0.2[%]이며, 최근 들어 제빵 개량제로 대체하여 밀가루 중량 대비 1~2[%]를 사용한다.

♥ 난황계수

계란을 터트려서 평평한 판 위에 놓고 난황의 최고부의 높이를 난황의 최대 직경으로 나눈 값이다. 일반적으로 신선한 알의 난황계수는 0.361~0.442의 범위이며, 0.3 이하는 신선하지 않은 것으로 본다.

핵심문제 풀어보기

다음 중 신선한 계란의 특징으로 잘못된 것은?

① 6~8[%] 식염수에 가라앉는다.
② 흔들었을 때 소리가 나지 않는다.
③ 난황계수가 0.36 정도이다.
④ 껍질에 광택이 있고 매끄럽다.

[해설]
신선한 계란은 껍질에 광택이 없으며 거칠거칠하다.

답 ④

(2) 이스트 푸드의 역할 및 성분

① 물 조절제(물의 경도 조절)

㉠ 물의 경도를 조절하여 아경수가 되도록 한다.

㉡ 칼슘염(인산칼슘, 황산칼슘, 과산화칼슘)

② 반죽의 pH 조절

㉠ 반죽 숙성에 적합한 pH 4~6이 되도록 pH의 저하를 촉진한다.

㉡ 효소제, 칼슘염(산성인산칼슘)

③ 이스트의 영양원인 질소 공급

㉠ 이스트의 영양원인 질소(N)를 공급하여 발효에 도움을 준다.

㉡ 암모늄염(인산암모늄, 황산암모늄, 염화암모늄)

④ 반죽 조절제(물리적 성질 조절)

효소제	• 반죽의 신장성 강화 • 프로테아제, 아밀라제 등
산화제	• 반죽의 글루텐을 강화시켜 제품의 부피 증가 • 비타민 C(아스코르브산), 브롬산칼륨, 아조디카본아마이드(ADA)
환원제	• 반죽의 글루텐을 약화시켜 반죽 시간을 단축함. • 글루타치온, 시스테인

⑤ 기타 첨가물

㉠ 이외에 분산제(전분), 반죽 강화제, 노화 지연제 등이 첨가된다.

㉡ 분산제로 전분을 첨가하는 이유

ⓐ 흡수 방지를 위해 첨가한다.

ⓑ 성분 간 반응 억제를 위해 첨가한다.

ⓒ 계량의 간소화를 위해 첨가한다.

11. 계면 활성제(유화제)

(1) 계면 활성제의 정의

① 물과 기름처럼 서로 혼합되지 않은 물질들을 잘 섞이게 해주는 다른 성질을 가진 물질이나.

② 친유기와 친수기를 가지며 묽은 용액 속에서 계면에 흡착하여 장력을 줄일 수 있는 물질이다.

핵심문제 풀어보기

이스트에 질소 등의 영양을 공급하는 제빵용 이스트 푸드의 성분은?

① 칼슘염 ② 암모늄염

③ 브롬염 ④ 요오드염

해설
암모늄염(NH_4)은 이스트의 영양원인 질소(N)를 공급한다.

답 ②

핵심문제 풀어보기

이스트 푸드에 관한 사항 중 틀린 것은?

① 물 조절제 – 칼슘염

② 이스트 영양분 – 암모늄염

③ 반죽 조절제 – 효소제

④ 이스트 조절제 – 글루텐

해설
이스트의 영양원인 질소를 공급하여 이스트를 조절하는 것은 암모늄염(염화암모늄, 황산암모늄, 인산암모늄)이다.

답 ④

제1장 재료 준비

화학적 구조

친유성단에 대한 친수성단의 크기와 강도의 비를 'HLB로 표시하는데 HLB의 값이 9 이하이면 친유성으로 기름에 용해되고, HLB(Hydrophilic-Lipophilic Balance)의 수치가 11 이상이면 친수성으로 물에 용해된다.

(2) 계면 활성제의 종류

레시틴	• 옥수수와 대두유로부터 추출하여 사용 • 쇼트닝과 마가린의 유화제로 쓰임. • 빵 반죽 기준으로 0.25[%], 케이크 반죽은 유지의 1~2[%]를 사용하면 반죽의 유동성이 좋아진다.
모노-디 글리세리드	• 가장 많이 사용하는 계면 활성제 • 지방의 가수분해로 생성되는 중간 생성물 • 쇼트닝 제품에 6~8[%], 빵에는 밀가루 대비 0.365~0.5[%]
아실 락틸레이트	• 비흡습성 분말인 아실 락틸레이트는 물에 녹지 않지만, 대부분의 비극성 용매와 뜨거운 유지에는 녹음.
SSL	• 크림색 분말로 물에 분산되고 뜨거운 기름에 용해됨.

(3) 계면 활성제의 역할

① 물과 유지를 균일하게 분산시켜 반죽을 안정시킨다.

② 유화력, 기포력, 분산력, 세척력, 삼투력을 가지고 있다.

③ 제품의 조직과 부피를 개선하고 노화를 지연시킨다.

(4) 유화의 종류

수중 유적형 (O/W, Oil in Water)	• 물속에 기름이 분산된 형태 • 아이스크림, 마요네즈, 우유
유중 수적형 (W/O, Water in Oil)	• 기름에 물이 분산된 형태 • 마가린, 버터

12. 초콜릿

(1) 초콜릿

초콜릿(Chocolate)이란 이름 자체는 멕시코 메시카 족이 카카오빈과 고추로 만든 음료인 나후아틀어로 쓴 물을 뜻하는 쇼콜라틀(Xocolatl)에서 유래되었다.

① 초콜릿의 구성 성분

㉠ 코코아 : $62.5[\%](\frac{5}{8})$

㉡ 카카오버터(코코아버터) : $37.5[\%](\frac{3}{8})$

㉢ 유화제 : 0.2~$0.8[\%]$

② 초콜릿의 원료

카카오매스	• 여러 종류의 카카오를 혼합하여 특정한 맛과 향을 만듦. • 카카오매스 자체의 풍미, 지방의 함량, 껍질의 혼입량에 따라 품질이 달라짐.

핵심문제 풀어보기

비터 초콜릿(Bitter Chocolate) 32[g] 속에 포함된 코코아와 코코아버터의 함량은?

① 20[g], 12[g]
② 18[g], 14[g]
③ 16[g], 16[g]
④ 14[g], 18[g]

해설

비터 초콜릿 원액 속에 포함된 코코아버터의 함량은 $37.5[\%](\frac{3}{8})$이고, 코코아의 함량은 $62.5(\frac{5}{8})$이다.

$32 \times \frac{3}{8} = 12$(코코아버터),

$32 \times \frac{5}{8} = 20$(코코아)

답 ①

코코아	• 용도에 따라 색상, 지방의 함량, 용해도, 미생물의 수치를 고려하여 선택 • 알칼리 처리하지 않은 천연코코아와 알칼리 처리한 더치코코아로 나뉨.
카카오버터	• 카카오매스에서 분리한 지방 • 초콜릿의 풍미를 결정하는 가장 중요한 원료임. • 향이 뛰어나고 입안에서 빨리 녹는다.
설탕	• 정백당과 분당을 많이 사용하며, 포도당이나 물엿으로 설탕의 일부를 대치하기도 한다.
우유	• 밀크 초콜릿의 원료로 전지분유, 탈지분유, 크림 파우더 등을 사용한다.
유화제	• 카카오버터에는 1[%] 이하의 수분이 들어 있기 때문에 친유성 유화제를 사용하여야 한다. • 대표적 유화제이자 대두유로부터 추출한 레시틴을 0.2~0.8[%] 사용
향	• 기본적인 향은 바닐라 향을 0.05~0.1[%] 사용하며, 그 외 제품은 특성에 따라 버터 향, 박하 향, 견과류 계통의 향을 사용

③ 초콜릿 만들기 과정

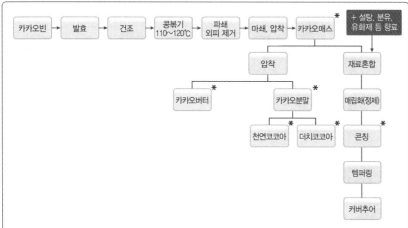

핵심문제 풀어보기

초콜릿의 맛을 크게 좌우하는 가장 중요한 요인은?

① 카카오버터
② 카카오 단백질
③ 코팅기술
④ 코코아 껍질

해설
카카오버터는 카카오매스에서 분리한 지방으로, 초콜릿의 풍미를 결정하는 가장 중요한 원료이다.

답 ①

✻ **카카오매스** : 카카오빈에서 외피와 배아를 제거하고 분해한 액체 상태의 페이스트 (비터 초콜릿이라고도 함). 구성은 카카오버터 $\frac{3}{8}$ + 코코아 $\frac{5}{8}$

✻ **콘칭** : 미립화된 초콜릿 반죽을 45~80[℃]의 고온에서 12~72시간 정도 교반하여 수분과 불쾌한 냄새 등을 없애는 과정. 초콜릿 특유의 광택과 풍미 생성.

✻ **카카오버터** : 카카오매스를 압착하여 얻은 식물성 지방

✻ **카카오분말** : 카카오버터를 뺀 나머지를 건조시켜 분말로 만든 것

✻ **천연코코아**(Natural Cocoa) : 산성인 카카오배유를 그대로 분쇄한 것

✻ **더치코코아**(Dutched Cocoa) : 산을 중화하기 위해 알칼리 처리된 코코아. 쓴맛과 떫은맛을 제거하고 풍미와 맛을 개선시킴.

④ 초콜릿의 종류

다크 초콜릿	• 카카오매스에 설탕과 카카오버터, 레시틴, 바닐라 향을 섞어 만든 초콜릿
밀크 초콜릿	• 다크 초콜릿 구성 성분에 분유를 더한 것 • 가장 부드러운 초콜릿
화이트 초콜릿	• 카카오 고형분과 카카오버터 중 다갈색의 카카오 고형분을 빼고 카카오버터에 설탕, 분유, 레시틴, 바닐라 향을 넣어 만든 초콜릿
카카오매스 (비터 초콜릿)	• 카카오빈에서 외피와 배아를 제거하고 잘게 부순 것 • 다른 성분이 포함되어 있지 않아 카카오빈 특유의 쓴맛이 그대로 살아 있음.
컬러 초콜릿	• 화이트 초콜릿에 유성 색소를 넣어 색을 낸 초콜릿
가나슈용 초콜릿	• 카카오매스에 카카오버터를 넣지 않고 설탕만 더한 것 • 카카오 고형분이 갖는 강한 풍미를 살릴 수 있는 것이 장점이다.
커버추어 초콜릿	• 카카오버터의 비율이 높아 일정 온도에서 유동성과 점성을 가짐. • 천연 카카오버터가 주성분이기 때문에 반드시 템퍼링을 거쳐야 초콜릿 특유의 광택이 나며 블룸이 없는 초콜릿을 얻을 수 있다.
코팅용 초콜릿	• 카카오매스에서 카카오버터를 제거한 다음 식물성 유지와 설탕을 넣어 만든 것 • 템퍼링 작업 없이도 사용할 수 있어 코팅용으로 쓰임.
코코아분말	• 카카오매스에서 카카오버터를 $\frac{2}{3}$ 정도 추출한 후 그 나머지를 분말로 만든 것

(2) 템퍼링(Tempering)

커버추어 초콜릿을 각각의 적정 온도까지 녹이고, 식히고, 다시 살짝 온도를 올리는 온도 조절 과정을 통해 초콜릿의 분자 구조를 안정하고 좋은 상태로 만드는 것을 템퍼링이라고 한다.

① 템퍼링을 하는 이유

㉠ 초콜릿의 결정 형태가 안정하고 일정하다.

㉡ 내부 조직이 치밀해지고 수축 현상이 일어나 틀에서 분리가 잘된다.

㉢ 매끄러운 광택이 난다.

㉣ 팻 블룸(Fat Bloom)이 일어나지 않는다.

㉤ 용해성이 좋아져 입안에서 잘 녹는다.

② 템퍼링을 안 하면 일어나는 현상

㉠ 초콜릿에 광택과 윤기가 없다.

㉡ 잘 굳지 않고 수축 현상이 일어나지 않아 틀에서 잘 빠지지 않는다.

핵심문제 풀어보기

다크 초콜릿을 템퍼링(Tempering)할 때 처음 녹이는 공정의 온도 범위로 가장 적합한 것은?

① 10~20[℃]

② 20~30[℃]

③ 30~40[℃]

④ 40~50[℃]

해설

다크 초콜릿의 템퍼링 온도 : 45~50[℃] → 27[℃] → 30~31[℃]

답 ④

ⓒ 팻 블룸의 원인이 된다.

ⓓ 용해성이 나빠져 입안에서 잘 녹지 않는다.

③ 템퍼링 온도 및 방법

　ㄱ 템퍼링 온도

공정	다크[℃]	밀크[℃]	화이트[℃]
녹이기	45~50	45~50	40~45
식히기	27	26	25
최종 온도	30~31	29~30	28~29

　ㄴ 템퍼링 방법

접종법	• 초콜릿을 완전히 용해한 다음 온도를 36[℃] 정도로 낮추고 그 안에 템퍼링 한 초콜릿을 잘게 부수어 용해함(이때 온도는 30~32[℃]까지 낮춤).
대리석법	• 초콜릿을 40~45[℃] 정도로 용해하여 전체의 $\frac{1}{2}$~$\frac{2}{3}$를 대리석 위에 부어 조심스럽게 혼합하면서 온도를 낮춤. • 점도가 생기면 나머지 초콜릿에 넣고 용해하여 30~32[℃]로 맞춤(이때 대리석 온도는 15~20[℃]가 이상적임).
수냉법	• 초콜릿을 40~45[℃] 정도로 용해하여 15~18[℃]의 물에서 27~29[℃]까지 낮춘 다음 다시 30~32[℃]까지 온도를 올림.
오버나이트법	• 전날 저녁부터 초콜릿을 36[℃]로 보온해서 다음 날 아침 32[℃]로 온도를 낮춘 다음 전체를 균일하게 혼합함.

④ 초콜릿 블룸(Bloom) 현상 및 보관 방법

　ㄱ 블룸(Bloom) : 초콜릿 표면에 하얀 반점이나 얼룩 같은 것이 생기는 현상으로, 꽃이 핀 것처럼 보여 블룸(Bloom)이라고 한다.

　ㄴ 팻 블룸(Fat Bloom)

　　ⓐ 초콜릿의 카카오버터가 분리되었다가 다시 굳어서 얼룩이 생기는 현상을 말한다.

　　ⓑ 높은 온도에 보관하거나 템퍼링이 잘 안되었을 때 자주 발생한다.

　ㄷ 슈가 블룸(Sugar Bloom)

　　ⓐ 초콜릿의 설탕이 공기 중의 수분을 흡수하여 녹았다가 재결정화되면서 표면이 하얗게 되는 현상이다.

　　ⓑ 습도가 높은 곳에 보관할 경우에 발생한다.

◈ 카카오버터의 결정화 순서

$\gamma \rightarrow \alpha \rightarrow \beta' \rightarrow \beta$

16~18[℃]　21~24[℃]　27~29[℃]　34~36[℃]

(가장 안정적임)

◈ 초콜릿 보관 방법

• 온도 : 15~18[℃]

• 습도 : 40~50[%]

• 직사광선 피함.

핵심문제 풀어보기

초콜릿의 슈가 블룸이 생기는 원인 중 틀린 것은?

① 습도가 높은 실내에서 작업 및 보존할 경우

② 냉각시킨 초콜릿을 더운 실내에서 보존할 경우

③ 습기가 초콜릿 표면에 붙어 녹아 다시 증발한 경우

④ 냉각시킨 초콜릿을 추운 실내에서 보존할 경우

해설
초콜릿의 슈가 블룸은 초콜릿의 설탕이 공기 중의 수분을 흡수하여 녹았다가 재결정화되면서 표면이 하얗게 되는 현상을 말한다. 특히 습도가 높은 곳에 보관할 경우 자주 발생한다.

답 ④

13. 팽창제

- 빵 · 과자 제품을 부풀러 부피를 크게 하고 부드러움을 주기 위해 반죽에 사용하는 첨가물을 말한다.
- 팽창제의 종류와 양은 제품의 종류에 맞게 사용해야 한다.

(1) 팽창제의 종류

구분	특징	종류
천연 팽창제 (생물학적)	• 빵에 사용되며 가스 발생이 많음. • 부피 팽창, 연화 작용, 향의 개선을 목적으로 사용	• 효모(이스트)
화학적 팽창제	• 천연 팽창제의 단점을 보완하기 위해 개발됨. • 사용하기 간편하나 팽창력이 약함. • 갈변 및 제품의 마지막 맛에 좋지 않은 향이 남아 있음.	• 베이킹파우더 • 탄산수소나트륨(중조, 소다) • 암모늄계열 팽창제(염화암모늄, 탄산수소암모늄)

(2) 화학적 팽창제의 종류

① 베이킹파우더(Baking powder)

㉠ 베이킹파우더의 구성

탄산수소나트륨	• 중조, 중탄산나트륨, 베이킹소다라고도 함. • 탄산가스를 발생시킴. • 부피 팽창의 역할을 함.
산성제 (산염)	• 중조의 알칼리성을 중화시킴. • 가스 발생 속도를 조절함.
분산제 (부형제, 중량제)	• 전분 또는 밀가루를 주로 사용함. • 탄산수소나트륨과 산성제를 격리함. • 흡수제 역할을 하여 중조와 산성제의 수분 흡수를 방지함.

㉡ 중조와 베이킹파우더

구분	중조(베이킹소다)	베이킹파우더
팽창력	3	1
사용량	1	3

핵심문제 풀어보기

소다 1.2[%]를 사용하는 배합 비율에서 팽창제를 베이킹파우더로 대체하고자 할 때 사용량은?

① 4[%]　　② 5[%]
③ 3.6[%]　④ 5.5[%]

해설
소다는 베이킹파우더보다 3배의 팽창력을 가지므로 $1.2 \times 3 = 3.6[\%]$

답 ③

ⓒ 베이킹파우더의 종류

ⓐ 가스 발생 속도에 따라

지효성	• 늦은 반응 • 고온에서 대량의 가스를 발생함. • 고온에서 표피를 터트리며 오래 굽는 제품 • 파운드 케이크에 적합
지속성	• 지속적 반응 • 오랜 시간 은근히 익히는 제품에 적합
속효성	• 빨리 반응 • 실온 및 저온에서 대량의 가스를 발생함. • 저온에서 빨리 굽는 제품에 적합 • 찜을 이용한 제품, 도넛 등에 이용

ⓑ pH에 따라

• 산성, 중성, 알칼리성의 베이킹파우더가 있다.

• 많은 양의 산은 반죽의 pH를 낮게, 많은 양의 중조는 pH를 높게 만든다.

• 산성 베이킹파우더는 제품의 색을 희게 할 때 사용한다.

• 알칼리성 베이킹파우더는 제품의 색을 진하게 할 때 사용한다.

ⓓ 베이킹파우더 과다 사용 시 제품의 결과

ⓐ 밀도가 낮고 부피가 크다.

ⓑ 속색이 어둡다.

ⓒ 기공이 많아서 속결이 거칠고, 빨리 건조되어서 노화가 빠르게 진행된다.

ⓓ 오븐 스프링이 커서 찌그러지기 쉽다.

ⓜ 화학반응 원리

ⓐ 탄산수소나트륨이 분해되어 이산화탄소, 물, 탄산나트륨이 된다.

ⓑ 베이킹파우더 무게의 12[%] 이상의 유효 이산화탄소 가스가 발생되어야 한다.

$$2NaHCO_3 \rightarrow CO_2 + H_2O + Na_2CO_3$$
탄산수소나트륨　　이산화탄소　　물　　탄산나트륨

② 탄산수소나트륨(중조, 소다)

㉠ 단독으로 사용하거나 베이킹파우더 형태로 사용한다.

㉡ 가스 발생량이 적고 이산화탄소 외에 탄산나트륨이 생겨 식품을 알칼리성으로 만든다.

㉢ 사용량이 많으면 소다 맛, 비누 맛이 나며 제품이 누렇게 변한다.

핵심문제 풀어보기

베이킹파우더에 들어 있는 산성 물질 중 작용이 가장 빠른 것은?
① 주석산
② 제1인산칼슘
③ 소명반
④ 산성피로인산나트륨

해설
베이킹파우더는 탄산수소나트륨(중조), 산작용제, 전분이 혼합된 합성 팽창제이다.
산작용제는 중조의 가스 발생 속도를 조절하는 역할을 하는데, 속효성(가스 발생 속도를 빠르게 하는 성질) 산작용제로는 주석산이 있고, 지효성(가스 발생 속도를 느리게 하는 성질) 산작용제로는 황산알루미늄소다가 있다.

답 ①

♨ 중화가
• 산 100[g]을 중화시키는 데 필요한 중조(탄산수소나트륨)의 양
• 산에 대한 중조의 비율로서 석성량의 유효 이산화탄소를 발생시키고 중성이 되는 수치

$$중화가 = \frac{중조의 양}{산성제의 양} \times 100$$

③ 암모늄계 팽창제

㉠ 암모늄계 팽창제의 종류

탄산수소암모늄	탄산가스, 암모니아가스, 물로 분해되어 반죽 중에 잔류물이 없는 팽창제로 이상적이다.
염화암모늄	탄산수소나트륨과 반응하여 탄산가스, 암모니아가스를 발생시킴.
이스파타	만두나 찐빵류, 화과자에 많이 사용하며 속색을 하얗게 만들 수 있다(속효성).

㉡ 암모늄계 팽창제의 장점

ⓐ 물만 있으면 단독으로 작용하며 가스를 발생시킨다.

ⓑ 밀가루 단백질을 부드럽게 하는 효과가 있다.

ⓒ 쿠키에 사용하면 퍼짐성이 좋아진다.

ⓓ 굽기 중 분해되어 잔류물이 남지 않는다.

14. 안정제

(1) 안정제의 특징

① 유동성이 있는 액체 혼합물의 불안정한 상태를 점도를 증가시켜 안정된 상태로 만든다.

② 안정적인 반고체 상태로 바꿔 주는 식품첨가제 중 하나이다.

③ 겔화제, 증점제, 응고제, 유화 안정제의 역할을 한다.

(2) 안정제의 종류

펙틴	• 과일과 식물의 조직 속에 존재하는 당류의 일종 • 감귤류나 사과의 펄프로부터 얻음. • 설탕 농도 50[%] 이상, pH 2.8~3.4의 산 상태에서 젤리를 형성 (젤리화의 3요소 : 산, 당, 펙틴) • 젤리, 잼, 마멀레이드의 응고제로 사용
젤라틴	• 동물의 껍질과 연골 속에 있는 콜라겐을 정제한 것 • 35[℃] 이상의 미지근한 물부터 끓는 물에 용해되어 식으면 단단하게 굳음. • 용액에 대하여 1[%] 농도로 사용 • 산이 존재하면 응고 능력이 감소됨.
한천	• 해조류인 우뭇가사리에서 추출하여 동결, 건조시켜 만듦. • 물에 대하여 1~1.5[%] 사용 • 80[℃] 전후에서 녹고, 30[℃]에서 응고 • 설탕을 첨가할 경우에는 한천이 완전히 용해된 후 첨가 예 양갱 제조에 많이 사용

핵심문제 풀어보기

식물성 안정제가 아닌 것은?

① 젤라틴
② 한천
③ 로커스트빈검
④ 펙틴

해설
젤라틴은 동물성 안정제이다.

답 ①

핵심문제 풀어보기

젤리화의 3요소가 아닌 것은?

① 유기산류   ② 염류
③ 당분류   ④ 펙틴류

해설
젤리화의 3요소 : 당 60~65[%], 펙틴, pH 3.2의 산

답 ②

알긴산	• 태평양의 큰 해초로부터 추출 • 냉수와 뜨거운 물에도 녹으며 1[%] 농도로 간단한 교질이 됨.
씨엠씨(CMC)	• 냉수에서 쉽게 팽윤되어 진한 용액이 됨. • 셀룰로오스로부터 만든 제품으로 산에 대한 저항성이 약함.
트래거캔스	• 트라칸트 나무를 잘라 얻은 수지 • 냉수에 용해되며 71[℃]로 가열하면 최대로 농후한 상태가 됨.
로커스트빈검	• 지중해 연안 지방의 로커스트빈 나무의 껍질을 벗겨 수지를 채취한 것 • 냉수에 용해되지만 뜨겁게 해야 효과적이며 산에 대한 저항성이 큼.

(3) 안정제의 사용 목적

① 머랭의 수분 배출을 억제한다.

② 아이싱의 끈적거림과 부서짐을 방지한다.

③ 젤리, 무스 등의 제조에 사용한다.

④ 흡수제로 노화 지연 효과를 갖는다.

⑤ 토핑의 거품을 안정시킨다.

⑥ 파이 충전물의 농후화제로 사용한다.

⑦ 포장성 개선의 목적으로 사용한다.

15. 향료와 향신료

(1) 향료(Flavors)

① 성분에 따른 분류

  ㉠ 천연 향료

    ⓐ 천연의 식물에서 추출한 것이다.

    ⓑ 코코아, 꿀, 당밀, 초콜릿, 바닐라 등

  ㉡ 인조 향료 : 화학성분을 조작하여 천연향과 같은 맛을 나게 한 것이다.

  ㉢ 합성 향료

    ⓐ 천연향에 들어 있는 향 물질을 합성시킨 것이다.

    ⓑ 셰피의 시나몬 알데히드, 바닐라빈의 바닐린 등

② 제조 방법에 따른 분류

알코올성 향료 (수용성 향료 : 에센스)	• 열에 대한 휘발성이 크다(청량음료, 아이싱과 충전물 제조, 빙과에 이용). • 물에 용해될 수 있게 만든 제품으로 지용성 향료보다 내열성이 약해 고농도의 제품을 만들기 어렵다.

비알코올성 향료 (지용성 향료 : 오일)	• 굽기 과정에서 향이 날아가지 않아 알코올성 향료보다 내열성이 좋다. • 캔디, 비스킷, 캐러멜에 사용
유화 향료	• 유화제를 사용하여 향료를 물속에 분산 유화시킨 것 • 내열성이 있고 물에도 잘 섞여 수용성 향료나 지용성 향료 대신 사용할 수 있음.
분말 향료	• 진한 수지액에 유화제를 넣고 향 물질을 용해시킨 후 분무 건조한 것 • 굽는 제품에 적당하고 취급이 용이하여 아이스크림, 츄잉껌 등에 사용

핵심문제 풀어보기

다음 중 향신료를 사용하는 목적이 아닌 것은?

① 냄새 제거
② 맛과 향 부여
③ 영양분 공급
④ 식욕 증진

해설

향신료는 좋은 향과 맛, 색을 내고, 주재료인 육류나 생선의 냄새를 완화시켜 주는 부재료이다.

답 ③

핵심문제 풀어보기

잎을 건조시켜 만든 향신료는?

① 계피   ② 넛메그
③ 메이스   ④ 오레가노

해설

• 계피 : 뿌리를 건조
• 넛메그, 메이스 : 열매를 건조
• 오레가노 : 잎을 건조시켜 만들며, 피자 제조 시 사용한다.

답 ④

(2) 향신료(Spices)

직접 향을 내기보다는 주재료에서 나는 불쾌한 냄새를 막아 주고 그 재료와 어울려 풍미를 향상시키고 제품의 보존성을 높여 주는 기능을 한다.

올스파이스 (Allspice)	• 올스파이스 나무의 열매를 익기 전에 말린 것으로 자메이카 후추라고도 함. • 과일 케이크, 카레, 파이, 비스킷 등에 사용
넛메그(Nutmeg)	• 육두구과 교목의 열매를 3~6주간 햇빛에 건조시킨 것으로 1개의 종자에서 넛메그와 메이스를 얻을 수 있음. • 도넛에 잘 어울리는 향신료
정향(Clove)	• 정향나무의 열매를 말린 것으로 클로브라 함. • 단맛이 강한 크림, 소스 등에 사용
박하(Peppermint)	• 박하잎을 말린 것으로 산뜻하고 시원한 향이 특징
생강(Ginger)	• 뿌리줄기로부터 얻는 향신료
오레가노(Oregano)	• 잎을 건조시킨 향신료로 독특한 매운맛과 쓴맛이 특징 • 토마토 요리와 피자 소스, 파스타, 피자에는 빼놓을 수 없는 향신료 • 뿌리줄기로부터 얻는 향신료
카다몬(Cardamon)	• 생강과의 다년초 열매 속의 작은 씨를 말린 것 • 푸딩, 케이크, 페이스트리에 사용되며 커피 향과 잘 어울림.
후추(Pepper)	• 과실을 건조시킨 향신료로 가장 활용도가 높음. • 상큼한 향기와 매운맛이 남.
캐러웨이(Caraway)	• 씨를 통째로 갈아 만든 것으로 상큼한 향기와 부드러운 단맛과 쓴맛을 가짐. • 채소 수프, 샐러드, 치즈 등에 향신료로 쓰임.

02 기초 재료 과학

1. 탄수화물

(1) 탄수화물의 특징

① 탄소(C), 수소(H), 산소(O)의 3원소로 구성된 유기 화합물(탄소를 포함한 화합물) 이다.

② 일반식은 $C_mH_{2n}O_n$ 또는 $C_m(H_2O)_n$으로 표시한다.

③ 탄수화물이 분해되면 포도당($C_6H_{12}O_6$)으로 바뀐다.

④ 탄수화물은 결합한 당의 수에 따라 단당류, 이당류, 다당류로 나눌 수 있다.

⑤ 제과 · 제빵에서는 단당류의 6탄당을 중요하게 다룬다.

⑥ 1[g]당 4[kcal]의 열량을 발생하는 에너지원이다.

구분	종류
단당류(6탄당)	포도당(Glucose), 과당(Fructose), 갈락토오스(Galactose), 만노오스(Mannose)
이당류	자당(설탕, Sucrose), 맥아당(엿당, Maltose), 유당(젖당, Lactose)
다당류	전분, 섬유소, 이눌린, 글리코겐, 펙틴, 알긴산, 한천, 키틴 등

(2) 당류 상대적 감미도

설탕(100)을 기준으로 한 상대적 단맛을 표시

과당	>	전화당	>	설탕(자당)	>	포도당	>	맥아당, 갈락토오스	>	유당
(175)		(135)		(100)		(75)		(32)		(16)

(3) 단당류

① 분자식은 $C_6H_{12}O_6$이다.

② 탄수화물이 가수분해(결합물에 물을 끼워 넣어서 쪼개는 화학반응)되지 않는 최소 단위의 당이다.

③ 물에 용해되며 단맛을 가지고 있다.

④ 단당류에 환원(분자, 원자 또는 이온이 산소를 잃거나 수소 또는 전자를 '얻는' 것) 되면 알코올을 생성한다.

핵심문제 풀어보기

다음 당류 중 감미도가 두 번째로 낮은 것은?

① 유당(Lactose)
② 전화당(Invert Sugar)
③ 맥아당(Maltose)
④ 포도당(Glucose)

해설
전화당(135) > 포도당(75) > 맥아당(32) > 유당(16)

🔖 ③

☑ 환원당

다른 물질을 환원시킬 수 있는 환원
성을 가진 당. 설탕을 제외한 이당
류와 단당류는 모두 다른 물질을 환
원시키는 성질을 가진 카르보닐기
를 가지고 있어서, 자신은 산화되면
서 다른 물질을 환원시키는 환원당
이다.

☑ 비환원당

설탕은 환원기 말단이 모두 결합에
참여하므로 더 이상 환원제로 작용
할 수 없기 때문에 다른 물질을 환
원시키지 않는 비환원당이다.(다당
류도 환원성이 없는 비환원당이다.)

포도당 (Glucose, 글루코오스)	• 적혈구, 뇌세포, 신경세포의 주요 에너지원으로 이용된다. • 혈액 내의 1[%] 존재(호르몬 작용에 의해 유지)한다. • 전분을 가수분해하여 생성된다. • 과잉 포도당은 지방으로 전환한다. • 감미도는 75이다.
과당 (Fructose, 프락토오스)	• 당류 중 가장 빨리 소화되고 흡수된다. • 과일, 꿀에 많이 들어 있다. • 감미도는 175(단맛이 가장 강함)이다.
갈락토오스 (Galactose)	• 지방과 결합해 뇌, 신경조직의 성분으로 이용된다. • 포도당과 결합해 유당을 생성한다. • 포유동물의 유즙에만 존재한다. • 감미도는 32(단맛이 가장 약함)이다.
만노오스 (Mannose)	• 따로 분리된 상태로 존재하지 않는다. • 다당류와 당단백질의 구성 성분으로 존재한다.

(4) 이당류

① 단당류 2개 분자로 이루어진 당을 말한다.

② 분자식은 $C_{12}H_{22}O_{11}$이다.

자당 (설탕, Sucrose)	• 환원성 없는 비환원당 • 설탕 감미도의 기준(감미도 100) • 가수분해 : 자당 $\xrightarrow{\text{인버타아제}}$ 과당 + 포도당
맥아당 (엿당, Maltose)	• 가수분해 : 맥아당 $\xrightarrow{\text{말타아제}}$ 포도당 + 포도당 • 전분의 노화 방지 효과와 보습 효과가 있음.
유당 (젖당, Lactose)	• 가수분해 : 유당 $\xrightarrow{\text{락타아제}}$ 포도당 + 갈락토오스 • 유산균에 발효되어 유산, 초산, 알코올 생성 • 제빵 시 이스트에 발효되지 않고 잔당으로 남아 껍질에 색을 내는 역할 • 포도당, 자당에 비해 용해도가 낮고 결정화가 빠름.

(5) 다당류

① 다당류의 특징

㉠ 3개 이상의 단당류가 결합된 고분자 화합물이다.

㉡ 일반적으로 물에 녹지 않고 콜로이드 상태로 나타난다.

㉢ 단맛이 없으며 환원성 또한 없다.

② 전분

㉠ 많은 포도당이 축합된 다당류이다.

㉡ 가수분해 : 전분 $\xrightarrow{\text{산 + 효소}}$ 덱스트린 + 맥아당

㉢ 식물계(곡류, 고구마, 감자 등)에 많이 함유되어 있는 식물성 탄수화물이다.

㉣ 각각의 종류에 따라 반죽의 정도, 팽윤, 호화 온도 등의 물리적 성질이 다르다.

㉤ 전분의 구조

전분의 종류	구성	
	아밀로오스	아밀로펙틴
밀가루	17~28[%]	72~83[%]
메밀	100[%]	–
찹쌀, 찰옥수수	–	100[%]
천연 전분	아밀로오스와 아밀로펙틴 모두 함유	

㉥ 아밀로오스와 아밀로펙틴 비교

구분	아밀로오스	아밀로펙틴
분자량	적음.	많음.
호화, 노화	빠름.	느림.
포도당 결합형태	직쇄상 구조(α-1,4결합)	직쇄상 구조(α-1,4결합) 측쇄상 구조(α-1,6결합)
점성	약함.	강함.
β-아밀라아제에 의한 분해	대부분 맥아당으로 분해	맥아당 + 덱스트린
함유량	곡물 : 17~28[%]	찹쌀, 찰옥수수 : 100[%]
요오드 용액	청색 반응	적자색 반응

핵심문제 풀어보기

전분의 종류에 따른 중요한 물리적 성질과 가장 거리가 먼 것은?

① 냄새　　② 호화 온도
③ 팽윤　　④ 반죽의 정도

해설
제과 · 제빵에서 중요한 전분의 물리적 성질은 팽윤과 호화 온도, 반죽의 정도이다. 냄새는 전분의 중요한 물리적 성질이 아니다.

답 ①

핵심문제 풀어보기

다음 탄수화물 중 요오드 용액에 의하여 청색 반응을 보이며 β-아밀라아제에 의해 맥아당으로 바뀌는 것은?

① 아밀로오스　② 아밀로펙틴
③ 포도당　　④ 유당

해설
전분의 구성 성분인 아밀로오스는 요오드 용액에서 청색 반응을 보이고, 효소인 β-아밀라아제에 의해 맥아당으로 분해된다.

답 ①

✓ 호화 시작 온도

옥수수 전분	80[℃]
감자 전분	60[℃]
밀가루 전분	56~60[℃]

핵심문제 풀어보기

전분의 노화에 대한 설명 중 틀린 것은?

① −18[℃] 이하의 온도에서는 잘 일어나지 않는다.

② 노화된 전분은 소화가 잘 안된다.

③ 노화란 β−전분이 α−전분으로 되는 것을 말한다.

④ 노화된 전분은 수분이 손실된다.

해설
노화란 α−전분(호화전분)이 β−전분(생전분)으로 변하는 것으로 전분의 퇴화와 수분 증발로 딱딱하게 굳는 현상을 말하며, 소화가 잘 안된다.

답 ③

ⓐ 호화와 노화

호화 (α화, 덱스트린화, 젤라틴화)	• β−전분(생전분) → α−전분(익은 전분)이 되는 현상을 말한다. • 전분에 물과 열을 가해 팽윤(고분자 물질의 용매를 흡수하여 부피가 팽창하는 일)되고, 반투명의 콜로이드 상태가 되면서 점도가 상승하는 현상 • 수분이 많고 pH가 높을수록 빨리 일어남. • 생전분보다 소화가 잘됨.
노화 (β화, 퇴화)	• α−전분(익은 전분) → β−전분(생전분)이 되는 현상을 말한다. • 전분의 퇴화, 수분 증발로 침전 또는 딱딱하게 굳어지는 퇴화 현상 • 미생물의 변질과는 다르며 오븐에서 제품을 꺼내자마자 시작됨. • 노화가 가장 잘 일어나는 조건 　− 온도 : −7~10[℃](0[℃]가 가장 빠름) 　− 수분 함량 : 30~60[%] 　− pH : 7 근처

ⓞ 전분의 노화를 지연시킬 수 있는 방법

　ⓐ −18[℃] 이하로 냉동하거나 실온 보관

　ⓑ 수분 함량을 증가시킴.

　ⓒ 계란과 유지제품, 당류, 분유 첨가

　ⓓ 모노−디 글리세리드 계층의 유화제 사용

　ⓔ 방습 포장재 사용

③ 그 외의 다당류

글리코겐(Glycogen)	• 포도당 결합으로 이루어짐. • 간, 근육에 저장 → 포도당으로 가수분해 → 에너지로 사용 • 호화, 노화가 일어나지 않음.
덱스트린(Dextrin)	• 전분이 가수분해 중 생기는 중간 산물 • 전분 분자량이 작은 다당류의 총칭
셀룰로오스(Cellulose)	• 포도당으로 이루어짐. • 식물의 세포벽 구성
알긴산(Alginic Acid)	• 갈조류(다시마, 미역 등) 세포막 구성 성분 • 안정제로 사용

2. 지방

(1) 지방의 특징

① 탄소(C), 수소(H), 산소(O)의 3원소로 구성된 유기 화합물이다.

② 3분자의 지방산과 1분자의 글리세린이 물을 잃고 결합하여 만들어진 에스테르 화합물이다.

③ 물에는 불용성이며 트리글리세리드라고 한다.

④ 1[g]당 9[kcal]의 열량을 내는 에너지원으로 물과 이산화탄소로 분해된다.

(2) 지방의 분류

단순지질	중성지방	• 3분자의 지방산과 1분자의 글리세린의 에스테르 결합 • 천연유지는 대부분 중성지방
	납(왁스)	• 고급 지방산과 고급 알코올이 1 : 1로 결합된 에스테르 결합 • 영양적 가치 없음.
복합지질	인지질	• 지질에 인산이 결합한 것 • 레시틴, 세팔린, 스핑고미엘린 등
	당지질	• 지질에 당이 결합한 것 • 세레브로시드 등
	지단백질	• 지질에 단백질이 결합한 것 • 혈액 내에서 지질 운반
유도지질	복합지질과 중성지질을 가수분해할 때 생성되는 지용성 물질	
	콜레스테롤	• 동물성 스테롤 • 신경계, 골수, 뇌, 담즙, 혈액 등에 많음. • 다량 섭취 시 고혈압, 동맥경화 원인 • 자외선에 의해 비타민 D_3가 됨.
	에르고스테롤	• 식물성 스테롤 • 효모, 간유, 버섯 등에 많음. • 자외선에 의해 비타민 D가 되어 비타민 D_2의 전구체 역할을 함.

✔ **에스테르**
산과 알코올의 결합에서 물이 생성되면서 생성하는 화합물을 말한다.

핵심문제 풀어보기

지방의 기능이 아닌 것은?

① 9[kcal]의 열량을 낸다.

② 지방산과 글리세린으로 분해 흡수된 후 혈액에 의해 세포로 이동한다.

③ 피로회복에 효과적이다.

④ 남은 지방은 피하, 복강, 근육 사이에 저장된다.

해설
③ 피로회복에 효과적인 것은 탄수화물의 기능이다.

답 ③

(3) 지방의 구조

① 지방산의 분류

㉠ 포화지방산

ⓐ 탄소와 탄소의 결합으로 이중결합 없이 단일결합으로 이루어진 지방산이다.

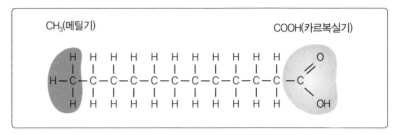

▲ 포화지방산

ⓑ 동물성 유지에 다량 함유되어 있다.

ⓒ 산화되기 어려우며 상온에서 고체 상태이다.

ⓓ 뷰티르산, 스테아르산, 팔미트산, 카프르산, 미리스트산 등이 있다.

ⓔ 탄소수가 많을수록 융점이 높아진다.

㉡ 불포화지방산

ⓐ 탄소와 탄소의 결합으로 이중결합이 1개 이상으로 이루어진 지방산이다.

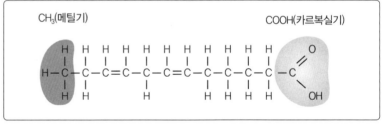

▲ 불포화지방산

ⓑ 식물성 유지에 다량 함유되어 있다.

ⓒ 산화되기 쉽고 상온에서 액체 상태로 존재한다.

ⓓ 올레산($C_{17}H_{33}COOH$, 이중결합 1개), 리놀레산($C_{18}H_{32}O_2$, 이중결합 2개), 리놀렌산($C_{18}H_{30}O_2$, 이중결합 3개), 아라키돈산($C_{20}H_{32}O_2$, 이중결합 4개) 등이 있다.

ⓔ 필수 지방산 : 체내에서는 합성되지 않으며 음식물로만 섭취 가능한 지방산 (리놀레산, 리놀렌산, 아라키돈산 등)이다. 필수 지방산은 모두 불포화지방산이다.

핵심문제 풀어보기

지방산의 이중결합 유무에 따른 분류는?

① 트랜스지방, 시스지방
② 유지, 라드
③ 지방산, 글리세롤
④ 포화지방산, 불포화지방산

해설

지방산은 분자 내 이중결합의 수에 따라 포화지방산과 불포화지방산으로 나뉜다.

• 포화지방 : 이중결합이 없이 단일결합으로만 이루어짐.
• 불포화지방산 : 이중결합이 1개 이상임.

답 ④

❤ 필수 지방산의 기능

• 두뇌 발달
• 심장관계 질환 예방
• 피부병 예방
• 기타 생리적 기능(혈액 응고 저지, 혈압 감소, 염증반응 억제)
• 결핍증 : 피부염, 성장지연, 생식장애, 시각기능장애

② 글리세린($C_3H_8O_3$)

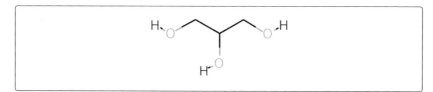

- ㉠ 3개의 수산기(−OH)가 있어 3가의 알코올이기 때문에 글리세롤이라고 한다.
- ㉡ 지방을 가수분해한 후 얻을 수 있다.
- ㉢ 무색, 무취, 감미(감미도 60)를 가진 액체이다.
- ㉣ 물보다 비중이 커 물에 가라앉는다.
- ㉤ 수분 보유력이 크다(보습제로 이용).
- ㉥ 케이크 제품에 1~2[%]를 사용하며, 향미제의 용매로 사용된다.

3. 단백질

(1) 단백질의 특징

① 탄소(C), 수소(H), 산소(O), 질소(N) 등으로 구성된 유기 화합물이다.

② 동물체를 구성하는 구조 물질, 생리 기능의 조절 물질이다.

③ 질소가 단백질의 특성을 결정한다(질소 함량은 평균 16[%]).

④ 1[g]당 4[kcal]의 열량을 내는 에너지원으로 체조직을 구성한다.

(2) 아미노산

① 아미노산의 특징

- ㉠ 단백질을 구성하는 기본 단위이다.
- ㉡ 단백질을 가수분해하면 아미노산을 생성한다.
- ㉢ 한 분자 내에 산성인 카르복실기(−COOH)와 염기성인 아미노기(−NH₂)를 가지고 있는 유기산이다.

② 아미노산의 분류

구문	내용	종류
산성 아미노산	아미노 그룹 1개와 카르복실 그룹 2개를 가짐.	글루탐산
중성 아미노산	아미노 그룹 1개와 카르복실 그룹 1개를 가짐.	류신, 발린, 트레오닌, 이소류신
염기성 아미노산	아미노 그룹 2개와 카르복실 그룹 1개를 가짐.	리신
함황(S) 아미노산	황을 함유	시스테인, 메티오닌, 시스틴

핵심문제 풀어보기

글리세린에 대한 설명으로 틀린 것은?

① 지방산을 가수분해하여 만든다.
② 흡습성이 강하다.
③ 무색 투명하며 약간 점조한 액체이다.
④ 자당의 $\frac{2}{3}$ 정도의 감미가 있다.

해설
지방산이 아닌 지방을 가수분해하여 만든다. 지방과 지방산은 다른 개념이다.

답 ①

핵심문제 풀어보기

단백질의 가장 주요한 기능이 아닌 것은?

① 체조직 구성
② 에너지 발생
③ 대사작용 조절
④ 호르몬 형성

해설
단백질의 기능은 체조직과 혈액 단백질, 효소, 호르몬, 항체 등을 구성한다.
③ 대사작용 조절은 무기질, 물, 비타민의 기능이다.

답 ③

③ 필수 아미노산 : 체내 합성이 불가능하여 반드시 음식으로 섭취해야 하는 아미노산을 말한다.

성인 8종	류신, 이소류신, 리신, 발린, 메티오닌, 트레오닌, 트립토판, 페닐알라닌
성장기 어린이 10종	8종 + 알기닌, 히스티딘

(3) 단백질의 영양학적 분류

구분	내용	종류
완전 단백질	• 필수 아미노산을 골고루 갖춤.	미오겐(생선류), 미오신(육류), 글리시닌(콩), 카제인(우유), 오브알부민(계란)
부분적 불완전 단백질	• 필수 아미노산의 종류 부족 • 생명 유지 가능, 성장 발육 불가능	오리제닌(쌀), 글리아딘(밀), 호르데인(보리)
불완전 단백질	• 생명 유지, 성장 발육 둘 다 불가능	젤라틴(육류), 제인(옥수수)

(4) 단백질의 화학적 분류

구분		내용	
단순 단백질		• 가수분해에 의해 아미노산이 생성되는 단백질 • 알부민(물에 녹는 단백질)과 글로불린(물에 녹지 않는 단백질)으로 나누어짐.	
	글로불린	• 열에 응고되며 묽은 염류 용액에 용해되나 물에는 용해되지 않음.	계란, 혈청, 근육
	알부민	• 열, 강한 알코올에 응고되며 물, 묽은 염류에 용해	우유, 혈청, 계란 흰자
	프롤라민	• 70~80[%] 알코올에 용해 • 곡식에 존재	호르데인(보리), 제인(옥수수), 글리아딘(밀)
	글루텔린	• 중성 용매에 용해되지 않고 묽은 산, 알칼리에 용해 • 곡식의 낟알에 존재	글루테닌(밀)
	히스톤	• 열에 응고되지 않고 물이나 묽은 산에 용해됨. • 동물 세포에만 존재	
	알부미노이드	• 중성 용매에 용해되지 않음. • 가수분해 → 콜라겐 + 케라틴	
	프로타민	• 가장 간단한 구조의 단백질	

복합 단백질	• 단순 단백질에 다른 물질이 결합된 단백질	
	핵단백질	• 핵산 + 단백질 • 세포핵을 구성함. • DNA, RNA와 결합하며 동식물 세포에 존재
	인단백질	• 유기인 + 단백질 • 열에 응고되지 않음. • 오보비텔린(계란 노른자), 카제인(우유) 등
	당단백질	• 탄수화물 + 단백질 • 뮤코이드(건, 연골의 점성 물질), 뮤신(동물의 점액성 분비 물) 등
	색소단백질 (크로모단백질)	• 녹색 식물과 동물의 혈관에 존재 • 엽록소, 헤모글로빈 등
	금속단백질	• 철, 구리, 아연, 망간 등 + 단백질 • 호르몬 구성 성분
유도 단백질	• 알칼리, 산, 열, 효소 등 작용제에 의해 분해되는 단백질로 제1차, 제2차 단백 질로 나누어짐.	
	메타단백질	• 단백질의 1차 분해산물 • 알칼리과 묽은 산에 가용성, 물에 불용성
	프로테오스	• 메타 단백질보다 가수분해가 더 진행된 상태 • 수용성이며 열에 응고되지 않음.
	펩티드	• 2개 이상의 아미노산 생성물 • 아미노산 이전의 유도 단백질
	펩톤	• 펩티드 이전의 분자량이 적은 생성물, 수용성

(5) 단백질의 성질

용해성	• 종류에 따라, 용매의 pH에 따라 용해도가 다름.
응고성	• 산, 알칼리, 열을 가하면 응고되는 성질 • 치즈(카제인 + 레닌과 산 → 응고), 요구르트 등
변성	• 산, 알칼리, 열, 자외선, 유기 약품 등에 의해 구조가 변화되는 성질
등전점	• 용매의 +, − 전하량이 같아져 중성이 될 때의 pH

(6) 단백질과 글루텐 관계

① 밀가루 + 물 → 젖은 글루텐을 생성한다. 신장성, 탄력성을 가지고 있다.

② 젖은 글루텐 함량[%] = (젖은 글루텐 무게 ÷ 밀가루 무게)×100

③ 건조 글루텐 함량[%] = 젖은 글루텐 함량[%] ÷ 3 = 밀가루 단백질[%]

✔ 건조 글루텐

젖은 글루텐을 가열 건조시킨 후 분말화한 것을 건조 글루텐이라 한다.

4. 효소

(1) 효소의 특징

① 단백질로 구성

② 생물체의 세포 안에서 합성되어 생체 안에서 일어나는 거의 모든 화학반응의 촉매 구실을 하는 고분자 화합물을 말한다.

③ pH, 수분, 온도 등에 영향을 받는다.

(2) 탄수화물 분해 효소

① 이당류 분해 효소

인버타아제(Invertase)	• 설탕을 포도당과 과당으로 분해 • 이스트, 췌장에 존재
락타아제(Lactase)	• 유당을 포도당과 갈락토오스로 분해 • 소장에서 분비함. • 췌장에는 존재하나, 이스트에는 존재하지 않음.
말타아제(Maltase)	• 맥아당을 포도당 2분자로 분해 • 장에서 분비함. • 이스트, 췌장에 존재

② 다당류 분해 효소

셀룰라아제(Cellulase)	섬유소 → 포도당으로 분해(사람의 소화액에 들어 있지 않아 분해되지 않고 배설됨)
아밀라아제(Amylase)	전분, 글리코겐 → 덱스트린, 맥아당으로 분해
이눌라아제(Inulase)	이눌린 → 과당으로 분해

③ 산화 효소

치마아제(Zymase)	단당류(포도당, 갈락토오스, 과당) → 알코올과 이산화탄소로 분해(이스트가 함유되어 있어 발효에 관여)
퍼옥시다아제(Peroxydase)	카로틴계 황색 색소 → 무색으로 산화

(3) 지방 분해 효소

스테압신(Steapsin)	• 지방 → 지방산과 글리세린으로 분해 • 췌장에 존재
리파아제(Lipase)	• 지방 → 지방산과 글리세린으로 분해 • 밀가루, 이스트에 존재

핵심문제 풀어보기

빵 발효에 관련되는 효소로서 단당류를 분해하는 효소는?

① 아밀라아제(Amylase)
② 말타아제(Maltase)
③ 치마아제(Zymase)
④ 리파아제(Lipase)

해설

아밀라아제는 전분을, 말타아제는 맥아당을, 치마아제는 포도당, 과당, 갈락토오스 등의 단당류를, 리파아제는 지방을 가수분해한다.

답 ③

(4) 단백질 분해 효소

프로테아제(Protease)	단백질을 아미노산, 펩티드, 폴리펩티드, 펩톤으로 분해
레닌(Renin)	단백질 응고 효소(위액에 존재)
펩신(Pepsin)	단백질 분해 효소(위액에 존재)
트립신(Trypsin) 펩티다아제(Peptidase) 에렙신(Erepsin)	단백질 분해 효소(췌액에 존재)

(5) 제빵에 관여하는 효소

구분	효소	기질	분해산물
이스트	말타아제	맥아당	포도당
	치마아제	포도당, 과당	에틸알코올, 탄산가스
	리파아제	지방	지방산, 글리세린
	인버타아제	설탕	포도당, 과당
	프로테아제	단백질	아미노산, 펩티드, 폴리펩티드, 펩톤
밀가루	프로테아제	단백질	아미노산, 펩티드, 폴리펩티드, 펩톤
	α-아밀라아제	전분	덱스트린
	β-아밀라아제	덱스트린	맥아당(말토오스)

◎ 제빵용 아밀라아제
pH 4.6~4.8에서 최대 활성을 가짐.

(6) 효소의 성질

선택성(기질특이성)	열쇠와 자물쇠의 관계처럼 어떤 특정한 기질에만 작용함.
온도	30~40[℃]에서 가장 활동성이 강하며 열에 약함.
pH	pH 4~8에 작용하며 효소 종류에 따라 다름.

핵심문제 풀어보기

다음 중 효소와 온도에 대한 설명으로 틀린 것은?

① 효소는 일종의 단백질이기 때문에 열에 의해 변성된다.
② 최적 온도 수준이 지나면 반응속도는 낮아진다.
③ 적정 온도 범위에서 온도가 낮아질수록 반응 속도는 높아진다.
④ 적정 온도 범위 내에서 온도 10[℃] 상승에 따라 효소 활성은 약 2배로 증가한다.

해설
효소는 단백질이며, 적정 온도 범위 내에서 온도가 낮아지면 반응 속도 또한 낮아진다.

답 ③

CHAPTER 03 재료의 영양학적 특성

• 영양소가 무엇인지 정의를 알 수 있다.
• 영양소 종류를 알고 영양소별 특성을 알 수 있다.

01 재료 영양학적 특성

1. 영양소

(1) 재료의 영양적 특성

① 영양소의 정의

㉠ 생리적 기능 및 생명 유지를 위해 섭취하는 식품에 함유되어 있는 성분을 말한다.

㉡ 종류 : 탄수화물, 지방, 단백질, 무기질, 비타민, 물
　　　　　　　　　　　　5대 영양소

② 영양소의 분류

구분	기능	종류
열량 영양소	에너지원(열량) 공급, 체온유지, 열량 발생	탄수화물, 지방, 단백질
구성 영양소	몸의 조직을 구성	단백질, 무기질, 물
조절 영양소	체내의 생리 작용 조절	무기질, 비타민, 물

③ 열량 영양소의 일일 섭취 권장량

탄수화물	55~70[%]
지방	15~20[%]
단백질	15~20[%]

⏱ 칼로리 계산법
열량[kcal] = {(탄수화물의 양 + 단백질의 양) × 4[kcal]} + 지방의 양 × 9[kcal]

(2) 영양과 건강

① 에너지원의 1[g]당 열량

탄수화물	지방	단백질	알코올	유기산
4[kcal]	9[kcal]	4[kcal]	7[kcal]	3[kcal]

② 에너지 대사

    ㉠ 기초 대사량 : 생명 유지에 꼭 필요한 최소 에너지 대사량을 뜻한다.

1일 기초 대사량	성인 남자	성인 여자
	1,400~1,800[kcal]	1,200~1,400[kcal]

    ㉡ 활동 대사량 : 운동이나 일 등 활동을 하면서 소모되는 에너지량을 말한다.

    ㉢ 특이동적 대사량

        ⓐ 섭취한 음식이 소화, 흡수, 대사를 위해 사용되는 에너지 소비량이다.

        ⓑ 균형적인 식사를 할 경우 기초 대사량과 활동 대사량을 합산한 수치의 10[%]에 해당한다.

> ⓥ 1일 총 에너지 소요량
> 총 에너지 = 1일 기초 대사량 + 활동 대사량 + 특이동적 대사량[(1일 기초대사량 + 활동 대사량) × $\frac{10}{100}$]

2. 탄수화물(당질)

(1) 탄수화물의 기능

① 1[g]당 4[kcal]의 에너지를 공급한다.

② 피로회복에 효과적이다.

③ 단백질 절약 작용(탄수화물이나 지방질로 에너지 섭취량을 늘리면 체내에 보유되는 질소량이 증가하는 현상)을 한다.

④ 간에서 지방의 완전대사를 도와준다.

⑤ 1일 총 열량의 55~70[%] 정도 탄수화물로 섭취한다.

⑥ 혈당량 유지, 변비 방지, 감미료 등으로 이용된다.

(2) 탄수화물의 대사

① 단당류는 흡수되나 이당류와 다당류는 포도당으로 분해되어 소장에서 흡수된다.

② 체내에 흡수된 포도당은 TCA회로를 거쳐 완전히 산화되고 물과 이산화탄소로 분해된다.

③ 에너지로 쓰이고 남은 여분의 포도당은 간과 근육에 글리코겐 형태로 저장된다.

> ⓥ 탄수화물(단당류)의 흡수 속도
> 갈락토오스(110) > 포도당(100) > 과당(43)
>
> ⓥ 탄수화물 과잉 섭취 시 일어나는 증상
> 필요한 에너지 양보다 많이 섭취할 경우 과잉 탄수화물의 일부는 지방으로 전환되어 주로 복부에 저장됨. 지방으로 전환될 때 특히 포화지방산을 포함하는 중성지방으로 전환되는데 인슐린을 지나치게 분비시켜 체내 지방 및 콜레스테롤을 축적시키므로 당뇨, 고혈압, 심장병, 비만 등을 유발시킴.

3. 지방

(1) 지방의 기능

① 1[g]당 9[kcal]의 에너지를 공급한다.

② 충격으로부터 인체의 내장 기관을 보호한다.

③ 피하지방은 체온의 발산을 막아 체온을 조절한다.

④ 지용성 비타민의 흡수를 촉진한다.

⑤ 1일 총 열량의 15~20[%] 정도 지질로 섭취한다.

⑥ 윤활제 역할을 해 변비를 예방할 수 있다.

(2) 지방의 대사

① 글리세린은 탄수화물 대사 과정에 이용된다.

② 1[g]당 9[kcal]의 에너지를 방출하고 물과 이산화탄소가 된다.

③ 비타민 A와 비타민 D가 지방의 대사에 관여한다.

④ 지방산과 글리세린으로 분해 흡수된 후 혈액에 의해 세포로 이동한다.

⑤ 남은 지방은 피하, 복강, 근육 사이에 저장된다.

4. 단백질

(1) 제한 아미노산

① 단백질 식품에 함유된 여러 필수 아미노산 중에서 최적이라고 여겨지는 표준 필요량에 비해 가장 부족해서 영양가를 제한하는 아미노산을 말한다.

② 이러한 제한 아미노산에 의해 섭취한 필수 아미노산들의 이용률이 결정된다.

③ 식품의 단백질 중에서 대표적인 제한 아미노산으로는 트립토판이 있다.

④ 제한 아미노산의 종류

식품	제한 아미노산
쌀, 밀가루	리신(라이신), 트레오닌
옥수수	리신(라이신), 트립토판
두류, 채소류	메티오닌
우유	메티오닌

(2) 단백질의 영양가 평가 방법

① 단백질의 질소계수

㉠ 질소는 단백질만 가지고 있는 원소로 단백질 평균 16[%] 함유되어 있다.

㉡ 식품의 질소 함유량을 알면 질소계수인 6.25를 곱하여 그 식품의 단백질 함량을 산출할 수 있다.

- 질소의 양 = 단백질의 양 $\times \dfrac{16}{100}$

- 단백질의 양 = 질소의 양 $\times \dfrac{100}{16}$ (질소계수 6.25)

ⓒ 밀가루는 질소량이 17.5[%]이므로 질소계수 5.7을 곱한다.

② 단백질 효율(PER) : 단백질 1[g] 섭취에 대한 체중 증가량을 나타낸 것으로 단백질의 질을 파악할 수 있다.

$$단백질\ 효율 = \frac{증가한\ 체중의\ 무게}{섭취한\ 단백질의\ 무게}$$

③ 생물가[%]

　ㄱ 체내의 단백질 이용률을 나타낸 것이다.

　ㄴ 생물가가 높을수록 체내 이용률이 높다는 것을 뜻한다.

- 생물가 $= \dfrac{체내에\ 축적된\ 질소의\ 양}{체내에\ 흡수된\ 질소의\ 양} \times 100$
- 흡수된 질소량 = 섭취한 질소량 – 대변으로 배출된 질소량
- 축적된 질소량 = 흡수된 질소량 – 소변으로 배출된 질소량

※ 우유(90), 계란(87), 돼지고기(79), 콩(75), 밀(52)

④ 단백가[%] : 필수 아미노산들의 표준 필요량을 정해 두고 식품이 가지고 있는 필수 아미노산 중 제일 적은 수치를 나타내는 제1제한 아미노산의 양과 비교하여 영양가를 측정하는 방법

$$단백가 = \frac{식품의\ 제1제한\ 아미노산의\ 양}{표준\ 구성\ 아미노산의\ 양} \times 100$$

※ 계란(100), 소고기(83), 우유(78), 대두(73), 밀가루(47)

⑤ 단백질의 기능

　ㄱ 1[g]당 4[kcal]의 에너지를 발생한다.

　ㄴ 체내 삼투압 조절로 체내 수분 함량을 조절하고 체액의 pH를 유지한다.

　ㄷ 1일 총 열량의 15~20[%] 정도 단백질로 섭취한다.

　ㄹ 1일 단백질 권장량은 체중 1[kg]당 단백질의 생리적 필요량을 계산한 1.13[g]이다.

⑥ 단백질의 대사

　ㄱ 아미노산으로 분해하여 소장에서 흡수된다.

　ㄴ 여분의 아미노산은 간으로 운반되어 필요에 따라 분해된다.

　ㄷ 흡수된 아미노산은 각 조직에 운반되어 단백질 구성을 한다.

② 최종 분해산물인 요소와 그 밖의 질소 화합물들은 소변으로 배설되어 몸 밖으로 나온다.

5. 무기질

(1) 무기질의 정의

① 유기물을 만들고 있는 탄소(C), 수소(H), 산소(O), 질소(N)를 제외한 나머지 50종의 원소를 통틀어서 무기질 또는 미네랄이라 한다.

② 무기질은 신체의 골격과 구조를 이루는 구성 요소이며, 체액의 전해질 균형, 체내 생리 기능 조절 작용을 한다.

(2) 무기질의 영양학적 특성

① 인체를 구성하는 구성 영양소이며, 체내의 생리 작용을 조절하는 조절 영양소이다.

② 인체의 4~5[%]를 차지한다.

③ 체내에서 합성되지 않으므로 반드시 음식물로 섭취하여 공급받아야 한다.

④ 태우면 재로 남는 성분을 회분이라고 한다.

(3) 무기질의 기능

① 구성 영양소

경조직 구성	• 골격과 치아의 구성 성분 • 칼슘(Ca), 인(P), 마그네슘(Mg)
연조직 구성	• 피부, 근육, 장기, 혈액의 구성 성분 • 칼슘(Ca), 인(P), 마그네슘(Mg), 칼륨(K), 나트륨(Na), 염소(Cl), 황(S)

② 조절 영양소

㉠ 호르몬과 비타민의 구성 요소이다.

㉡ 효소의 활성을 촉진한다.

㉢ 신경 자극을 전달한다.

㉣ 체액의 pH를 조절하여 산, 염기의 평형을 유지한다.

㉤ 혈액 응고 : 칼슘(Ca)

㉥ 체액의 삼투압 조절 : 칼륨(K), 나트륨(Na), 염소(Cl)

㉦ 조혈 작용 : 철(Fe), 구리(Cu), 코발트(Co)

㉧ 체액 중성 유지 : 칼슘(Ca), 나트륨(Na), 칼륨(K), 마그네슘(Mg)

㉨ 신경 안정 : 나트륨(Na), 칼륨(K), 마그네슘(Mg)

✔ 산성을 띠는 무기질
황(S), 인(P), 염소(Cl) 등(곡류, 육류, 어패류, 난황 등)

✔ 알칼리성을 띠는 무기질
칼슘(Ca), 마그네슘(Mg), 칼륨(K), 나트륨(Na), 철(Fe) 등(채소, 과일 등의 식물성 식품과 우유, 굴 등)

(4) 무기질 종류

① 칼슘(Ca)

기능	• 골격과 치아의 구성 성분 • 혈액 응고, 심장과 근육의 수축 및 이완으로 흥분 억제, 신경 자극 전달 • 부갑상선 호르몬과 비타민 D는 체액의 칼슘 농도 조절
결핍증	구루병, 골다공증, 골연화증
함유식품	우유, 유제품, 멸치, 뼈째 먹는 생선

② 칼륨(K)

기능	• 삼투압 조절 • 신경 자극 전달
결핍증	결핍증이 거의 없음.
함유식품	시금치, 양배추, 감자, 어패류, 육류

③ 나트륨(Na)

기능	• 삼투압 조절, 체액의 pH 조절, 신경 자극 전달 • 주로 세포외액에 들어 있음.
결핍증	소화불량, 식욕부진, 근육경련, 부종, 저혈압 발생
과잉증	동맥경화증, 고혈압, 부종
함유식품	소금, 육류, 조개류

④ 마그네슘(Mg)

기능	• 골격과 치아의 구성 성분 • 에너지 대사에 관여
결핍증	근육 약화, 경련
함유식품	견과류, 콩류, 녹색 채소, 생선

⑤ 인(P)

기능	• 골격과 치아의 구성 성분 • 체액의 pH 조절, 에너지 대사에 관여 • 비타민 D는 인의 흡수를 촉진함. • 신체 구성 무기질 중 $\frac{1}{4}$ 을 차지함(칼슘 다음으로 많음).
결핍증	골격, 치아의 발육 불량
함유식품	우유, 치즈, 육류, 어패류, 콩류

⏱ 우유의 칼슘 흡수를 방해하는 인자
• 곡류나 분리 대두에 많이 함유된 피트산
• 시금치에 많이 함유된 옥살산 (수산)

⏱ 칼슘의 흡수를 돕는 비타민
비타민 D

핵심문제 풀어보기

다음 무기질 중에서 혈액 응고, 효소 활성화에 관여하는 것은?
① 요오드   ② 마그네슘
③ 나트륨   ④ 칼슘

해설
칼슘의 기능
• 골격과 치아의 구성 성분
• 혈액 응고, 심장과 근육의 수축 및 이완으로 흥분 억제, 신경 자극 전달
• 부갑상선 호르몬과 비타민 D는 체액의 칼슘 농도 조절

답 ④

⑥ 황(S)

기능	피부, 손톱, 모발 등의 구성 성분
함유식품	육류, 우유, 계란, 파, 마늘, 무, 배추

⑦ 염소(Cl)

기능	• 삼투압 조절 • 위액을 산성으로 유지
결핍증	식욕부진, 소화불량
함유식품	소금, 우유, 계란, 육류

⑧ 아연(Zn)

기능	• 인슐린 호르몬의 구성 성분 • 상처 회복, 면역 기능
결핍증	성장지연, 피부발진, 성기능저하, 신경정신증세, 식욕저하 등
함유식품	굴, 간, 육류

핵심문제 풀어보기

건강한 성인이 식사 시 섭취한 철분이 200[mg]인 경우 체내 흡수된 철분의 양은?

① 1~5[mg]
② 10~30[mg]
③ 100~150[mg]
④ 200[mg]

해설
철분 흡수율은 건강한 성인 기준으로 철 섭취량의 5~15[%] 정도이다.
$200[mg] \times 0.05 = 10$,
$200[mg] \times 0.15 = 30$이므로
10~30[mg]이다.

답 ②

⑨ 철(Fe)

기능	• 헤모글로빈, 미오글로빈의 구성 성분 • 적혈구를 생성하는 조혈 작용 • 철분 흡수율은 건강한 성인 기준으로 철 섭취량의 5~15[%] 정도임.
결핍증	빈혈
함유식품	시금치 등 녹색 채소, 콩류, 냉장고기, 살코기, 난황 등

⑩ 구리(Cu)

기능	• 철분의 흡수와 이동을 도움. • 헤모글로빈 형성을 도움.
결핍증	악성빈혈
함유식품	간, 조개류, 콩류, 곡류의 배아 등

⑪ 코발트(Co)

기능	• 비타민 B_{12}의 구성 성분 • 적혈구 생성에 관여
결핍증	빈혈
함유식품	간, 신장, 쌀, 콩

⑫ 불소(F)

기능	충치 예방
결핍증	충치
함유식품	해조류

⑬ 요오드(I)

기능	갑상선 호르몬의 주성분
결핍증	갑상선종, 피로 등
함유식품	해조류, 유제품

• 요오드(Iodin) = 아이오딘

6. 비타민

(1) 비타민의 정의

① 매우 적은 양으로 물질대사나 생리 기능을 조절하는 필수적인 영양소이다.

② 비타민은 체내에서 전혀 합성되지 않거나, 합성되더라도 양이 충분하지 못하기 때문에 식품으로 적절량을 섭취하지 못하면 결핍증이 나타난다.

(2) 비타민의 영양학적 특성

① 신체 기능을 조절하는 조절 영양소이다.

② 체조직을 구성하거나 열량을 발생하지 못한다.

③ 반드시 음식물에서 섭취해야만 한다.

(3) 비타민의 분류

구분	지용성 비타민	수용성 비타민
종류	A, D, E, K	B군, C, 나머지
흡수	지방과 함께 흡수	물과 함께 흡수
용매	지방, 유기용매	물
저장	간이나 지방조직	저장하지 않음.
조리 시 손실	적음(열에 강함).	많음(열, 알칼리에 약함).
공급	매일 공급할 필요 없음.	매일 공급해야 함.
과잉 섭취	체내에 축적되고, 과잉증 및 독성 유발	소변을 통해 배출됨.
전구체	있음.	없음.
결핍증	증상이 서서히 나타남.	증상이 빠르게 나타남.

핵심문제 풀어보기

비타민의 특성 또는 기능이 아닌 것은?

① 영양소 중 조절 영양소에 속한다.
② 많은 양을 필요로 한다.
③ 에너지로 사용되지는 않는다.
④ 일반적으로 인체 내에서 합성되지 않아 외부에서 식품으로 섭취해야 한다.

해설

비타민의 특성과 기능
• 체내에 극히 미량 함유되어 있다.
• 영양소의 대사에 조효소 역할을 한다.
• 체내에서 합성되지 않는다.
• 부족하면 영양장애가 일어날 수 있다.

답 ②

(4) 지용성 비타민

지방이나 지방을 녹이는 유기용매에 녹는 비타민을 일컫는다.

① 비타민 A(레티놀) : 항야맹증 비타민

기능	• 눈의 망막세포 구성, 피부 상피조직의 보호 • 항암효과, 성장 및 생식 기능의 관여
전구체	카로틴
결핍증	야맹증, 안구 건조증, 상피조직의 각질화
함유식품	간, 난황, 고지방 생선, 치즈, 당근, 고추 등

② 비타민 D(칼시페롤) : 항구루병 비타민

기능	• 칼슘의 흡수를 돕고 골격 발육에 관여 • 산과 알칼리 및 열에 비교적 안정
전구체	에르고스테롤, 콜레스테롤
결핍증	구루병, 골다공증, 골연화증
함유식품	함유식품이 많지 않음. 간유, 난황, 우유, 버섯 등

③ 비타민 E(토코페롤) : 항산화 비타민

기능	산화 방지, 생식 기능의 유지
결핍증	불임증, 근육 위축증
함유식품	식물성 기름, 견과류

④ 비타민 K(필로퀴논) : 혈액 응고 비타민

기능	혈액 응고, 지혈작용
결핍증	혈액 응고 지연
함유식품	녹색 채소, 양배추, 대두, 차

(5) 수용성 비타민

물에 녹는 비타민을 일컫는다.

① 비타민 B₁(티아민) : 항각기병 비타민

기능	• 탄수화물 대사의 조효소 • 뇌와 신경조직 유지에 관여 • 생체조직 중에 대부분 TPP(티아민피로인산)로 전환되어 존재함.
결핍증	각기병, 신경통, 피로, 식욕부진
함유식품	현미, 간, 돼지고기 등

핵심문제 풀어보기

칼슘의 흡수를 도와 골격 형성에 관계하는 비타민은?

① 비타민 A   ② 비타민 B₆
③ 비타민 D   ④ 비타민 K

해설
비타민 D는 자외선을 쬐면 체내에서 합성이 되며, 칼슘의 흡수를 돕고 골격 발육에 관여한다.

답 ③

⚙ **주요 비타민 결핍증**

비타민 A	야맹증
비타민 B₁	각기병
비타민 C	괴혈병
비타민 D	구루병

② 비타민 B₂(리보플라빈) : 항구각염 비타민, 성장 촉진 비타민

기능	• 에너지 대사의 조효소 • 성장 촉진 작용, 피부나 점막 보호
결핍증	구순구각염, 설염, 피부염, 발육장애
함유식품	간, 계란, 녹색 채소, 유제품 등

③ 비타민 B₃(나이아신) : 항펠라그라 비타민

기능	• 에너지 대사의 조효소 • 신경 전달 물질 생산 • 피부 수분 유지 • 트립토판에 의해 체내 합성
결핍증	펠라그라
함유식품	간, 닭고기, 고등어, 땅콩 등

④ 비타민 B₆(피리독신) : 항피부염 비타민

기능	• 단백질 대사에 관여 • 조혈 작용 • 신경 전달 물질 합성에 관여
결핍증	피부염
함유식품	간, 꽁치, 현미 등

⑤ 비타민 B₉(폴산, 엽산)

기능	헤모글로빈, 적혈구 생성을 도움.
결핍증	빈혈
함유식품	간, 난황, 녹색 채소 등

⑥ 비타민 B₁₂(시아노코발라민) : 항빈혈 비타민

기능	• 적혈구의 생성 • 코발트(Co)를 함유하고 있음.
결핍증	악성빈혈
함유식품	간, 연어, 굴 등

핵심문제 풀어보기

성장 촉진 작용을 하며 피부나 점막을 보호하고 부족하면 구각염이나 설염을 유발시키는 비타민은?

① 비타민 A　② 비타민 B₁
③ 비타민 B₂　④ 비타민 B₁₂

해설
비타민 A는 항야맹증 비타민, 비타민 B₁은 항각기병 비타민, 비타민 B₁₂는 항빈혈 비타민이다.
비타민 B₂(리보플라빈)는 항구각염 비타민, 성장 촉진 비타민이다.

답 ③

핵심문제 풀어보기

비타민의 결핍 증상이 잘못 짝지어진 것은?

① 비타민 B₁ - 각기병
② 비타민 C - 괴혈병
③ 비타민 B₂ - 야맹증
④ 나이아신 - 펠라그라

해설
비타민 B₂(리보플라빈)의 결핍증은 구순구각염, 설염이다.
야맹증은 비타민 A가 부족하면 걸릴 수 있다.

답 ③

⑦ 비타민 C(아스코르브산) : 항괴혈병 비타민

기능	• 산화 방지를 도움. • 칼슘, 철의 흡수를 도움. • 세균에 대한 저항력 증가, 상처 회복 • 콜라겐 형성에 관여 • 산에 안정, 알칼리·공기·열 등에 불안정
결핍증	괴혈병, 면역력 감소
함유식품	신선한 과일과 채소

⑧ 비타민 P

기능	• 비타민 C의 기능 보강 • 모세혈관의 삼투성을 조절하여 혈관 강화 작용
결핍증	피하출혈
함유식품	감귤류

⑨ 판토텐산

기능	• 비타민 B의 복합체 • 지질대사의 조효소 • 신경 전달 물질의 생성을 도움.
결핍증	결핍증이 거의 없음.
함유식품	간, 난황, 땅콩 등

7. 영양소의 소화와 흡수

(1) 열량 영양소의 소화 흡수율

탄수화물 98[%] > 지방 95[%] > 단백질 92[%]

(2) 단백질 효율(Protein Efficiency Ratio : PER)

단백질 섭취에 따른 체중 증가량에 따라 단백질의 영양가를 판단하는 방법으로 단백질의 질을 측정할 수 있다.

(3) 체내 소화 효소

① 입(구강) : 프티알린(타액 아밀라아제)

② 위 : 펩신(단백질), 리파아제(지방), 레닌(우유)

③ 췌장, 소장 : 인버타아제, 말타아제, 락타아제, 리파아제, 트립신, 펩티다아제, 아밀롭신 등

8. 물

(1) 물의 정의
생물이 생존하는 데 없어서는 안 될 무색, 무취, 무미의 액체를 말한다.

(2) 물의 기능
① 인체의 $\frac{2}{3}$를 구성하고 있으며 생명 유지에 절대적인 기능을 갖는다.
② 영양소와 노폐물을 운반한다.
③ 체온 조절을 한다.
④ 체내 분배액의 주요 성분이다.
⑤ 영양소의 용매로서 체내의 화학반응의 촉매 역할을 한다.
⑥ 외부 자극으로부터 내장 기관을 보호한다.
⑦ 체내에서 물은 대장에서 흡수된다.

(3) 수분 결핍에 의한 증상
① 전해질의 균형이 깨진다.
② 혈압이 떨어진다.
③ 허약, 무감각, 근육부종 등이 일어난다.
④ 심한 경우 혼수상태에 이르게 된다.
⑤ 손발이 차고 창백하며 식은땀이 난다.
⑥ 호흡이 잦고 짧으며 맥박이 빠르고 약해진다.

(4) 수분의 필요량을 증가시키는 요인
① 장기간 구토, 설사, 발열
② 수술, 출혈, 화상
③ 염분 섭취량 과다
④ 높은 기온, 많은 활동량
⑤ 알코올 또는 카페인 섭취

위생안전관리

CHAPTER 01 식품위생 관련 법규 및 규정

- 「식품위생법」 관련 법규를 알고 식품위생을 확인할 수 있다.
- HACCP를 이해하고 적용할 수 있다.

01 식품위생법 관련 법규

1. 식품위생법 관련 법규

(1) 식품위생의 개요

① WHO(세계보건기구)의 식품위생의 정의 : 식품의 생육, 생산, 제조로부터 최종적으로 사람에게 섭취되기까지의 모든 단계에 있어서, 식품의 완전 무결성, 안전성, 건전성을 확보하기 위해 필요한 모든 관리수단

② 식품위생의 대상범위 : 식품(의약으로 섭취하는 것 제외), 식품첨가물, 기구 또는 용기 · 포장을 대상으로 하는 음식에 관한 위생

③ 식품위생의 목적
   ㉠ 식품으로 인한 위생상의 위해 방지
   ㉡ 식품영양의 질적 향상 도모
   ㉢ 국민 건강의 보호 · 증진에 기여

(2) 「식품위생법」

① 「식품위생법」 체계
   ㉠ 「식품위생법」 : 법률로 정함.
   ㉡ 「식품위생법」 시행령 : 대통령령으로 정함.
   ㉢ 「식품위생법」 시행규칙 : 총리령, 부령으로 정함.
   ㉣ 각종 고시 : 시행세칙으로 정함.

핵심문제 풀어보기

식품위생법상의 식품위생의 대상이 아닌 것은?

① 식품
② 식품첨가물
③ 조리방법
④ 기구와 용기, 포장

해설
식품 등의 공전에서 규제하고 있는 식품위생의 대상은 식품, 식품첨가물 및 식품과 직접 접촉하는 기구와 용기, 포장이다.

답 ③

⊘ 식품의약품안전처장
식품의 성분, 제조, 가공, 조리, 보관 방법과 식품첨가물의 기준과 규격을 고시하는 자

② 영업허가 · 신고 업종 및 허가 · 신고 관청

구분	업종	허가 · 신고 관청
영업허가 업종	식품조사처리업	식품의약품안전처장
	단란주점영업, 유흥주점영업	특별자치시장 · 특별자치도지사 또는 시장 · 군수 · 구청장
영업신고 의무 업종	즉석판매제조와 가공업, 식품운반업, 식품소분 · 판매업, 식품냉동 · 냉장업, 용기 · 포장류 제조업, 휴게음식점영업, 일반음식점영업, 위탁급식영업, 제과점영업	식품의약품안전처장 또는 특별자치시장 · 특별자치도지사 또는 시장 · 군수 · 구청장

③ 식품위생교육 대상

식품위생교육을 받아야 하는 사람	식품제조와 가공업자, 즉석판매와 제조업자, 유흥접객원, 식품운반업자, 식품접객업자
식품위생교육을 받지 않아도 되는 사람	영양사 · 조리사 관련 자격증 소지자 또는 식품접객업을 하려는 영양사

④ 조리사면허 결격 사유

조리사 면허를 받을 수 없는 사람	정신질환자, 마약류 중독자
조리사 면허를 받을 수 있는 사람	지체장애인, 미성년자, 알코올 중독자

⑤ 집단급식소 종사 가능 여부 질병

건강진단 결과 집단급식소에 종사할 수 없는 질병	후천성면역결핍증(AIDS)
건강진단 결과 집단급식소에 종사할 수 있는 질병	홍역

⑥ 영업의 종류

식품판매업에 해당되는 업종	식봉헐음판매업, 식품자동판매기영업, 유통전문판매업, 집단급식소 식품판매업
식품판매업에 해당되지 않는 업종	즉석판매제조 및 가공업
공중위생에 주는 영향이 큰 업종	식품접객업(일반음식점, 휴게음식점, 단란주점, 유흥주점으로 시행령 제21조에 의해 시설에 관한 기준을 정해야 함)

핵심문제 풀어보기

다음 중 식품접객업에 해당되지 않은 것은?
① 식품냉동 · 냉장업
② 유흥주점영업
③ 위탁급식영업
④ 일반음식점영업

해설

식품접객업에는 휴게음식점영업, 일반음식점영업, 단란주점영업, 유흥주점영업, 위탁급식영업, 제과점영업이 있다.
① 식품냉동 · 냉장업은 식품보존업의 일종이다.

답 ①

(3) 제조물책임법(Product Liability Act, PL법)

① **목적** : 제조물의 결함으로 발생한 손해에 대한 제조업자 등의 손해배상책임을 규정함으로써 피해자의 보호를 도모하고 국민생활의 안전 향상과 국민경제의 건전한 발전에 이바지함을 목적으로 한다. 2002년 7월 1일부터 시행되고 있다.

② **특징** : 손해배상 요건이 제조자의 고의·과실 책임(민법)에서 무과실 책임인 결함책임(PL법)으로 됨에 따라 소비자가 제품의 결함을 입증하면 쉽게 피해구제를 받을 수 있다는 것이다.

  ㉠ 법에서 규정하고 있는 제조물이란 동산이나 부동산의 일부를 구성하는 경우를 포함한 제조 또는 가공된 동산을 말한다.

  ㉡ 결함이란 당해 제조물에 제조상의 결함, 설계상의 결함, 표시상의 결함에 해당하는 결함이나 기타 일반적으로 기대할 수 있는 안전성이 결여되어 있는 것을 말한다.

  ㉢ 식품도 PL법의 적용을 받는 것이며, 식품과 관련된 PL 사례에 대하여 예를 들면 다음과 같다.

   ⓐ 제조상 결함의 예
      • 오렌지주스에 유리 파편이 들어 있어 상처를 입은 경우
      • 쌀겨 기름의 탈취 공정에서 열매체로 사용한 PCB가 기름에 혼입되어 섭취한 사람에게 유기염소 중독이 발생한 경우

   ⓑ 설계상 결함의 예
      • easy open식 통조림 뚜껑이 예리하여 부상을 당한 경우
      • 신선도를 돋보이게 하기 위하여 냉동참치에 허용되지 않은 일산화탄소를 첨가하였을 때 이를 섭취하여 식중독을 일으킨 경우

   ⓒ 표시상 결함의 예
      • 이유식에 온도 등 보존방법에 따라 변질 우려가 있음을 미표시한 경우

③ **책임기간**(소멸시효)

  ㉠ 피해자는 손해배상책임을 지는 자를 안 날로부터 3년 내에 행사해야 한다.

  ㉡ 제조업자가 제조물을 공급한 날로부터 10년 이내에 행사가 가능하다.

  ㉢ 다만 신체에 누적되어 발생한 손해 또는 일정한 잠복기간이 경과한 후에 증상이 나타나는 손해에 대하여는 그 손해가 발생한 날로부터 가산한다.

④ 식품업계의 제조물책임(PL) 대책

　㉠ 안전기준에 따라 재료나 식품첨가물을 사용한다.

　㉡ 제조 · 조리 공정에서 품질관리를 철저히 한다.

　㉢ 구매하는 원재료 구입선에 대해 꼼꼼하게 체크한다.

　㉣ 포장 · 용기의 안전성을 확보한다.

　㉤ 제조연월일, 사용기한이나 제품의 설명서를 체크한다.

2. HACCP 등의 개념

(1) HACCP(위해요소 중점관리기준)의 정의

① Hazard Analysis(위해요소 분석) + Critical Control Point(중점관리기준)

② 식품의 원료관리, 제조, 가공, 보존, 조리, 유통의 모든 과정에서 위해한 물질이 식품에 섞이거나 식품이 오염되는 것을 방지하기 위하여 각 과정의 위해요소를 확인, 평가하여 중점적으로 관리하는 기준

③ 식품의약품안전처장이 HACCP을 식품별로 정하여 고시한다.

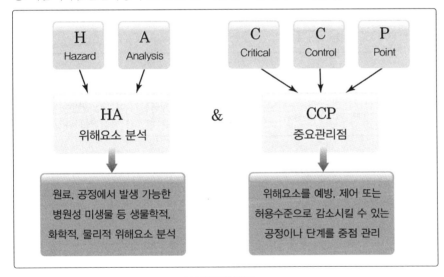

▲ HACCP의 정의

위생안전관리 제2장

(2) HACCP의 개요

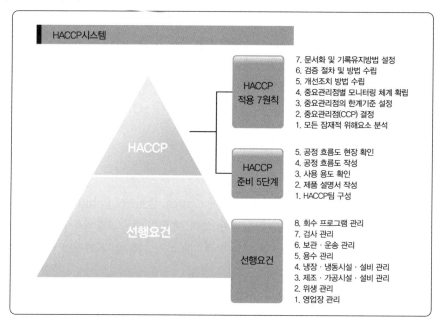

HACCP시스템

HACCP 적용 7원칙
7. 문서화 및 기록유지방법 설정
6. 검증 절차 및 방법 수립
5. 개선조치 방법 수립
4. 중요관리점별 모니터링 체계 확립
3. 중요관리점의 한계기준 설정
2. 중요관리점(CCP) 결정
1. 모든 잠재적 위해요소 분석

HACCP 준비 5단계
5. 공정 흐름도 현장 확인
4. 공정 흐름도 작성
3. 사용 용도 확인
2. 제품 설명서 작성
1. HACCP팀 구성

선행요건
8. 회수 프로그램 관리
7. 검사 관리
6. 보관·운송 관리
5. 용수 관리
4. 냉장·냉동시설·설비 관리
3. 제조·가공시설·설비 관리
2. 위생 관리
1. 영업장 관리

HACCP / 선행요건

① HACCP 적용 7원칙

1원칙	
위해요소 분석 (Hazard Analysis)	식품안전에 영향을 줄 수 있는 위해요소와 이를 유발할 수 있는 조건이 존재하는지 여부를 판별하기 위하여 필요한 정보를 수집하고 평가하는 일련의 과정

2원칙	
중요관리점 (Critical Control Point:CCP)	위해요소 중점관리기준을 적용하여 식품의 위해요소를 예방, 제거하거나 허용수준 이하로 감소시켜 당해 식품의 안전성을 확보할 수 있는 중요한 단계

3원칙	
한계기준 (Critical Limit)	위해요소 관리가 허용범위 이내로 충분히 이루어지고 있는지 여부를 판단할 수 있는 기준

4원칙	
모니터링 (Monitoring)	기준을 적절히 관리하고 있는지 여부를 확인하기 위하여 수행하는 일련의 계획된 관찰이나 측정하는 행위

5원칙	
개선조치 (Corrective Action)	모니터링 결과 중요관리점의 한계기준을 이탈한 경우에 취하는 일련의 조치

6원칙	
검증방법(Verification) 설정	HACCP 관리계획의 적절성과 실행 여부를 정기적으로 평가하는 일련의 활동

7원칙	
기록(Record)의 유지관리	식품의 원료 구입에서부터 최종 판매에 이르는 전 과정에서 위해가 발생할 우려가 있는 요소를 사전에 확인하여 허용수준 이하로 감소시키거나 제거 또는 예방할 목적으로 HACCP 원칙에 따라 작성한 제조, 가공 또는 조리 공정 관리 문서나 계획

② HACCP 준비 5단계

1단계	
HACCP팀 구성	HACCP 관리계획 개발을 담당할 전문성을 갖춘 팀 구성하기

2단계	
제품 설명서 작성	식품 안전성에 관계되는 사항을 기록한 내용(품명, 제조일자, 제조자, 작성자, 작성일자, 제품유형, 성분원산지표시, 성분배합비율, 포장단위, 규격, 제품의 용도, 사용기한, 표시사항, 포장재질, 보관 및 유통상 주의사항 등을 작성)

3단계	
의도된 제품 용도 확인	최종 소비자에게 공급되는 제품의 위험률 평가와 위해요소의 허용한계치를 결정하는 데 도움

4단계	
공정 흐름도 작성 : 제조 공정도 및 배치도	원재료의 입고에서부터 최종 제품이 생산되는 모든 과정 중 위해요소가 발생 가능한 단계를 찾아내기 위해 단순하고 쉬운 공정도를 작성

5단계	
공정 흐름도 확인	실제 작업 공정과 현장이 동일하게 작성되었는지 확인

③ 선행요건 : "선행요건(Pre-requisite Program)"이란 식품위생법, 건강기능식품에 관한 법률, 축산물 위생관리법에 따라 안전관리인증기준(HACCP)을 적용하기 위한 위생관리 프로그램을 말한다.

㉠ 영업장 관리

㉡ 위생 관리

㉢ 제조 · 가공시설 · 설비 관리

㉣ 냉장 · 냉동시설 · 설비 관리

위생안전관리 제2장

ⓜ 용수 관리

ⓑ 보관 · 운송 관리

ⓢ 검사 관리

ⓞ 회수 프로그램 관리

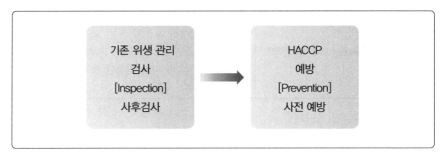

▲ 기존 위생 관리와 HACCP의 차이점

3. 공정별 위해요소 파악 및 예방

(1) 위해요소

① 중요관리점(Critical Control Point, CCP)의 정의 : 제품의 안전성을 확보하기 위해 중점적으로 관리하는 공정 또는 단계

② 위해요소의 종류

㉠ 생물학적 위해요소

위해요소	박테리아	캠필로박터 제주니, 리스테리아 모노사이토제네스, 살모넬라, 비브리오, 여시니아 엔테로콜리티카, 바실루스 세레우스, 클로스트리디움 보툴리눔, 스테필로코커스, 병원성 대장균
	바이러스	식품 매개 바이러스
	곰팡이	독소 생성 곰팡이류
	기생충	간디스토마, 폐흡충, 장흡충, 회충, 구충, 편충, 갈고리촌충, 무구조충
	조류	녹조류, 갈조류
예방방법	• 시간 및 온도 관리 • 가열 및 조리 공정 • 냉장 및 냉동 • 발효 및 pH 조절 • 보존제 또는 염 첨가 • 건조 : 수분 활성도(Aw) 감소 • 교차오염 예방을 위한 기준 마련 및 훈련	

핵심문제 풀어보기

HACCP 공정별 위해요소의 종류가 아닌 것은?

① 생물학적 위해요소
② 화학적 위해요소
③ 기계적 위해요소
④ 물리적 위해요소

해설

HACCP 공정별 위해요소의 종류에는 생물학적 위해요소, 화학적 위해요소, 물리적 위해요소가 있다.

답 ③

ⓛ 화학적 위해요소

위해요소	자연독소	곰팡이 독소(아플라톡신), 버섯 독
	농업용 화학물질	농약, 살충제, 제초제, 살균제, 성장호르몬
	식품첨가물	보존료, 질산염, 색소
	독성 원소화합물 (중금속)	납, 수은, 카드뮴, 비소
예방방법		• 식품첨가물 : 시험 성적서 확인, 법적 기준 • 포장지, 용기 등의 구성 성분 : 분석 성적서 확인 • 청소 세제, 윤활제 등 : 적절한 청소 절차, 관리직원 훈련 • 잔류농약, 중금속, 동물용 의약품 등 : 승인된 공급자 입고 단계에서 확인

ⓒ 물리적 위해요소

위해요소	유리	원 · 부재료, 병, 전구, 창, 유리도구
	목재	작업장, 상자, 팔레트
	돌	원 · 부재료, 작업장, 건물
	금속물질	기계, 작업장, 철사, 작업자, 청소장비(수세미 등)
	플라스틱	작업장, 가공장의 포장재, 팔레트
	개인 소지품	작업자
예방방법		• 유리 : 승인된 공급자, 종업원 교육, 유리 조명기구를 LED 조명기구로 교체하거나, 유리 조명기구에 플라스틱 커버 설치, 식품 취급 구역에서 유리의 금지 • 금속 : 식품 취급 지역에서 금속의 금지, 예방정비, 금속탐지기 • 돌, 잔가지, 나뭇잎 : 승인된 공급자, 식품 구역 주위를 청결히 유지 • 플라스틱 : 직원 훈련, 올바른 세척 절차, 포장지

핵심문제 풀어보기

HACCP 공정별 위해요소 중 물리적 위해요소가 아닌 것은?
① 유리　　② 농약
③ 금속　　④ 플라스틱

해설
농약은 화학적 위해요소이다.

답 ②

(2) 공정별 위해요소 파악 및 예방

① 일반 제조 공정(가열 전) : 일반적으로 위생 관리 수준으로 관리하는 공정

　ㄱ 입고 및 보관 : 입고된 원 · 부재료의 외관, 내관 상태 및 온도 유지 등을 확인 후 정상 제품만 냉동, 냉장, 실온으로 구분하여 보관한다. 세균은 온도에 민감하므로 온도 관리가 필요하다.

　ㄴ 계량 : 계량 공정은 제품별 배합비에 맞도록 계량하는 공정으로 교차오염, 이물질 혼입 등이 쉽게 일어날 수 있는 공정이다. 그러므로 능숙한 인원으로 배치하여 관리가 필요하다.

ⓒ **반죽** : 제품별 다양한 제법으로 제품을 만드는 중요한 공정이다. 작업 시 믹서기의 노후 및 파손 등 확인으로 인해 금속 파편이 혼입되지 않노록 주의해야 하며, 매일 노후 상태를 확인 관리해야 한다.

ⓔ **성형** : 반죽의 종류에 따라 분할, 정형, 팬닝을 하며 설비의 금속 파편 및 이물질 등이 제품에 혼입되지 않도록 매번 확인 관리해야 한다.

② **청결 제조 공정**(가열 후) : 생물학적 위해요소(식중독균) 제거

ⓐ **가열** : 원 · 부재료에 존재할 수 있는 식중독균(병원성 대장균, 살모넬라균, 장염 비브리오균, 황색포도상구균 등)과 직원 및 설비에 대한 교차오염을 관리하기 위한 중요관리점(CCP)으로 가열 온도, 가열 시간 등을 기록하여 공정을 관리한다.

ⓑ **냉각** : 냉장 온도로 냉각하거나 급속하게 냉각할 경우 제품의 노화가 일어나기 때문에 상온에서 천천히 냉각한다. 가열 공정 이후 청결한 상태로 관리되어야 하는 공정이다. 직원은 반드시 개인위생을 준수하고 손 세척 및 소독을 하여 수시로 관리해야 한다.

ⓒ **내포장** : 이상이 없는 포장재를 사용하기 위해 재질 확인 및 시험 성적서 등을 입수 후 관리해야 한다. 또한 제품마다 중량 체크 후 포장을 하는 공정이다. 이 공정은 가열 공정 이후 가장 청결한 상태로 관리되어야 하는 공정이다. 따라서 포장을 하는 직원은 반드시 개인위생을 준수하고 손 세척 및 소독을 하여 수시로 관리해야 한다.

③ **일반 제조 공정**(내포장 후)

ⓐ **금속검출기** : 포장된 제품을 금속검출기를 통해 철(Fe), 스테인리스 스틸(SUS) 등의 이물질을 검출하여 관리한다.

ⓑ **외포장** : 금속검출기를 통과한 제품은 외포장실로 이동하여 플라스틱 상자, 보관용품 상자 등에 의해 포장한다.

ⓒ **보관 및 출고** : 바닥에서 이격하여 제품에 손상이 안 가도록 창고에 적재 후 보관 및 출고시킨다.

4. 식품첨가물

(1) 식품첨가물의 정의

① 식품을 제조, 가공, 조리 또는 보존하는 과정에서 감미, 착색, 표백 또는 산화 방지 등을 목적으로 식품에 사용되는 물질을 말한다.

② 경우에 따라 기구, 용기, 포장을 살균, 소독하는 데에 사용되어 간접적으로 식품으로 옮아갈 수 있는 물질을 포함한다(식품첨가물의 규격과 사용기준은 식품의약품 안전처장이 정한다.).

(2) 식품첨가물의 사용 목적

① 식품의 외관을 만족시키고 기호성을 높이기 위해

② 식품의 변질, 변패를 방지하기 위해

③ 식품의 품질을 개량하여 저장성을 높이기 위해

④ 식품의 향과 풍미를 개선하고 영양을 강화하기 위해

(3) 식품첨가물의 조건

① 미량으로 효과가 클 것

② 인체에 무해하거나 독성이 낮을 것

③ 사용하기 간편하고 값이 쌀 것

④ 무미, 무취이고 자극성이 없을 것

⑤ 미생물 발육저지력이 강하고 확실할 것

⑥ 공기, 빛, 열에 안전성이 있을 것

⑦ pH에 영향을 받지 않을 것

⑧ 장기적으로 사용해도 해가 없어야 함.

(4) 식품첨가물의 안전성 검사

반수치사량(LD₅₀)	• 단회 투여 독성시험 • 실험동물 50[%]를 사망시키는 독성물질의 양(쥐 이용) • 양이 작을수록 독성이 강하다는 뜻(클수록 안전)
식품첨가물의 1일 섭취허용량 (Acceptable Daily Intake, ADI)	• 인간이 한평생 매일 섭취하더라도 장해가 인정되지 않는다고 생각되는 화학물질의 1일 섭취량[mg/kg 체중/1일]

핵심문제 풀어보기

식품첨가물의 규격과 사용기준은 누가 지정하는가?

① 식품의약품안전처장

② 국립보건원장

③ 시 · 도지사

④ 시 · 군 보건소장

해설

식품첨가물의 규격과 사용기준은 식품의약품안전처장이 지정한다.

답 ①

핵심문제 풀어보기

식품첨가물의 조건으로 옳지 않은 것은?

① 식품이 가지고 있는 영양성분을 유지할 수 있다.

② 소량의 사용으로도 목적이 충분히 발휘될 수 있다.

③ 사용하기 간편하고 값이 비싸다.

④ 공기, 빛, 열에 안전성이 있다.

해설

식품첨가물은 사용하기 간편하고 값이 저렴해야 한다.

답 ③

위생안전관리 제2장

(5) 식품첨가물의 목적별 종류 및 용도

① 부패 · 변질 방지 목적

◈ 방부제(보존료) 구비 조건
• 사용이 편리해야 함.
• 독성이 없거나 적어야 함.
• 무미, 무취, 무색이어야 함.
• 식품의 변패와 미생물에 대한 저지 효과가 커야 함.

구분	종류	내용
방부제 (보존료)	프로피온산칼슘	• 빵류
	프로피온산나트륨	• 과자류
	데히드로초산	• 치즈, 버터, 마가린 등 • pH가 낮을수록 효과 증대
	소르브산	• 어육, 식육제품, 된장, 고추장, 잼, 케첩 • pH가 낮을수록 효과 증대
	안식향산	• 간장, 청량음료, 유산균음료 • pH 4 이하에서 효과 증대
살균제	차아염소산나트륨, 표백제	• 병원균 사멸(참깨에 사용하지 못함)
산화방지제 (항산화제)	BHA, BHT, PG, 비타민 E (토코페롤), 세사몰	• 유지의 산패에 의한 이미, 이취, 변색 방지

② 품질 개량 및 유지 목적

핵심문제 풀어보기

다음 첨가물 중 합성 보존료가 아닌 것은?

① 데히드로초산
② 소르빈산
③ 차아염소산나트륨
④ 프로피온산나트륨

해설
차아염소산나트륨은 식품의 부패원 인균이나 병원균을 사멸시키기 위한 살균제이다.

답 ③

구분	종류	내용		
밀가루 개량제	과황산암모늄, 브롬산칼슘, 과산화벤조일, 이산화염소, 염소	• 밀가루의 표백과 숙성기간을 단축시키고, 제빵 효과의 저해 물질을 파괴시켜 분질을 개량하기 위해 첨가		
유화제 (계면 활성제)	대두 인지질, 글리세린, 레시틴, 모노-디 글리세리드, 폴리소르베이트20, 자당 지방산 에스테르, 글리세린 지방산 에스테르	• 물과 기름같이 서로 잘 혼합되지 않는 두 종류의 액체를 혼합할 때 분리되지 않고 분산시키는 물질		
		HLB(Hydrophilic-Lipophilic-Balance)	HLB의 값이 11 이상이면 친수성(생크림, 마요네즈에 사용) – 물에 용해	
			HLB의 값이 9 이하이면 친유성(버터, 마가린에 사용) – 지방에 용해	
호료(증점제)	카제인, 메틸셀룰로오스, 알긴산나트륨	• 점착성 증가, 점도를 유지하고 형태를 보존하는 데 도움		
이형제	유동파라핀 오일	• 분할 또는 굽기 시 달라붙지 않게 하고 모양을 유지하게 하기 위함.		
피막제	몰포린지방산염, 초산비닐 수지	• 과일이나 채소류의 신선도를 유지시키기 위해 표면에 피막을 만들어 호흡 작용을 억제하고, 수분 증발 방지		

핵심문제 풀어보기

제과 · 제빵 공정 중 반죽을 분할기에서 분할할 때나 구울 때 달라붙지 않게 하고 모양을 그대로 유지하기 위하여 사용하는 첨가물은?

① 프로필렌글리콜
② 유동파라핀
③ 카제인
④ 대두 인지질

해설
유동파라핀은 허용된 유일한 이형제이다.

답 ②

품질 개량제	피로인산나트륨, 폴리인산나트륨	• 햄, 소시지 등 식육훈제품에 사용하며, 탄력성, 보수성, 팽창성을 증대시키고, 변질, 변색 방지
영양강화제	비타민류, 무기염류, 아미노산류	• 영양강화 목적

③ 기호성과 관능 목적

구분	종류	내용
착향료	C-멘톨, 계피알데히드, 벤질알코올, 바닐린	• 후신경을 자극하여 식욕을 증진
감미료	사카린나트륨, 아스파탐	• 당질을 제외한 감미를 지닌 화학적 제품 (식빵, 이유식, 백설탕, 물엿, 꿀 등에 사카린나트륨 사용 금지)
산미료	구연산, 젖산(유산), 사과산, 주석산	• 술을 발효시킨 식초처럼 미각에 청량감과 상쾌한 자극을 줌.
표백제	과산화수소, 무수아황산, 아황산나트륨	• 식품의 색을 제거하여 색을 아름답게 함.
발색제	아질산나트륨, 질산나트륨, 질산칼륨	• 그 자체에 착색되는 것은 아니고, 유색 물질과 결합하여 색을 안정화하거나 선명하게 발색 되게 함.
착색료	캐러멜, β-카로틴(버터, 마가린), 식용타르색소, 황산동(채소, 과일)	• 인공적으로 착색시켜 색을 미화시킴.

④ 식품 제조 목적

구분	종류	내용
팽창제	효모(이스트), 명반, 소명반, 탄산수소나트륨(중조, 소다), 염화암모늄, 탄산수소암모늄, 탄산마그네슘, 베이킹파우더	• 제품을 부풀게 하여 맛, 소화를 도움.
소포제	규소수지(실리콘 수지)	• 제조 공정 중 발생하는 거품 제거
추출제	N-hexane(헥산), 아이소프로필 알코올	• 식용유지를 제조할 때 사용

위생안전관리 제2장

핵심문제 풀어보기

식품첨가물의 종류와 그 용도의 연결이 틀린 것은?

① 발색제 – 인공적 착색으로 관능성 향상
② 산화방지제 – 유지식품의 변질 방지
③ 표백제 – 색소 물질 및 발색성 물질 분해
④ 소포제 – 거품 소멸 및 억제

해설
발색제 : 인공의 착색료에 의해 착색되는 것이 아니고 식품 중에 존재하는 유색 물질과 결합하여 색을 안정화하거나 선명하게 발색되게 하는 물질이다.

답 ①

CHAPTER 02 개인위생 관리

• 식품위생법에 준한 개인위생 관리 등을 관리할 수 있다.
• 식품 특성에 따라 구분하여 위생안전관리를 할 수 있다.

01 개인위생 관리

1. 개인위생 관리

(1) 작업자의 매일 점검 의무사항

① 작업복(위생복, 위생모, 안전화) 착용 및 점검

② 개인 건강상태 확인

③ 작업 전 따뜻한 온수로 업무용 소독비누를 사용하여 30초 이상 씻기

(2) 작업 공정 중 개인위생 관리

① 화장실 이용 후, 신체 일부를 만진 경우 반드시 손 씻기

② 작업복 착용 후 작업장 이탈 금지

③ 작업화와 외부용 신발 구분하여 착용

④ 마스크는 코까지 착용

(3) 식품위생법에 준한 안전관리 지침서

① 건강진단 : 연 1회

② 식품 영업에 종사할 수 없는 질병

ㄱ 결핵(비감염성 제외)

ㄴ 콜레라, 장티푸스, 파라티푸스, 세균성이질, 장출혈성대장균감염증, A형간염

ㄷ 피부병 또는 화농성(고름 형성) 질환

ㄹ AIDS(성매개감염병에 관한 건강진단을 받아야 하는 영업에 종사하는 사람만 해당)

핵심문제 풀어보기

식품 또는 식품첨가물을 채취, 제조, 가공, 조리, 저장, 운반 또는 판매하는 직접 종사자들이 정기건강진단을 받아야 하는 주기는?

① 1회 / 6개월
② 2회 / 6개월
③ 1회 / 연
④ 2회 / 연

보기 해설
식품 또는 식품첨가물을 취급하는 직접 종사자들은 의무적으로 연 1회 건강진단을 받아야 한다.

답 ③

02 식중독

1. 식중독의 이해

(1) 식중독의 정의

유독 · 유해 물질이 음식물에 흡인되어 경구적으로 섭취 시 열을 동반하거나 열을 동반하지 않으면서 구토, 식욕부진, 설사, 복통 등을 일으키는 질병

(2) 식중독 예방원칙

① 신선한 식품을 충분히 세척 후 사용함.
② 방충 · 방서망 설치
③ 식품 취급 시 손, 복장을 청결히 함.
④ 잔여 음식 폐기
⑤ 화농성 질환 종사자의 작업 금지
⑥ 종사자의 정기적인 건강진단
⑦ 식품의 냉장 보관과 신속한 섭취
⑧ 완전히 익혀 먹기
⑨ 물은 끓여 먹기

(3) 식중독 발생 시 대책

① 식중독이 의심되면 환자의 상태를 메모하고 관할 보건소에 신고
② 추정 원인식품을 수거하여 검사기관에 송부
③ 의사 · 한의사는 관할 시장 · 군수 · 구청장에 보고 → 식품의약품안전처장, 시 · 도지사에 보고

2. 식중독의 분류

구분		종류
세균성 식중독	감염형	살모넬라, 장염 비브리오, 병원성 대장균, 캠필로박터, 여시니아
	독소형	보툴리누스, 포도상구균, 웰치균
바이러스성 식중독		노로바이러스, 로타바이러스, A형 간염바이러스
화학적 식중독		유해 첨가물, 금속, 농약 등
자연독 식중독		동물성, 식물성, 곰팡이 독

위생안전관리 제2장

(1) 세균성 식중독

식중독 중 발생률이 가장 높고, 특히 여름철에 가장 많이 발생한다.

① 감염형 식중독 : 식품 중에 미리 증식한 식중독균을 식품과 함께 섭취하여 구토, 복통, 설사 등 급성 위장관염 증세(잠복기 : 8~24시간)를 나타낸다.

㉠ 살모넬라

외부형태	그람음성, 무포자 간균
원인균의 특징	최적 온도 : 37[℃], pH : 7~8
증상	고열, 구토, 복통, 설사
원인식품	계란, 어육, 샐러드, 마요네즈, 유제품, 사람이나 가축의 분변
잠복기	12~24시간
예방	60[℃]에서 20분 가열 또는 70[℃] 이상에서 3분 가열
발생 시기	6~9월

㉡ 장염 비브리오

외부형태	그람음성, 무포자 간균
원인균의 특징	• 열에 약함, 호염균, 3~4[%] 식염에서 잘 자람. • 중온균(15[℃] 이상에서 증식) • 증식 속도 매우 빠름(여름철 주의). • 비브리오 패혈증의 원인
증상	설사, 복통, 발열
원인식품	어패류, 생선(교차오염 주의)
잠복기	10~18시간
예방	수돗물로 세척, 60[℃]에서 15분 가열, 2차 오염 방지
발생 시기	6~10월(여름)

㉢ 병원성 대장균

외부형태	그람음성, 구균, 무아포성, 호기성 또는 통성혐기성
원인균의 특징	• 동물의 대장 안에 서식 • 식품이나 물 등에 검출되었다면 분변에 식품이 오염되었음을 알 수 있다. 분변오염의 지표 • 베로톡신(Verotoxin) 생성
증상	O-157은 뇌신경계질환, 설사, 복통
원인식품	환자의 분변, 덜 익은 육류, 살균 덜 된 우유

☑ 그람 염색법이란?

세포벽의 구조 차이에 따라 세균을 다른 색으로 착색시켜 분류하는 염색법

• 열을 가하여 세균을 염기성 색소인 요오드 혼합용액으로 처리한 다음 알코올이나 아세톤을 사용하여 세척하게 되는데, 이때 색소가 세척되어 탈색되는 세균을 그람음성균, 탈색되지 않는 세균을 그람양성균이라 부른다.

• 세척 작용 후 사프라닌과 같은 붉은색을 띠는 색소를 사용하여 다시 시료를 염색할 때 그람음성균은 붉은색으로 관찰된다.

☑ 병원성 대장균 O-157균(장출혈성 대장균)

• 저온에 강하고 열에 약하며 산에 강함.

• 베로톡신이라는 독소 생성

• 장관출혈성, 용혈성 요독증으로 사망

잠복기	12~72시간
예방	O-157균은 75[℃]에서 1분 가열, 세척, 교차오염 방지

ⓔ 캠필로박터

외부형태	S자형 나선모양 편모가 있으며 나선운동을 함.
원인균의 특징	• 캠필로박터 제주니(원인균), 미호기성(5[%] 농도 산소) 세균 • 30~42[℃]에서 발육, 극소량의 존재만으로도 발병 • 선진국에서 살모넬라 다음으로 많이 발생
증상	발열, 구토, 복통, 설사, 치사율 낮음.
원인식품	소, 돼지, 닭고기(가금류), 소독되지 않은 물(인축공통)
잠복기	2~7일
예방	열에 약해 70[℃] 이상에서 1분 만에 사멸

ⓜ 리스테리아 모노사이토제네스

외부형태	그람양성, 통성혐기성 무아포 간균
원인균의 특징	리스테리아균, 저온균(4[℃]), 호기성, 호염성
증상	발열, 설사, 뇌염, 뇌수막염, 조산(사산 유발)
원인식품	식육, 알류, 유제품, 생선류
잠복기	2~6주
예방	가열

ⓗ 여시니아 엔테로콜리티카

외부형태	그람음성 간균, 편모 있음.
원인균의 특징	호냉성(4~5[℃]), 내열성 장독소 생산
증상	발열, 복통, 설사
원인식품	돼지의 장 내용물, 토양
잠복기	2~5일
예방	소독, 세척

독소형 식중독에 속하는 것은?

① 포도상구균
② 장염 비브리오균
③ 병원성 대장균
④ 살모넬라균

해설

• 감염형 세균성 식중독에는 살모넬라, 장염 비브리오, 병원성 대장균 식중독이 있다.
• 독소형 세균성 식중독에는 보툴리누스, 포도상구균, 웰치균 식중독이 있다.

답 ①

② 독소형 식중독 : 병원체가 증식할 때 생성되는 독소를 식품과 함께 섭취했을 때 나타나는 위장관 이상 증세(잠복기 보통 3시간)이다.

㉠ 포도상구균

외부형태	그람양성, 통성혐기성, 아포형성, 편모 없음, 포도송이 모양
원인균의 특징	• 장독소인 엔테로톡신에 의해 발병 • 화농성 질환의 원인균 • 건조, 염도, 산, 알칼리에 안정
증상	구토, 복통, 설사
원인식품	김밥, 도시락, 샌드위치, 화농성 질환자가 만든 음식
잠복기	평균 3시간
예방	황색포도상구균은 80[℃]에서 30분 가열로 사멸되지만, 대사산물인 장독소(엔테로톡신)는 210[℃]에서 30분 가열(내열성)

㉡ 클로스트리디움 보툴리누스

외부형태	그람양성, 편성혐기성 간균, 내열성 아포형성, 편모 있음.
원인균의 특징	대사산물인 보툴린이라는 신경독(뉴로톡신) 섭취로 발생
증상	• 신경마비, 구토, 복통, 설사, 언어장애, 호흡곤란 • 발열 없음. • 치사율 높음.
원인식품	통조림, 병조림, 소시지, 훈연제품
잠복기	12~36시간
예방	• 멸균 : 120[℃] 4분, 100[℃] 6시간 가열 시 살균 • 증식 억제 : 4[℃] 이하에서 저장, pH 4.5 이하

㉢ 바실루스 세레우스

외부형태	토양세균, 그람양성 간균, 통성혐기성, 편모 있음, 아포형성	
원인균의 특징	설사형	구토형
증상	설사, 복통	구토
원인식품	식육, 수프, 소스	쌀, 밀 등 곡류
잠복기	8~16시간	1~5시간
예방	가열	가열

ㄹ 웰치균(클로스트리디움 퍼프리젠스)

외부형태	그람양성, 편성혐기성 간균
원인균의 특징	감염형과 독소형을 합친 형태
증상	점액변, 혈변
원인식품	동물성 단백질, 단체급식에서 대량조리한 제품
잠복기	12시간
예방	• 가열에 의한 사멸 어려움(내열성). • 조리식품 내부 온도 74[℃] 이상으로 재가열

(2) 바이러스성 식중독

노로바이러스, 로타바이러스, 간염바이러스 종류가 있으며 병원체가 식품과 함께 우리 몸에 들어와 장에서 증식하여 감염을 일으킴과 동시에 독소를 분비하여 증세를 일으킨다. 미생물이 인체 내부에서 질병을 일으키는 독소를 생산하는 것이 독소형 식중독과 다르다. 기온의 영향을 받지 않아 겨울철에 주로 유행, 원인 식품에서 검출된 예가 없고 감염 경로가 매우 다양하다.

① 노로바이러스

외부형태	원형, 소형바이러스
원인균의 특징	• 감염력 강함. • 크기가 작아 쉽게 오염시킴. • 생존능력 강함. • 오염된 지하수, 식품, 사람 간 전염성 매우 높음.
증상	탈수, 구토, 복통, 설사, 급성 위장관염
원인	감염된 환자의 구토물, 분변, 신체접촉, 오염된 물
잠복기	1~2일
예방	백신이나 치료법 없음. 예방이 중요
발생 시기	12~2월

핵심문제 풀어보기

세균성 식중독이 아닌 것은?

① 살모넬라　　② 여시니아
③ 캠필로박터　④ 노로바이러스

해설
노로바이러스는 바이러스성 식중독이다.

답 ④

핵심문제 풀어보기

노로바이러스 식중독의 일반 증상으로 틀린 것은?

① 잠복기 : 24~48시간
② 지속 시간 : 7일 이상 지속
③ 주요 증상 : 설사, 탈수, 복통, 구토 등
④ 발병률 : 40~70[%] 발병

해설
노로바이러스는 지속 시간이 7일 이상이 아닌 2~3일 안에 완치 가능한 식중독이다.

답 ②

위생안전관리 제2장

② 로타바이러스

외부형태	바퀴모양(로타)
원인균의 특징	많이 발생
증상	발열, 설사, 탈수로 인한 쇼크
원인	물, 음료수, 분변, 접촉, 공기
잠복기	1~3일
예방	영유아, 어린이집 주의

③ 간염바이러스

외부형태	A, E형 간염바이러스
원인균의 특징	식품 매개 바이러스
증상	고열, 복통, 황달, 독감
원인	바이러스가 장관을 통과해 혈액으로 진입 후 간세포 안에서 증식하여 장관으로 감염되는 식품 매개 바이러스
잠복기	1~2주

(3) 화학적 식중독

① 허가되지 않은 유해 첨가물의 식중독

◎ 허용 가능한 화학적 감미료
사카린나트륨, 아스파탐, 스테비오시드

구분		특징
유해 감미료	둘신	• 설탕의 250배 단맛 • 혈액독, 중추신경장애 유발
	사이클라메이트	• 암 유발 • 설탕 40~50배 단맛
	페닐라틴	• 염증 유발 • 설탕 2,000배 단맛
	에틸렌글리콜	• 자동차 부동액
유해 표백제		• 롱가리트, 삼염화질소, 과산화수소
유해 착색료		• 아우라민(단무지, 카레에 사용되었던 황색 색소) • 로다민 B(어육, 붉은 생강에 사용된 분홍색 색소) • 실크 스칼렛
유해 보존료		• 붕산, 포름알데히드, 승홍, 불소화합물

② 유해 중금속에 의한 식중독

종류	오염원	증상 및 질병
수은(Hg)	• 유기수은에 오염된 수산물	미나마타(구토, 신경장애, 마비)
카드뮴(Cd)	• 공장폐수에 오염 • 생활폐기물	이타이이타이(골연화증, 신장장애)
비소(As)	• 밀가루로 오인 가능 • 두부에 가해지는 소석회 등에 불순물로 들어 있음.	피부암, 폐암, 방광암, 신장암
주석(Sn)	• 통조림관 내부의 질산이온(도금 재료)	급성 위장염
납(Pb)	• 통조림의 땜납 • 법랑의 유약성분	신경계 이상, 빈혈, 구토, 복통, 실명, 사망, 칼슘대사 이상
구리(Cu)	• 녹청에 의한 식중독 • 쥐에 오염된 사료 → 송아지에게서 쉽게 발생	황달, 괴사, 용혈, 폐사
아연(Zn)	• 기구의 합금, 도금 재료	근육통, 발열, 떨림, 구토, 위통

③ 조리 · 가공 중 생성, 혼입 가능한 유해 물질에 의한 식중독

종류	원인물질	증상
메틸알코올	• 메타놀(과실주 발효 시 생성)	두통, 현기증, 설사, 실명, 시신경장애
벤조피렌	• 타르(담배연기, 배기가스, 구운 고기의 탄 부위)	발암물질
니트로사민	• 질산염, 아질산염이 위 속의 산성 조건하에서 식품 성분과 반응하여 생성 • 소시지, 햄, 베이컨 등 육류 가공품	발암물질
아크릴아마이드	• 곡류(감자) 같은 탄수화물 식품을 고온에서 가열할 때 많이 발생	발암물질
다이옥신	• 폐기물 소각	발암물질

④ 합성플라스틱

종류	발생물질
요소수지	포르말린 용출
페놀수지	포르말린과 페놀로 제조
멜라닌수지	포름알데히드, 중금속 용출

핵심문제 풀어보기

일본에서 공장폐수로 인해 오염된 식품을 섭취하고 이타이이타이병을 일으킨 유해 중금속은?

① 카드뮴(Cd)
② 수은(Hg)
③ 납(Pb)
④ 비소(As)

해설
• 카드뮴(Cd) : 각종 식기 · 기구 · 용기의 도금, 공장폐수에 오염된 음료수, 오염된 농작물
• 수은(Hg) : 미나마타병
• 납(Pb) : 빈혈, 피로, 소화기장애
• 비소(As) : 경련, 피부발진, 탈모

답 ①

위생안전관리 제2장

⚐ 농약에 의한 식중독
DDT(잔류성이 큰 농약)

⚐ PCB 중독
미강유 중독사건의 원인물질로, 미강유 탈취공정에서 미강유에 혼입된 화학물질, 지방조직에 축적되어 피부괴사 유발

핵심문제 풀어보기

자연독 식중독과 그 독성물질을 잘못 연결한 것은?

① 섭조개 – 삭시톡신
② 버섯 – 베네루핀
③ 감자 – 솔라닌
④ 복어 – 테트로도톡신

[해설]
베네루핀은 모시조개, 바지락, 굴의 독성물질이다.

[답] ②

(4) 자연독 식중독

① 식물성 식중독

독버섯	무스카린, 맹독성이 가장 강한 아마리타톡신
감자	솔라닌(발아 부위)
독미나리	시큐톡신
면실유(목화씨)	고시폴
청매(은행)	아미그달린
피마자	리신, 리시닌
고사리	프타퀼로사이드

② 동물성 식중독

복어	테트로도톡신	• 고환, 난소에 많음. • 치사율 높음. • 운동마비, 언어장애
모시조개, 바지락, 굴	베네루핀	• 점막출혈, 황달
섭조개	삭시톡신	• 신경마비

③ 곰팡이 독〔마이코톡신(Mycotoxin), 진균독, 사상균〕

㉠ 곰팡이 독의 정의

ⓐ 수확 전 곡물에 번식하거나 수확 후 저장 중에 기생 또는 불량한 저장조건에서 곡류의 부패가 심할 때 기생함으로써 유해한 독소를 생산하는데, 곰팡이가 생산하는 2차 대사산물을 진균독이라 한다.

ⓑ 만성장애를 일으키며, Mycotoxin 생산 곰팡이는 Aspergillus(아스퍼질러스), Penicillium(페니실리움), Fusarium(푸사리움) 속 등이 있다.

㉡ 곰팡이 독의 종류

ⓐ 아플라톡신(Aflatoxin)

현상	• 간장, 된장을 담글 때 발생 • 땅콩, 옥수수, 쌀, 보리
증상	• 간암 유발
독소	• pH 4인 식품에 번식 • 아스퍼질러스 속의 2차 대사산물
독소 예방	• 곡류는 수분 13[%] 이하, 땅콩은 7[%] 이하에 저장하여 독소 발생 예방

☑ **곰팡이의 생육조건**

온도 20~25[℃], 상대습도 80[%] 이상, 수분 활성도 0.8 이상, pH 4.0

☑ **곰팡이 독소 생성 방지 조건**

곰팡이가 독소를 생성하는 수분 활성도는 0.93~0.98이며 pH 5.5 이상이다. 농산물을 저장할 때는 건조한 상태인 낮은 수분 활성도를 유지해야 함.

ⓑ 황변미 중독(독소 : 시트리닌)

현상	쌀의 수분량이 14~15[%]가 되면 누렇게 변함.
증상	신경독, 간암
독소	페니실리움 속 곰팡이가 원인
독소 예방	쌀의 수분량을 13[%] 이하로 유지

ⓒ 맥각 중독(독소 : 에르고톡신)

현상	보리, 밀에 번식
증상	구토, 복통, 설사, 환각
독소	에르고타민, 에르고톡신

④ 알레르기성 식중독

원인균	모르간균(로테우스균)
잠복기	5분~1시간(평균 30분)
증상	안면 홍조, 상반신 홍조, 두드러기, 두통 등
원인식품	꽁치, 고등어, 참치 등 붉은색 어류나 그 가공품
치료법	항히스타민제 복용, 수시간에서 1일 지나면 회복

03 감염병

1. 감염병의 이해

(1) 감염병의 정의
① 미생물에 의해 전파되는, 즉 전염이 가능한 질병
② 특정 병원체나 병원체의 독성물질로 인하여 발생하는 질병
③ 감염체로부터 감수성이 있는 숙주에게 감염되는 질환

(2) 감염병 생성 요인(감염병 발병의 3대 요소)
① 병원체(병인) : 병을 일으키는 원인이 되는 미생물
② 감염경로(병원소 탈출) – 새로운 숙주에 침입
③ 숙주의 감수성(면역력이 약한 경우 질병이 발병함)

(3) 감염병의 발생과정

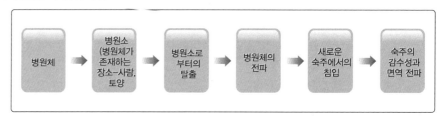

(4) 법정 감염병의 분류 및 종류

구분	감염병의 종류
제1급 감염병 (16종)	에볼라바이러스병, 마버그열, 라싸열, 크리미안콩고출혈열, 남아메리카출혈열, 리프트밸리열, 두창, 페스트, 탄저, 보툴리눔독소증, 야토병, 중증급성호흡기증후군(SARS), 중동호흡기증후군(MERS), 동물인플루엔자 인체감염증, 신종인플루엔자, 디프테리아
제2급 감염병 (22종)	코로나바이러스감염증-19, 결핵, 수두, 홍역, 콜레라, 장티푸스, 파라티푸스, 세균성이질, 장출혈성대장균감염증, A형간염, 백일해, 유행성이하선염, 풍진, 폴리오, 수막구균 감염증, b형헤모필루스인플루엔자, 폐렴구균 감염증, 한센병, 성홍열, 반코마이신내성황색포도알균(VRSA) 감염증, 카바페넴내성장내세균속균목(CRE) 감염증, E형간염
제3급 감염병 (26종)	파상풍, B형간염, 일본뇌염, C형간염, 말라리아, 레지오넬라증, 비브리오패혈증, 발진티푸스, 발진열, 쯔쯔가무시증, 렙토스피라증, 브루셀라증, 공수병, 신증후군출혈열, 후천성면역결핍증(AIDS), 크로이츠펠트-야콥병(CJD) 및 변종크로이츠펠트-야콥병(vCJD), 황열, 뎅기열, 큐열, 웨스트나일열, 라임병, 진드기매개뇌염, 유비저, 치쿤구니야열, 중증열성혈소판감소증후군(SFTS), 지카바이러스감염증
제4급 감염병 (23종)	인플루엔자, 매독, 회충증, 편충증, 요충증, 간흡충증, 폐흡충증, 장흡충증, 수족구병, 임질, 클라미디아감염증, 연성하감, 성기단순포진, 첨규콘딜롬, 반코마이신내성장알균(VRE) 감염증, 메티실린내성황색포도알균(MRSA) 감염증, 다제내성녹농균(MRPA) 감염증, 다제내성아시네토박터바우마니균(MRAB) 감염증, 장관감염증, 급성호흡기감염증, 해외유입기생충감염증, 엔테로바이러스감염증, 사람유두종바이러스 감염증

2. 감염병의 종류, 특징 및 예방방법

(1) 경구 감염병

① **경구 감염병의 정의** : 병원체가 음식물, 손, 기구, 물, 위생동물(파리, 바퀴벌레, 쥐 등) 등을 통해 경구(입)적으로 체내에 침입하여 일으키는 소화기계 질병

핵심문제 풀어보기

경구 감염병의 예방법으로 가장 부적당한 것은?

① 식품 소독은 화학적 소독방법이 가장 안전하다.
② 감염원이나 오염물을 소독한다.
③ 보균자의 식품취급을 금한다.
④ 주위환경을 청결히 한다.

해설
경구 감염병을 예방하기 위해서는 식품을 냉동 보관하는 것이 좋으며, 화학적 소독방법은 살균력이 강해 식품에는 사용하지 않는다.

답 ①

② 경구 감염병의 종류

구분	종류
세균성 감염병	장티푸스, 파라티푸스, 콜레라, 세균성이질, 파상열, 비브리오 패혈증, 성홍열, 디프테리아, 탄저, 결핵, 브루셀라
바이러스성 감염병	일본뇌염, 인플루엔자, 광견병, 천열, 소아마비(급성회백수염, 폴리오), 감염형 설사증, 홍역, 유행성간염
리케차성 감염병	발진티푸스, 발진열, 쯔쯔가무시병, Q열
원충류	아메바성 이질

㉠ 세균성 감염병

ⓐ 장티푸스

원인균(병원체)	Salmonella typhi(살모넬라 티피)
형태	그람음성 간균, 편모 있음.
잠복기	1~3주
증상	발열, 두통, 급성 전신감염
전파방식	환자의 보균자의 분변, 파리
병원소	사람(환자, 보호자)

ⓑ 파라티푸스

원인균(병원체)	Salmonella paratyphi(살모넬라 파라티피)
특징	2급 법정 감염병
잠복기	1~3주
증상	발열, 두통, 장티푸스와 비슷
전파방식	파리, 바퀴, 분변
병원소	사람(환자, 보호자)

ⓒ 콜레라

원인균(병원체)	Vibrio cholerae(비브리오 콜레라)
특징	2급 법정 감염병
잠복기	2~5일
증상	청색증, 구토, 탈수증, 체온저하
전파방식	환자의 분변, 구토물이 해수와 식품을 오염시켜 경구적으로 오염, 파리
병원소	사람

핵심문제 풀어보기

다음 중 경구 감염병이 아닌 것은?

① 콜레라
② 이질
③ 캠필로박터
④ 유행성간염

[해설]
경구 감염병에는 장티푸스, 파라티푸스, 콜레라, 이질, 디프테리아, 유행성간염, 성홍열 등이 있다.

답 ③

핵심문제 풀어보기

경구 감염병에 대한 설명 중 잘못된 것은?

① 2차 감염이 일어난다.
② 미량의 균으로도 감염을 일으킨다.
③ 장티푸스는 세균에 의하여 발생한다.
④ 이질, 콜레라는 바이러스에 의하여 발생한다.

[해설]
이질, 콜레라는 세균류이다.

답 ④

ⓓ 세균성이질

원인균(병원체)	Shigella dysenteriae(시겔라 디센테리아)
형태	그람음성 간균, 호기성, 아포, 협막 만들기 ×
잠복기	4일
증상	발열, 오심, 설사, 혈변
전파방식	환자, 보호자의 변에 의해 오염된 물, 파리

ⓔ 디프테리아

원인균(병원체)	Corynebacterium diphtheria(코리네박테리움 디프테리아)
특징	1급 법정 감염병, 경구 감염도 됨.
잠복기	2~7일
증상	편도이상, 발열, 심근염
전파방식	환자의 분비물(비말감염), 오염된 식품

Ⓛ 바이러스성 감염병

ⓐ 폴리오(급성회백수염, 소아마비), 천열, 홍역

원인균(병원체)	바이러스
잠복기	7~12일
증상	발열, 마비, 경직
전파방식	파리, 음료수

ⓑ 유행성간염

원인균(병원체)	A형 바이러스
잠복기	30~35일
증상	황달, 간부전
전파방식	분변오염, 사람

ⓒ 경구 감염병과 세균성 식중독의 비교

구분	경구 감염병 (소화기계 감염병)	세균성 식중독
세균수	적은 양	많은 양
잠복기	길다.	짧다.
원인균 검출	어려움.	비교적 쉬움.
사람 대 사람 간의 전염병(2차 감염)	있음.	거의 없음.
예방조치	불가능	가능
면역	가능	불가능

※ 감염병 발생신고 : 보건소장 → 시 · 도지사 → 보건복지부 장관

ⓓ 경구 감염병의 예방대책

ⓐ 환자, 보호자의 조기 발열 및 격리치료

ⓑ 환자, 보호자의 조리를 금함.

ⓒ 음료수의 위생적 관리와 소독

ⓓ 환경 위생 철저

ⓔ 병균을 매개하는 파리, 바퀴, 쥐를 구제

ⓕ 날음식 섭취를 피하고 위생 처리함.

(2) 인수공통감염병

① **인수공통감염병의 정의** : 동물과 사람 사이에서 직접적 혹은 간접적으로 전염이 되는 질병

② **인수공통감염병의 종류**

종류	원인체	증상	특징
탄저	• 바실루스 안트라시스	• 패혈증 • 피부탄저 • 폐탄저 • 장탄서	• 병든 가죽의 사체는 반드시 소각처리해야 함. • 소, 양, 염소, 돼지 등에 의해 감염됨.
파상열 (브루셀라)	• 브루셀라 아보터스 • 브루셀라 멜리텐시스	• 소, 염소, 양, 돼지에게 감염되면 유산을 일으킴.	• 병에 걸린 동물의 젖 • 유제품
결핵	• 동물의 젖(우유)	• 정기적인 투베르쿨린반응 검사	• BCG 예방접종을 통해 조기 발견 가능

⏱ 질병을 일으키는 동물과 해충

파리, 바퀴벌레	장티푸스, 파라티푸스, 세균성이질, 콜레라 등
이	발진티푸스, 재귀열
벼룩	페스트, 재귀열
모기	일본뇌염, 말라리아, 사상충, 황열
쥐	발진티푸스, 페스트, 쯔쯔가무시병, 천열, 유행성출혈열, 렙토스피라증
진드기	유행성출혈열, 쯔쯔가무시병, 재귀열

⏱ 수인성 감염병

오염된 물에 의해 병원성 미생물이 전달되는 질병

📖 장티푸스, 파라티푸스, 콜레라, 세균싱이실, 유행성간염, 소아마비

광견병, 페스트, 라임병	• 너구리, 박쥐, 개 등 포유 동물, 쥐(설치류), 파리, 사슴, 진드기	• 발열, 발작, 기침	• 혼수상태에 빠져 사망에 이를 수 있음.
야토병	• 산토끼	• 발열, 결막염	• 1급 법정 감염병
돈단독	• 돼지	• 패혈증	
Q열	• 리케차성 질병	• 급성 열성 질환, 발열	• 우유 살균 • 치사율이 65[%]로 높음.
리스테리아	• 식육, 유제품	• 소아나 성인에게 뇌수막염을 일으킴.	• 저온에 생존력 강함. • 임산부의 자궁 내 패혈증

✔ 불완전 살균우유로 감염되는 병
결핵, Q열, 파상열(브루셀라증)

③ 인수공통감염병의 예방대책

　㉠ 이환 동물의 조기발견 및 격리치료

　㉡ 우유의 살균처리

　㉢ 가축 예방 접종

　㉣ 이환된 동물 식용 금지

　㉤ 수입되는 유제품, 고기, 가축의 검역 철저

(3) 기생충 감염병

① 채소류를 통한 기생충

종류	감염경로, 모양	특징
회충	• 경구 침입	• 70[℃]로 가열하면 사멸 • 일광소독, 흐르는 물에 5회 씻기 • 우리나라에서 감염률이 높음.
요충	• 경구 침입	• 집단 생활 장소에 발생 • 항문 주위에 산란
십이지장충	• 경피 감염 • 경구 감염	• 피부염 • 소장에 기생
편충	• 말채찍모양	• 설사증 • 맹장에 기생
동양모양선충		• 소장에 기생

② 어패류를 통한 기생충

구분	간디스토마 (간흡충)	폐디스토마 (폐흡충)	광절열두조충	유극악구충	요코가와흡충(장흡충)
제1중간숙주	왜우렁이	다슬기	물벼룩	물벼룩	다슬기
제2중간숙주	민물고기	게, 가재	연어, 숭어	가물치	담수어

③ 육류를 통한 기생충

유구조충 (갈고리촌충, 돼지고기 촌충)	돼지고기 생식
무구조충 (민촌충, 소고기 촌충)	소고기 생식
선모충	쥐 → 돼지고기

CHAPTER 03 환경위생 관리

- 작업환경 위생안전관리에 따라 작업장 주변 정리 정돈 및 소독 등을 관리, 점검할 수 있다.
- 제품을 제조하는 작업장의 미생물 오염 원인, 안전 위해요소 등을 제거할 수 있다.
- 작업장 주변 환경을 점검, 관리할 수 있다.

01 작업환경 위생 관리 및 소독제

1. 작업환경 위생 관리

(1) 제빵기기의 위생 관리

① 오븐, 발효기, 믹서 등은 전원이 꺼진 것을 확인하고 청소한다.

② 진열용 빵 플레이트는 3년에 한 번 정도 교체한다.

③ 스테인리스 용기, 기구는 중성세제로 세척 후 열탕소독, 약품소독하여 사용한다.

④ 냉장, 냉동고는 주 1회 세정한다.

⑤ 칼, 도마, 행주는 중성세제나 약알칼리제를 사용하거나 세척 후 매일 1회 소독한다.

(2) 작업장 위생 관리

① 모든 작업장은 세척, 소독이 용이한 재질을 사용한다(바다 근처는 피한다).

② 배수로는 폐수처리시설로 이동하는 공간이므로 작업장 외부 등에 교차오염 방지를 위해 덮개 및 마감 등을 한다.

③ **화장실** : 남녀화장실 분리, 환기시설 설치, 수세식, 벽면은 타일로 하며 항상 청결 상태를 유지한다.

④ **발바닥 소독기** : 매일 점검하며, 0.75[%]의 P3-옥소니아 용액이나 차아염소산나트륨을 희석(물 5[L]에 락스 50[ml])하여 사용한다.

핵심문제 풀어보기

식품조리 및 취급과정 중 교차오염이 발생하는 경우와 거리가 먼 것은?

① 손으로 야채와 햄을 다듬어 예쁘게 샌드위치 안에 넣기

② 생고기를 자른 가위로 냉면 면발 자르기

③ 생선 다듬던 도마로 채소 썰기

④ 반죽에 생고구마 조각을 얹어 빵 굽기

[해설]

- 칼, 도마 등의 기구나 용기는 용도별로 구분하여 전용으로 사용한다.

- 세척용기는 육류와 채소류를 구분하여 사용한다.

답 ④

02 소독과 살균

1. 소독과 살균

(1) 소독의 정의

병원성 미생물을 파괴시켜 감염 및 증식력을 없애는 것(병원균만 사멸시키며 포자는 죽이지 못함)

(2) 살균의 정의

강한 살균력으로 모든 미생물의 영양은 물론 포자까지 완전 파괴시키는 것(무균, 멸균 상태로 됨)

(3) 소독 방법

① 물리적 소독법

㉠ 무가열법

종류	방법
일광소독	• 1~2시간, 의류 및 침구 소독
자외선 살균법	• 물, 공기 소독에 적합 • 살균력 강한 파장 : 2,400~2,800[Å] • 장점 : 취급, 사용법 용이 • 단점 : 균에 내성을 주지 않고 표면만 살균 • 자외선 살균 등의 물체와의 거리는 50[cm] 이하로 가까울수록 좋다. • 조리실의 물이나 공기, 용액의 살균, 도마, 조리기구의 표면을 살균(작업공간 살균에 효과적)
방사선 멸균법	• 저온 살균법 • 살균력이 강한 순서는 γ선 > β선 > α선 • 포장 또는 용기 중에 밀봉된 식품을 그대로 조사할 수 있다.

㉡ 가열법

종류	방법
자비 멸균법 (열탕 소독법)	• 가장 간단, 쉽게 사용 • 아포형성균, 간염바이러스균은 사멸 안 됨. • 100[℃], 30분 이상 끓임. • 식기, 도마, 조리도구
증기 소독법	• 증기 발생 장치로 살균

위생안전관리 제2장

② 화학적 소독법

　　㉠ 소독약이 갖추어야 할 조건

　　　　ⓐ 살균력이 클 것

　　　　ⓑ 부식성과 표백성이 없을 것

　　　　ⓒ 석탄산계수가 높을 것

　　　　ⓓ 침투력이 강할 것

　　　　ⓔ 인체에 무해할 것

　　　　ⓕ 안전성이 있을 것

　　　　ⓖ 값이 싸고, 구입이 쉬울 것

　　　　ⓗ 사용방법이 간단할 것

　　　　ⓘ 용해성이 높을 것(잘 녹을 것)

　　㉡ 석탄산계수(페놀계수)의 특징

　　　　ⓐ 살균력의 지표이며, 소독력의 평가 기준이 된다.

　　　　ⓑ 시험균으로 장티푸스균과 포도상구균을 이용한다.

　　　　ⓒ 시험균이 5분 내에 죽지 않고 10분 내에 죽이는 희석배수를 의미한다.

　　　　ⓓ 석탄산계수(페놀계수)가 높을수록 살균력이 좋다.

(4) 소독약의 종류

역성비누 사용법
200~400배로 희석하여 5~10분간 처리

종류	사용처
3~5[%] 석탄산수	실내벽, 실험대
2.5~3.5[%] 과산화수소	상처소독, 구내염
70~75[%] 알코올	건강한 피부(창상피부에 사용 금지)
3[%] 크레졸	배설물, 화장실 소독
0.01~0.1[%] 역성비누	손 소독에 적당(중성비누와 혼합하면 효과 없음)
0.1[%] 승홍	손 소독
생석회	화장실, 살균력 강함.
염소(Cl_2)	수영장, 상하수도

(5) 가열 살균법

우유 살균법
• 우유의 살균지표(Phosphatase, 포스파타아제)로 사용
• 영양성분은 파괴하지 않고 유해균만 살균

저온 살균	63~65[℃], 30분 살균	우유, 과즙, 맥주
고온 단시간 살균	72~75[℃], 15초 살균	과즙, 우유
초고온 순간 살균	125~138[℃], 2~4초 살균	우유

03 미생물

1. 미생물의 발육 조건

(1) 수분 활성도(Water Activity, Aw)

식품 내 수분 중에 자유수, 약한 결합수와 같이 미생물이 사용할 수 있는 물의 비율

$$0 < \text{수분 활성도(Aw)} = \frac{\text{식품의 수증기압}}{\text{순수한 물의 수증기압}} < 1$$

미생물별로 최저 생육가능한 수분 활성도

세균 > 효모 > 곰팡이
(0.95) (0.87) (0.80)

(2) 최적 pH

세균	pH 6.5~7.2
곰팡이, 효모	pH 4~6

(3) 영양원

탄소원	포도당, 유기산, 알코올, 지방산에서 주로 섭취
질소원	아미노산을 통해 얻음.
무기염류	P(인), S(황)을 필요로 함.
비타민 B군	발육에 필요한 영양소

(4) 산소

편성호기성균	산소가 있어야만 증식하는 균
편성혐기성균	산소가 없어야 증식하는 균
통성호기성균	산소가 없어도 증식하지만, 있으면 더 잘 증식하는 균
통성혐기성균	산소가 있든 없든 증식하는 균

(5) 삼투압

농도가 나든 누 액체를 반투막으로 막아 놓았을 때, 용질의 농도가 낮은 쪽에서 높은 쪽으로 용매가 옮겨가는 현상에 의해 나타나는 압력

① 설탕, 식염에 의한 삼투압은 세균 증식에 영향을 끼친다.

② 일반세균은 3[%] 식염에서 증식 억제, 호염세균은 3[%] 식염에서 증식 가능

③ 압력(기압)은 미생물 증식에 직접적으로 영향을 미치지 않는다.

(6) 온도

구분	온도	종류
저온균	최적 온도 10~20[℃]	수중세균
중온균	25~37[℃]	대부분의 병원균(효모, 곰팡이 등)
고온균	50~60[℃]	온천수 세균

2. 미생물의 종류와 특징

(1) 미생물의 특징

① 단세포 또는 균사로 이루어짐.

② 식품의 제조 · 가공에 유익하게 이용되기도 하고, 유해하게 식중독과 전염병의 원인이 되기도 함.

(2) 세균류의 형태

구분	모양	종류
구균	공처럼 동그란 모양	단구균, 쌍구균, 연쇄상구균, 포도상구균
간균	길쭉한 막대모양	결핵균
나선균	나선형태의 입체적 S형 균	캠필로박터균

(3) 진균(곰팡이)의 특징

① 원인균은 곡류가 많다.

② 호기성균

③ 체외로 독소를 분비시켜 질병 유발

④ 간장, 과즙, 과일 등의 부패 유발

⑤ 고농도의 당, 식염을 함유한 탄수화물 식품에 잘 번식함.

⑥ 수분 10[%] 건조식품에도 잘 번식함.

⑦ 세균발육이 잘 안되는 곳에서 번식함.

⑧ 저온에서 발육

⑨ 질병치료에 이용됨.

⑩ 항생제의 효과 없음.

🗹 미생물의 크기
곰팡이 > 효모 > 세균 > 리케차 > 바이러스

(4) 세균류과 진균류의 종류

① 세균류

종류	특징
Bacillus 속 (바실루스)	• 내열성 아포형성 • 호기성 간균 • 가장 보편적인 균 • 단백질과 전분 분해력이 강함(부패세균). • 자연계에 가장 널리 분포 – 식품오염의 주역 • 종류 : 결핵세균, 대장균, 디프테리아, 페스트, B. Natto(나토, 청국장 제조), 빵의 점조성의 원인이 되는 로프균
Lactobacillus 속 (락토바실루스)	• 간균 • 당을 발효시켜 젖산균 생성 • 젖산(유산) 음료에 이용됨.
Clostridium 속 (클로스트리디움, 보툴리누스)	• 아포형성 간균 • 혐기성균 • 부패 시 악취의 원인 • 종류 : C. Botulinum(보툴리눔), C. Perfringens(퍼프린젠스)
Micrococcus 속 (마이크로코쿠스)	• 그람양성 • 토양, 물, 생우유에서 발견됨. • 피부, 점막, 구강, 인후 등에 자라는 사람의 정상균 • 폐렴, 내수막염, 화농성 관절염, 균혈증, 복막염 등을 일으킴. • 종류 : M. Luteus(루테우스)
Pseudomonas 속 (슈도모나스)	• 그람음성, 무아포, 편모 • 황록색 색소 생산 • 20~30[℃]에서 잘 자람. • 우유, 어류, 육류, 계란, 야채 등의 부패세균 • 저온에서도 번식 • 어류의 부패와 관련 깊음. • 증식 속도 빠름. • 방부제에 대해 저항성이 강함. • 종류 : P. Fluorescence(플루오레센스), P. Aeruginosa(에루지노사)
Escherichia 속 (에세리키아)	• 유당과 가스 생성
Serratia 속 (세라티아)	• 적색 변화를 일으킴.
Vibrio 속 (비브리오)	• 무아포, 혐기성 간균 • 비브리오 패혈증을 일으킴. • 종류 : 콜레라, 장염 비브리오균

핵심문제 풀어보기

보툴리누스 식중독을 일으키는 균에 대한 설명으로 틀린 것은?

① 독소형 식중독균의 하나이다.
② 내열성 포자를 형성한다.
③ 공기가 많은 곳에서 독소를 생산한다.
④ 신경독을 생산하여 섭취 시 마비된다.

해설
편성혐기성으로 공기가 없는 곳에서 증식한다.

답 ③

	• 그람음성 간균 – 장내세균
Proteus 속 (프로테우스)	• 히스타민을 축적하여 알레르기성 식중독 유발
	• 37[℃]에서 발육
	• 동물성 식품의 대표적 부패균
	• 단백질 분해력이 강한 호기성균
	• 종류 : P. Morganii(모르가니)

② 진균류[곰팡이(Mold), 효모]

☞ 주요 식품과 부패 미생물
• 우유, 유제품 : Lactobacillus 속
• 어육류 : Pseudomonas 속
• 과일, 주스 : Saccharomyces 속
• 빵, 과일, 곡류 : Rhizopus 속

종류	특징
Mucor 속 (뮤코르) – 솜털곰팡이	• 식품 변패에 관여
Rhizopus 속 (리조푸스) – 거미줄곰팡이	• 번식 : 빵, 곡류, 과일 • 뮤코르와 다른 점 　– 가근 형성 　– 알코올 발효공업에 이용 　– 딸기, 귤, 야채 등 변패의 원인균 　– 원예작물의 부패에 관여
Aspergillus 속 (아스퍼질러스) – 누룩곰팡이	• 가장 보편적인 균 • 술, 간장, 된장 등 • 생육조건 : 온도 25~30[℃], 습도 80[%] 이상, pH 4 • 종류 　– A. Oryzae : 황록균(오리제) 　– A. Niger : 흑변현상(니제르), 대표적인 균 　– A. Flavus : 발암물질(플라버스) 　– A. Parasiticus : 아플라톡신을 생성하여 간암 유발(파라 　　시티쿠스)
Penicillium 속 (페니실리움) – 푸른색 곰팡이	• 항생 물질 제조에 사용 • 유지 제조, 치즈 숙성 • 종류 　– P. Citrinum : Mycotoxin인 Citrinin 생성 　– Mycotoxin : 곰팡이의 유독물질로 만성적인 건강장애 일으킴.
효모(Yeast)	• 최적 온도 : 25~30[℃] • 자낭균류와 불완전균류, 출아법 증식 • 통성혐기성, 단세포 • 유익균이 많음. • 토양, 물, 식품 등에 생식, 주류 제조에 이용 • 간장, 된장, 빵에 이용 • Saccharomyces 속 : 빵, 맥주, 포도주, 알코올 등의 제조에 이용 • Saccharomyces Cerevisiae 속 : 맥주, 포도주 등 주류 제조에 　이용

04 방충 · 방서 관리

(1) 방충 · 방서의 목적

① 생산시설이나, 위생시설 내에 쥐나 해충 등의 침입을 막아 생산 활동 중 발생할 수 있는 영향을 최소화하는 것이다.

② 쥐로 인해 발생할 수 있는 질병인 유행성출혈열, 렙토스피라증, 쯔쯔가무시증, 페스트(흑사병)에 주의한다.

(2) 방충 · 방서의 방법

① 해충의 서식 방지를 위해 작업장 주변에 음식물 폐기물이 방치되지 않도록 관리하고, 주기적으로 방역작업을 실시하여 해충이 번식하지 못하도록 한다.

② 작업장 주변의 조경은 나무와 잔디보다는 자갈을 깔고 쓰레기장, 오폐수 처리장, 하수구는 주 1회, 월 1회 주기적으로 소독한다.

(3) 방충 · 방서 시설

① 모든 물품은 바닥 15[cm], 벽 15[cm] 떨어진 곳에 보관한다.

② 제과 · 제빵 공정의 방충 · 방서용 금속망은 30[mesh]가 적당하다.

③ 방충망은 2개월에 1회 이상 물이나 먼지를 제거한다.

④ 주방의 환기는 대형 시설물 1개를 설치하는 것보다 소형의 시설물을 여러 개 설치하는 것이 효과적이다.

⑤ 작업장에는 포충등, 바퀴트랩, 페로몬 패치트랩 및 쥐덫 등을 설치하여 유입된 해충이나 설치류의 개체수를 확인하고 예방한다.

위생안전관리 제2장

05 작업환경 관리

(1) 창문

① 창문틀의 각도는 45[°] 이하로 하고, 창의 면적은 벽 면적의 70[%]이다.

② 창의 면적은 바닥 면적의 20~30[%]이다(채광상 바닥 면적의 10[%] 이상이 되도록 함).

③ 방충망은 중성세제로 세척 후 마른 행주로 닦는다.

(2) 제과 · 제빵 작업실의 표준 조도(단위 : Lux)

발효 과정	50[Lux]
계량, 반죽, 조리, 성형 과정	200[Lux]
굽기 과정	100[Lux]
포장, 장식, 마무리 작업	500[Lux]

핵심문제 풀어보기

작업실의 조도는?

① 100~200[lux]
② 150~300[lux]
③ 200~500[lux]
④ 300~600[lux]

해설
• 계량, 반죽, 조리, 성형 과정 : 200[Lux]
• 포장, 장식, 마무리 작업 : 500[Lux]

답 ③

CHAPTER 04 공정 점검 및 관리

- 생산 관리를 이해하고 생산 및 원가 관리를 적용할 수 있다.
- 공정 관리에 따라 설비를 관리할 수 있다.

01 공정 관리

1. 공정 관리

① 제조 공정에 따라 제품 설명서와 공정 흐름도 필요

② 위해요소 분석을 통해 중요관리점 결정

③ 중요관리점에 대한 세부적인 관리계획 수립

2. 생산 관리

(1) 생산

① 자연으로부터 자원을 개발하여 인간의 욕구에 맞도록 변형시키는 활동으로, 사람이 살아가는 데 필요한 재화와 용역을 만들어 내는 일

② 생산 요소

ㄱ 생산의 3요소(3M) : 사람(Man), 재료(Material), 자금(Money)

ㄴ 생산의 4요소(4M) : 사람(Man), 재료(Material), 자금(Money), 경영(Management)

ㄷ 생산 활동의 5요소(5M) : 사람(Man), 재료(Material), 기계(Machine), 방법(Method), 경영(Management)

(2) 생산 관리

① 생산과 관련된 계획수립, 집행, 통솔 등의 활동을 실행하는 것으로, 좋은 품질의 상품을 낮은 원가로 필요량을 납기 내에 만들어내기 위한 관리 또는 경영을 말한다.

② 생산 관리의 대상(7M) : 사람(Man), 재료(Material), 자금(Money), 방법(Method), 시간(Minute), 기계(Machine), 시장(Market)

핵심문제 풀어보기

다음 중 생산 관리의 목표는?

① 재고, 출고, 판매의 관리
② 재고, 납기, 출고의 관리
③ 납기, 재고, 품질의 관리
④ 납기, 원가, 품질의 관리

해설

생산 관리의 목표는 원가, 품질, 납기를 관리하며 양질의 제품을 생산하는 데 있다.

답 ④

02 원가 관리

(1) 원가

특정 재화의 제조나 용역을 제공하기 위해 소비되는 경제 가치를 화폐단위로 표시한 것

(2) 원가의 3요소

① 재료비 : 제품의 제조 활동에 소비되는 재료비용

   ㉠ 직접 재료비 : 제품 생산에 직접 소비된 비용(주·부원료)

   ㉡ 간접 재료비 : 보조 재료비(수선용 재료, 포장재)

② 노무비 : 제품의 생산 활동에 직·간접적으로 종사하는 인건비

   ㉠ 직접 노무비 : 제품 생산에 직접 종사한 인건비(월급, 상여금 등)

   ㉡ 간접 노무비 : 보조작업 노무비(수당, 급여 등)

③ 경비 : 재료비, 노무비를 제외한 비용

   ㉠ 직접 경비 : 제품에 직접 사용된 경비

   ㉡ 간접 경비 : 판매비와 일반 관리비, 감가상각비, 세금 등

(3) 원가의 구성

직접 원가, 제조 원가, 총원가로 구성된다.

직접 원가(기초 원가)	직접 재료비 + 직접 노무비 + 직접 경비
제조 원가(공장 원가)	직접 원가 + 제조 간접비(간접 재료비 + 간접 노무비 + 간접 경비)
총원가	제조 원가 + 판매비 + 일반 관리비
판매 가격(판매 원가)	총원가 + 이익

핵심문제 풀어보기

원가의 구성 중 직접 원가에 해당하지 않는 것은?

① 직접 재료비
② 직접 경비
③ 직접 노무비
④ 직접 판매비

해설
직접 원가는 제품의 생산에 직접 필요한 원가이다.
직접 원가 = 직접 재료비 + 직접 노무비 + 직접 경비

답 ④

03 기기 및 기기 안전 관리

1. 기기

(1) 믹서(반죽기)

① 훅(Hook)을 사용하여 반죽을 속도 조절을 하며 치대어 밀가루 속의 단백질로부터 글루텐을 생성 · 발전시키는 기계

② 휘퍼(Whipper)나 비터(Beater)를 사용하여 공기를 포집시키는 기계

(2) 파이롤러

① 손으로 미는 밀대의 역할을 하는 기계

② 롤러의 간격을 조절하여 반죽의 두께를 조절

③ 페이스트리, 파이, 쿠키, 스위트롤 등 밀어 펴는 작업에 효과적

④ 페이스트리 제조 시 반죽과 유지의 경도를 가급적 같게 하며, 덧가루 사용을 최소한으로 하고, 냉동보다는 냉장 휴지 후 사용한다.

(3) 오븐

최종적으로 반죽을 구워 익혀주는 기계이다. 제품의 생산능력을 나타내는 기준이며, 오븐 안에 넣을 수 있는 매입 철판 수로 계산한다.

① 데크 오븐(Deck Oven)

㉠ 구울 반죽을 넣는 입구와 구워낸 제품을 꺼내는 출구가 같은 오븐

㉡ 소규모 베이커리에서 많이 사용

② 터널 오븐(Tunnel Oven)

㉠ 오븐 입구에 구울 반죽을 넣으면 터널을 통과하여 반대편 출구로 제품이 구워져 나오는 오븐

㉡ 넓은 면적이 필요하고 열 손실이 크다는 단점이 있다.

㉢ 업소용 피자 오븐으로 많이 사용

③ 컨벡션 오븐(Convection Oven)

㉠ 대류열을 이용한 오븐

㉡ 오븐 안의 열을 팬(fan)을 이용해 강제 순환(대류열)시켜 굽는 오븐

㉢ 하드계열 빵과 바삭한 제품을 굽는 데 좋다.

♂ 믹서의 종류

• 수직형 믹서 : 버티컬 믹서라고도 하며, 소규모 제과점에서 많이 사용

• 수평형 믹서 : 대량의 빵을 만들 때 사용

• 스파이럴 믹서(나선형 믹서) : 믹서의 회전축에 S모양(나선형)의 훅이 내장되어 있으며, 믹싱볼과 회전축이 역방향으로 돌기 때문에 글루텐 형성에 더욱 효과적이어서 제빵 전용 믹서로 사용

• 에어믹서 : 공기를 넣어가며 기포를 형성시키는 제과 전용 믹서

위생안전관리 제2장

핵심문제 풀어보기

공장 설비 중 제품의 생산능력의 기준이 되는 기계는?

① 오븐　　② 발효기
③ 믹서　　④ 작업대

해설
오븐의 매입 철판 수는 제품 생산능력의 기준이 된다.

답 ①

(4) 제빵 전용 기기

① **분할기(Divider)** : 1차 발효가 끝난 반죽을 정해진 용량의 크기로 분할하는 기계. 손 분할과 기계 분할이 있으며, 기계 분할 시 스트로크(1회동작) 수는 분당 12~16 회전이 좋다.

② **라운더(Rounder)** : 분할된 반죽을 동글게 해주는 기계. 규모가 큰 제과점에서는 분할과 동시에 둥글리기를 하는 분할 복합 라운더를 많이 사용한다.

③ **정형기(Moulder)** : 중간 발효를 끝낸 반죽을 밀거나 스틱모양, 앙금싸기 등 다양하게 모양을 내주는 기계

④ **발효기(Fermentation Room)** : 믹싱이 끝난 후 1차 발효와 성형을 끝낸 후 2차 발효를 시켜주는 기계

⑤ **도우 컨디셔너(Dough Conditioner)** : 작업상황에 맞게 냉동, 냉장, 해동, 발효 등을 프로그래밍에 의해 자동적으로 조절하는 기계. 근로자의 근무환경 개선에 효과적이다.

(5) 소도구

전자저울	용기를 올려놓고 영점을 맞춰 잴 수 있어 정확하게 실제 무게를 잴 수 있는 저울
스크레이퍼	반죽의 분리, 분할, 모양 낼 때 사용
스패츌러	케이크를 아이싱하거나 크림을 바르는 용도
온도계	반죽이나 제품의 온도를 재는 도구
모양깍지	여러 가지 모양으로 짤 수 있는 도구
짤주머니	크림류를 넣어 짤 수 있게 하는 주머니
데포지터 (Depositer)	제과 반죽이나 크림을 자동으로 일정하게 짜주는 기계
스파이크 롤러 (Spike Roller)	피자나 파이를 만들 때 바닥에 구멍을 내주는 도구로 바닥의 들뜸을 방지
회전판(돌림판)	케이크를 아이싱할 때 사용
동그릇	온도가 높아도 타지 않는 그릇으로 시럽, 설탕 공예, 커스터드 크림 제조 시 사용
디핑포크	초콜릿 제품 작업 시 초콜릿에 넣고 코팅한 후 건져 낼 때 쓰는 도구

2. 기기 안전 관리

대상	세척, 소독 주기
작업장 바닥	매일
작업장 벽	주 1회
작업장 천장, 환기시설 등	월 1회
제조 시 직접 사용한 설비 도구의 내면	매일
냉장, 냉동고	내부는 주 1회, 냉각기는 연 1회

제 **3** 장

과자류 제품 제조

CHAPTER 01 반죽 및 반죽 관리

- 반죽법을 익힌 후 해당 제품의 반죽법을 설정하여 반죽을 할 수 있다.
- 각각의 제품의 특징과 제조 차이점을 알고 알맞은 제품을 생산할 수 있다.
- 반죽 제조 시 반죽 온도, 비중, pH 등을 확인할 수 있다.

01 반죽법의 종류 및 특징

핵심문제 풀어보기

다음 중 화학적 팽창 제품이 아닌 것은?

① 머핀
② 팬케이크
③ 파운드 케이크
④ 젤리 롤 케이크

[해설]
젤리 롤 케이크는 물리적 팽창(공기 팽창) 제품이다.

답 ④

1. 반죽의 분류

(1) 팽창방법에 따른 분류

① 물리적 팽창방법

  ㉠ 계란을 거품 내어 물리적으로 공기를 형성시킨 뒤, 오븐에서 열을 가해 공기로 팽창시키는 방법 예 스펀지 케이크, 엔젤 푸드 케이크, 롤 케이크, 카스텔라 등

  ㉡ 밀가루 반죽에 유지를 넣고 접어서 밀어 펴기를 반복하여 층을 이루고, 굽는 동안 유지가 녹아 발생하는 증기압에 의해 팽창시키는 방법

  예 퍼프 페이스트리, 프렌치파이, 누네띠네 등

  ㉢ 반죽 내부의 물이 수증기압의 영향으로 조금 부풀게 되는 팽창

  예 파이 반죽, 쿠키 등

② **화학적 팽창방법** : 화학적 팽창제(베이킹파우더, 베이킹소다, 이스파타 등)를 사용하여 이산화탄소와 암모니아 가스를 발생시켜 반죽을 팽창시키는 방법 예 레이어 케이크, 파운드 케이크, 케이크 도넛, 비스킷, 냉동쿠키, 머핀, 와플, 핫케이크 등

(2) 반죽 특성에 따른 분류

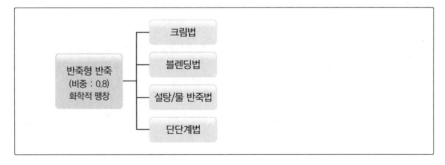

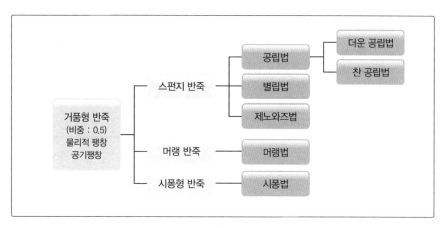

▲ 제과 반죽 Map

① 반죽형(Batter Type) 반죽 제품 : 밀가루, 계란, 설탕, 유지를 주재료로 이용하여 여기에 우유나 물을 넣고 화학 팽창제(베이킹파우더 등)를 사용하여 부풀린 반죽 (비중 : 0.75~0.85)

㉠ 크림법

반죽 순서	유지 → 설탕 → 계란 → 밀가루
장점	큰 부피감
단점	스크래핑(믹싱볼의 옆면과 바닥을 긁어주는 동작)을 자주해야 함.
제품	파운드 케이크, 머핀, 냉동쿠키류

㉡ 블렌딩법

반죽 순서	유지 + 밀가루 → 기타 가루 + 물 $\frac{1}{2}$ → 계란 → 물 $\frac{1}{2}$
장점	부드러운 조직 유연감
단점	부서지기 쉽다.
제품	데블스 푸드 케이크

㉢ 설탕/물 바죽법

반죽 순서	설탕과 물을 2 : 1의 비율로 액당 제조 → 건조 재료 → 계란
장점	• 균일한 껍질색 • 계량 편리 • 스크래핑을 줄일 수 있고 베이킹파우더의 양을 10[%] 줄일 수 있다.
단점	Air믹서 등 제과 전용 믹서 필요

핵심문제 풀어보기

반죽형 케이크의 특징으로 알맞지 않은 것은?

① 비중이 가볍고 부드럽다.
② 주로 박력분을 사용한다.
③ 유지와 설탕의 사용량이 많다.
④ 주로 화학 팽창제를 사용한다.

해설
반죽형 케이크는 반죽에 함유된 공기의 양이 적어 비중이 무거우므로 화학 팽창제를 많이 사용한다.

답 ①

과자류 제품 제조
제 3 장

ㄹ 단단계법(1단계법)

반죽 순서	유화제, 베이킹파우더와 함께 전 재료를 넣고 반죽
장점	대량 생산으로 노동력과 시간 절약
단점	믹서의 기능이 좋아야 함.
제품	케이크시트

핵심문제 풀어보기

다음 중 거품형 케이크가 아닌 것은?

① 소프트 롤 케이크
② 스펀지 케이크
③ 엔젤 푸드 케이크
④ 초콜릿 케이크

해설
• 거품형 케이크는 계란 단백질의 기포성과 열변성을 이용하여 만드는 케이크이다.
• 초콜릿 케이크는 화학적 팽창 제품이다.

답 ④

② **거품형(Foam Type) 반죽 제품** : 계란, 설탕, 밀가루, 소금을 주재료로 이용하여 계란 단백질의 기포성과 유화성, 그리고 열에 대한 응고성(변성)을 이용한 반죽(비중 : 0.45∼0.55)

㉠ **공립법** : 계란을 흰자와 노른자로 분리하지 않고 전란 상태로 거품 내는 방법

㉡ **별립법** : 계란을 흰자와 노른자로 분리하고 각각 설탕을 넣어 거품 낸 뒤 합쳐 반죽하는 법

㉢ **제노와즈** : 거품형 반죽의 마지막 단계에서 유지를 60[℃] 정도로 중탕하여 넣은 스펀지 반죽

▶ **공립법과 별립법 비교하기**

방법		특징	과정
공립법	더운 방법	• 고율 배합 반죽에 적당(거품형 반죽 중 계란과 설탕이 많은 반죽) • 중탕하여 거품 냄. • 껍질색이 예쁘고 기포성이 좋음.	• 계란, 설탕, 소금을 넣고 40∼43[℃]로 중탕한 후 반죽 • 거품이 연한 미색이며 거품기 자국이 남아 있을 정도로 충분한 거품 반죽을 만듦. • 체 친 가루 재료를 넣고 주걱으로 가볍게 섞음. • 유지를 60[℃] 정도로 중탕하여 마지막 단계에 넣기(제노와즈)
	찬 방법	• 저율 배합 반죽에 적당 • 중탕하지 않고 섞음. • 화학 팽창제를 사용함.	• 계란을 넣고 풀어준 후 설탕, 소금을 2∼3회 나누어 넣어주면서 거품을 냄. • 거품은 연한 미색이며 거품기 자국이 남아 있을 때까지 거품을 냄. • 체 친 가루 재료를 넣고 주걱으로 가볍게 섞음.

별립법	• 공립법보다 부피가 큼.	• 계란의 흰자와 노른자를 분리 • 노른자에 설탕을 넣고 연한 미색의 거품이 될 때까지 반죽 • 흰자와 설탕을 이용하여 95[%]의 머랭을 제조 • 노른자에 설탕을 넣고 연한 미색의 거품이 될 때까지 반죽 • 흰자와 설탕을 이용하여 90[%]의 머랭을 제조 • 노른자 반죽한 것에 머랭 $\frac{1}{3}$을 넣고 체 친 밀가루를 넣고 섞음. • 녹은 유지(60[℃])나 우유를 넣고 섞음. • 나머지 머랭을 넣고 가볍게 혼합하여 반죽을 완성

③ **머랭법** : 흰자와 설탕을 1 : 2의 비율로 단단하게 거품 낸 반죽. 머랭 제조 시 흰자에 노른자가 들어가지 않도록 주의한다.

　[예] 머랭 쿠키, 마카롱, 다쿠아즈 등

④ **시퐁법** : [예] 시퐁 케이크

　㉠ 시퐁법 특징

　　ⓐ 별립법처럼 노른자와 흰자를 분리하지만, 노른자는 거품 내지 않는다.

　　ⓑ 머랭과 화학 팽창제(베이킹파우더)를 넣고 팽창시킨다.

　　ⓒ 식용유를 넣어 부드러운 식감을 낸다.

　㉡ 시퐁법 과정

　　ⓐ 노른자 + 식용유 섞기

　　ⓑ 설탕 섞고 물 넣기

　　ⓒ 밀가루 섞기

　　ⓓ 흰자와 설탕으로 95[%] 머랭을 만들어 반죽에 나눠 섞어 완성

　　ⓔ 비중 : 0.45~0.55

　　ⓕ 시퐁틀에 이형제로 물을 뿌려 털어내고 60[%] 정도 팬닝 후 굽는다.

⊘ 거품형 반죽 제조 시 유의사항

• 사용할 반죽기와 도구는 기름기가 없어야 한다.

• 계란을 노른자와 흰자로 분리할 때, 흰자를 담을 그릇에는 기름기가 전혀 없어야 하고, 노른자가 들어가지 않게 각별히 유의한다.

• 물엿은 설탕과 함께 계량하여, 그릇에 붙어 손실되는 일이 없도록 한다.

• 거품에 체 친 가루 재료를 넣고, 나무 주걱으로 살살 펴 가며 덩어리가 생기지 않도록 섞는다. 너무 지나치게 섞으면, 거품이 꺼지고 글루텐이 많이 생기게 된다.

• 굽기 전에 팬을 작업대 위에 가볍게 내리쳐서 큰 기포는 제거한다.

• 굽는 동안 제품의 균일한 착색을 위하여 오븐의 팬의 위치를 전후좌우 바꾸어 준다.

• 계란 사용량이 많은 과자는 수분 증발이 많아 수축이 심하므로 오븐에서 꺼내면 바로 팬에서 분리시켜 냉각시킨다.

제3장 과자류 제품 제조

핵심문제 풀어보기

과자의 반죽방법 중 시퐁형 반죽이란?

① 화학적 팽창제를 사용한다.

② 유지와 설탕을 믹싱한다.

③ 모든 재료를 한꺼번에 넣고 믹싱한다.

④ 계란과 설탕을 중탕하여 믹싱한다.

[해설]

별립법처럼 계란을 흰자와 노른자로 분리하지만 노른자는 거품을 내지 않고 흰자로 머랭을 올리고 화학 팽창제(베이킹파우더)를 넣어 팽창시킨다.

[답] ①

▶ **거품의 정도에 따른 거품형 케이크의 특성**

거품의 정도	케이크의 특성
적당	• 거품이 거품기에 붙어 차츰 아래로 흐르면서 자국이 천천히 사라지고 거품이 고우며, 반죽에 광택이 남.
부족	• 거품기로 거품을 끌어 올렸을 때 거품기 사이로 거품이 빠르게 흘러내리며, 반죽 위에 떨어진 자국도 바로 사라지고 광택이 거침. • 과자는 기공이 작고 부피도 작아 식감이 나쁨.
지나침	• 거품이 거품기에 부착되어 흘러내리는 시간이 길고, 자국이 오랫동안 남아 있으며, 광택이 거침. • 제품은 기공이 거칠고, 가루 재료 혼합 시 과다 반죽으로 질겨짐.

⑤ 퍼프 페이스트리법 : 반죽 내 수분이 열에 의해 수증기가 되어 팽창시키며, 껍질이 바삭바삭한 것이 특징이다.

▶ **페이스트리 반죽 형태에 따른 특징**

반죽 형태	특징

밀가루 반죽으로 유지 덩어리를 싸는 경우 (프랑스식)	• 가소성과 신장성이 좋은 충전용 유지를 사용
	• 유지와 반죽의 단단한 정도에 따라 층 형태 결정
	  – 유지와 반죽의 단단한 정도가 같으면 층이 고른 좋은 형태
	  – 유지가 반죽보다 단단하면 유지가 깨져 층이 고르지 않음.
	  – 유지가 반죽보다 무르면 유지가 녹아 양끝으로 밀려 나옴.

밀가루에 유지 덩어리를 넣어 반죽하는 경우 (스코틀랜드식)	• 유지 덩어리 크기에 의해 껍질의 결이 결정됨.
	  – 유지 덩어리가 크면 껍질의 결이 길게 됨(호두알 크기).
	  – 유지 덩어리가 작으면 껍질의 결이 짧게 됨(콩알 크기).
	  – 유지 덩어리가 (밀가루에 섞여) 없으면 껍질의 결이 없음(가루 상태).

2. 제과 제품 제조 공정

(1) 반죽법 결정하기

제품의 특성에 맞고, 수량, 생산시설, 생산인력, 소비자의 기호에 적합한 반죽법 선택

(2) 고율 배합과 저율 배합

① 고율 배합 : 밀가루량보다 설탕량이 많고, 전체 액체량(계란 + 우유)이 설탕보다 많고 유지량보다 많은 반죽

✪ **페이스트리 반죽 제조 시 유의사항**

• 오븐에 페이스트리를 넣고 팽창시키는 동안 오븐 문을 열지 않는다.
• 페이스트리 반죽을 밀어 편 후 접기를 할 때는 반드시 덧가루를 털어내고 접는다.
• 접기 후 매번 휴지기를 둔다.
• 페이스트리 반죽은 날이 예리한 칼을 사용하여야 밀가루 반죽이 서로 붙지 않는다.
• 페이스트리는 성형 후 20~60분 실온에서 휴지를 가진 후 굽는다.

✪ **고율 배합의 예**

반죽형 반죽 중 레이어 케이크, 초콜릿 케이크와 같이 설탕을 밀가루보다 더 많은 양을 사용하는 고율 배합은 많은 설탕을 녹일 만한 다량의 물을 사용하므로 수분이 제품에 많이 남게 되고, 촉촉한 상태를 오랫동안 유지시켜 신선도를 높이고 부드러움이 지속되는 특징이 있다. 따라서 많은 고급 과자는 고율 배합으로 만든다.

밀가루량 < 설탕량, 유지량 < 전체 액체량

② 저율 배합 : 밀가루량보다 설탕량이 적고, 전체 액체량(계란 + 우유)이 설탕보다 적고 유지량보다 적은 반죽

밀가루량 > 설탕량, 유지량 > 전체 액체량

③ 고율 배합과 저율 배합의 특징

구분	고율 배합	저율 배합
밀가루, 설탕 사용량	밀가루 < 설탕	밀가루 ≥ 설탕
믹싱 중 공기 혼입량	많음.	적음.
비중	낮음.	높음.
화학 팽창제 사용량	적음.	많음.
굽는 온도(시간)	낮음(오랜 시간), 오버 베이킹	높음(짧은 시간), 언더 베이킹

---

02 기타 과자류 제조

1. 파운드 케이크

(1) 파운드 케이크의 정의
① 제과 반죽의 기본 재료인 밀가루 : 설탕 : 계란 : 버터의 비율이 1 : 1 : 1 : 1로 각 재료를 1파운드씩 사용하여 제조한 것에서 유래되었다.
② 반죽형 반죽 과자의 대표적인 제품으로 저율 배합 반죽에 속한다.

(2) 사용재료의 특성
① 밀가루의 종류는 주로 박력분을 사용하나 식감에 따라 중력분과 강력분을 사용할 수 있다.
② 기타 가루를 섞을 수 있으나 찰진 가루(찰옥수수, 찹쌀) 등은 사용하지 않는다.
③ 크림성과 유화성이 좋은 유지를 사용한다.

(3) 반죽 제조 시 "유지량 증가"에 따른 현상과 조치사항(밀가루와 설탕량은 고정)
① 유지량 증가시키면 → 팽창력 증가, 연화력 증가
② 계란량 증가시키면 → 팽창력 증가, 구조력 증가
③ 수분량 균형을 위해 → 우유량 감소

핵심문제 풀어보기

다음 설명 중 저율 배합에 대한 고율 배합의 특징으로 틀린 것은?

① 고율 배합은 믹싱 중 공기 혼입이 적다.
② 고율 배합의 비중은 낮아진다.
③ 고율 배합에는 화학 팽창제의 사용량을 감소한다.
④ 고율 배합의 제품은 상대적으로 낮은 온도에서 오래 굽는다.

해설
고율 배합은 믹싱 중 공기 혼입량이 많다.

답 ①

핵심문제 풀어보기

파운드 케이크의 배합률 중 밀가루 : 설탕 : 계란 : 버터의 비율이 올바르게 설명된 것은?

① 1 : 2 : 2 : 1
② 2 : 1 : 1 : 2
③ 1 : 1 : 1 : 1
④ 1 : 2 : 1 : 2

해설
파운드 케이크라는 이름은 밀가루, 설탕, 계란, 버터의 비율을 각각 1파운드(453[g])씩 사용했다고 해서 만들어진 이름이다.

답 ③

④ 팽창 균형을 위해 → 베이킹파우더 양 감소

⑤ 맛의 균형 및 증진을 위해 → 소금 증가

(4) 제조 방법 : 크림법

① 순서 : 유지 → 설탕 → 계란 → 체 친 가루

② 반죽 온도 : 23[℃]

③ 비중 : 0.75~0.85

④ 팬닝 : 70[%](비용적 : 1[g]당 2.4[cm^3])

(5) 굽기

① 2중 팬을 사용한다.

> ◉ 파운드 케이크에 2중 팬을 사용하는 이유
> • 제품의 옆면과 바닥의 두꺼운 껍질 형성 방지
> • 제품의 식감과 맛을 좋게 함.

② 윗면이 자연스럽게 터지도록 굽는다.

> ◉ 파운드 케이크의 윗면이 터지는 이유
> • 반죽의 수분 부족
> • 높은 온도에서 구워 위 껍질이 빨리 생김.
> • 반죽 속 설탕이 다 녹지 않음.
> • 굽기 전 위 껍질이 건조된 경우

(6) 파운드 케이크의 응용

① 마블 케이크 : 반죽의 일부를 덜어 코코아나 초콜릿을 섞은 뒤 두 개의 반죽을 대충 섞어 대리석 무늬를 만든 케이크

② 모카 파운드 : 기본 반죽에 커피를 넣어 만듦.

③ 과일 파운드 : 기본 반죽에 건조과일이나 시럽에 담근 과일을 반죽 마지막에 섞어 만든 반죽

▶ 반죽형 케이크 제품의 문제점과 원인

문제점	원인
반죽 과정 중에 반죽의 유지와 액체가 분리됨	• 유지에 액체 재료(계란, 우유, 물 등)를 한 번에 또는 급하게 첨가하였을 때 • 첨가하는 액체 재료의 온도가 너무 낮거나 반죽의 온도가 낮은 경우
고율 배합 케이크의 부피가 작음	• 반죽 상태가 안 좋아 재료들이 골고루 반죽되지 않았을 때 • 굽는 온도가 높아 껍질 형성이 너무 빠르게 진행되어 팽창이 잘 안되었을 때 • 굽는 온도가 낮아 오래 구워져 수분을 잃고 수축되었을 때 • 구워낸 과자를 너무 급속하게 냉각시켜 수축되었을 때
굽는 도중 케이크가 부풀어 올랐다가 가라앉음	• 밀가루 양에 비해 설탕과 액체가 너무 많을 때 • 팽창제의 사용량이 너무 많아 급격하게 팽창되었다가 수축되었을 때
고율 배합 케이크의 기공이 열리고 조직이 거침	• 낮은 온도에서 구웠을 때 • 화학 팽창제를 다량 사용하였을 때 • 반죽을 팬에 놓고 오랫동안 방치하였을 때
케이크 껍질에 반점이 생기거나 색이 균일하지 않음	• 반죽이 불충분하거나 반죽에 수분이 적어 설탕 입자로 인해 표피에 흰 반점이 생겼을 때 • 오버 베이킹 하였을 때 • 밀가루를 체에 쳐 사용하지 않아 반죽에 고루 분산되지 않았을 때 • 오븐의 열 분배가 고르지 않을 때
구워진 케이크가 단단하고 질김	• 강력분을 사용하였을 때 • 계란 사용량이 많았을 때 • 팽창 정도가 부족하였을 때

반죽형 케이크를 구웠더니 너무 가볍고 부서지는 현상이 나타났을 때의 원인이 아닌 것은?

① 반죽에 수분량이 많았다.
② 반죽의 크림화가 지나쳤다.
③ 팽창제 사용량이 많았다.
④ 쇼트닝 사용량이 많았다.

해설
반죽에 수분량이 많았다면 유지와 수분이 서로 분리되어 반죽의 비중이 무거워지고 단단해지므로 부서지지는 않는다.

답 ①

2. 스펀지 케이크

(1) 스펀지 케이크의 정의

계란의 기포성을 이용한 대표적인 거품형 반죽 과자

(2) 기본 배합률

밀가루	100[%]
계란	166[%]
설탕	166[%]
소금	2[%]

핵심문제 풀어보기

스펀지 케이크에서 계란 사용량을 감소시킬 때의 조치사항이 잘못된 것은?

① 베이킹파우더를 사용하기도 한다.
② 물 사용량을 추가한다.
③ 밀가루 사용량을 감소시킨다.
④ 유화제를 소량 사용한다.

해설
스펀지 케이크에서 계란 사용량을 줄이면
• 팽창력이 떨어지므로 → 베이킹파우더 사용량 증가
• 구조력이 부족하므로 → 밀가루 사용량 증가
• 수분량이 부족하므로 → 물 사용량 추가
• 노른자 부족으로 유화력이 떨어지므로 → 유화제 소량 증가

답 ③

◐ **롤 케이크를 말 때 표면의 터짐을 방지하는 방법**

• 설탕의 일부를 물엿이나 시럽으로 대체한다.
• 덱스트린, 글리세린 등을 첨가하여 점착성을 증가시킨다.
• 팽창이 과도하지 않도록 조절한다.
• 노른자 양을 줄이고 전란의 양을 증가시킨다.
• 낮은 온도에서 오래 굽지 않는다. (오버 베이킹 금지)
• 밑불이 너무 높지 않게 굽는다.
• 비중이 높지 않게 믹싱한다.
• 반죽 온도가 낮으면 굽는 시간이 길어지므로 적정 온도를 맞춘다.

◐ **흰자에 주석산을 사용하는 이유**

• 흰자의 알칼리성을 낮추어 산성으로 만들어 색을 하얗고 밝게 해줌.
• 머랭이 튼튼하여 탄력성이 생김.

(3) 사용재료의 특성

① 거의 박력분을 사용하지만 전분을 소량(12[%] 이하) 섞어 사용할 수 있다.
② 계란의 기포성이 좋아 따로 팽창제를 첨가하지 않아도 된다.
③ 계란량 1[%] 감소 시
   ㉠ 수분량 0.75[%] 증가시킴.
   ㉡ 밀가루량 0.25[%] 증가시킴.
   ㉢ 베이킹파우더 0.03[%] 증가시킴.
   ㉣ 유화제 0.03[%] 증가시킴.
④ 반죽 온도 : 25[℃]
⑤ 비중 : 0.45~0.55

(4) 제조 방법

① 공립법이나 별립법 이용
② 반죽의 마지막 단계에 녹인 버터(60[℃] 정도)를 넣고 가볍게 섞기(제노와즈)
③ 팬닝 : 50~60[%](비용적 : 1[g]당 5.08[cm³])
④ 구워낸 직후 충격을 주어 수축시키고 틀에서 즉시 분리함.

(5) 스펀지 케이크의 응용

① **카스텔라** : 굽기 시 나무틀을 사용해 굽는다(나가사키 카스텔라).
   ㉠ 반죽의 건조를 방지하기 위해
   ㉡ 높은 부피를 가진 제품을 만들기 위해
② **롤 케이크** : 기본 배합률에서 계란과 설탕량을 166[%]에서 200[%]까지 사용
   – 터짐 방지

3. 엔젤 푸드 케이크

(1) 엔젤 푸드 케이크의 정의

계란의 흰자만을 사용하여 만든 거품형 케이크. 비중이 가장 낮은 케이크

(2) 기본 배합률(True %)

밀가루	15~18[%]
흰자	40~50[%]
설탕	30~42[%]
주석산 크림	0.5~0.625[%]
소금	0.375~0.5[%]

※ True % 배합표를 사용하는 이유 : 밀가루와 흰자, 주석산 크림과 소금 사용량을 교차 선택해야 하므로

(3) 배합률 조절하기

① 밀가루와 흰자 중 교차 선택

㉠ 밀가루량 결정 : 밀가루 15[%] 선택 시 흰자 50[%]

㉡ 흰자량 결정 : 밀가루 18[%] 선택 시 흰자 40[%]

② 주석산 크림(0.5[%]) + 소금(0.5[%]) = 1[%]

③ 설탕 사용량 결정하기

설탕 = 100 − (흰자 + 밀가루 + 주석산 크림 + 소금)

④ 설탕량의 $\frac{2}{3}$ 는 입상형, $\frac{1}{3}$ 은 분당 사용

예 설탕량이 30[g]이라면 20[g]은 설탕으로, 10[g]은 분당으로 사용

(4) 사용재료의 특성

① 밀가루 : 특급 박력분 사용

② 설탕량의 $\frac{2}{3}$ 는 입상형으로 머랭 반죽 시 사용하고, 설탕량의 $\frac{1}{3}$ 은 분당으로 밀가루와 혼합해 체 쳐 사용함.

(5) 제조 공정

① 머랭 반죽 제조 시 주석산 크림을 넣는 시기에 따라 산전 처리법과 산후 처리법으로 나눌 수 있다.

② 팬닝 : 틀에 이형제로 물을 분무하고 60~70[%]를 담는다.

4. 퍼프 페이스트리

(1) 퍼프 페이스트리의 정의

① 대표적인 유지에 의한 팽창 제품

② 반죽에 유지를 넣고 감싼 뒤 여러 번 접어 밀기를 반복해 유지층을 만들어 팽창 시키는 제품

(2) 기본 배합률

밀가루	100[%]
유지(반죽용 유지 + 충전용 유지)	100[%]
물	50[%]
소금	1[%]

(3) 사용재료의 특성

① 밀가루 : 강력분 사용(글루텐 형성을 위해)

⚙ 유지

- 반죽용 유지 : 반죽할 때 넣는 용도의 유지를 말한다.
- 충전용 유지 : 롤인용 유지라고도 하며, 반죽을 밀기 전 반죽 안에 넣고 감싸는 용도의 유지를 말한다.

핵심문제 풀어보기

퍼프 페이스트리 제조 시 다른 조건이 같을 때 충전용 유지에 대한 설명으로 틀린 것은?

① 충전용 유지가 많을수록 결이 분명해진다.

② 충전용 유지가 많을수록 밀어 펴기가 쉬워진다.

③ 충전용 유지가 많을수록 부피가 증가하다 최고점을 지나면 서서히 감소한다.

④ 충전용 유지가 많을수록 가소성 범위가 넓은 유지가 적당하다.

해설

충전용 유지가 많을수록 반죽 밀어 펴기가 어려워지나, 본 반죽에 넣는 유지를 증가시킬수록 밀어 펴기가 쉬워진다.

답 ②

② 유지

　㉠ 반죽용 유지 : 유지를 많이 넣을수록

장점	• 밀어 펴기가 쉽다. • 제품의 식감이 부드럽다.
단점	• 결이 나빠지고 부피가 작아진다(50[%] 미만으로 사용).

　㉡ 충전용 유지 : 유지를 많이 넣을수록

장점	• 접기 횟수가 증가할수록 부피가 증가하다 최고점을 지나면 서서히 감소 • 가소성 범위가 넓은 유지 사용
단점	• 밀어 펴기가 어렵다.

③ 물 : 찬물 사용

(4) 제조 공정

① 반죽 온도 : 20[℃]

② 제조 공정(프랑스식 접기형) : 3절 3회 접기

> 반죽 안에 충전용 유지 감싸기 → 밀어 펴기 → 3절 접기(1차) → 휴지하기 → 밀어 펴기 → 3절 접기(2차) → 휴지하기 → 밀어 펴기 → 3절 접기(3차) → 휴지하기 → 밀어 펴기 → 재단

③ 휴지의 목적(냉장고)

　㉠ 글루텐의 안정과 재정돈

　㉡ 밀어 펴기 용이

　㉢ 반죽과 유지의 되기를 같게 하여 층을 선명하게 함.

　㉣ 반죽 재단 시 수축 방지

④ 재단 시 주의사항

　㉠ 과도한 밀어 펴기 방지(파이롤러 사용하기)

　㉡ 굽기 전 30~60분 휴지

　㉢ 다량의 계란물과 파치(반죽 자투리) 사용 금지

⑤ 굽기

　㉠ 색이 날 때까지 문을 열지 않기

　㉡ 일반적인 제과류보다 굽는 온도를 높게 설정한다(일반적으로 200~210[℃]).

(5) 퍼프 페이스트리의 문제점과 원인

문제점	원인
밀어 펼 때 반죽이 찢어짐	• 밀가루가 박력분일 때 • 충전 유지가 균일하게 분포되어 있지 않음. • 차가운 반죽을 둥근 막대로 거칠게 밀었음.
모양 낸 후 수축	• 휴지가 충분하지 않음. • 과도한 밀어 펴기 • 된 반죽
페이스트리 부피가 작음	• 충전 유지가 너무 무름. • 접어서 밀어 편 횟수가 너무 적음. • 너무 높은 온도에서 구웠음. • 모양 내기 후 건조한 상태에서 오래 방치했음. • 휴지 시간 부족 • 과다한 덧가루 • 밀어 펴기 부적절
굽는 동안 유지가 흘러 나옴	• 밀어 펴기 부적절 • 오븐 온도가 너무 높거나 낮음. • 박력분 사용 • 오래된 반죽 사용

5. 파이(쇼트페이스트리)

(1) 파이의 정의

반죽에 여러 가지 과일이나 견과류 충전물을 채워 굽는 제품 예 사과파이, 호두파이 등

(2) 사용재료의 특성

① 밀가루 : 중력분 사용

② 유지 : 가소성 범위가 넓은 파이용 마가린 사용

③ 착색제 : 반죽에 설탕이 거의 들어가지 않으므로 설탕, 포도당, 녹인 버터, 계란물, 소다 등을 발라 주면 색을 예쁘게 낼 수 있음.

(3) 제조 공정

① 반죽하기(스코블랜느식)

㉠ 밀가루에 유지를 넣고 호두 크기로 다져서 물을 넣고 반죽

㉡ 반죽 온도 : 18[℃](유지의 입자 크기에 따라 파이 결의 길이가 결정됨)

② 과일 충전물용 농후화제(옥수수 전분, 타피오카 전분)의 사용 목적

㉠ 충전물을 조릴 때 호화를 빠르고 진하게 함.

㉡ 광택 효과

ⓒ 과일의 색을 선명하게 함.

ⓔ 냉각되었을 때 적정 농도 유지

핵심문제 풀어보기

파이 제조 시 휴지의 목적이 아닌 것은?

① 심한 수축을 방지하기 위하여
② 풍미를 좋게 하기 위하여
③ 글루텐을 부드럽게 하기 위하여
④ 재료의 수화(水化)를 돕기 위하여

해설
파이 휴지 목적
• 심한 수축을 방지하기 위하여
• 글루텐을 부드럽게 하기 위하여
• 재료의 수화(水化)를 돕기 위하여

답 ②

핵심문제 풀어보기

파이의 일반적인 결점 중 바닥 크러스트가 축축한 원인이 아닌 것은?

① 오븐 온도가 높음.
② 충전물 온도가 높음.
③ 파이 바닥 반죽이 고율 배합
④ 불충분한 바닥열

해설
① 오븐 온도가 낮음.

답 ①

(4) 파이 반죽 휴지의 목적

① 유지와 반죽이 굳은 후 되기를 같게 함.

② 밀어 펴기를 쉽게 함.

③ 끈적거림 방지

(5) 파이의 문제점과 원인

문제점	원인
충전물이 끓어 넘침	• 껍질에 수분이 많았다. • 오븐의 온도가 낮다. • 껍질에 구멍을 뚫지 않았다. • 천연산이 많이 든 과일을 썼다. • 충전물의 온도가 높다. • 바닥 껍질이 얇다. • 설탕량이 많다. • 위아래 껍질을 잘 붙이지 않았다.
파이 껍질이 질기고 단단함	• 강력분 사용 • 반죽 시간이 길다. • 반죽을 너무 치대 글루텐 형성이 지나쳤다. • 자투리 반죽을 많이 썼다. • 된 반죽 사용 정형 시 과도한 밀어 펴기
바닥 껍질이 축축함	• 반죽에 유지 함량이 많다. • 낮은 오븐 온도 • 얇은 바닥 반죽
껍질이 단단하고 정형, 굽기 후 수축한 경우	• 강력분을 사용한 경우 • 반죽 시간과 휴지 시간이 부족한 경우 • 지나치게 반죽하고 밀어 폈을 경우 • 자투리 반죽을 많이 썼을 경우 • 바닥 껍질이 위 껍질보다 얇은 경우 • 틀에 기름칠을 잘못하여 반죽이 달라붙은 경우

6. 쿠키

(1) 쿠키의 정의

① 수분이 적고(5[%] 이하) 크기가 작은 과자

② 반죽 온도 : 18~24[℃]

③ 보관 온도 : 10[℃]

(2) 쿠키의 종류

① 반죽형 쿠키

    ㉠ **드롭 쿠키**(소프트 쿠키) : 계란 사용량이 많아 짤주머니에 모양깍지를 끼우고 짜는 쿠키 **예** 버터 쿠키

    ㉡ **스냅 쿠키**(슈가 쿠키) : 설탕은 많고 계란이 적은 반죽을 밀어 모양틀로 찍는 쿠키

    ㉢ **쇼트 브레드 쿠키** : 스냅 쿠키보다 유지 사용량이 많은 반죽을 밀어 모양틀로 찍는 부드러운 쿠키

② 스펀지 쿠키(거품형 쿠키)

    ㉠ **스펀지 쿠키** : 전란을 사용하여 공립법으로 제조한 쿠키. 쿠키 중 가장 수분이 많은 짜는 쿠키 **예** 핑거 쿠키

    ㉡ **머랭 쿠키** : 흰자와 설탕으로 머랭을 만들어 짠 뒤, 100[℃] 이하의 낮은 온도로 건조시키며 굽는 쿠키 **예** 머랭 쿠키, 마카롱

(3) 쿠키의 퍼짐성에 관한 원인

구분	원인
쿠키의 퍼짐이 심한 경우	• 알칼리성 반죽 • 많은 설탕량 • 많은 유지량 • 진 반죽 • 굽기 온도 낮음.
쿠키의 퍼짐이 작은 경우	• 산성 반죽 • 적은 설탕량 • 적은 유지량 • 된 반죽 • 굽기 온도 높음.
쿠키가 팬에 눌어붙은 경우	• 진 반죽 • 깨끗하지 않은 팬 사용 • 반죽 내 녹지 않은 설탕량이 많은 경우 • 계란 사용량 과다

(4) 쿠키의 퍼짐성을 좋게 하기 위한 방법

① 팽창제 사용

② 입자가 큰 설탕 사용

③ 오븐 온도를 낮게 설정

④ 알칼리성 재료의 사용량 증가

⏣ **쿠키의 퍼짐률**

$$퍼짐률 = \frac{쿠키\ 제품의\ 지름}{쿠키\ 제품의\ 두께}$$

핵심문제 **풀어보기**

다음 중 쿠키의 과도한 퍼짐의 원인이 아닌 것은?

① 반죽이 질은 경우

② 유지 함량이 적은 경우

③ 설탕 사용량이 많은 경우

④ 굽기 온도가 너무 낮은 경우

해설

쿠키의 모양과 구조력을 약하게 하는 유지, 설탕, 화학 팽창제의 사용량 증가는 쿠키의 퍼짐이 과도해진다.

답 ②

핵심문제 **풀어보기**

반죽형 쿠키의 굽기 과정에서 퍼짐성을 좋게 하기 위하여 사용할 수 있는 방법은?

① 설탕의 양을 많이 사용한다.

② 반죽을 오래한다.

③ 오븐의 온도를 높인다.

④ 분당을 사용한다.

해설

퍼짐성을 좋게 하기 위한 방법

• 팽창제 사용

• 입자가 큰 설탕 사용

• 오븐 온도를 낮게 설정

• 알칼리성 재료의 사용량 증가

답 ①

과자류 제품 제조
제3장

☑ 슈 반죽에 분무, 침지하는 이유

• 슈의 막을 형성시켜 팽창이 되기 전에 껍질의 형성과 착색이 됨을 방지하기 위함.
• 슈 껍질을 얇게 할 수 있음.
• 양배추 모양으로 팽창을 크게 할 수 있음.

7. 슈(Choux)

(1) 슈의 정의

구워진 형태가 양배추와 비슷하다 하여 프랑스어로 "슈"라 하고, 텅 빈 내부에 크림을 충전한다(응용제품 : 에클레어, 추러스, 파리브레스트).

(2) 기본 배합률

중력 밀가루	100[%]
버터	100[%]
계란	200[%]
물	125[%]
소금	1[%]

(3) 사용재료의 특성

① 먼저 밀가루를 충분히 익힌 뒤 굽는다.
② 기본 재료에는 설탕이 들어가지 않지만 슈에 설탕을 넣게 되면,
   ㉠ 윗면이 둥글게 된다.
   ㉡ 내부 구멍 형성이 좋지 않다.
   ㉢ 표면에 균열이 생기지 않는다.
   ㉣ 색이 빨리 난다.

(4) 제조 공정

① 물 + 소금 + 유지를 넣고 센 불로 끓인다.
② 밀가루를 넣고 저으며 완전히 호화시킨다.
③ 60~65[℃]로 식혀 계란을 나눠 넣으며 되기를 조절하며 윤기 나고 매끈한 반죽을 만든다.
④ 팽창제(베이킹파우더 등)를 넣을 경우 마지막에 넣는다.
⑤ 반죽의 되기 조절은 계란으로 조절한다.
⑥ 철판에 간격을 충분히 하여 짜고, 분무(물을 뿌림), 침지(물에 담금)을 해서 껍질이 너무 빨리 형성되는 것을 막는다.
⑦ 굽기
   ㉠ 처음엔 아랫불을 높여 굽다가 충분히 팽창하고 표피가 터지면 아랫불을 줄이고 윗불을 높여 굽는다.
   ㉡ 슈가 주저앉을 수 있으므로 팽창 중에 문을 자주 여닫지 않는다.

(5) 슈의 문제점과 원인

문제점	원인
완제품 슈 바닥 껍질 가운데가 솟음	• 오븐 바닥 온도가 높음. • 팬 기름 과다 • 반죽을 짤 때 밑부분에 공기가 들어감. • 굽기 중 수분을 많이 잃은 경우
구운 후 슈 껍질이 수축함	• 굽기 시간 짧음. • 낮은 온도에서 굽기 • 화학 팽창제 과다 사용 • 진 반죽
슈 껍질 밑부분이 접시 모양으로 올라옴	• 팬 기름칠 과다

8. 타르트

(1) 타르트의 정의

① 얇은 원형틀에 반죽을 깔고 크림을 채워서 구운 것

② 반죽법은 크림법으로 제조한다.

(2) 제조 공정

① 껍질은 글루텐이 형성되지 않도록 반죽하고 냉장 휴지해야 바삭한 껍질을 만들 수 있다.

② 타르트 반죽을 틀에 깔 때 손가락으로 틀 안쪽으로 끝까지 밀어줘야 수축을 방지할 수 있다.

③ 크림을 너무 많이 짜지 않는다.

9. 케이크 도넛

(1) 제조 공정

① 공립법으로 제조

② 반죽 온도 : 22~24[℃] → 휴지

③ 두넛 반죽을 휴지시키는 이유

　㉠ 표피가 쉽게 마르지 않음.

　㉡ 밀어 펴기가 쉬워짐.

　㉢ 반죽이 잘 부풀도록 함.

④ 튀김 온도 : 180[℃] 전후

⑤ 튀김 기름의 적정 깊이 : 12~15[cm]

핵심문제 풀어보기

슈(Choux)에 대한 설명이 틀린 것은?

① 팬닝 후 반죽 표면에 물을 분사하여 오븐에서 껍질이 형성되는 것을 지연시킨다.

② 껍질 반죽은 액체 재료를 많이 사용하기 때문에 굽기 중 증기 발생으로 팽창한다.

③ 굽기 중 문을 자주 열어주면 팽창에 도움을 주며 색이 고르게 난다.

④ 기름칠이 많으면 껍질 밑부분이 접시 모양으로 올라오거나 위와 아래가 바뀐 모양이 된다.

해설
굽기 중 문을 자주 열어주면 터짐이 약하고 주저앉을 수 있다.

답 ③

(2) 도넛에 기름이 많은 이유

    ① 튀김 온도가 낮을 때

    ② 반죽에 수분이 많아 질은 경우

    ③ 설탕, 유지, 팽창제의 사용량이 많은 경우

    ④ 튀김 시간이 긴 경우

    ⑤ 믹싱 시간이 짧아 글루텐이 약한 경우

(3) 도넛의 부피가 작은 이유

    ① 튀김 온도가 높아 튀김 시간이 짧은 경우

    ② 강력분을 사용한 경우

    ③ 반죽 온도가 낮은 경우

핵심문제 풀어보기

다음 제품 중 냉과류에 속하는 제품은?

① 무스케이크

② 초코 롤 케이크

③ 양갱

④ 화과자

해설

냉과류는 냉장고에서 차게 굳힌 과자를 뜻하며 바바루아, 무스, 푸딩, 젤리, 블라망제 등이 있다.

답 ①

10. 냉과

(1) 냉과의 정의

    제품을 굽거나 튀기거나 찌지 않고 냉장고에 넣어 차게 굳혀 마무리하는 제품

(2) 냉과의 종류

    ① **무스** : 프랑스어로 '거품'을 뜻하며 크림을 거품 내 계란, 설탕, 안정제로 젤라틴 등을 넣고 만든 디저트

    ② **블라망제** : '하얀 음식'이란 뜻으로 생크림과 젤라틴, 우유를 섞어 만든다. 부드러운 디저트

    ③ **바바루아** : 설탕, 노른자, 젤라틴을 뜨거운 우유에 넣고 식힌 다음, 거품을 낸 계란 흰자와 생크림을 넣고 틀에 넣어 다시 식혀서 굳히는 디저트

    ④ **젤리** : 펙틴이나 젤라틴 등의 안정제를 과일과 섞어 얼린 디저트

    ⑤ **푸딩**

        ㉠ 계란, 설탕, 우유 등을 혼합하여 중탕으로 구운 제품

        ㉡ 설탕 1 : 계란 2의 비율로 제조하며 95[%] 팬닝한다.

        ㉢ 너무 높은 온도로 구울 시 표면에 기포가 발생한다.

03 반죽의 온도 및 비중, pH

1. 반죽의 온도

(1) 반죽 온도 조절

① 케이크류의 반죽 온도 : 23~25[℃]

② 반죽 온도가 제품에 미치는 영향

정상보다 온도가 낮으면 (일반적으로 18[℃] 이하)	기공이 조밀하여 부피가 적고, 식감이 나쁘며, 색이 연하고, 윗면이 터진다.
정상보다 온도가 높으면 (일반적으로 27[℃] 이상)	기공이 열려 있어 부피가 크고, 큰 공기 구멍이 생겨 조직이 거칠고, 노화가 빠르다.

③ 제품별 반죽 온도

㉠ 과자 반죽(반죽형, 거품형) : 23~25[℃]

㉡ 퍼프 페이스트리 : 20[℃](가장 낮음)

㉢ 슈 : 40[℃](가장 높음)

④ 반죽 온도 조절

㉠ 마찰계수

$$마찰계수 = (결과\ 온도 \times 6) - (밀가루\ 온도 + 실내\ 온도 + 수돗물\ 온도 + 설탕\ 온도 + 유지\ 온도 + 계란\ 온도)$$

㉡ 사용할 물 온도

$$사용할\ 물\ 온도 = (희망\ 온도 \times 6) - (밀가루\ 온도 + 실내\ 온도 + 마찰계수 + 설탕\ 온도 + 유지\ 온도 + 계란\ 온도)$$

㉢ 얼음 사용량

$$얼음\ 사용량 = \frac{사용할\ 물의\ 양 \times (수돗물\ 온도 - 사용할\ 물\ 온도)}{80 + 수돗물\ 온도}$$

2. 반죽의 비중

(1) 비중 구하기

① 비중 : 부피가 같은 물의 무게에 대한 반죽의 무게를 숫자로 나타낸 값

$$비중 = \frac{반죽\ 무게}{물\ 무게}$$

- 마찰계수 : 반죽 제조과정 중 발생하는 마찰열에 의해 상승한 온도를 실질적 수치로 나타낸 값
- 결과 온도 : 반죽 완성 후 온도
- 희망 온도 : 희망하는 반죽 결과 온도
- 사용할 물 온도 : 현재 수돗물 온도보다 낮춰서 또는 높여서 써야 할 물 온도

핵심문제 풀어보기

다음 조건에서 사용할 물 온도는?

- 희망 온도 : 23[℃]
- 밀가루 온도 : 25[℃]
- 실내 온도 : 25[℃]
- 설탕 온도 : 25[℃]
- 유지 온도 : 20[℃]
- 계란 온도 : 20[℃]
- 수돗물 온도 : 23[℃]
- 마찰계수 : 20

① 0[℃]　　② 3[℃]
③ 8[℃]　　④ 12[℃]

해설
사용할 물 온도 = (희망 반죽 온도 × 6) − (밀가루 온도 + 실내 온도 + 마찰계수 + 설탕 온도 + 유지 온도 + 계란 온도) = 23 × 6 − (25 + 25 + 20 + 25 + 20 + 20) = 3[℃]

답 ②

핵심문제 풀어보기

반죽의 비중을 동일한 컵을 사용하여 측정하였더니 반죽 무게 62[g], 물 무게 134[g]이 나왔다. 이 반죽의 비중은?

① 0.36　　② 0.42
③ 0.46　　④ 0.52

해설
62 ÷ 134 = 0.46

답 ③

② 컵 무게를 영점을 잡은 뒤 계량된 물 무게와 반죽 무게임.

(2) 비중이 제품에 미치는 영향

케이크 완제품의 부피, 기공, 조직, 식감에 결정적 영향을 미친다.

비중이 높으면 (반죽 안에 공기의 포함량이 적으면)	제품의 부피가 작고, 기공이 조밀하며, 조직이 무겁다.
비중이 낮으면 (반죽 안에 공기의 포함량이 많으면)	제품의 부피가 크고, 기공이 크며, 조직이 가볍고 거칠다.

(3) 제품별 적정 비중

반죽형 케이크	0.75~0.85
거품형 케이크	0.45~0.55
비중이 작은(가벼운) 순서	엔젤 푸드 케이크 > 시폰 케이크 > 롤 케이크 > 스펀지 케이크 > 파운드 케이크

3. 반죽의 pH

(1) 반죽의 pH

① 용액의 수소이온농도를 나타내는 지표

② 산성이나 알칼리성의 정도를 나타내는 수치를 말함.

③ 1기압, 25[℃]의 순수 1[L] 속에는 수소이온이 약 10^{-7}[g] 정도 들어 있음을 기준으로 pH 1~14로 표기함.

④ pH 7은 중성, pH가 1에 가까워지면 산도가 커지고, pH가 14에 가까워지면 알칼리도가 커진다(물의 pH는 7이며 중성이다.).

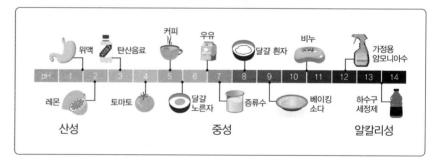

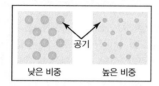
핵심문제 풀어보기

어떤 한 종류의 케이크를 만들기 위하여 믹싱을 끝내고 비중을 측정한 결과가 다음과 같을 때, 구운 후 기공이 크고 부피가 가장 큰 것은?

① 0.40　　② 0.50
③ 0.60　　④ 0.70

해설
비중이 클수록 기공이 조밀하고 부피가 작아진다.

답 ①

핵심문제 풀어보기

다음 중 일반적으로 비중이 가장 낮은 제품은?

① 파운드 케이크
② 레이어 케이크
③ 스펀지 케이크
④ 과일 케이크

해설
① 파운드 케이크 : 0.75~0.85
② 레이어 케이크 : 0.75~0.85
③ 스펀지 케이크 : 0.5 전후
④ 과일 케이크는 충전물이 많이 들어가므로 비중을 재지 않는다.

답 ③

(2) 제품별 적정 pH

구분	제품명	반죽의 적정 pH
산도가 높은 제품	엔젤 푸드 케이크	pH 5.2~6.0
	과일 케이크	pH 4.4~5.0
알칼리도가 높은 제품	데블스 푸드 케이크	pH 8.5~9.2
	초콜릿 케이크	pH 7.8~8.8

(3) pH가 제품에 미치는 영향

구분	정상보다 pH가 낮은 경우 (산이 강한 경우)	정상보다 pH가 높은 경우 (알칼리가 강한 경우)
부피	작다.	크다.
색	연하다.	어둡다.
향	약하다.	강하다.
맛	신맛	소다 맛
기공	작고 곱다.	크고 거칠다.

(4) pH 조절하기

① pH를 낮춰 향과 색을 연하게 하려 할 때 : 주석산, 구연산 같은 산성 재료 사용

② pH를 높여 향과 색을 진하게 하려 할 때 : 중조(소다) 같은 알칼리성 재료 사용

핵심문제 풀어보기

반죽의 pH가 가장 낮아야 좋은 제품은?

① 레이어 케이크
② 스펀지 케이크
③ 파운드 케이크
④ 과일 케이크

해설
과일의 유기산이 숙성되어서 산도가 낮다.

답 ④

과자류 제품 제조
제3장

CHAPTER 02 충전물

 • 해당 제품에 맞는 충전물을 설정하여 제조할 수 있다.

01 충전물

파이, 슈, 타르트 등의 과자반죽 안에 내용물을 넣고 굽거나, 구워낸 후 채우는 물질

02 충전물 제조 방법 및 특징

(1) 크림 형태

가나슈 크림	용해된 초콜릿과 가열한 생크림을 1 : 1 비율로 섞어 많은 크림
버터 크림	버터에 연유나 설탕이나 주석산을 114~118[℃]로 끓인 설탕 시럽을 넣고 만든 크림
생크림	우유의 지방 함량이 35~40[%] 정도의 크림을 휘핑하여 만듦.
휘핑크림	식물성 지방 40[%] 이상인 크림을 3~5[℃] 정도의 차가운 상태에서 휘핑해 만듦.
커스터드 크림	우유, 계란, 설탕을 섞고, 안정제로 옥수수 전분이나 밀가루를 넣어 끓인 크림(계란은 농후화제와 결합제 역할을 함)
디프로매트 크림	커스터드 크림과 무가당 생크림을 1 : 1 비율로 혼합한 크림
아몬드 크림	버터, 설탕, 계란, 아몬드 가루를 섞어 만든 크림

(2) 과일 형태

과일과 설탕을 끓여 만든다.

예 사과조림, 과일 콩포트 등

CHAPTER 03

팬닝 및 성형

• 제품 틀의 비용적을 알고 반죽량을 계산할 수 있다.
• 제품에 맞게 성형을 할 수 있다.

01 팬닝(Panning)

(1) 팬닝 방법

팬에 알맞은 양의 반죽을 팬닝하는 방법

① 틀의 부피를 기준으로 반죽량을 채우는 방법

② 틀의 부피를 비용적을 이용해 계산 후 반죽량을 채우는 방법

(2) 팬닝 시 주의사항

① 반죽량이 많으면 덜 익거나 넘치고 흘러 내린다.

② 반죽량이 적으면 모양이 안 좋아진다.

(3) 반죽량과 비용적

① 반죽 무게 계산

$$반죽 \ 무게 = \frac{틀 \ 부피}{비용적}$$

② 비용적 : 반죽 1[g]을 구울 때 차지하는 팬의 부피[cm^3/g]

$$비용적 = \frac{틀 \ 부피}{반죽 \ 무게}$$

③ 비용직 계산

엔젤 푸드 케이크	4.71[cm^3/g]	스펀지 케이크	5.08[cm^3/g]
파운드 케이크	2.40[cm^3/g]	레이어 케이크	2.96[cm^3/g]

♨ 동일한 양의 반죽을 구웠을 때 변화

• 작은 부피의 제품 : 반죽형 반죽(옐로 레이어 케이크, 파운드 케이크 등)

• 큰 부피의 제품 : 거품형 반죽(스펀지 케이크, 엔젤 푸드 케이크)

• 동일한 사이즈의 용기에 동일한 반죽을 팬닝하는 경우 스펀지 케이크가 가장 크게 부풀고, 파운드 케이크가 가장 작게 부푼다.

동일한 크기의 팬에 반죽을 팬닝하였을 경우 반죽량이 가장 적은 반죽은?

① 파운드 케이크
② 레이어 케이크
③ 스펀지 케이크
④ 엔젤 푸드 케이크

해설
비용적이 큰 반죽일수록 같은 크기의 팬에 적은 양의 반죽이 들어간다.

답 ③

④ 제품별 적정 팬 높이

푸딩	95[%](가장 많이 팬닝함)
반죽형 반죽	70~80[%]
거품형 반죽	50~60[%]

⑤ 팬 종류별 틀 부피 계산하기

원형팬		반지름 × 반지름 × 3.14 × 높이
경사진 원형팬		평균 낸 반지름[(윗면 반지름 + 아랫면 반지름)÷2] × 3.14 × 높이
옆면이 경사지고 중앙에 경사진 내부관이 있는 원형팬		경사진 원형팬(바깥쪽) 부피 − 경사진 내부관 부피
옆면이 경사진 사각팬		평균 가로 × 평균 세로 × 높이
부피를 구하기 어려운 불규칙한 팬		유채씨나 물을 담아 메스실린더로 옮겨 측정

02 성형

(1) 짜기
① 반죽을 짤주머니에 담아 일정한 크기나 모양으로 짠다.
② 버터 쿠키, 슈, 마카롱, 마들렌 등

(2) 찍기
① 반죽을 밀어 모양틀로 찍어 모양을 낸다.
② 쇼트 브레드 쿠키, 모양 쿠키

(3) 밀어 접기
① 반죽을 밀어 유지를 감싸 넣고 밀기와 접기를 반복한다.
② 퍼프 페이스트리

CHAPTER 04

반죽 익히기

 • 제품에 맞는 굽기를 선택해 제품을 제조할 수 있다.

01 반죽 굽기

1. 반죽 굽기

반죽에 열을 가해 익혀 주고 색을 내는 것

2. 굽기 온도와 시간이 적당하지 않은 굽기

(1) 오버 베이킹(Over Baking)

① 적정 온도보다 낮은 온도에서 오래 굽는 경우
② 특징
  ㉠ 윗면이 평평하다.
  ㉡ 수분 손실이 커 노화가 빠르다.
  ㉢ 부피가 크다.

(2) 언더 베이킹(Under Baking)

① 적정 온도보다 높은 온도에서 짧게 굽는 것
② 특징
  ㉠ 윗면이 갈라지고 솟아오른다.
  ㉡ 설익기 쉽고 조직이 거칠며 주저앉기 쉽다.
  ㉢ 부피가 작다.

▶ **배합률과 반죽량에 따른 굽기**

고율 배합, 다량의 반죽량	낮은 온도에서 장시간 굽기
저율 배합, 소량의 반죽량	높은 온도에서 짧게 굽기
굽기 손실률	(굽기 전 무게 – 구운 후 무게) ÷ 굽기 전 무게 × 100

3. 굽기 중 일어나는 변화

캐러멜화 반응	설탕(당류)이 160~180[℃]가 되면 갈색 물질(캐러멜)을 만들며 고소한 향을 낸다.
메일라드 반응 (마이야르 반응)	당 + 아미노산이 결합하여 갈색 물질(멜라로이딘)을 만드는 반응 (모든 식품에서 자연적으로 일어남)

※ 온도, 수분, pH, 당의 종류, pH가 알칼리성일 때 갈색화 반응이 빠르게 일어남.

02 튀기기

(1) 튀김 기름

① 표준 온도 : 185~195[℃]

② 튀김 온도가 너무 높으면 : 껍질은 타고, 색은 진하며, 내부는 익지 않음.

③ 튀김 온도가 너무 낮으면 : 색은 연하고, 부피는 크며, 기름 흡수가 많음.

(2) 튀김 기름을 산화시켜 산패를 일으키는 요인

온도, 공기, 수분, 이물질, 금속(구리, 철) 등

(3) 튀김 기름이 갖추어야 할 조건

① 발연점이 높아야 함(220[℃] 이상).

② 산패취가 없어야 함.

③ 안정성, 저장성이 높아야 함.

④ 산가가 낮아야 함.

⑤ 융점이 낮아야 함(겨울).

(4) 발한 현상과 황화(회화) 현상

① 발한 현상 : 튀김 온도가 높아 수분이 많이 남아 있을 때 수분이 설탕을 녹이는 현상

② 황화 현상 : 튀김 온도가 낮아 기름 흡수가 많아 기름이 설탕을 녹이는 현상

🖉 발한에 대한 대책

• 도넛에 묻히는 설탕량을 증가 시킴.

• 튀김 시간을 늘려 도넛의 수분 함량을 줄임.

• 도넛을 40[℃] 전후로 식혀 설탕을 묻힘.

03 찌기

① 수증기를 이용하여 식품에 열이 전달됨(열원 : 대류열).

② 식품이 가진 영양성분의 손실이 적고 식품 자체의 맛이 보존됨.

③ 찐빵의 팽창제로 이스파타 등 속효성 팽창제를 사용함.

04 아이싱(마무리)

1. 토핑물

완성된 제품의 윗면에 크림이나 과일, 장식물 등을 올려 맛과 디자인 등 상품성을 높이는 물질

2. 아이싱(Icing)

빵과 과자류 제품의 표면에 설탕을 위주로 한 제품을 바르거나 씌워 수분 손실 방지, 모양, 맛 증진과 상품가치를 높이는 작업

(1) 아이싱의 재료

① 충전물로 사용되는 크림류

② 글레이즈(Glaze) : 제품의 표면에 광택 효과와 수분 증발을 막아 표면이 마르지 않게 함. 도넛과 케이크의 글레이즈 온도는 43~50[℃]

③ 퐁당(Fondant) : 설탕 100에 물 30을 넣고 114~118[℃]로 끓인 뒤 반투명 상태로 재결정화시킨 것으로 38~44[℃]로 식혀 사용함.

(2) 아이싱의 종류

① 단순 아이싱 : 분당, 물, 물엿, 향료를 섞어 43[℃]의 되직한 상태로 만듦.

② 퍼지 아이싱 : 설탕, 버터, 초콜릿, 우유를 주재료로 만듦.

③ 퐁당 아이싱 : 설탕 시럽을 믹싱하여 만듦.

④ 마시멜로 아이싱 : 흰자에 설탕 시럽(118[℃])과 젤라틴을 넣어 만듦.

⑤ 머랭(Meringue) : 흰자와 설탕을 거품 내어 공예과자나 아이싱 크림으로 이용

▶ 머랭 비교

구분	비율	용도
냉제(Cold) 머랭	흰자 1 : 설탕 2로 거품을 낸다.	
온제(Hot) 머랭	흰자 1 : 설탕 2를 섞어 43[℃]로 데워 거품을 낸다(분당 0.2를 넣기도 함).	공예과자, 장식물
스위스 머랭	흰자 $\frac{1}{3}$ + 설탕 $\frac{2}{3}$를 섞어 43[℃]로 데워 거품 내고 레몬즙 첨가, 나머지 흰자 $\frac{2}{3}$ + 설탕 $\frac{1}{3}$로 냉제 머랭 만들어 섞기	광택 효과, 제조 1일 후 사용 가능
이탈리안 머랭	흰자를 거품 내다 뜨겁게 끓인 설탕 시럽(설탕 100 + 물 30을 넣고 114~118[℃]로 끓임)을 넣으며 마무리한다.	무스, 냉과, 케이크 위에 짜는 장식용, 굽지 않는 제품에 사용

⏱ 굳은 아이싱을 풀어주는 방법

• 최소한의 액체를 넣고 섞어 사용
• 35~43[℃]로 중탕하여 사용
• 데워서 안 되면 시럽(설탕 2 : 물 1) 조금 넣기

⏱ 아이싱의 끈적거림 방지

• 젤라틴, 검류 등 안정제 사용
• 전분, 밀가루 같은 흡수제 사용

핵심문제 풀어보기

도넛 글레이즈 온도로 적당한 것은?

① 15~20[℃] ② 25~30[℃]
③ 35~40[℃] ④ 45~50[℃]

[해설]
도넛 글레이즈 온도는 49[℃] 정도가 적당하다.

답 ④

⏱ 머랭 제조 시 조치사항

• 신선한 계란 사용
• 믹싱볼에 이물질 제거
• 계란과 유지가 섞이지 않도록 함.

CHAPTER 05

제품 저장 관리

- 제품에 따라 제품을 평가할 수 있다.
- 제품의 결함을 보고 제품 공정을 수정할 수 있다.
- 제품 특성에 따라 냉각 방법을 선택할 수 있다.
- 제품 특성에 따라 냉각 포장재를 선택할 수 있다.
- 제품 특성에 따라 보관 방법을 선택할 수 있다.

01 제품 관리

1. 제품 평가

(1) 제품 평가의 기준

평가 항목	
외부평가	터짐성, 외형의 균형, 부피, 굽기의 균일화, 껍질색, 껍질 형성
내부평가	조직, 기공, 속결 색상
식감평가	냄새, 맛

핵심문제 풀어보기

제품의 외부평가 항목이 아닌 것은?
① 대칭성　　② 껍질색
③ 부피　　　④ 기공

해설
기공은 내부평가 항목이다.

답 ④

(2) 과자류의 결함과 원인

결함	원인
풍미 부족	• 부적절한 재료 배합 • 저율 배합표 사용 • 낮은 반죽 온도 • 낮은 오븐 온도
구울 때 윗면이 터지는 경우	• 설탕이 다 녹지 않음. • 높은 온도에서 구워 껍질이 빨리 생김. • 반죽의 수분 부족 • 팬닝 후 바로 굽지 않아 표피가 마름.
바닥 크러스트(껍질)가 축축한 경우	• 반죽에 유지 함량이 많음. • 오븐의 바닥 온도가 낮음. • 너무 얇은 바닥 반죽 • 바닥 반죽이 고율 배합

2. 각각의 재료에 따른 제품 결과

(1) 설탕

항목	정량보다 많은 경우	정량보다 적은 경우
껍질색	어두운 적갈색	연한 색
외형의 균형	발효가 느리고 팬의 흐름성이 많다.	모서리가 둥글다.
껍질 특성	두껍다.	얇다.
맛	달다.	맛을 못 느낀다.

(2) 쇼트닝

항목	정량보다 많은 경우	정량보다 적은 경우
껍질색	어두운 색	연한 색
외형의 균형	브레이크와 슈레드가 작다.	브레이크와 슈레드가 크다.
껍질 특성	두껍다.	얇다.

핵심문제 풀어보기

소금이 제품에 미치는 영향이 아닌 것은?

① 색을 좋게 한다.
② 잡균의 번식을 억제한다.
③ 반죽의 물성을 좋게 한다.
④ pH를 조절한다.

해설
반죽의 pH를 조절하기 위해 사용하는 재료는 주석산 크림, 중조(탄산수소나트륨) 등이 있다.

답 ④

(3) 소금

항목	정량보다 많은 경우	정량보다 적은 경우
부피	작다.	크다.
껍질색	어두운 색	연한 색
외형의 균형	예리한 모서리	둥근 모서리
껍질 특성	두껍다.	얇다.
기공	결의 막이 두껍다.	결의 막이 얇다.
속색	어두운 색	연한 색
향	향이 없다.	향이 강하다.

(4) 우유

항목	정량보다 많은 경우	정량보다 적은 경우
껍질색	진하다.	연하다.
외형의 균형	예리한 모서리	둥근 모서리
껍질 특성	두껍다.	얇다.
속색	진하다.	연하다.

(5) 밀가루

항목	정량보다 많은 경우	정량보다 적은 경우
부피	커진다.	작아진다.
껍질색	진하다.	연하다.
외형의 균형	예리한 모서리	둥근 모서리
껍질 특성	거칠고 두껍다.	얇고 건조해진다.
속색	진하다.	연하다.

02 제품의 냉각 및 포장

1. 냉각

(1) 냉각의 정의

① 오븐에서 나온 제품의 온도를 상온의 온도로 낮추는 것을 말한다.

② 냉각하는 동안 손실률 : 2[%]

③ 냉각하는 장소의 온도와 상대습도 : 온도 20~25[℃], 상대습도 75~85[%]

④ 냉각된 제품의 온도 및 수분 함량 : 온도 35~40[℃], 수분 함량 약 38[%]

(2) 냉각의 목적

① 곰팡이 및 세균 등의 피해 억제

② 제품의 재단 및 포장 용이

(3) 냉각의 방법

① **자연 냉각** : 상온 온도와 습도로 냉각하는 방법으로 3~4시간 걸린다.

② **에어컨디션식 냉각** : 공기 조절식 냉각 방법으로 온도 20~25[℃], 습도 85[%]의 공기를 통과시켜 60~90분 냉각시키는 방법(냉각 방법 중 가장 빠름)

③ **터널식 냉각**

㉠ 공기 배출기를 이용한 냉각으로 120~150분 걸린다.

㉡ **적당한 냉각 장소** : 환기 시설이 잘되어 있고, 통풍이 잘되며, 병원성 미생물의 혼입이 없는 곳

⏱ **포장 용기 선택 시 고려사항**

· 단가가 낮아야 함.
· 제품과 접촉되어 먹었을 때 유해 물질이 함유되지 않도록 위생적이어야 함.
· 포장 기계에 쉽게 적용할 수 있어야 함.
· 방수성이 있고 통기성이 없어야 함. 통기성이 있는 재료를 쓰면 빵의 향이 날아가고 수분이 증발됨. 또한 공기 중의 산소에 의해 산패가 생겨 빵의 노화를 촉진시킴.
· 크거나 무거운 제품을 포장했을 때 제품이 파손되지 않아야 함.
· 제품을 포장했을 때 그 제품의 상품가치를 높일 수 있어야 함.

2. 포장 및 포장재

(1) 포장의 목적

① 미생물, 세균에 의한 오염 방지
② 제품의 가치 및 상태를 보호하고 상품의 가치 향상
③ 수분 손실을 막아 제품의 노화 지연으로 저장성 향상

(2) 포장재별 특성

① 오리엔티드 폴리프로필렌(OPP : oriented polypropylene)
　㉠ 열에 의해 수축은 되나 가열로 접착은 불가능하다.
　㉡ 투명성, 방습성, 내유성이 우수하다.
　예 쿠키 봉투

② 폴리에틸렌(PE : polyethylene)
　㉠ 열에 강한 소재로 주방용품에 많이 사용된다.
　㉡ 가공이 쉬워 다양한 제품군에 사용되며, 페트병의 주원료가 되기도 한다.
　㉢ 장시간 햇빛에 노출되어도 변색이 거의 일어나지 않는다.
　예 페트병

③ 폴리프로필렌(PP : polypropylene)
　㉠ 가볍고 열에 강한 소재로 식기, 제품 케이스 등 다양한 용도에 사용된다.
　㉡ 유해 물질이 발생하지 않는 친환경 소재로 항균 기능도 갖추고 있다.
　예 일회용 용기

④ 폴리스티렌(PS : polystyrene) : 플라스틱 중 표준이 되는 수지로 광택이 좋고 투명하며, 독성이 없다. 단, 내열성이 떨어져 뜨거운 것에 닿으면 쉽게 녹는다.
　예 일회용 컵, 과자의 포장 용기

03 제품의 저장 및 유통

1. 저장 방법(식품 보관)의 종류 및 특징

(1) 물리적 처리방법

① 냉동 · 냉장법(저온 냉장법)

  ㉠ 전체 용량의 80[%] 정도만 저장, 냉장고는 벽에서 10[cm] 떨어뜨려 설치한다.

  ㉡ 냉장 온도 0~10[℃]

   ⓐ 1단(0~3[℃]) : 육류, 어류

   ⓑ 중간 온도(5[℃] 이하) : 유지 가공품

   ⓒ 하단 온도(7~10[℃]) : 과일, 야채류

  ㉢ 냉동 온도 −18[℃] 이하 유지 : 육류, 건조 김 보관

② 가열 살균법 : 100[℃] 정도로 가열

③ 건조, 탈수법 : 건조식품의 수분 함량이 15[%] 이하가 되도록 한다.

④ 방사선 조사법

  ㉠ 방사선(Co−60, Cs−137)을 이용

  ㉡ 살균, 살충, 발아 억제, 기생충 등 사멸, 식중독 억제

  ㉢ 특징 : 온도 상승 없이 살균 가능

(2) 화학적 처리방법

① 방부제 첨가 : 데히드로초산(DHA), 안식향산, 프로피온산나트륨 등

② 산화방지제 첨가 : BHA, BHT, PG, 토코페롤 첨가

③ 염장법 : 10[%] 이상의 식염에 저장(젓갈류)

④ 당장법 : 50[%] 이상의 설탕에 저장(잼, 젤리류)

⑤ 산저장 : pH 4.7(5) 이하로 저장 – 초산이나 젖산 이용(장아찌, 피클 등)

⑥ 미생물 처리법 : 미생물 이용 – 간장, 된장, 고추장, 김치, 요구르트 등

⑦ 훈연법 · 휘발성 물질(페놀, 포름알데히드)과 pH 저하를 이용하여 육류의 수분 제거, 살균, 맛의 변화, 향기 물질 생성(햄, 소시지, 베이컨)

⑧ 가스저장 : 공기 중의 이산화탄소 농도(2~10[%]), 산소 농도(1~5[%])를 감소시켜 냉장 상태로 저장(과일류)

◉ 방사선 조사 마크

핵심문제 풀어보기

다음은 저장 방법의 종류이다. 화학적 처리방법이 아닌 것은?

① 염장법
② 당장법
③ 방사선 조사법
④ 방부제 첨가

해설

방사선 조사법은 물리적 처리방법에 속한다.

답 ③

2. 제품 변질 및 오염원 관리

(1) 식품의 변질

① **식품의 변질** : 식품을 방치했을 때 미생물, 햇볕, 산소, 효소, 수분의 변화 등에 의하여 성분 변화, 영양가 파괴, 맛의 손상을 가져오는 것

    ㉠ **부패** : 미생물의 번식으로 단백질이 분해되어 아미노산, 아민, 암모니아, 악취 등이 발생하는 현상

    ㉡ **변패** : 탄수화물이 미생물에 의해 변질되는 현상

    ㉢ **산패** : 지방의 산화로 알데히드(Aldehyde), 케톤(Ketone), 에스테르(Ester), 알코올 등이 생성되는 현상(유지의 산패도 측정방법 : 산가, 아세틸가, 과산화물가, 카르보닐가, 관능검사)

    ㉣ **발효** : 탄수화물이 유익하게 분해되는 현상

    ㉤ **유지의 자동산화**

        ⓐ 하이드로퍼옥사이드(Hydroperoxide) : 자동산화에 의해 생성된 물질로 독성을 띤 물질이다.

        ⓑ 유지의 자동산화를 촉진하는 요소 : 불포화도, 산소, 온도, 햇볕

        ⓒ 유지 가공식품의 보존방법 : 비금속성 용기에 넣어 보관

② **부패**

    ㉠ **부패인자** : 기온, 습도, pH, 열

    ㉡ **부패생성물** : 아민, 메탄, 황화수소, 메캅탄, 함질소 화합물, 암모니아, 페놀

    ㉢ **초기부패 판정**

        ⓐ 관능검사 : 관능(미, 촉, 후, 시각)으로 검사

        ⓑ 물질적 검사 : 경도, 점성, 탄성, 색도, 탁도, 전기저항 등

        ⓒ 화학적 검사 : 트리메틸아민, 디메틸아민, 휘발성 염기질소(휘발성 아민류, 암모니아), 휘발성 유기산, 질소가스, 히스타민, pH, K값

          • 아민 : 아미노산의 탈탄산반응으로 생성됨.

          • 트리메틸아민 : 어류 비린내의 원인물질

        ⓓ 미생물학적 판정(생균수 측정)

          • 식품의 1[g]당 세균수가 10^8 이상이면(10^8/[g]) 쉰 냄새가 남. 초기부패로 판정

          • 식품의 1[g]당 세균수가 10^5 이하이면 안전

✓ 단백질의 부패 과정

단백질 → 메타프로테인 → 프로테오스 → 펩톤 → 폴리펩티드 → 펩티드 → 아미노산 → 아민, 메탄

핵심문제 풀어보기

부패의 물리학적 판정에 이용되지 않는 것은?

① 냄새
② 점도
③ 색 및 전기저항
④ 탄성

해설

냄새로 확인하는 것은 관능검사에 속한다.

답 ①

---

(2) 교차오염 관리

① **교차오염의 정의** : 식품과 식품, 표면과 표면 사이에서 오염물질의 이동. 조리하지 않은 고기로부터 조리된 또는 즉석식품으로 직접적으로 또는 도마를 통해 간접적으로 병균이 전달되는 현상

② **교차오염 방지요령**

ㄱ 일반구역과 청결구역으로 구역 설정하여 전처리, 조리, 세척 등을 별도의 구역에서 실행

ㄴ 칼, 도마 등의 기구나 용기는 용도별(조리 전후)로 구분하여 각각 전용으로 준비하여 사용

ㄷ 세척용기는 육류, 채소류로 구분하기

ㄹ 식품, 취급 등의 작업은 바닥으로부터 60[cm] 이상에서 실시하여 바닥의 오염물 이입 방지

ㅁ 전처리한 식품과 비전처리한 식품을 분리 보관

ㅂ 전처리에 사용하는 물은 반드시 먹는물 사용

제 **4** 장

빵류 제품 제조

CHAPTER 01

반죽 및 반죽 관리

• 반죽법을 익힌 후 해당 제품의 반죽법을 설정하여 반죽을 할 수 있다.
• 각각의 제품의 특징과 제조 차이점을 알고 알맞은 제품을 생산할 수 있다.
• 충전물 제조 시 해당 제품에 맞는 제품을 설정하여 제조할 수 있다.

01 반죽

1. 반죽

(1) 반죽의 정의

각 재료에 물을 혼합하고 결합시켜 글루텐을 형성하는 작업을 말한다.

(2) 반죽의 목적

① 원재료를 균일하게 분산하고 혼합한다.
② 밀가루의 전분과 단백질에 물을 흡수시킨다.
③ 반죽에 공기를 혼입시켜 이스트의 활력과 반죽의 산화를 촉진시킨다.
④ 글루텐을 숙성(발전)시키며 반죽의 가소성, 탄력성, 점성을 최적 상태로 만든다.

(3) 반죽 온도 조절

① 스트레이트법에서의 반죽 온도 계산방법

㉠ 마찰계수

> 마찰계수 = (결과 온도 × 3) − (밀가루 온도 + 실내 온도 + 수돗물 온도)

㉡ 사용할 물 온도

> 사용할 물 온도 = (희망 온도 × 3) − (밀가루 온도 + 실내 온도 + 마찰계수)

㉢ 얼음 사용량

$$\text{얼음 사용량} = \frac{\text{사용할 물의 양} \times (\text{수돗물 온도} - \text{사용할 물 온도})}{80 + \text{수돗물 온도}}$$

⏱ 반죽 온도 조절 시 계산 순서
마찰계수 → 사용할 물 온도 → 얼음 사용량

핵심문제 풀어보기

마찰계수의 공식으로 맞는 것은?
① (결과 온도 × 3) − (밀가루 온도 + 실내 온도 + 수돗물 온도)
② (결과 온도 ÷ 3) − (밀가루 온도 + 실내 온도 + 수돗물 온도)
③ (결과 온도 × 3) + (밀가루 온도 + 실내 온도 + 수돗물 온도)
④ (결과 온도 ÷ 3) + (밀가루 온도 + 실내 온도 + 수돗물 온도)

해설
마찰계수 = (결과 온도 × 3) − (밀가루 온도 + 실내 온도 + 수돗물 온도)
답 ①

② 스펀지법에서의 반죽 온도 계산방법

ㄱ 마찰계수

> 마찰계수 = (결과 온도 × 4) − (밀가루 온도 + 실내 온도 + 수돗물 온도 + 스펀지 반죽 온도)

ㄴ 사용할 물 온도

> 사용할 물 온도 = (희망 온도 × 4) − (밀가루 온도 + 실내 온도 + 마찰계수 + 스펀지 반죽 온도)

ㄷ 얼음 사용량

$$얼음 사용량 = \frac{사용할 물의 양 \times (수돗물 온도 - 사용할 물 온도)}{80 + 수돗물 온도}$$

(4) 반죽에 부여하고자 하는 물리적 성질

① **탄력성** : 성형 단계에서 본래의 모습으로 되돌아가려는 성질
② **가소성** : 반죽이 성형과정에서 형성되는 모양을 유지시키려는 성질
③ **점탄성** : 점성과 탄력성을 동시에 가지고 있는 성질
④ **흐름성** : 팬 또는 용기의 모양이 되도록, 반죽이 흘러 모서리까지 차게 하는 성질

(5) 반죽이 만들어지는 6단계

픽업 단계 → 클린업 단계 → 발전 단계 → 최종 단계 → 렛 다운 단계 → 브레이크 다운 단계

픽업 단계 (Pick up Stage)	• 믹서 저속 사용 • 원재료의 균일한 혼합 • 글루텐 구조 형성 시작	데니시 페이스트리
클린업 단계 (Clean Up Stage)	• 글루텐 형성 단계 • 믹싱기 안쪽이 깨끗해지는 단계 → 유지 투입 시기 • 후염법의 소금 투입 시기	스펀지법의 스펀지 반죽
발전 단계 (Development Stage)	• 반죽의 탄력성이 최대 • 믹서기의 최대 에너지 요구	하스브레드
최종 단계 (Final Stage)	• 글루텐 결합의 마지막 단계 • 가장 적당한 탄력성과 신장성(일반적인 빵 최종 단계까지 믹싱) • 반죽에 윤기가 흐름. • 반죽을 펼치면 찢어지지 않고 얇게 늘어남.	식빵, 단과자빵

용어해설

• **마찰계수** : 반죽 제조과정 중 발생하는 마찰열에 의해 상승한 온도를 실질적 수치로 나타낸 값
• **결과 온도** : 반죽 완성 후 온도
• **희망 온도** : 희망하는 반죽 결과 온도
• **사용할 물 온도** : 현재 수돗물 온도보다 낮춰서 또는 높여서 써야 할 물 온도

핵심문제 풀어보기

다음과 같은 조건상 스펀지 반죽법 (Sponge and Dough Method)에서 사용할 물의 온도는?

• 원하는 반죽 온도 : 26[℃]
• 마찰계수 : 20
• 실내 온도 : 26[℃]
• 스펀지 반죽 온도 : 28[℃]
• 밀가루 온도 : 21[℃]

① 19[℃] ② 9[℃]
③ −16[℃] ④ −21[℃]

해설
사용할 물 온도
= (희망 온도 × 4) − (밀가루 온도 + 실내 온도 + 마찰계수 + 스펀지 반죽 온도)
= (26 × 4) − (21 + 26 + 20 + 28)
= 9[℃]

답 ②

후염법

• 소금을 클린업 단계 직후에 넣는 제법
• 수화 촉진, 반죽 온도 감소
• 반죽의 흡수율 증가, 반죽 시간 단축
• 제품 속색을 갈색으로 만듦.

렛 다운 단계 (Let Down Stage)	• 오버 믹싱, 과반죽이라 함. • 탄력성이 떨어지고 신장성이 커지며 점 성이 많아짐.	햄버거빵, 잉글리시 머핀
브레이크 다운 단계 (Break Down Stage)	• 글루텐이 파괴되는 단계(탄력성, 신장 성 상실) • 빵을 만들 수 없는 단계	

2. 반죽의 종류 및 특징

(1) 스트레이트법(Straight Dough Method)

① 스트레이트법

㉠ 직접 반죽법(직접법)이라고도 한다.

㉡ 모든 재료를 믹서에 한 번에 넣고 반죽하는 방법이다.

② 재료의 사용 범위(Baker's %)

재료	비율[%]	재료	비율[%]
강력분	100	소금	2
물	60~64	유지	3~4
이스트	2~3	설탕	4~8
개량제	1~2	탈지분유	3~5

③ 제조 공정

재료 계량	• 위생적이고 정확한 계량 • 이스트 : 설탕, 소금, 유지에 닿지 않도록 따로 계량 • 물 : 반죽 온도에 맞게 조절
반죽	• 전 재료(유지 제외)를 믹서에 넣고 수화 및 글루텐 발전 • 클린업 단계 유지 첨가 • 제품별로 적절한 단계까지 믹싱
1차 발효	• 발효 온도 : 27[℃] • 상대습도 : 75~80[%] • 발효 시간 : 1~3시간 • 제품에 따라 필요 시 펀치 | 1차 발효 완료점	펀치
− 부피 : 3~3.5배 증가 − 손가락으로 눌렀을 때 약간 오므 라드는 상태 − 직물구조(섬유질 상태) 생성 확인	− 부피 : 약 2~2.5배 − 전체 발효 시간의 약 60[%] − 반죽의 가스 빼기	

분할	• 10분 이내 제품별 무게로 반죽 분할(발효 진행 ×)
둥글기	• 성형하기 편한 모양으로 공처럼 만드는 과정 • 표면을 매끄럽게 함. • 발효 중 생긴 큰 기포 제거
중간 발효 (벤치 타임)	• 발효 온도 : 27~29[℃] • 상대습도 : 75[%] • 발효 시간 : 10~15분
정형	• 반죽을 원하는 형태로 만듦.
팬닝	• 반죽을 빵 틀에 넣거나 철판에 옮김(이음매는 아래로 향하게).
2차 발효	• 발효 온도 : 35~43[℃] • 상대습도 : 85~90[%] • 발효 시간 : 30~60분 • 완제품의 크기(2~3배)까지 발효
굽기	• 제품의 종류 및 크기에 따라 오븐 온도 조절
냉각	• 제품을 35~40[℃]로 냉각

④ 장단점(스펀지법 비교 시)

장점	단점
• 제조 공정 단순 • 시설 및 장비 간단 • 발효 손실 감소 • 노동력, 시간 절감	• 노화 빠름. • 향미, 식감 덜함. • 잘못된 공정 수정 어려움. • 발효 내구성, 기계 내성 약함.

(2) 비상 스트레이트법(Emergency Straight Dough Method)

① 비상 스트레이트법

㉠ 비상 반죽법이라고도 한다.

㉡ 전체 공정 시간을 줄임으로써 짧은 시간 내에 제품을 생산할 수 있다(표준 발효 시간 ↓, 발효 속도 ↑).

㉢ 갑작스러운 상황에 빠르게 대처할 수 있는 방법이다.

② 비상 스트레이트법 변화 시 조치사항

	조치사항	내 용
필수 조치사항 (6개)	물 사용량	1[%] 증가(작업성 향상)
	설탕 사용량	1[%] 감소(껍질색 조절)
	믹싱 시간	20~30[%] 증가(반죽의 신장성 증대)
	이스트 양	2배 증가(발효 속도 촉진)
	반죽 온도	30[℃](발효 속도 촉진)
	1차 발효 시간	15~30분(공정 시간 단축)
선택 조치사항 (4개)	소금	1.75[%] 감소(이스트 활동 방해 요소 줄임)
	이스트 푸드	0.5[%] 증가(이스트의 양 증가에 따른 증가)
	분유	1[%] 감소(완충제 역할로 발효 지연)
	식초나 젖산	0.75[%] 첨가(반죽의 pH를 낮추어 발효 촉진)

③ 장단점(스트레이트법 비교 시)

장점	단점
• 비상시 빠른 대처 가능 • 노동력, 임금 절약 가능(제조 시간 ↓)	• 저장성 짧아 노화 빠름. • 이스트 향 강해짐. • 제품의 부피가 고르지 않음.

(3) 스펀지 도우법(Sponge Dough Method)

① 스펀지 도우법

㉠ 두 번 반죽을 하므로 중종법이라고 한다.

㉡ 처음 반죽을 스펀지(Sponge) 반죽, 나중 반죽을 본(Dough) 반죽이라고 한다.

② 재료의 사용 범위(Baker's %)

◈ 스펀지 도우법의 반죽 온도

스펀지 반죽 온도	24[℃]
본(Dough) 반죽 온도	27[℃]

스펀지(Sponge)		도우(Dough)	
재료	비율[%]	재료	비율[%]
밀가루	60~100	밀가루	40~0
물	스펀지 밀가루의 55~60	물	전체 밀가루의 60~66 − 스펀지 물 사용량
생이스트	1~3	생이스트	2~0
이스트 푸드 (제빵 개량제)	0~0.5(0~2)	−	−
		소금	1.75~2.25
		설탕	4~10
		유지	2~7
		탈지분유	2~4

③ 제조 공정

재료 계량	• 위생적이고 정확한 계량 • 이스트 : 설탕, 소금, 유지에 닿지 않도록 따로 계량 • 물 : 반죽 온도에 맞게 조절
스펀지 반죽	• 스펀지 재료 픽업 단계까지 믹싱 • 반죽 온도 : 24[℃] • 반죽 시간 : 4~6분, 저속
1차 발효 (스펀지 발효)	• 발효 온도 : 스펀지 24[℃], 도우 27[℃] • 상대습도 : 75~80[%] • 발효 시간 : 처음 부피의 4~5배(3~4시간)
본(도우) 반죽	• 스펀지 반죽과 본 반죽용 재료(유지 제외)를 믹서에 넣고 수화 및 글루텐 발전 • 클린업 단계 유지 첨가 • 제품별로 적절한 단계까지 믹싱 • 반죽 온도 : 27[℃]
플로어 타임	• 파괴된 글루텐 층을 재결합시키기 위한 발효 공정 • 발효 시간 : 10~40분 • 스펀지 밀가루의 양이 많을수록 본 반죽 시간은 짧아지고 플로어 타임 짧아짐.
분할	• 10분 이내 제품별 무게로 반죽 분할(발효 진행 ×)
둥글리기	• 성형하기 편한 모양으로 공처럼 만드는 과정 • 표면을 매끄럽게 함. • 발효 중 생긴 큰 기포 제거
중간 발효 (벤치 타임)	• 발효 온도 : 27~29[℃] • 상대습도 : 75[%] • 발효 시간 : 10~15분
정형	• 반죽을 원하는 형태로 만듦.
팬닝	• 반죽을 빵 틀에 넣거나 철판에 옮김(이음매는 아래로 향하게).
2차 발효	• 발효 온도 : 35~43[℃] • 상대습도 : 85~90[%] • 발효 시간 : 30~60분 • 완제품의 크기(2~3배)까지 발효
굽기	• 제품의 종류 및 크기에 따라 오븐 온도 조절
냉각	• 제품을 35~40[℃]로 냉각

☝ 스펀지에 밀가루를 증가할 경우
• 스펀지 발효 시간은 길어지고, 본 반죽의 발효 시간은 짧아진다.
• 본 반죽의 반죽 시간과 플로어 타임이 둘 다 짧아진다.
• 반죽의 신장성이 좋아진다.
• 풍미, 부피, 조직, 기공 등 제품의 품질이 좋아진다.

핵심문제 풀어보기

스펀지 도우법에서 스펀지 밀가루 사용량을 증가시킬 때 나타나는 결과가 아닌 것은?

① 도우(본 반죽) 제조 시 반죽 시간이 길어진다.
② 완제품의 부피가 커진다.
③ 도우(본 반죽) 발효 시간이 짧아진다.
④ 반죽의 신장성이 좋아진다.

해설
스펀지 제조 시 밀가루 사용량이 증가하면 본 반죽 제조 시 밀가루 사용량이 감소하므로, 도우(본 반죽) 제조 시 반죽 시간이 짧아진다.

답 ①

④ 장단점(스트레이트법 비교 시)

장점	단점
• 공정 중 잘못된 공정을 수정할 기회가 있음. • 발효 내구성이 강함. • 부피가 크고, 속결이 부드러움. • 저장성이 좋음(노화 지연).	• 발효 시간 증가로 발효 손실 증가 • 노동력, 시설 등 경비 증가

(4) 액체 발효법(액종법, Pre-ferment Dough Method)

① 액체 발효법

ㄱ 액체 발효법 또는 완충제(분유)를 사용하기 때문에 ADMI(아드미)법이라고도 한다.

ㄴ 스펀지 도우법의 결함(많은 공간 필요)을 없애기 위해 만들어진 제조법이다.

ㄷ 액종 재료를 섞어 2~3시간 발효시킨 후 사용하는 스펀지 도우법의 변형이다.

② 재료의 사용 범위(Baker's %)

액종		본 반죽	
재료	사용 범위(100[%])	재료	사용 범위(100[%])
물	30	액종	35
생이스트	2~3	강력분	100
이스트 푸드	0.1~0.3	물	32~34
탈지분유	0~4	설탕	2~5
설탕	3~4	소금	1.5~2.5
		유지	3~6

③ 장단점

장점	단점
• 발효 내구력이 약한 밀가루로 빵 생산 가능 • 한 번에 많은 양의 발효 가능 • 발효 손실에 따른 생산 손실 감소 • 균일한 제품 생산이 가능 • 공간, 설비가 감소	• 산화제 사용량 증가 • 환원제, 연화제 필요

(5) 연속식 제빵법

① 연속식 제빵법

㉠ 액체 발효법을 한 단계 발전시킨 방법으로 연속적인 작업을 하는 방법이다.

㉡ 연결된 특수한 설비가 필요하며, 최소한의 인원과 공간에서 생산이 가능하다.

㉢ 반죽을 고속으로 회전하는 3~4기압의 디벨로퍼에 통과시켜 반죽을 기계적으로 형성시키므로 다량의 산화제가 필요하다.

② 장단점

장점	단점
• 발효 손실 감소 • 노동력 감소 • 공장 면적과 믹서 등 설비의 감소	• 일시적 기계 구입 비용 부담 • 산화제 첨가로 인한 발효 향 감소

(6) 노타임 반죽법(No-time Dough Method)

① 노타임 반죽법

㉠ 1차 발효를 하지 않거나 매우 짧게 하는 대신 산화제와 환원제를 사용하여 믹싱 시간 및 발효 시간을 단축하는 방법이다.

㉡ 반죽한 뒤 잠시 휴지시키는 일 이외에 보통 발효라는 공정을 거치지 않으므로 무발효 반죽법이라고도 한다.

② 산화제와 환원제

산화제	• 가스 보유력과 반죽 취급성이 좋도록 단백질 구조를 강하게 하는 역할 • 1차 발효가 지나치면 반죽이 성형하기에 너무 단단해질 수 있다(1차 발효 시간을 단축할 수 있다.). • 비타민 C(아스코르브산), 브롬산칼륨, 요오드칼륨, 아조디카본아마이드(ADA)를 사용하여 발효 시간을 단축시킨다.
환원제	• 글루텐 단백질 사이의 이황화결합(-S-S)을 절단시켜서 반죽 시 단백질이 빨리 재정렬될 수 있다(반죽 시간을 단축할 수 있다.). • L-시스테인, 소르브산을 사용하여 반죽 시간을 단축시킨다.

③ 장단점

장점	단점
• 짧은 시간 안에 빵 생산 가능 • 발효 시간이 짧아 발효 손실이 적다. • 에너지가 적게 든다.	• 짧은 발효로 인해 발효 향이 부족하다. • 전분에 대한 효소 작용이 적고 제품의 저장성이 짧다. • 재료비가 많이 늘어난다.

⌀ 연속식 제빵법

쇼트닝 온도조절기 → 밀가루 급송 장치 → 예비 혼합기 → 반죽기(디벨로퍼) → 분할기 → 2차 발효 → 굽기 → 냉각 → 포장

⌀ 디벨로퍼

3~4기압으로 고속으로 회전하면서 반죽의 글루텐을 형성한다.

핵심문제 풀어보기

발효 과정을 거치지 않고 혼합 후 정형하여 2차 발효를 하는 제빵법은?

① 재반죽법
② 스트레이트법
③ 노타임법
④ 스펀지법

[해설]
노타임 반죽법은 산화제와 환원제를 사용함으로써 밀가루 글루텐의 생화학적 숙성을 대신한다.

답 ③

빵류 제품 제조
제4장

핵심문제 풀어보기

다음 중 냉동 반죽을 저장할 때의 적정 온도로 옳은 것은?

① −5 ∼ −1[℃]
② −10 ∼ −6[℃]
③ −24 ∼ −18[℃]
④ −45 ∼ −40[℃]

해설

냉동 반죽은 −40[℃]로 급속 냉동하여 −18[℃]에서 보관한다.

답 ③

🕐 **냉동 반죽의 팽창 저하 요인**
• 냉동 반죽의 얼음 결정 형성
• 냉동 시 탄산가스의 확산 및 용해도에 의한 가스 보유력 감소
• 냉동 후 해동 시 저장기간 및 환경에 따른 반죽의 물성 약화

핵심문제 풀어보기

냉동 반죽법에 대한 설명 중 틀린 것은?

① 저율 배합 제품은 냉동 시 노화의 진행이 비교적 빠른 편이다.
② 고율 배합 제품은 비교적 완만한 냉동에 견딘다.
③ 저율 배합 제품일수록 냉동 처리에 더욱 주의해야 한다.
④ 바게트 반죽은 비교적 노화의 진행이 느리다.

해설

바게트 같은 프랑스빵 반죽은 저율 배합 제품이므로 냉동 시 노화의 진행이 빠르다.

답 ④

(7) 냉동 반죽법

① 냉동 반죽법

㉠ 반죽 시 수분량을 63[%] → 58[%]로 줄여서 반죽을 한다.

㉡ 반죽 온도 20[℃]로 제조 후 0∼15분 짧게 1차 발효한다.

㉢ 분할 이후 또는 성형 이후의 반죽을 −40[℃]에서 급속 냉동시킨 다음, −25∼−18[℃]에 냉동 보관하여 이스트의 활동을 억제시킨 후 필요 시에 완만한 해동을 통해 제빵 공정을 진행하는 방법이다.

㉣ 바게트나 식빵 같은 저율 배합보다는 단과자빵, 크루아상과 같은 고율 배합 제품에 적합한 제법이다.

② 재료의 사용 범위(Baker's %)

구분		비율[%]	조치
밀가루		100	단백질 함량이 많은 밀가루 사용
물		57∼63	식빵보다 2∼3[%] 적게 사용
이스트		3.5∼5.5	이스트 양 2배 증가
이스트 푸드		0∼0.75	
소금		1.8∼2.5	
설탕		6∼10	1∼8[%] 증가(이스트 손상 방지)
유지		3∼5	1∼2[%] 증가(이스트 손상 방지)
산화제	아스코르빈산	40∼80[ppm]	글루텐을 단단하게 하여 냉해에 의해 반죽이 퍼지는 현상 방지
	브롬산칼륨	24∼30[ppm]	
노화 방지제(SSL)		0.5	약간 첨가(신선함을 유지하기 위해)

③ 장단점

장점	단점
• 인당 생산량 증가 • 계획 생산 가능함. • 다품종 소량 생산 가능 • 발효 시간 줄어 전체 제조 시간 단축 • 신선한 빵 제공(반죽의 저장성 향상) • 생산 시간 효율적 조절 가능	• 냉동 중 이스트 사멸로 가스 발생력 약화 및 가스 보유력 저하 • 냉동 저장의 시설비 증가 • 많은 양의 산화제 사용 • 제품의 노화가 빠름.

02 기타 빵류 제조

1. 데니시 페이스트리

(1) 데니시 페이스트리

① 반죽에 충전용 마가린을 넣고 싸서 '밀어 편 후 접기'를 3회 정도 반복(3절 3회 접기)하여 만든 제품

② 유지의 결이 생겨 바삭한 식감의 제품

③ 크루아상이 대표적인 제품

(2) 제조 공정

① **믹싱** : 발전 단계까지 반죽(반죽 온도 18~22[℃])

② **냉장 휴지** : 마르지 않게 비닐에 싸서 냉장고에 약 30~60분 휴지

③ **밀어 펴기** : 반죽에 충전용 마가린을 넣고 싸서 밀어 펴기 함(3절 3회).

　⏱ **충전용 유지의 양**

　　• 미국식 : 반죽 무게의 20~40[%](좀 더 부드러운 빵의 식감)

　　• 덴마크식 : 반죽 무게의 40~50[%](약간 단단한 과자에 가까움)

접기 횟수	반죽의 층	유지의 층	층의 합계
1	3	2	5
2	9	6	15
3	27	18	45
4	81	54	135
5	243	162	405

④ **정형** : 기본 모양(크루아상), 달팽이형, 바람개비형으로 정형

⑤ **팬닝** : 붙지 않게 나열함.

⑥ **2차 발효**

　㉠ 일반 빵에 비해 75~80[%] 정도만 2차 발효

　㉡ 온도 28~33[℃], 상대습도 70~75[%], 시간 30~40분

　　(2차 발효실 온도는 충전용 유지의 융점보다 5[℃] 정도 낮게 저온저습 발효)

⑦ **굽기** : 윗불 200[℃], 아랫불 150[℃]에서 15~18분 굽기

⏱ **충전용 유지의 함량 및 접기 횟수에 따른 부피의 차이**

• 충전용 유지 함량이 증가할수록 제품 부피는 증가

• 충전용 유지 함량이 적어지면 같은 접기 횟수에서 제품의 부피가 감소

• 같은 충전용 유지 함량에서는 접기 횟수가 증가할수록 부피가 증가

• 최고점을 지나면 부피가 서서히 감소

빵류 제품 제조
제4장

핵심문제 풀어보기

파이, 크루아상, 데니시 페이스트리 같은 제품들이 가져야 하는 유지의 성질은 무엇인가?

① 쇼트닝성　② 가소성
③ 안정성　　④ 크림성

해설
유지의 가소성은 밀어 펴기 작업 시 반죽 층과 유지 층이 균일하게 밀어 펴지도록 작용하여 결이 생길 수 있도록 한다.

답 ②

2. 조리빵

(1) 조리빵

① 여러 가지 모양의 빵에 다양한 재료를 넣은 조미 재료와 결합하여 만든 제품

② 샌드위치, 햄버거, 피자가 대표적인 제품

(2) 햄버거빵

① 원형의 빵을 수평으로 잘라 야채와 고기 등 재료를 넣어 만든 제품

② 햄버거 팬을 채우기 위해 렛 다운 단계까지 믹싱(반죽의 흐름성 부여)

③ 2차 발효를 고온고습으로 진행(지속적인 흐름성 부여)

④ 팬 흐름성을 위해 단백질 분해 효소(프로테아제) 첨가

(3) 피자

① 발효 반죽에 피자 소스와 여러 가지 재료, 치즈로 토핑하여 만든 제품

② 바닥 반죽은 얇은 나폴리 피자와 두꺼운 시실리안 피자로 구분

③ 일반적으로 밀가루 50[%] 정도 사용하여 된 반죽으로 만듦.

④ 모짜렐라 치즈와 향신료(오레가노) 사용

3. 단과자빵

(1) 단과자빵

① 식빵 반죽에 비해 설탕, 유지, 계란의 함량이 많은 빵

② 소보로빵, 크림빵, 단팥빵, 스위트롤, 커피 케이크 등

(2) 제조 공정

① 믹싱 : 모든 재료를 넣고 최종 단계까지 믹싱

② 1차 발효 : 온도 27[℃], 상대습도 75~80[%], 스트레이트법(50~60분), 비상 스트레이트법(15~30분)

③ 분할 : 10분 이내 제품별 무게로 반죽 분할(발효 진행 ×)

④ 중간 발효 : 온도 27~29[℃], 상대습도 75[%]에서 10~15분 정도 발효

⑤ 정형 : 제품의 종류에 따라 반죽을 정형

⑥ 2차 발효 : 온도 38[℃], 상대습도 80~85[%]에서 30~40분 정도 발효

⑦ 굽기 : 윗불 190~200[℃], 아랫불 150[℃]에서 12~15분 굽기

핵심문제 풀어보기

같은 밀가루로 식빵과 프랑스빵을 만들 경우, 식빵의 가수율이 63[%]였다면 프랑스빵의 가수율은 얼마로 하는 것이 가장 적당한가?

① 61[%] ③ 63[%]
② 65[%] ④ 67[%]

해설

하스브레드(오븐 바닥에서 굽는 빵)의 수분 함량은 일반적으로 식빵보다 가수율을 줄여 반죽한다.

답 ①

핵심문제 풀어보기

프랑스빵 제조 시 반죽을 일반 빵에 비해서 적게 하는 이유는?

① 질긴 껍질을 만들기 위해서
② 팬에서의 흐름을 막고 볼륨 있는 모양을 유지하기 위해
③ 자르기를 용이하게 하기 위해서
④ 제품의 노화를 지연시키기 위해

해설

반죽이 늘어지지 않고 볼륨 있는 형태를 유지하기 위해 탄력성이 최대인 상태에서 반죽을 완료한다.

답 ②

4. 프랑스빵(불란서빵, 바게트)

(1) 프랑스빵

① 팬 없이 하스(Hearth : 오븐의 바닥, 돌판)에 직접 굽는 하스브레드의 일종

② 빵의 기본 재료인 밀가루, 물, 이스트, 소금의 4가지 주재료로 풍미를 최대한 살려서 제조

③ 바게트가 대표적인 제품

④ 정통 프랑스빵은 제빵 개량제 대신 비타민 C를 사용하여 탄력성 부여(비타민 C는 산화제의 역할을 하여 글루텐을 강화시킴)

(2) 제조 공정

① 믹싱 : 모든 재료를 넣고 일반 반죽의 80[%](발전 단계) 믹싱

② 1차 발효 : 온도 27[℃], 상대습도 65~75[%]에서 70~120분 정도 발효 발효 시간의 $\frac{2}{3}$ 시점에서 펀치

③ 분할 : 10분 이내 제품별 무게로 반죽 분할(발효 진행 ×)

④ 중간 발효 : 타원형으로 둥글리기 하여 15~30분 정도 발효

⑤ 팬닝 : 손으로 가스 빼기하여 막대모양으로 정형

⑥ 2차 발효 : 온도 30~33[℃], 상대습도 75~80[%]에서 1시간 정도 발효

⑦ 굽기 : 쿠프 넣은 후 스팀 분사, 220~240[℃]로 35~40분 소성

쿠프 넣는 이유	• 신장성이 적어 여러 곳이 자유롭게 터짐. • 쿠프를 넣음으로써 가스압과 수증기압이 쿠프를 향해 배출됨. • 터짐이 없이 잘 팽창시킬 수 있음.
스팀 분사 이유	• 껍질에 윤기를 내기 위해 • 껍질 형성이 늦춰지면서 팽창이 커짐. • 불규칙한 터짐을 방지 • 껍질을 얇고 바삭하게 하기 위해

핵심문제 풀어보기

프랑스빵에서 스팀을 사용하는 이유로 부적당한 것은?

① 거칠고 불규칙하게 터지는 것을 방지한다.
② 겉껍질에 광택을 내준다.
③ 얇고 바삭거리는 껍질이 형성되도록 한다.
④ 반죽의 유동성을 증가시킨다.

해설
프랑스빵에 스팀을 분사함으로써 껍질 형성이 늦게 이루어져 팽창이 커진다.

답 ④

5. 냉동빵

(1) 냉동빵

① 반죽을 −40[℃]로 급속 냉동시킨 후 −25~−18[℃]에 냉동 저장하여 해동해서 사용하는 반죽 방법

② 코로나 19(COVID−19) 확산 이후로 가정에서 간단히 조리할 수 있는 냉동빵 사용이 늘어나는 추세

(2) 제조 공정

① 믹싱 : 반죽 온도 20[℃](후염법으로 믹싱 시간 단축)

냉동 반죽법에서 혼합 후 반죽의 결과 온도로 가장 적합한 것은?

① 0[℃] ② 20[℃]
③ 10[℃] ④ 30[℃]

해설

냉동 반죽법의 반죽 온도는 급속 냉동 시 냉해에 대한 반죽의 피해 방지를 최소한으로 하기 위해 낮게 설정한다.

답 ②

② **1차 발효** : 발효 시간 15~20분 정도로 짧게 함(동해 방지 가능).

③ **냉동** : 급속 냉동(-40[℃]), 이스트 사멸 주의

④ **저장** : -25~-18[℃]에서 보관

⑤ **해동** : 냉장고(2~8[℃]), 도우 컨디셔너 등을 이용해 완만하게 해동

⑥ **2차 발효** : 온도 30~33[℃], 상대습도 75~80[%]에서 발효

⑦ **굽기** : 제품에 맞게 온도 설정 후 굽기(냉동 장해 반죽 – 온도를 약간 낮춤)

(3) 장단점

장점	단점
• 작업이 편함(효율적인 생산 조절). • 작업장의 설비와 면적 줄어듦. • 계획 생산 가능 • 신선한 빵 제공 • 다품종 소량 생산 가능 • 인당 생산량 증가	• 냉동 저장 시설비 증가 • 가스 발생력 약화, 가스 보유력 저하(냉동 중 이스트 사멸) • 제품의 발효 향 떨어짐. • 제품의 노화가 빠름. • 많은 양의 산화제 필요 • 반죽이 끈적거리고 퍼지기 쉬움.

03 충전물

1. 충전물

제품 안(빈 곳)을 채우거나 끝 마무리에 재료를 올리거나 장식하는 것을 말한다.

2. 충전물 제조 방법 및 특징

가나슈 크림	용해된 초콜릿과 가열한 생크림을 1 : 1 비율로 섞어 만든 크림
버터 크림	버터에 연유나 설탕이나 주석산을 114~118[℃]로 끓인 설탕 시럽을 넣고 만든 크림
생크림	우유의 지방 함량이 35~40[%] 정도의 크림을 휘핑하여 만듦.
휘핑크림	식물성 지방 40[%] 이상인 크림을 3~5[℃] 정도의 차가운 상태에서 휘핑해 만듦.
커스터드 크림	우유, 계란, 설탕을 섞고, 안정제로 옥수수 전분이나 밀가루를 넣어 끓인 크림(계란은 농후화제와 결합제 역할을 함)
디프로매트 크림	커스터드 크림과 무가당 생크림을 1 : 1 비율로 혼합한 크림
아몬드 크림	버터, 설탕, 계란, 아몬드 가루를 섞어 만든 크림

CHAPTER 02 반죽 발효 및 분할, 둥글리기

- 1차 발효와 2차 발효란 무엇인지 차이점을 알 수 있다.
- 발효의 목적을 알고 알맞은 발효를 할 수 있다.
- 반죽 분할의 의미를 알고 제품별 중량으로 정확하고 신속하게 분할할 수 있다.
- 둥글리기의 목적을 알고 둥글리기를 할 수 있다.

01 발효 조건 및 상태 관리

1. 1차 발효

(1) 1차 발효

① 이스트(효모)의 효소로 반죽 속의 당을 분해하여 탄산가스와 알코올을 만들고, 열을 발생시키는 것을 말한다.

$$\text{치마아제(Zymase)} \\ \downarrow \\ \text{알코올 발효} : C_6H_{12}O_6 \rightarrow 2CO_2 + 2C_2H_5OH + 66[kcal]$$

② 빵의 발효는 반죽과 동시에 시작되며 굽기 중 이스트가 사멸할 때까지 진행된다.

③ 전체적으로 길게 발효가 진행되지만 편의상 분할 전까지 1차 발효라고 정의한다.

(2) 1차 발효 목적

팽창 작용	이산화탄소(CO_2) 발생 → 팽창 작용
숙성 작용	효소 작용 → 반죽을 유연하게 만듦.
풍미 생성	발효 생성물 축적 → 독특한 맛과 향 생성 ↳ 알코올, 유기산, 에스테르, 알데히드, 케톤 등

2. 2차 발효

(1) 2차 발효 목적

① 기본적 요소는 온도, 습도, 시간이다.

② 신장성을 잃고 단단해진 반죽이 다시 부풀어 오르는 것을 뜻한다.

③ 반죽의 숙성으로 알코올, 유기산 등의 방향성 물질을 생성한다.

◎ 알코올 발효와 젖산 발효

	알코올 발효	젖산 발효
종류	효모(이스트)	젖산균
분해	포도당→알코올	포도당 → 젖산
예	막걸리, 맥주, 빵	김치, 된장, 요구르트, 치즈

핵심문제 풀어보기

2[%] 이스트로 4시간 발효했을 때 가장 좋은 결과를 얻는다고 가정할 때, 발효 시간을 3시간으로 감소시키려면 이스트의 양은 얼마로 해야 하는가? (단, 소수점 셋째 자리에서 반올림하시오.)

① 2.16[%] ② 2.67[%]
③ 3.16[%] ④ 3.67[%]

해설
바꾸고자 하는 이스트 양
$$= \frac{\text{기존의 이스트 양} \times \text{기존의 발효 시간}}{\text{바꾸고자 하는 발효 시간}}$$
$$= (2 \times 4) \div 3 = 2.67[\%]$$

답 ②

④ 신장성과 탄력성을 높여 오븐 팽창이 잘 일어나게 하기 위해 발효시킨다.

(2) 발효 시간이 제품에 미치는 영향

발효 시간	제품에 미치는 영향
부족한 경우	• 껍질색이 진한 적갈색이 된다. • 부피가 작다. • 옆면이 터진다.
지나친 경우	• 껍질색이 여리다. • 부피가 크다. • 기공이 거칠다. • 조직과 저장성이 나쁘다. • 과다한 산의 생성으로 향이 나빠진다.

02 반죽 분할

1. 반죽 분할의 정의

① 1차 발효가 끝난 반죽을 정해진 무게로 나누는 작업을 말한다.
② 분할 중에도 발효는 계속 진행이 되므로 최대한 빠른 시간에 작업을 마친다.
③ 통산 1배합당 10~15분 이내로 분할한다.

2. 분할 방법

손 분할	• 소규모 빵집에서 주로 사용하는 방법 • 기계 분할에 비해 부드럽게 작업할 수 있어 약한 밀가루 반죽에 적합하다. • 기계 분할에 비해 오븐 스프링이 좋아 부피가 양호한 제품을 생산할 수 있다. • 덧가루는 빵 속의 줄무늬를 만들고, 빵의 원래 맛을 희석시키므로 적정량만 사용한다.
기계 분할	• 반죽의 부피를 기준으로 분할한다. • 기계의 압축으로 인해 글루텐이 파괴될 수 있다. • 1분당 12~16회의 분할 속도가 적당하며, 속도가 너무 빠르면 기계 마모가 증가하고 느리면 글루텐이 파괴된다. • 반죽이 기계에 달라붙지 않도록 이형제로 유동파라핀을 사용한다.

✍ 이형제

• 사용 목적 : 틀과 반죽이 분리가 잘되게 하기 위해
• 종류 : 혼합유, 유동파라핀(백색광유), 정제라드, 식물유(면실유, 대두유, 땅콩기름)
• 팬 기름의 조건
 – 무색, 무취, 무미
 – 산패에 강함.
 – 발연점 높음(210[℃] 이상).

3. 분할 시 반죽 손상을 줄이는 방법

① 스트레이트법보다 기계 내성이 좋은 스펀지 도우법으로 만든 반죽이 손상이 적다.

② 단백질의 양이 많고 질이 좋은 밀가루를 사용한다.

③ 반죽 결과 온도가 높지 않게 한다.

④ 반죽은 가수량이 최적이거나 약간 된 반죽이 좋다.

03 반죽 둥글리기(Rounding)

1. 둥글리기의 정의

반죽의 잘린 단면을 매끄럽게 마무리하고 크고 작은 기포를 균일하게 만들어 주는 작업을 말한다.

2. 둥글리기의 목적

① 성형하기 적절하도록 표피를 형성시킨다.

② 반죽이 끈적거리지 않도록 매끈한 표피를 형성시킨다.

③ 글루텐 재정돈의 목적이 있다.

④ 반죽의 기공 균일화를 위해 작업한다.

⑤ 표면에 가스를 보유할 수 있는 얇은 막을 형성시킨다.

핵심문제 풀어보기

둥글리기의 목적과 거리가 먼 것은?

① 공 모양의 일정한 모양을 만든다.

② 큰 가스는 제거하고 작은 가스는 고르게 분산시킨다.

③ 흐트러진 글루텐을 재정렬한다.

④ 맛과 향을 좋게 한다.

해설

맛과 향을 좋게 하는 공정은 굽기 공정이다.

답 ④

빵류 제품 제조
제4장

CHAPTER 03 중간 발효, 정형 및 팬닝

- 중간 발효의 목적을 알고 제품별 알맞은 중간 발효를 할 수 있다.
- 각각의 제품의 특징에 맞게 정형과 팬닝을 할 수 있다.
- 반죽량과 비용적의 관계를 이해하고 적용할 수 있다.

01 중간 발효

(1) 중간 발효의 정의

① 벤치 타임(Bench Time)이라고도 한다.

② 둥글리기가 끝난 반죽을 정형하기 편하게 휴지시키는 과정으로, 젖은 헝겊이나 비닐, 종이로 덮어둔다.

(2) 중간 발효의 목적

① 반죽의 유연성 회복

② 끈적거리지 않게 반죽 표면에 얇은 막을 형성

③ 정형 과정에서의 밀어 펴기 작업 용이

④ 분할, 둥글리기 하는 과정에서 손상된 글루텐 구조를 재정돈

(3) 중간 발효를 할 때 관리 항목

① 온도 : 27~29[℃]

② 상대습도 : 75[%]

③ 시간 : 10~20분

④ 부피 팽창 정도 : 1.7~2.0배

02 정형

(1) 정형의 정의

① 제품의 모양을 만드는 공정을 말한다.

② 실내 환경 : 온도 27~29[℃], 상대습도 75~80[%]

(2) 정형 공정

밀기	• 밀대 등 같은 두께로 밀어 폄. • 반죽 속 기포를 균일하게 만듦.
말기	• 균일한 힘으로 말거나 접기
봉하기	• 이음매를 붙임.

03 팬닝(Panning)

(1) 팬닝의 정의

정형한 반죽을 팬이나 철판에 넣는 과정을 말한다.

(2) 팬닝 공정

① 이음매 밑부분으로 향하게 팬닝한다.

② 철판 및 팬 온도는 30~35[℃]가 되도록 유지한다.

③ 팬 용적에 맞게 적당한 무게를 팬닝한다.

(3) 반죽량과 비용적

① 반죽 무게 계산

$$반죽 \ 무게 = \frac{틀 \ 부피}{비용적}$$

② 비용적 : 반죽 1[g]을 구울 때 차지하는 팬의 부피[cm^3/g]

$$비용적 = \frac{틀 \ 부피}{반죽 \ 무게}$$

핵심문제 풀어보기

비용적의 단위로 옳은 것은?

① cm^3/g

② cm^2/g

③ cm^3/m

④ cm^2/m

해설

비용적의 단위는 cm^3/g이다.

답 ①

CHAPTER 04 반죽 익히기

- 제품에 맞는 굽기를 선택해 제품을 제조할 수 있다.
- 완제품을 보고 제품 평가와 결함 원인을 알 수 있다.

01 반죽 익히기

(1) 반죽 굽기 하는 목적

① α화(호화) 전분으로 소화가 잘되는 제품을 만든다.

② 구조 형성 및 맛과 향을 향상시킨다.

③ 가스에 의한 열팽창으로 빵의 부피를 만든다.

(2) 굽는 과정 중 반죽 내부 온도 상승에 따른 변화

49[℃]~	이산화탄소의 용해도 감소
56[℃]~	전분의 호화
60[℃]~	이스트의 사멸
74[℃]~	글루텐의 응고
79[℃]~	알코올의 증발
99[℃]	빵 내부의 최대 온도

(3) 굽기 중 일어나는 변화

오븐 라이즈 (Oven Rise)	• 반죽 내부 온도가 60[℃]에 이르지 않은 상태 • 반죽 속 가스로 인해 반죽의 부피가 조금씩 커짐.
오븐 스프링 (Oven Spring)	• 짧은 시간 동안 급격히 약 $\frac{1}{3}$ 정도 부피가 팽창(내부 온도 49[℃]) • 용해 탄산가스와 알코올이 기화(79[℃]) → 가스압 증가로 팽창
전분의 호화	• 전분 입자 40[℃]에서 팽윤 → 56~60[℃]에서 호화 시작(수분과 온도에 영향을 받음)
효소 작용	• 이스트 60[℃]에서 사멸 시작 • 적정 온도 범위에서 아밀라아제는 10[℃] 상승할 때 활성 2배 진행

단백질 변성	• 반죽 온도 74[℃]부터 단백질이 굳기 시작 • 호화된 전분과 함께 구조 형성
껍질의 갈색 변화	• 메일라드 반응 : 당류 + 아미노산 = 갈색 색소(멜라노이딘) 생성 • 캐러멜화 반응 : 당류 + 높은 온도 = 갈색이 변하는 반응
향의 발달	• 향은 주로 껍질에서 생성 → 빵 속으로 흡수 • 향의 원인 : 재료, 이스트 발효 산물, 열 반응 산물, 화학적 변화 • 관여 물질 : 유기산류, 알코올류, 케톤류, 에스테르류

02 반죽 튀기기

(1) 튀김의 정의

① 튀김용·기름을 열전달의 매체로 가열하여 익히는 방법이다.

② 튀김용 기름의 온도는 150~200[℃] 정도로 가열되는 속도가 빠르다.

③ 튀김 중 식품 수분 증발과 기름이 식품에 흡수되어 물과 기름의 교환이 일어난다.

(2) 튀김용 유지 종류와 특징

식용유	압착유	• 발연점이 낮음. • 압착 방식으로 만드는 참기름, 들기름, 올리브유 등 • 샐러드나 무침, 가벼운 볶음 요리에 적합
	정제유	• 발연점이 높아 튀김에 적합 • 맑고 침전물이 없으며 색깔이 연하고 투명도가 높은 것이 좋음.
유지	라드	• 돼지고기의 지방 조직을 정제 또는 녹여서 만든 돼지기름 • 융점이 낮음.
	쇼트닝	• 튀기고 난 뒤 바삭한 맛과 풍미가 높음. • 식은 뒤 다시 고체화됨(제품 특성에 맞게 사용).

◎ 발연점
• 발연점 : 기름을 가열하였을 때 연기가 나기 시작하는 온도
• 발연점이 200[℃] 이상 : 튀김 요리에 적합(카놀라유 같은 정제유)
• 발연점이 180[℃] : 튀김 요리에 부적합(올리브유)

(3) 튀김용 유지 조건

① 발연점이 높은 것이 좋음.

② 튀김 중이나 튀김 후 불쾌한 냄새가 나지 않아야 함.

③ 기름에 튀겨지는 동안 구조 형성에 필요한 열전달을 할 수 있어야 함.

④ 엷은 색을 띠며 특유의 향이나 착색이 없어야 함.

⑤ 제품 냉각 시 충분히 응결되어 설탕이 탈색되거나 지방 침투가 되지 않아야 함.

⑥ 기름의 대치에 있어서 성분, 기능이 바뀌어서는 안 됨.

⑦ 수분 함량은 0.15[%] 이하로 유지

⑧ 튀김 기름의 유리지방산 함량이 0.1[%] 이상이 되면 발연 현상이 나타나므로 0.35~0.5[%]가 적당함.

03 빵류 제품의 결함과 원인

(1) 식빵류의 결함과 원인

결함	원인
부피가 작음	• 이스트 사용량 부족 • 팬의 크기에 비해 부족한 반죽량 • 소금, 설탕, 쇼트닝, 분유 사용량 과다 • 2차 발효 부족 • 이스트 푸드 사용량 부족 • 알칼리성 물 사용 • 오븐에서 거칠게 다룸. • 부족한 믹싱 • 오븐의 온도가 초기에 높을 때 • 미성숙 밀가루 사용 • 물 흡수량이 적음.
표피에 수포 발생	• 진 반죽 • 2차 발효실 습도 높음. • 성형기의 취급 부주의 • 오븐의 윗불 온도가 높음. • 발효 부족
빵의 바닥이 움푹 들어감	• 믹싱 부족 • 초기 굽기의 지나친 온도 • 진 반죽 • 뜨거운 틀, 철판 사용 • 팬에 기름칠을 하지 않음. • 팬 바닥에 구멍이 없음. • 2차 발효실 습도 높음.
윗면이 납작하고 모서리가 날카로움	• 진 반죽 • 소금 사용량 과다 • 발효실의 높은 습도 • 지나친 믹싱

핵심문제 풀어보기

굽기 실패의 원인 중 빵의 부피가 작고 껍질색이 진하며, 껍질이 부스러지고 옆면이 약해지기 쉽게 되는 원인은?

① 높은 오븐열
② 불충분한 오븐열
③ 너무 많은 증기
④ 불충분한 열의 분배

해설

오븐 온도가 높으면 겉껍질이 빨리 생성되고 색이 빨리 들어 팽창이 저해되어 부피가 작게 된다.

답 ①

핵심문제 풀어보기

식빵의 밑면이 움푹 파이는 원인이 아닌 것은?

① 2차 발효실의 습도가 높을 때
② 팬의 바닥에 수분이 있을 때
③ 오븐 바닥열이 약할 때
④ 팬에 기름칠을 하지 않을 때

해설

팬의 바닥에 습기가 많은 상황이나 밑불이 강한 상황에서 밑부분이 증기압에 의해 움푹 파이는 현상이 나타난다.

답 ③

껍질색이 짙음	• 설탕, 분유 사용량 과다 • 높은 오븐 온도 • 높은 윗불 온도 • 과도한 굽기 • 2차 발효실 습도 높음.
껍질색이 옅음	• 설탕 사용량 부족 • 1차 발효 시간의 초과 • 연수 사용 • 2차 발효실 습도 낮음. • 굽기 시간의 부족 • 오븐 속의 습도와 온도가 낮음.
부피가 큼	• 우유, 분유 사용량 과다 • 소금 사용량 부족 • 스펀지의 양이 많을 때 • 과도한 1차 발효와 2차 발효 • 낮은 오븐 온도 • 팬의 크기에 비해 많은 반죽
빵 속 줄무늬 발생	• 덧가루 사용량 과다 • 표면이 마른 스펀지 사용 • 건조한 중간 발효 • 된 반죽 • 과다한 기름 사용

빵 속에 줄무늬가 생기는 원인이 아닌 것은?

① 덧가루 사용이 과다한 경우
② 반죽 개량제의 사용이 과다한 경우
③ 밀가루를 체로 치지 않은 경우
④ 진 반죽인 경우

해설
반죽이 진 경우에는 줄무늬를 만드는 직접적 원인이 되지 않는다.

답 ④

빵류 제품 제조
제4장

CHAPTER 05 제품 저장 관리

- 제품에 따라 제품을 평가할 수 있다.
- 제품의 결함을 보고 제품 공정을 수정할 수 있다.
- 제품 특성에 따라 냉각 방법을 선택할 수 있다.
- 제품 특성에 따라 냉각 포장재를 선택할 수 있다.
- 제품 특성에 따라 보관 방법을 선택할 수 있다.

01 제품 관리

1. 제품 평가

(1) 제품 평가의 기준

	평가 항목
외부평가	터짐성, 외형의 균형, 부피, 굽기의 균일화, 껍질색, 껍질 형성
내부평가	조직, 기공, 속결 색상
식감평가	냄새, 맛

(2) 빵류의 결함과 원인

결함	원인
풍미 부족	• 부적절한 재료 배합 • 저율 배합표 사용 • 낮은 반죽 온도 • 낮은 오븐 온도
구울 때 윗면이 터지는 경우	• 설탕이 다 녹지 않음. • 높은 온도에서 구워 껍질이 빨리 생김. • 반죽의 수분 부족 • 팬닝 후 바로 굽지 않아 표피가 마름.
바닥 크러스트(껍질)가 축축한 경우	• 반죽에 유지 함량이 많음. • 오븐의 바닥 온도가 낮음. • 너무 얇은 바닥 반죽 • 바닥 반죽이 고율 배합

2. 각각의 재료에 따른 제품 결과

(1) 설탕

항목	정량보다 많은 경우	정량보다 적은 경우
껍질색	어두운 적갈색	연한 색
외형의 균형	발효가 느리고 팬의 흐름성이 많다.	모서리가 둥글다.
껍질 특성	두껍다.	얇다.
맛	달다.	맛을 못 느낀다.

(2) 쇼트닝

항목	정량보다 많은 경우	정량보다 적은 경우
껍질색	어두운 색	연한 색
외형의 균형	브레이크와 슈레드가 작다.	브레이크와 슈레드가 크다.
껍질 특성	두껍다.	얇다.

(3) 소금

항목	정량보다 많은 경우	정량보다 적은 경우
부피	작다.	크다.
껍질색	어두운 색	연한 색
외형의 균형	예리한 모서리	둥근 모서리
껍질 특성	두껍다.	얇다.
기공	결의 막이 두껍다.	결의 막이 얇다.
속색	어두운 색	연한 색
향	향이 없다.	향이 강하다.

(4) 우유

항목	정량보다 많은 경우	정량보다 적은 경우
껍질색	진하다.	연하다.
외형의 균형	예리한 모서리	둥근 모서리
껍질 특성	두껍다.	얇다.
속색	진하다.	연하다.

핵심문제 풀어보기

다음 중 식빵에서 설탕이 과다할 경우 대응책으로 가장 적합한 것은?

① 소금양을 늘린다.
② 이스트 양을 늘린다.
③ 반죽 온도를 낮춘다.
④ 발효 시간을 줄인다.

해설
설탕을 많이 넣을 경우 발효력이 떨어지므로 발효력을 증진시킬 수 있도록 이스트를 늘린다.

답 ②

빵류 제품 제조
제4장

(5) 밀가루

항목	정량보다 많은 경우	정량보다 적은 경우
부피	커진다.	작아진다.
껍질색	진하다.	연하다.
외형의 균형	예리한 모서리	둥근 모서리
껍질 특성	거칠고 두껍다.	얇고 건조해진다.
속색	진하다.	연하다.

02 제품의 냉각 및 포장

1. 냉각

(1) 냉각의 정의

① 오븐에서 나온 제품의 온도를 상온의 온도로 낮추는 것을 말한다.

② 냉각하는 동안 손실률 : 2[%]

③ 냉각하는 장소의 온도와 상대습도 : 온도 20~25[℃], 상대습도 75~85[%]

④ 냉각된 제품의 온도 및 수분 함량 : 온도 35~40[℃], 수분 함량 약 38[%]

(2) 냉각의 목적

① 곰팡이 및 세균 등의 피해 억제

② 제품의 재단 및 포장 용이

(3) 냉각의 방법

① **자연 냉각** : 상온 온도와 습도로 냉각하는 방법으로 3~4시간 걸린다.

② **에어컨디션식 냉각** : 공기 조절식 냉각 방법으로 온도 20~25[℃], 습도 85[%]의 공기를 통과시켜 60~90분 냉각시키는 방법(냉각 방법 중 가장 **빠름**)

③ **터널식 냉각**

㉠ 공기 배출기를 이용한 냉각으로 120~150분 걸린다.

㉡ **적당한 냉각 장소** : 환기시설이 잘되어 있고, 통풍이 잘되며, 병원성 미생물의 혼입이 없는 곳

핵심문제 풀어보기

다음 중 빵의 냉각 방법으로 가장 적합한 것은?

① 바람이 없는 실내에서 냉각
② 강한 송풍을 이용한 냉각
③ 냉동실에서 냉각
④ 수분 분사 방식

[해설]
자연 냉각 : 바람이 없는 실내의 상온에서 냉각하는 것

[답] ①

2. 포장 및 포장재

(1) 포장의 목적

① 미생물, 세균에 의한 오염 방지

② 제품의 가치 및 상태를 보호하고 상품의 가치 향상

③ 수분 손실을 막아 제품의 노화 지연으로 저장성 향상

(2) 포장재별 특성

① 오리엔티드 폴리프로필렌(OPP : oriented polypropylene) : 예 쿠키 봉투

  ㉠ 열에 의해 수축은 되나 가열로 접착은 불가능하다.

  ㉡ 투명성, 방습성, 내유성이 우수하다.

② 폴리에틸렌(PE : polyethylene) : 예 페트병

  ㉠ 열에 강한 소재로 주방용품에 많이 사용된다.

  ㉡ 가공이 쉬워 다양한 제품군에 사용되며, 페트병의 주원료가 되기도 한다.

  ㉢ 장시간 햇빛에 노출되어도 변색이 거의 일어나지 않는다.

③ 폴리프로필렌(PP : polypropylene) : 예 일회용 용기

  ㉠ 가볍고 열에 강한 소재로 식기, 제품 케이스 등 다양한 용도에 사용된다.

  ㉡ 유해 물질이 발생하지 않는 친환경 소재로 항균 기능도 갖추고 있다.

④ 폴리스티렌(PS : polystyrene) : 예 일회용 컵, 과자의 포장 용기

  플라스틱 중 표준이 되는 수지로 광택이 좋고 투명하며, 독성이 없다. 단, 내열성
  이 떨어져 뜨거운 것에 닿으면 쉽게 녹는다.

> **☞ 포장 용기 선택 시 고려사항**
> - 단가가 낮아야 함.
> - 제품과 접촉되어 먹었을 때 유해 물질이 함유되지 않도록 위생적이어야 함.
> - 포장 기계에 쉽게 적용할 수 있어야 함.
> - 방수성이 있고 통기성이 없어야 함. 통기성이 있는 재료를 쓰면 빵의 향이 날아가고 수분이 증발됨. 또한 공기 중의 산소에 의해 산패가 생겨 빵의 노화를 촉진시킴.
> - 크거나 무거운 제품을 포장했을 때 제품이 파손되지 않아야 함.
> - 제품을 포장했을 때 그 제품의 상품가치를 높일 수 있어야 함.

빵류 제품 제조
제4장

---

03 제품의 저장 및 유통

1. 저장 방법(식품 보관)의 종류 및 특징

(1) 물리적 처리방법

① 냉동 · 냉장법(저온 냉장법)

  ㉠ 전체 용량의 80[%] 정도만 저장, 냉장고는 벽에서 10[cm] 떨어뜨려 설치한다.

  ㉡ 냉장 온도 0~10[℃]

    ⓐ 1단(0~3[℃]) : 육류, 어류

    ⓑ 중간 온도(5[℃] 이하) : 유지 가공품

    ⓒ 하단 온도(7~10[℃]) : 과일, 야채류

ⓒ 냉동 온도 -18[℃] 이하 유지 : 육류, 건조 김 보관

② 가열 살균법 : 100[℃] 정도로 가열

③ 건조, 탈수법 : 건조식품의 수분 함량이 15[%] 이하가 되도록 한다.

④ 방사선 조사법

　ㄱ 방사선(Co-60, Cs-137)을 이용

　ㄴ 살균, 살충, 발아 억제, 기생충 등 사멸, 식중독 억제

　ㄷ 특징 : 온도 상승 없이 살균 가능

(2) 화학적 처리방법

① 방부제 첨가 : 데히드로초산(DHA), 안식향산, 프로피온산나트륨 등

② 산화방지제 첨가 : BHA, BHT, PG, 토코페롤 첨가

③ 염장법 : 10[%] 이상의 식염에 저장(젓갈류)

④ 당장법 : 50[%] 이상의 설탕에 저장(잼, 젤리류)

⑤ 산저장 : pH 4.7(5) 이하로 저장 – 초산이나 젖산 이용(장아찌, 피클 등)

⑥ 미생물 처리법 : 미생물 이용 – 간장, 된장, 고추장, 김치, 요구르트 등

⑦ 훈연법 : 휘발성 물질(페놀, 포름알데히드)과 pH 저하를 이용하여 육류의 수분 제거, 살균, 맛의 변화, 향기 물질 생성(햄, 소시지, 베이컨)

⑧ 가스저장 : 공기 중의 이산화탄소 농도(2~10[%]), 산소 농도(1~5[%])를 감소시켜 냉장 상태로 저장(과일류)

2. 제품 변질 및 오염원 관리

(1) 식품의 변질

① 식품의 변질 : 식품을 방치했을 때 미생물, 햇볕, 산소, 효소, 수분의 변화 등에 의하여 성분 변화, 영양가 파괴, 맛의 손상을 가져오는 것

　ㄱ 부패 : 미생물의 번식으로 단백질이 분해되어 아미노산, 아민, 암모니아, 악취 등이 발생하는 현상

　ㄴ 변패 : 탄수화물이 미생물에 의해 변질되는 현상

　ㄷ 산패 : 지방의 산화로 알데히드(Aldehyde), 케톤(Ketone), 에스테르(Ester), 알코올 등이 생성되는 현상(유지의 산패도 측정방법 : 산가, 아세틸가, 과산화물가, 카르보닐가, 관능검사)

　ㄹ 발효 : 탄수화물이 유익하게 분해되는 현상

핵심문제 풀어보기

다음은 식품 저장 방법 중 화학적 처리방법이다. 산화방지제로 사용하는 약품이 아닌 것은?

① BHT　　② DHA
③ PG　　④ BHA

해설
DHA(데히드로초산)은 방부제로 쓰인다.

답 ②

핵심문제 풀어보기

다음은 식품의 변질에 대한 내용이다. 이 중 변패를 나타내는 것은?

① 단백질의 분해로 일어난다.
② 탄수화물이 미생물의 변질로 일어난다.
③ 지방의 산화로 일어난다.
④ 탄수화물이 유익하게 분해되는 현상이다.

해설
변패는 탄수화물이 미생물에 의해 변질되는 현상이다.

답 ②

ⓜ 유지의 자동산화

ⓐ 하이드로퍼옥사이드(Hydroperoxide) : 자동산화에 의해 생성된 물질로 독성을 띤 물질이다.

ⓑ 유지의 자동산화를 촉진하는 요소 : 불포화도, 산소, 온도, 햇볕

ⓒ 유지 가공식품의 보존방법 : 비금속성 용기에 넣어 보관

② 부패

㉠ 부패인자 : 기온, 습도, pH, 열

㉡ 부패생성물 : 아민, 메탄, 황화수소, 메캅탄, 함질소 화합물, 암모니아, 페놀

㉢ 초기부패 판정

ⓐ 관능검사 : 관능(미, 촉, 후, 시각)으로 검사

ⓑ 물질적 검사 : 경도, 점성, 탄성, 색도, 탁도, 전기저항 등

ⓒ 화학적 검사 : 트리메틸아민, 디메틸아민, 휘발성 염기질소(휘발성 아민류, 암모니아), 휘발성 유기산, 질소가스, 히스타민, pH, K값

• 아민 : 아미노산의 탈탄산반응으로 생성됨.

• 트리메틸아민 : 어류 비린내의 원인물질

ⓓ 미생물학적 판정(생균수 측정)

• 식품의 1[g]당 세균수가 10^8 이상이면(10^8/[g]) 쉰 냄새가 남. 초기부패로 판정

• 식품의 1[g]당 세균수가 10^5 이하면 안전

> **단백질의 부패 과정**
> 단백질 → 메타프로테인 → 프로테오스 → 펩톤 → 폴리펩티드 → 펩티드 → 아미노산 → 아민, 메탄

(2) 교차오염 관리

① 교차오염의 정의 : 식품과 식품, 표면과 표면 사이에서 오염물질의 이동. 조리하지 않은 고기로부터 조리된 또는 즉석식품으로 직접적으로 또는 도마를 통해 간접적으로 병균이 전달되는 현상

② 교차오염 방지요령

㉠ 일반구역과 청결구역으로 구역 설정하여 전처리, 조리, 세척 등을 별도의 구역에서 실행

㉡ 칼, 도마 등의 기구나 용기는 용도별(조리 전후)로 구분하여 각각 전용으로 준비하여 사용

㉢ 세척용기는 육류, 채소류로 구분하기

㉣ 식품, 취급 등의 작업은 바닥으로부터 60[cm] 이상에서 실시하여 바닥의 오염물 이입 방지

㉤ 전처리한 식품과 비전처리한 식품을 분리 보관

㉥ 전처리에 사용하는 물은 반드시 먹는물 사용

제과 · 제빵 기능사
기출복원문제

- 제과기능사 기출복원문제
- 제빵기능사 기출복원문제

제과기능사

제 1 회

기출복원문제

01 일반적인 제과 작업장의 시설 설명으로 잘못된 것은?

① 조명은 50[lux] 이하가 좋다.
② 방충·방서용 금속은 30[mesh]가 적당하다.
③ 벽면은 매끄럽고 청소하기 편리하여야 한다.
④ 창의 면적은 바닥 면적을 기준하여 30[%] 정도가 좋다.

> **해설**
> 작업장의 조명은 작업 내용에 따라 다르지만 50[lux] 이상이 좋다.

02 슈 제조 시 반죽 표면을 분무 또는 침지시키는 이유가 아닌 것은?

① 껍질을 얇게 한다.
② 팽창을 크게 한다.
③ 기형을 방지한다.
④ 제품의 구조를 강하게 한다.

> **해설**
> 제품의 구조를 강하게 하는 것은 밀가루, 계란, 소금의 비율로 한다.

03 다음 중 케이크에서 설탕의 역할과 거리가 먼 것은?

① 감미를 준다.
② 껍질색을 진하게 한다.
③ 수분 보유력이 있어 노화가 지연된다.
④ 제품의 형태를 유지시킨다.

> **해설**
> 제품의 형태를 유지하게 하는 것은 밀가루, 계란 등이다.

04 밀가루 : 계란 : 설탕 : 소금 = 100 : 166 : 166 : 2를 기본 배합으로 하여 적정 범위 내에서 각 재료를 가감하여 만드는 제품은?

① 파운드 케이크
② 엔젤 푸드 케이크
③ 스펀지 케이크
④ 머랭 쿠키

> **해설**
> • 거품형 케이크에서는 계란의 비율이 많다.
> • 스펀지 케이크 = 밀가루(100) : 계란(166) : 설탕(166) : 소금(2)

05 비중컵의 무게 40[g], 물을 담은 비중컵의 무게 240[g], 반죽을 담은 비중컵의 무게 180[g]일 때 반죽의 비중은?

① 0.2
② 0.4
③ 0.6
④ 0.7

> **해설**
> $$비중 = \frac{반죽\ 무게 - 비중컵\ 무게}{물\ 무게 - 비중컵\ 무게}$$
> $$= \frac{180 - 40}{240 - 40} = \frac{140}{200} = 0.7$$

06 엔젤 푸드 케이크 제조 시 팬에 사용하는 이형제로 가장 적합한 것은?

① 쇼트닝   ② 밀가루
③ 라드   ④ 물

 해설

이형제란 반죽을 분할기에서 분할할 때나 구울 때 달라붙지 않게 하고 모양을 그대로 유지하기 위하여 사용하는 것이다. 거품을 이용하여 반죽을 만드는 제품은 이형제로 물을 사용한다. 시퐁 케이크, 엔젤 푸드 케이크가 물을 이형제로 사용한다.

07 카스텔라의 굽기 온도로 가장 적합한 것은?

① 140 ~ 150[℃]   ② 180 ~ 190[℃]
③ 220 ~ 240[℃]   ④ 250 ~ 270[℃]

 해설

카스텔라는 고율 배합 반죽으로 스펀지 케이크보다 높이가 높게 나와 180[℃] 정도가 적당하다.

08 케이크 도넛 제품에서 반죽 온도의 영향으로 나타나는 현상이 아닌 것은?

① 팽창 과잉이 일어난다.
② 모양이 일정하지 않다.
③ 흡유량이 많다.
④ 표면이 꺼칠하다.

해설

재료가 고루 혼합되지 않았거나 두께가 일정하지 않게 밀어 펴서 모양이 일정하지 않다.

09 커스터드 푸딩을 컵에 채워 몇 [℃]의 오븐에서 중탕으로 굽는 것이 가장 적당한가?

① 160 ~ 170[℃]   ② 190 ~ 200[℃]
③ 210 ~ 220[℃]   ④ 230 ~ 240[℃]

 해설

커스터드 푸딩은 너무 높은 온도에서 중탕하면 표면에 기포가 생긴다.

10 설탕 공예용 당액 제조 시 설탕의 재결정을 막기 위해 첨가하는 재료는?

① 중조   ② 주석산
③ 포도당   ④ 베이킹파우더

 해설

레몬즙, 주석산, 구연산을 첨가하면 설탕의 일부가 분해되어 전화당으로 변화하여 설탕의 재결정을 막는다.

11 다음 제품 중 일반적으로 유지를 사용하지 않는 것은?

① 마블 케이크   ② 파운드 케이크
③ 코코아 케이크   ④ 엔젤 푸드 케이크

해설

엔젤 푸드 케이크는 계란의 흰자를 이용하여 만든다.

기출복원문제

12 흰자 100에 대하여 설탕 180의 비율로 만든 머랭으로서 구웠을 때 표면에 광택이 나고 하루쯤 두었다가 사용해도 무방한 머랭은?

① 냉제 머랭(Cold meringue)

② 온제 머랭(Hot meringue)

③ 이탈리안 머랭(Italian meringue)

④ 스위스 머랭(Swiss meringue)

해설

스위스 머랭은 흰자 $\frac{1}{3}$ 과 설탕 $\frac{2}{3}$ 를 혼합하여 43[℃]로 데우고 거품 내면서 레몬즙을 첨가한 후 나머지 흰자와 설탕을 섞어 거품 낸 냉제 머랭을 섞는다. 이탈리안 머랭에 비해 덜 단단하여 여러 가지 모양을 만들기 쉽기 때문에 장식용이나 머랭 쿠키에 사용된다.

13 튀김 기름의 품질을 저하시키는 요인으로만 나열된 것은?

① 수분, 탄소, 질소

② 수분, 공기, 반복 가열

③ 공기, 금속, 토코페롤

④ 공기, 탄소, 세사몰

해설

▶ 튀김 기름의 4대 적 : 공기, 수분, 온도, 이물질

14 머랭(Meringue)을 만드는 주요 재료는?

① 계란 흰자　　② 전란

③ 계란 노른자　　④ 박력분

해설

머랭은 흰자를 설탕과 혼합하여 거품 내는 것을 말한다.

15 다음 중 빵의 노화가 가장 빨리 발생하는 온도는?

① −18[℃]　　② 0[℃]

③ 20[℃]　　④ 35[℃]

해설

빵의 노화는 냉장 온도로 0 ~ 10[℃]에서 많이 일어난다.

16 공장 설비 중 제품의 생산능력은 어떤 설비가 가장 중요한 기준이 되는가?

① 오븐　　② 발효기

③ 믹서　　④ 작업 테이블

해설

오븐은 제품 생산능력의 기준이 된다.

17 스펀지 케이크 제조 시 더운 믹싱 방법(Hot method)을 사용할 때 계란과 설탕의 중탕 온도로 가장 적합한 것은?

① 23[℃]　　② 43[℃]

③ 63[℃]　　④ 83[℃]

해설

더운 믹싱 방법을 사용할 때 계란과 설탕의 중탕 온도는 43[℃]가 좋다.

18 퍼프 페이스트리 제조 시 휴지의 목적이 아닌 것은?

① 밀가루가 수화를 완전히 하여 글루텐을 안정시킨다.

② 밀어 펴기를 쉽게 한다.

③ 저온 처리를 하여 향이 좋아진다.

④ 반죽과 유지의 되기를 같게 한다.

해설

냉장 휴지를 하면 향이 좋아지는 것이 아니라 반죽의 안정 화로 성형이 용이해지는 것이다.

19 굳어진 설탕 아이싱 크림을 여리게 하는 방법으로 부적합한 것은?

① 설탕 시럽을 더 넣는다.
② 중탕으로 가열한다.
③ 전분이나 밀가루를 넣는다.
④ 소량의 물을 넣고 중탕으로 가온한다.

해설

아이싱의 끈적거림을 방지하기 위해 전분, 밀가루 같은 흡수제를 사용한다.

20 다음 중 반죽의 pH가 가장 낮아야 좋은 제품은?

① 화이트 레이어 케이크
② 스펀지 케이크
③ 엔젤 푸드 케이크
④ 파운드 케이크

해설

① 화이트 레이어 케이크 : pH 7.2 ~ 7.8
② 스펀지 케이크 : pH 7.3 ~ 7.6
③ 엔젤 푸드 케이크 : pH 5.0 ~ 6.5
④ 파운드 케이크 : pH 6.6 ~ 7.1

21 생크림 원료를 가열하거나 냉동시키지 않고 직접 사용할 수 있게 보존하는 적합한 온도는?

① -18[℃] 이하
② 3 ~ 5[℃]
③ 15 ~ 18[℃]
④ 21[℃] 이상

해설

생크림 보관 온도는 냉장인 3 ~ 7[℃]가 적합하다.

22 무스(Mousse)의 원뜻은?

① 생크림
② 젤리
③ 거품
④ 광택제

해설

무스란 프랑스어로 거품이란 뜻이며 냉과 제품이다.

23 스펀지 케이크 400[g]짜리 완제품을 만들 때 굽기 손실이 20[%]라면 분할 반죽의 무게는?

① 600[g]
② 500[g]
③ 400[g]
④ 300[g]

해설

분할 반죽 무게 = 완제품 ÷ {1 - (굽기 손실 ÷ 100)}
= 400 ÷ {1 - (20 ÷ 100)} = 500[g]

24 도넛 제조 시 수분이 적을 때 나타나는 결점이 아닌 것은?

① 팽창이 부족하다.
② 혹이 튀어나온다.
③ 튀색이 일정하지 않다.
④ 표면이 갈라진다.

해설

도넛 제조 시 혹이 튀어나오는 모양은 두께가 일정치 않거나 공기가 들어가 있을 때 나타난다.

25 화이트 레이어 케이크의 반죽 비중으로 가장 적합한 것은?

① 0.90 ~ 1.0   ② 0.75 ~ 0.85

③ 0.60 ~ 0.70   ④ 0.45 ~ 0.55

해설

화이트 레이어 케이크는 반죽형 반죽으로 0.8 ~ 0.85로 맞춘다.

26 당분이 있는 슈 껍질을 구울 때의 현상이 아닌 것은?

① 껍질의 팽창이 좋아진다.

② 상부가 둥글게 된다.

③ 내부에 구멍 형성이 좋지 않다.

④ 표면에 균열이 생기지 않는다.

해설

슈 반죽에 당분이 들어가면 단백질의 구조가 약해져서 팽창력이 나빠진다.

27 고율 배합에 대한 설명으로 틀린 것은?

① 화학 팽창제를 적게 쓴다.

② 굽는 온도를 낮춘다.

③ 반죽 시 공기 혼입이 많다.

④ 비중이 높다.

해설

고율 배합은 공기 혼입량이 많기 때문에 비중이 낮다.

28 시퐁 케이크 제조 시 냉각 전에 팬에서 분리되는 결점이 나타났을 때의 원인과 거리가 먼 것은?

① 굽기 시간이 짧다.

② 밀가루 양이 많다.

③ 반죽에 수분이 많다.

④ 오븐 온도가 낮다.

해설

시퐁 케이크 반죽에 밀가루 양이 많으면 구조력이 강해져 냉각 시 수축이 잘 일어나지 않아 팬에서 빨리 분리되지 않는다.

29 푸딩에 대한 설명 중 맞는 것은?

① 우유와 설탕을 120[℃]로 데운 후 계란과 소금을 넣어 혼합한다.

② 우유와 소금의 혼합 비율은 100 : 10이다.

③ 계란의 열변성에 의한 농후화 작용을 이용한 제품이다.

④ 육류, 과일, 야채, 빵을 섞어 만들지는 않는다.

해설

푸딩은 우유와 설탕을 80[℃]로 데운 후 계란과 소금을 넣고 열변성에 의한 농후화 작용을 이용하여 만드는 제품이다. 팬닝은 95[%]로 한다.

30 도넛을 글레이즈할 때 글레이즈의 적정한 온도는?

① 24 ~ 27[℃]   ② 28 ~ 32[℃]

③ 33 ~ 36[℃]   ④ 43 ~ 49[℃]

해설

도넛 글레이즈는 43 ~ 50[℃]가 좋다.

정답   25 ②   26 ①   27 ④   28 ②   29 ③   30 ④

31 밀가루 반죽에 관여하는 단백질은?

① 라이소자임　　② 글루텐

③ 알부민　　　　④ 글로불린

> **해설**
>
> 밀가루 단백질(글리아딘, 글루테닌)에 물과 힘을 가하면 글루텐이 형성되어 밀가루 반죽을 만든다.

32 다음 중 단당류는?

① 포도당　　　② 자당

③ 맥아당　　　④ 유당

> **해설**
>
> 이당류는 자당, 유당, 맥아당이다.

33 베이킹파우더 성분 중 이산화탄소를 발생시키는 것은?

① 전분　　　　　② 탄산수소나트륨

③ 주석산　　　　④ 인산칼슘

> **해설**
>
> 탄산수소나트륨과 산성제가 화학적 반응을 일으켜 이산화탄소를 발생시키고 기포를 만들어 반죽을 부풀게 한다. 이 화학반응의 원리는 탄산수소나트륨이 분해되어 이산화탄소, 물, 탄산나트륨을 생성시키는 것이다.

34 다음 중 일반적인 제빵 조합으로 틀린 것은?

① 소맥분 + 중조 → 밤 만주피

② 소맥분 + 유지 → 파운드 케이크

③ 소맥분 + 분유 → 건포도식빵

④ 소맥분 + 계란 → 카스텔라

> **해설**
>
> 건포도식빵의 특징은 소맥분과 건포도가 들어 있는 것이다.

35 밀가루의 아밀라아제 활성 정도를 측정하는 그래프는?

① 아밀로그래프　　② 패리노그래프

③ 익스텐소그래프　④ 믹소그래프

> **해설**
>
> ② 패리노그래프 : 글루텐의 흡수율, 반죽의 내구성, 믹싱 시간을 측정
>
> ③ 익스텐소그래프 : 반죽의 신장성과 신장에 대한 저항을 측정하여 밀가루 개량제의 효과를 측정
>
> ④ 믹소그래프 : 밀가루의 흡수율, 글루텐의 발달 정도를 측정

36 글루텐의 구성 물질 중 반죽을 질기고 탄력 있게 하는 물질은?

① 글리아딘　　② 글루테닌

③ 메소닌　　　④ 알부민

> **해설**
>
> 글리아딘은 글루텐에 신장성을 부여하고, 글루테닌은 탄력성을 부여한다.

37 연수의 광물질 함량 범위는?

① 280 ~ 340[ppm]　② 200 ~ 260[ppm]

③ 120 ~ 180[ppm]　④ 0 ~ 60[ppm]

> **해설**
>
> • 연수 : 0 ~ 60[ppm]
>
> • 아연수 : 61 ~ 120[ppm]
>
> • 아경수 : 121 ~ 180[ppm]
>
> • 경수 : 180[ppm] 이상

38 다음 중 캐러멜화가 가장 높은 온도에서 일어나는 것은?

① 과당 ② 벌꿀

③ 설탕 ④ 전화당

> **해설**
>
> 설탕은 이당류로서 고분자 화합물로 캐러멜화가 가장 높은 온도에서 일어난다.

39 패리노그래프에 관한 설명 중 틀린 것은?

① 흡수율 측정

② 믹싱 시간 측정

③ 믹싱 내구성 측정

④ 전분의 점도 측정

> **해설**
>
> 전분의 점도는 아밀로그래프에 의해 측정한다.

40 알파-아밀라아제(α-amylase)에 대한 설명으로 틀린 것은?

① β-아밀라아제(β-amylase)에 비하여 열 안정성이 크다.

② 당화 효소라고도 한다.

③ 전분의 내부 결합을 가수분해할 수 있어 내부 아밀라아제라고도 한다.

④ 액화 효소라고도 한다.

> **해설**
>
> 베타-아밀라아제는 덱스트린을 분해하여 감미가 있는 맥아당을 생성하므로 당화 효소라 하고, 알파-아밀라아제는 전분을 덱스트린으로 가수분해하면서 수분을 만들므로 액화 효소라 한다.

41 우유의 성분 중 치즈를 만드는 원료는?

① 유지방 ② 카제인

③ 유당 ④ 비타민

> **해설**
>
> 카제인은 우유의 주된 단백질로서 우유 단백질의 약 80[%] 정도를 차지하고 있다. 열에는 응고하지 않으나 산과 효소 레닌에 의해 응유되어 치즈를 만든다.

42 소금의 함량이 1.3[%]인 반죽 20[kg]과 1.5[%]인 반죽 40[kg]을 혼합할 때 혼합한 반죽의 소금 함량은?

① 1.30[%] ② 1.38[%]

③ 1.43[%] ④ 1.56[%]

> **해설**
>
> $$\frac{(20[kg] \times 0.013) + (40[kg] \times 0.015)}{20 + 40} \times 100 = 1.43[\%]$$

43 계란의 특징적 성분으로 지방의 유화력이 강한 성분은?

① 레시틴(Lecithin) ② 스테롤(Sterol)

③ 세팔린(Cephalin) ④ 아비딘(Avidin)

> **해설**
>
> 레시틴은 지방과 인이 결합된 복합지질로 유화력이 강하다.

44 다음 중 4대 기본 맛이 아닌 것은?

① 단맛 ② 떫은맛

③ 짠맛 ④ 신맛

> **해설**
>
> 단맛, 짠맛, 쓴맛, 신맛이 4대 기본 맛이다.

45 유지의 기능이 아닌 것은?

① 감미제 　　② 안정화
③ 가소성 　　④ 유화성

해설
단맛을 내는 감미제의 역할은 당의 기능이다.

46 탄수화물은 체내에서 주로 어떤 작용을 하는가?

① 골격을 형성한다.
② 혈액을 구성한다.
③ 체작용을 조절한다.
④ 열량을 공급한다.

해설
탄수화물은 열량 영양소로 체내에서 에너지를 발생한다.

47 다음 중 비타민 B₁의 특징으로 옳은 것은?

① 단백질의 연소에 필요하다.
② 탄수화물 대사에서 조효소로 작용한다.
③ 결핍증은 펠라그라(Pellagra)이다.
④ 인체의 성장인자이며 항빈혈 작용을 한다.

해설
▶ 비타민 B₁의 기능
• 탄수화물 대사의 보조 작용
• 뇌, 심장, 신경조직의 유지에 관계
• 식욕 촉진
• 결핍증 : 각기병, 식욕부진

48 단순단백질이 아닌 것은?

① 프롤라민 　　② 헤모글로빈
③ 글로불린 　　④ 알부민

해설
헤모글로빈은 복합단백질이다.

49 유당불내증의 원인은?

① 대사 과정 중 비타민 B군의 부족
② 변질된 유당의 섭취
③ 우유 섭취량의 절대적인 부족
④ 소화액 중 락타아제의 결여

해설
유당불내증이란 우유에 있는 유당을 소화시키지 못해 나타나는 증상으로, 유당 분해 효소인 락타아제가 부족한 것이 원인이다.

50 생체 내에서의 지방의 기능으로 틀린 것은?

① 생체 기관을 보호한다.
② 체온을 유지한다.
③ 효소의 주요 구성 성분이다.
④ 주요한 에너지원이다.

해설
▶ 지방의 기능
• 장기 보호 및 체온조절을 해 준다.
• 지용성 비타민의 흡수율을 높인다.
• 생체 기관을 보호한다.
• 1[g]당 9[kcal]의 열량을 발생시킨다.

51 다음 중 소화기계 감염병은?

① 세균성이질 　　② 디프테리아
③ 홍역 　　④ 인플루엔자

해설
▶ 소화기계 감염병 : 장티푸스, 파라티푸스, 세균성이질, 콜레라, 유행성간염 등이 있다.

52 대장균군이 식품위생학적으로 중요한 이유는?

① 식중독균을 일으키는 원인균이기 때문
② 분변오염의 지표 세균이기 때문
③ 부패균이기 때문
④ 대장염을 일으키기 때문

해설

대장균은 식품을 오염시키는 다른 균들의 오염 정도를 측정하는 지표로 사용한다.

53 감자 조리 시 아크릴아마이드를 줄일 수 있는 방법이 아닌 것은?

① 냉장고에 보관하지 않는다.
② 튀기거나 굽기 직전에 감자의 껍질을 벗긴다.
③ 물에 침지시켰을 경우에는 건조 후 조리한다.
④ 튀길 때 180[℃] 이상의 고온에서 조리한다.

해설

아크릴아마이드는 120[℃] 이상의 온도에서 발생하는 발암물질이다.

54 다음 중 허가된 천연 유화제는?

① 구연산   ② 고시폴
③ 레시틴   ④ 세사몰

해설

천연 유화제로는 계란 노른자 속의 레시틴이 있다.

55 보존료의 조건으로 적합하지 않은 것은?

① 독성이 없거나 장기적으로 사용해도 인체에 해를 주지 않아야 한다.
② 무미, 무취로 식품에 변화를 주지 않아야 한다.
③ 사용방법이 용이하고 값이 싸야 한다.
④ 단기간 동안만 강력한 효력을 나타내야 한다.

해설

보존료는 미생물의 번식으로 인한 식품의 변질을 방지하기 위해 사용되는 첨가물로 무미, 무취이며 독성이 없고 장기적으로 사용해도 인체에 무해해야 한다.

56 다음 중 경구 감염병이 아닌 것은?

① 콜레라   ② 이질
③ 캠필로박터   ④ 유행성간염

해설

경구 감염병에는 콜레라, 장티푸스, 파라티푸스, 세균성이질, 유행성간염 등이 있다.

57 중독 시 두통, 현기증, 구토, 설사 등과 시신경 염증을 유발시켜 실명의 원인이 되는 화학물질은?

① 카드뮴(Cd)   ② P.C.B
③ 메탄올   ④ 유기수은제

해설

① 카드뮴은 이타이이타이병을 일으킨다.
④ 수은(Hg)은 미나마타병(구토, 신경장애, 마비 등)을 일으킨다.

정답 52 ② 53 ④ 54 ③ 55 ④ 56 ③ 57 ③

58 다음 감염병 중 바이러스가 원인인 것은?

① 간염 　　　　 ② 장티푸스

③ 파라티푸스 　　 ④ 콜레라

해설

②, ③, ④는 세균성 감염병이다.

▶ 바이러스가 원인인 감염병 : 천연두, 인플루엔자, 간염, 광견병, 일본뇌염, 급성회백수염(소아마비, 폴리오) 등 이다.

59 일반세균이 잘 자라는 pH 범위는?

① 2.0 이하 　　　 ② 2.5 ~ 3.5

③ 4.5 ~ 5.5 　　　 ④ 6.5 ~ 7.5

해설

• 효모와 곰팡이 : pH 4 ~ 6
• 일반세균 : pH 6.5 ~ 7.5가 최적이다.

60 해수세균 일종으로 식염 농도 3[%]에서 잘 생육하며 어패류를 생식할 경우 중독될 수 있는 균은?

① 보툴리누스균

② 장염 비브리오균

③ 웰치균

④ 살모넬라균

해설

감염형 식중독인 장염 비브리오균 식중독은 병원성 호염균으로 약 3[%] 식염 배지에서 발육이 잘되고, 어패류, 해조류 등에 의해 감염된다.

01 머랭 제조에 대한 설명으로 옳은 것은?

① 기름기나 노른자가 없어야 튼튼한 거품이 나온다.

② 일반적으로 흰자 100에 대하여 설탕 50의 비율로 만든다.

③ 저속으로 거품을 올린다.

④ 설탕을 믹싱 초기에 첨가하여야 부피가 커진다.

> **해설**
> 머랭 제조 시 볼이나 휘퍼에 기름기나 노른자가 있으면 흰자의 표면장력이 커져 기포가 잘 일어나지 않는다.

02 다음 중 쿠키의 과도한 퍼짐 원인이 아닌 것은?

① 반죽의 되기가 너무 묽을 때

② 유지 함량이 적을 때

③ 설탕 사용량이 많을 때

④ 굽는 온도가 너무 낮을 때

> **해설**
> ▶ **쿠키가 퍼짐이 심한 이유**
> - 묽은 반죽
> - 너무 많은 쇼트닝
> - 과다한 팽창제 사용
> - 알칼리성 반죽
> - 설탕을 많이 사용
> - 너무 낮은 굽기 온도

03 반죽형 케이크의 반죽 제조법에 대한 설명으로 틀린 것은?

① 크림법 : 유지와 설탕을 넣어 가벼운 크림 상태로 만든 후 계란을 넣는다.

② 블렌딩법 : 밀가루와 유지를 넣고 유지에 의해 밀가루가 가볍게 피복되도록 한 후 건조, 액체 재료를 넣는다.

③ 설탕/물법 : 건조 재료를 혼합한 후 설탕 전체를 넣어 포화용액을 만드는 방법이다.

④ 1단계법 : 모든 재료를 한꺼번에 넣고 믹싱하는 방법이다.

> **해설**
> ③ **설탕/물법** : 설탕과 물의 비율을 2 : 1로 하여 시럽을 만들어 넣는 방법이다.
> ① **크림법** : 유지에 설탕을 넣고 유지를 크림화시킨다. 부피감을 생성한다.
> ② **블렌딩법** : 유지에 밀가루를 넣어 파슬파슬하게 유지로 코팅한다. 유연감이 생긴다.
> ④ **1단계법** : 모든 재료를 한꺼번에 믹싱하는 것으로 노동력과 시간이 절약된다.

04 일반적으로 초콜릿은 코코아와 카카오버터로 나누어져 있다. 초콜릿 56[%]를 사용할 때 코코아의 양은 얼마인가?

① 35[%] ② 37[%]

③ 38[%] ④ 41[%]

> **해설**
> 초콜릿은 코코아 $\frac{5}{8}$와 카카오버터 $\frac{3}{8}$을 함유하고 있다.
> 코코아 양 = 56[%] × 0.625 = 35[%]

05 유화제를 사용하는 목적이 아닌 것은?

① 물과 기름이 잘 혼합되게 한다.

② 빵이나 케이크를 부드럽게 한다.

③ 빵이나 케이크가 노화되는 것을 지연시킬 수 있다.

④ 달콤한 맛이 나게 하는 데 사용한다.

해설

유화제는 달콤한 맛이 나게 하는 데 사용하지 않는다.

06 반죽 온도 조절을 위한 고려사항으로 적절하지 않은 것은?

① 마찰계수를 구하기 위한 필수적인 요소는 반죽 결과 온도, 원재료 온도, 작업장 온도, 사용되는 물 온도, 작업장 상대습도이다.

② 기준되는 반죽 온도보다 결과 온도가 높다면 사용하는 물(배합수) 일부를 얼음으로 사용하여 희망하는 반죽 온도를 맞춘다.

③ 마찰계수란 일정량의 반죽을 일정한 방법으로 믹싱할 때 반죽 온도에 영향을 미치는 마찰열을 실질적인 수치로 환산한 것이다.

④ 계산된 사용수 온도가 56[℃] 이상일 때는 뜨거운 물을 사용할 수 없으며, 영하로 나오더라도 절대치의 차이라는 개념에서 얼음 계산법을 적용한다.

해설

마찰계수에 영향을 주는 요인은 실내 온도, 밀가루 온도, 설탕 온도, 쇼트닝 온도, 계란 온도, 수돗물 온도 등이다.

07 파운드 케이크를 팬닝할 때 밑면의 껍질 형성을 방지하기 위한 팬으로 가장 적합한 것은?

① 일반팬   ② 이중팬

③ 은박팬   ④ 종이팬

해설

이중팬은 바닥과 두꺼운 껍질 형성을 방지한다.

08 케이크 제품의 굽기 후 제품 부피가 기준보다 작은 경우의 원인이 아닌 것은?

① 틀의 바닥에 공기나 물이 들어갔다.

② 반죽의 비중이 높았다.

③ 오븐의 굽기 온도가 높았다.

④ 반죽을 팬닝한 후 오래 방치했다.

해설

비중이 높으면 공기의 포집이 적게 있음을 의미하며, 제품의 부피가 작고 기공이 조밀하며 조직이 무겁다.

09 도넛 글레이즈가 끈적이는 원인과 대응 방안으로 틀린 것은?

① 유지 성분과 수분의 유화 평형 불안정 – 원재료 중 유화제 함량을 높임.

② 온도, 습도가 높은 환경 – 냉장 진열장 사용 또는 통풍이 잘되는 장소 선택

③ 안정제, 농후화제 부족 – 글레이즈 제조 시 첨가된 검류의 함량을 높임.

④ 도넛 제조 시 지친 반죽, 2차 발효가 지나친 반죽 사용 – 표준 제조 공정 준수

해설

도넛 글레이즈의 끈적임을 방지하기 위해서는 액체를 최소량으로 사용하고, 40[℃] 정도로 가온한 아이싱 크림을 사용하며, 안정제를 사용한다.

10 도넛 튀김용 유지로 가장 적당한 것은?

① 라드 ② 유화 쇼트닝
③ 면실유 ④ 버터

> **해설**
> 튀김용 기름으로는 발연점이 높고 유화제가 들어 있지 않은 식물성 기름이 적당하다. 라드, 버터 등은 동물성 기름이다.

11 초콜릿 제품을 생산하는 데 필요한 도구는?

① 디핑포크(Dipping forks)
② 오븐(Oven)
③ 파이롤러(Pie roller)
④ 워터스프레이(Water spray)

> **해설**
> 디핑포크는 작은 초콜릿 셀을 코팅할 때, 템퍼링 한 초콜릿 용액에 담갔다 건질 때 사용하는 도구이다.

12 화이트 레이어 케이크의 반죽 비중으로 가장 적합한 것은?

① 0.90 ~ 1.0 ② 0.75 ~ 0.85
③ 0.60 ~ 0.70 ④ 0.45 ~ 0.55

> **해설**
> 화이트 레이어 케이크의 반죽 비중은 0.8 ~ 0.85로 맞춘다.

13 케이크 반죽이 30[L] 용량의 그릇 10개에 가득 차 있다. 이것으로 분할 반죽 300[g]짜리 600개를 만들었다. 이 반죽의 비중은?

① 0.8 ② 0.7
③ 0.6 ④ 0.5

> **해설**
> L = 부피 단위, g = 질량 단위이며, 물 1[L] = 1[kg]이다.
> (300[g] × 600개) ÷ (30[L] × 10개) = 0.6

14 퍼프 페이스트리의 휴지가 종료되었을 때 손으로 살짝 누르게 되면 다음 중 어떤 현상이 나타나는가?

① 누른 자국이 남아 있다.
② 누른 자국이 원상태로 올라온다.
③ 누른 자국이 유동성 있게 움직인다.
④ 내부의 유지가 흘러나온다.

> **해설**
> 휴지가 종료되었을 때 손으로 살짝 누르게 되면 누른 자국이 남아 있게 된다. 이는 반죽의 탄력성은 줄고 유연성이 생기기 때문이다.

15 다음 중 제과·제빵 재료로 사용되는 쇼트닝(Shortening)에 대한 설명으로 틀린 것은?

① 쇼트닝을 경화유라고 한다.
② 쇼트닝은 불포화지방산의 이중결합에 촉매 존재 하에 수소를 첨가하여 제조한다.
③ 쇼트닝성과 공기 포집 능력을 갖는다.
④ 쇼트닝은 융점(Melting point)이 매우 낮다.

> **해설**
> 쇼트닝은 액상의 식물 기름에 니켈을 촉매로 수소를 첨가하여 경화시킨 유지류이다. 쇼트닝의 특징은 바삭함을 주고 공기 포집 능력을 가지며, 융점이 높다.

16 로-마지팬(Raw marzipan)에서 '아몬드 : 설탕'의 적합한 혼합 비율은?

① 1 : 0.5
② 1 : 1.5
③ 1 : 2.5
④ 1 : 3.5

> **해설**
아몬드 : 설탕 = 1 : 0.5의 비율로 마지팬을 만든다. 아몬드와 설탕을 갈아서 만든 페이스트를 마지팬이라 한다.

17 다음 중 계란에 대한 설명이 틀린 것은?

① 노른자의 수분 함량은 약 50[%] 정도이다.
② 전란(흰자와 노른자)의 수분 함량은 75[%] 정도이다.
③ 노른자에는 유화기능을 갖는 레시틴이 함유되어 있다.
④ 계란 −5 ~ −10[℃]로 냉동 저장하여야 품질을 보장할 수 있다.

> **해설**
계란은 3[℃]의 냉장에 저장해야 품질을 보장할 수 있다.

18 같은 용적의 팬에 같은 무게의 반죽을 팬닝하였을 경우 부피가 가장 작은 제품은?

① 시퐁 케이크
② 레이어 케이크
③ 파운드 케이크
④ 스펀지 케이크

> **해설**
비용적은 반죽 1[g]이 차지하는 부피로 단위는 cm³/g이다.
• 파운드 케이크 : 2.4[cm³/g]
• 레이어 케이크 : 2.96[cm³/g]
• 엔젤 푸드 케이크 : 4.71[cm³/g]
• 스펀지 케이크 : 5.08[cm³/g]

19 다크 초콜릿을 템퍼링(Tempering) 할 때 맨 처음 녹이는 공정의 온도 범위로 가장 적합한 것은?

① 10 ~ 20[℃]
② 20 ~ 30[℃]
③ 30 ~ 40[℃]
④ 40 ~ 50[℃]

> **해설**
❯ **다크 초콜릿** : 40 ~ 50[℃]에 녹인 후 두 번째는 27[℃]로 내리고 세 번째 온도는 32[℃]로 만들어 사용한다.

20 도넛에서 발한을 제거하는 방법은?

① 도넛에 묻히는 설탕의 양을 감소시킨다.
② 기름을 충분히 예열시킨다.
③ 결착력이 없는 기름을 사용한다.
④ 튀김 시간을 증가시킨다.

> **해설**
발한 현상은 수분에 의해 도넛에 묻은 설탕이나 글레이즈가 녹는 현상으로, 점착력이 높은 기름을 사용하고 튀김 시간을 증가시킨다.

21 다음 중 케이크의 아이싱에 주로 사용되는 것은?

① 마지팬
② 프랄린
③ 글레이즈
④ 휘핑크림

> **해설**
휘핑크림은 유지방이 40[%] 이상인 것으로 사용한다.

기출복원문제

22 충전물 또는 젤리가 롤 케이크에 축축하게 스며드는 것을 막기 위해 조치해야 할 사항으로 틀린 것은?

① 굽기 조정　　② 물 사용량 감소
③ 반죽 시간 증가　　④ 밀가루 사용량 감소

해설

밀가루 사용량을 증가시키면 축축하게 스며드는 것을 막을 수 있다.

23 비중컵의 무게 100[g], 물을 담은 비중컵의 무게 300[g], 반죽을 담은 비중컵의 무게 250[g]이다. 이때 반죽의 비중은 얼마인가?

① 0.85　　② 0.80
③ 0.75　　④ 0.70

해설

$$비중 = \frac{반죽\ 무게 - 비중컵\ 무게}{물\ 무게 - 비중컵\ 무게}$$
$$= \frac{250 - 100}{300 - 100} = \frac{150}{200} = 0.75$$

24 다음 믹싱 방법 중 먼저 유지와 설탕을 섞는 방법으로 부피를 우선으로 할 때 사용하는 방법은?

① 크림법　　② 1단계법
③ 블렌딩법　　④ 설탕/물법

해설

크림법은 유지에 설탕을 넣고 크림 상태를 만든 후에 계란을 서서히 넣어 부드러운 크림을 만든다.

25 쿠키 포장지의 특성으로 적합하지 않은 것은?

① 내용물의 색, 향이 변하지 않아야 한다.
② 독성물질이 생성되지 않아야 한다.
③ 통기성이 있어야 한다.
④ 방습성이 있어야 한다.

해설

포장지는 방수성이 있고, 통기성이 없어야 한다.

26 열원으로 찜(수증기)을 이용했을 때의 열전달 방식은?

① 대류　　② 전도
③ 초음파　　④ 복사

해설

뜨거워진 공기를 강제 순환시키는 열전달 방식은 대류이다.

27 쇼트 브레드 쿠키 제조 시 휴지를 시킬 때 성형을 용이하게 하기 위한 조치는?

① 반죽을 뜨겁게 한다.
② 반죽을 차게 한다.
③ 휴지 전 단계에서 오랫동안 믹싱한다.
④ 휴지 전 단계에서 짧게 믹싱한다.

해설

반죽 온도가 낮으면 점착성이 적어 성형하기 용이하다.

정답　22 ④　23 ③　24 ①　25 ③　26 ①　27 ②

28 찜(수증기)을 이용하여 만들어진 제품이 아닌 것은?

① 소프트 롤 ② 찜 케이크
③ 중화만두 ④ 호빵

해설

소프트 롤은 거품형 반죽을 별립법으로 만들어서 롤 말기를 한 제품이다.

29 둥글리기가 끝난 반죽을 성형하기 전에 짧은 시간 동안 발효시키는 목적으로 적합하지 않은 것은?

① 가스 발생으로 반죽의 유연성을 회복시키기 위해
② 가스 발생력을 키워 반죽을 부풀리기 위해
③ 반죽 표면에 얇은 막을 만들어 성형할 때 끈적거리지 않도록 하기 위해
④ 분할, 둥글리기 하는 과정에서 손상된 글루텐 구조를 재정돈하기 위해

해설

중간 발효는 반죽에 유연성을 부여해서 성형을 용이하게 하기 위함이며, 둥글리기가 끝난 반죽을 정형하기 전에 잠시 발효시키는 것을 벤치 타임(Bench time)이라고도 한다.

30 다음 굽기 중 과일 충전물이 끓어 넘치는 원인으로 점검할 사항이 아닌 것은?

① 배합의 부정확 여부를 확인한다.
② 충전물 온도가 높은지 점검한다.
③ 바닥 껍질이 너무 얇지는 않은지를 점검한다.
④ 껍질에 구멍이 없어야 하고, 껍질 사이가 잘 봉해져 있는지의 여부를 확인한다.

해설

껍질에 구멍이 있어야 하고, 껍질 사이가 잘 봉해져 있는지 확인한다.

31 밀가루 중에 손상전분이 제빵 시에 미치는 영향으로 옳은 것은?

① 반죽 시 흡수가 늦고 흡수량이 많다.
② 반죽 시 흡수가 빠르고 흡수량이 적다.
③ 발효가 빠르게 진행된다.
④ 제빵과 아무 관계가 없다.

해설

손상전분은 발효와 밀접한 관계가 있으며, 손상전분이 많을수록 발효가 빠르게 진행된다.

32 다음 중 밀가루에 함유되어 있지 않은 색소는?

① 카로틴 ② 멜라닌
③ 크산토필 ④ 플라본

해설

밀가루의 노란색은 카로티노이드 색소에 의한 것이다. 카로티노이드 색소는 카로틴과 크산토필로 나뉜다. 플라본 색소는 염기성이 되면 노란색을 띠는 색소이다.

33 일반적으로 신선한 우유의 pH는?

① 3.0 ~ 4.0 ② 4.0 ~ 4.5
③ 5.5 ~ 6.0 ④ 6.5 ~ 6.7

해설

우유의 비중은 1.030 ~ 1.0320이며, pH는 6.6 ~ 6.8 정도이다.

34 글리세린(Glycerin, Glycerol)에 대한 설명으로 틀린 것은?

① 무색, 무취한 액체이다.

② 3개의 수산기(–OH)를 가지고 있다.

③ 색과 향의 보존을 도와준다.

④ 탄수화물의 가수분해로 얻는다.

> **해설**
>
> 글리세린은 지방의 가수분해로 얻는다.

35 제빵에 있어 일반적으로 껍질을 부드럽게 하는 재료는?

① 소금　　　　　② 밀가루

③ 마가린　　　　④ 이스트 푸드

> **해설**
>
> 마가린은 단백질을 연화시켜 빵의 껍질을 부드럽게 만든다.

36 전분을 효소나 산에 의해 가수분해시켜 얻은 포도당액을 효소나 알칼리 처리로 포도당과 과당으로 만들어 놓은 당의 명칭은?

① 전화당　　　　② 맥아당

③ 이성화당　　　④ 전분당

> **해설**
>
> 이성화당은 생화학적 반응에 의해 분자식은 같으나 구조식이 다른 당으로 변환된 당으로, 이성질화당이라고도 한다. 과자나 청량음료수, 통조림 등에 이용된다.

37 빵 반죽의 이스트 발효 시 주로 생성되는 물질은?

① 물 + 이산화탄소　　② 알코올 + 이산화탄소

③ 알코올 + 물　　　　④ 알코올 + 글루텐

> **해설**
>
> 빵 반죽의 이스트 발효 시 주로 생성되는 물질은 CO_2 가스와 알코올이다.

38 직접 반죽법에 의한 발효 시 가장 먼저 발효되는 당은?

① 맥아당(Maltose)

② 포도당(Glucose)

③ 과당(Fructose)

④ 갈락토오스(Galactose)

> **해설**
>
> 이스트가 가장 먼저 먹이로 사용하는 당이 포도당이다.

39 제빵 시 경수를 사용할 때 조치사항이 아닌 것은?

① 이스트 사용량 증가

② 맥아 첨가

③ 이스트 푸드 양 감소

④ 급수량 감소

> **해설**
>
> • 연수 : 이스트 푸드와 소금 증가
> • 경수 : 이스트 증가, 이스트 푸드 감소, 급수량 증가, 맥아 첨가

40 계란의 구성 비율로 맞는 것은?

① 껍질 : 노른자 : 흰자 = 10[%] : 30[%] : 60[%]

② 껍질 : 노른자 : 흰자 = 20[%] : 30[%] : 50[%]

③ 껍질 : 노른자 : 흰자 = 30[%] : 20[%] : 50[%]

④ 껍질 : 노른자 : 흰자 = 30[%] : 10[%] : 60[%]

해설

계란의 구성 비율은 껍질 : 노른자 : 흰자 = 10[%] : 30[%] : 60[%]이다.

41 다음 당류 중 감미도가 가장 낮은 것은?

① 유당

② 전화당

③ 맥아당

④ 포도당

해설

과당(175) > 전화당(135) > 설탕(100) > 포도당(75) > 맥아당(32) > 갈락토오스(32) > 유당(16)

42 비터 초콜릿(Bitter chocolate) 32[%] 중에서 코코아는 약 얼마 정도 함유되어 있는가?

① 8[%]

② 16[%]

③ 20[%]

④ 24[%]

해설

비터 초콜릿을 구성하는 성분 중에서 코코아는 62.5[%]를 함유한다.

32[%] × (62.5 ÷ 100) = 20[%]

43 다음 중 밀가루 제품의 품질에 가장 크게 영향을 주는 것은?

① 글루텐의 함유량

② 빛깔, 맛, 향기

③ 비타민 함유량

④ 원산지

해설

글루텐은 밀가루 단백질 중에서 글루테닌과 글리아딘이 물과 혼합하여 생성되는데, 글루텐은 단백질의 질과 함량에 의해 결정된다.

• **박력분 단백질 함량** : 7 ~ 9[%]

• **중력분 단백질 함량** : 9.1 ~ 10.0[%]

• **강력분 단백질 함량** : 11.5 ~ 13.0[%]

44 유화제에 대한 설명으로 틀린 것은?

① 계면 활성제라고도 한다.

② 친유성기와 친수성기를 각 50[%]씩 갖고 있어 물과 기름의 분리를 막아준다.

③ 레시틴, 모노글리세리드, 난황 등이 유화제로 쓰인다.

④ 빵에서는 글루텐과 전분 사이로 이동하는 자유수의 분포를 조절하여 노화를 방지한다.

해설

• 물과 기름 같은 이질적인 재료를 잘 혼합하는 유화제로는 유리지방산에 속하는 글리세린 지방산 에스테르를 사용한다.

• 유화제는 친수성 – 친유성 균형(HLB) 수치로 나타내며, 친수성과 친유성 균형 상태를 나타내는 수치로 1 ~ 20까지로 표기한다.

45 검류에 대한 설명으로 틀린 것은?

① 유화제, 안정제, 점착제 등으로 사용된다.

② 낮은 온도에서도 높은 점성을 나타낸다.

③ 무기질과 단백질로 구성되어 있다.

④ 친수성 물질이다.

해설

검류는 식물의 수지로부터 얻을 수 있으며, 탄수화물과 단백질로 구성되어 있다.

기출복원문제

46 다음 중 아미노산의 성질에 대한 설명으로 옳은 것은?

① 모든 아미노산은 선광성을 갖는다.

② 아미노산은 융점이 낮아서 액상이 많다.

③ 아미노산은 종류에 따라 등전점이 다르다.

④ 천연 단백질을 구성하는 아미노산은 주로 D형이다.

> **해설**
>
> 등전점이란 단백질이 중성이 되는 pH 시기를 말하며, 단백질의 종류에 따라 등전점은 달라진다.

47 다음 중 무기질에 대한 설명으로 틀린 것은?

① 나트륨은 결핍증이 없으며 소금, 육류 등에 많다.

② 마그네슘 결핍증은 근육 약화, 경련 등이며 생선, 견과류 등에 많다.

③ 철은 결핍 시 빈혈 증상이 있으며 시금치, 콩류 등에 많다.

④ 요오드 결핍 시에는 갑상선종이 생기며 유제품, 해조류 등에 많다.

> **해설**
>
> 나트륨은 혈액에 주로 존재한다. 나트륨 결핍증은 몸속의 수분과 나트륨 이온의 함량이 떨어져 탈수 현상, 무력감, 구토, 손발 경련 등이 나타날 수 있다.

48 우유 1컵(200[mL])에 지방이 6[g]이라면 지방으로부터 얻을 수 있는 열량은?

① 6[kcal] 　　② 24[kcal]

③ 54[kcal] 　　④ 120[kcal]

> **해설**
>
> 지방은 1[g]당 9[kcal]의 열량을 발생시키므로
> $6 \times 9 = 54$[kcal]

49 단백질의 소화, 흡수에 대한 설명으로 틀린 것은?

① 단백질은 위에서 소화되기 시작한다.

② 펩신은 육류 속 단백질 일부를 폴리펩티드로 만든다.

③ 십이지장과 췌장에서 분비된 트립신에 의해 더 작게 분해된다.

④ 소장에서 단백질이 완전히 분해되지는 않는다.

> **해설**
>
> 소장에서 에렙신은 단백질, 펩톤, 펩티드를 아미노산으로 분해한다.

50 혈당의 저하와 가장 관계가 깊은 것은?

① 인슐린 　　② 리파아제

③ 프로테아제 　　④ 펩신

> **해설**
>
> ① 인슐린이 부족하면 혈당이 증가되므로 인슐린은 혈당과 관계가 깊다.
> ② 리파아제 : 지방 분해 효소
> ③ 프로테아제 : 단백질 분해 효소
> ④ 펩신 : 단백질 분해 효소

51 식자재의 교차오염을 예방하기 위한 보관방법으로 잘못된 것은?

① 원재료와 완성품을 구분하여 보관

② 바닥과 벽으로부터 일정 거리를 띄워 보관

③ 뚜껑이 있는 청결한 용기에 덮개를 덮어서 보관

④ 식자재와 비식자재를 함께 식품 창고에 보관

> **해설**
>
> 교차오염을 예방하기 위해서는 식자재와 비식자재를 구분하여 보관한다.

52 경구 감염병과 거리가 먼 것은?

① 유행성간염　　② 콜레라

③ 세균성이질　　④ 캠필로박터

해설

경구 감염병에는 콜레라, 장티푸스, 파라티푸스, 세균성이질, 유행성간염 등이 있다.

53 법정 감염병 중 치명률이 높거나 집단 발생의 우려가 커서 발생 또는 유행 즉시 신고하고 높은 수준의 격리가 필요한 감염병은?

① 제1급 감염병　　② 제2급 감염병

③ 제3급 감염병　　④ 제4급 감염병

해설

▶ **제1급 감염병** : 치명률이 높거나 집단 발생의 우려가 커서 발생 또는 유행 즉시 신고하고 높은 수준의 격리가 필요한 감염병으로 두창, 페스트, 탄저, 보툴리눔독소증, 야토병, 신종인플루엔자, 디프테리아 등이 있다.

54 세균이 분비한 독소에 의해 감염을 일으키는 것은?

① 감염형 세균성 식중독

② 독소형 세균성 식중독

③ 화학성 식중독

④ 진균독 식중독

해설

독소형 세균성 식중독에는 황색포도상구균, 보툴리누스균, 웰치균 등이 있다.

55 식품첨가물의 사용에 대한 설명 중 틀린 것은?

① 식품첨가물 공전에서 식품첨가물의 규격 및 사용 기준을 제한하고 있다.

② 식품첨가물은 안전성이 입증된 것으로 최대 사용량의 원칙을 적용한다.

③ GRAS란 역사적으로 인체에 해가 없는 것이 인정된 화합물을 의미한다.

④ ADI란 일일 섭취 허용량을 의미한다.

해설

식품첨가물은 식품을 개량하여 보존성 또는 기호성을 향상시키고 영양가 및 식품의 실질적인 가치를 증진시킬 목적으로 식품을 제조, 가공, 보존함에 있어 식품에 첨가, 혼합, 침윤, 기타의 방법으로 사용하는 식품 본래의 성분 이외의 물질이다. 식품첨가물은 안전성이 입증된 것이라도 최소 사용량의 원칙을 적용한다.

56 식품안전관리인증기준(HACCP)을 식품별로 정하여 고시하는 자는?

① 보건복지부 장관

② 식품의약품안전처장

③ 시장, 군수 또는 구청장

④ 환경부 장관

해설

식품첨가물의 규격과 사용기준을 정하는 자, 식품안전관리인증기준(HACCP)을 식품별로 정하여 고시하는 자는 식품의약품안전처장이다.

57 경구 감염병에 관한 설명 중 틀린 것은?

① 미량의 균으로 감염이 가능하다.

② 식품은 증식 매체이다.

③ 감염환이 성립된다.

④ 잠복기가 길다.

해설

▶ 경구 감염병
- 소량의 균이라도 발병
- 2차 감염이 있음.
- 잠복기가 깊.
- 면역이 성립되는 것이 많음.
- 식품은 증식 매체가 아니라 운반 매체임.

58 주기적으로 열이 반복되어 나타나므로 파상열이라고 불리는 인수공통감염병은?

① Q열   ② 결핵

③ 브루셀라병   ④ 돈단독

해설

파상열이란 "고열이 주기적으로 일어난다"이다. 일명 브루셀라증이라고 하며, 동물은 유산을 일으키고 사람은 열병이 난다.

59 메틸알코올의 중독 증상과 거리가 먼 것은?

① 두통   ② 구토

③ 실명   ④ 환각

해설

메틸알코올은 주류 대용으로 사용하여, 중독 시 증상으로 복통, 두통, 실명, 사망 등이 나타난다.

60 보툴리누스 식중독에서 나타날 수 있는 주요 증상 및 증후가 아닌 것은?

① 구토 및 설사   ② 호흡곤란

③ 출혈   ④ 사망

해설

클로스트리디움 보툴리누스균은 신경독인 뉴로톡신을 생성하며 포자가 내열성이 강하여 완전 살균되지 않은 통조림에서 발아하여 구토, 설사, 호흡곤란, 신경마비 등을 일으키며 심하면 사망에 이르기도 한다.

정답 57 ② 58 ③ 59 ④ 60 ③

01 나가사키 카스텔라 제조 시 굽기 과정에서 휘젓기를 하는 이유가 아닌 것은?

① 반죽 온도를 균일하게 한다.
② 껍질 표면을 매끄럽게 한다.
③ 내상을 균일하게 한다.
④ 팽창을 원활하게 한다.

해설

나가사키 카스텔라는 굽기 과정 중 휘젓기를 한 후 뚜껑을 덮는다. 이유는 반죽 온도의 균일, 껍질 표면의 매끄러움과 내상의 균일을 위해서이다.

02 다음 중 스펀지 케이크 반죽을 팬에 담을 때 팬 용적의 어느 정도가 가장 적당한가?

① 약 10 ~ 20[%]
② 약 30 ~ 40[%]
③ 약 50 ~ 60[%]
④ 약 70 ~ 80[%]

해설

스펀지 케이크는 거품형 반죽으로 비중이 낮아 50 ~ 60[%] 팬닝하는 것이 적당하다.

03 코코아 20[%]에 해당하는 초콜릿을 사용하여 케이크를 만들려고 할 때 초콜릿 사용량은?

① 16[%]
② 20[%]
③ 28[%]
④ 32[%]

해설

초콜릿은 코코아 $\frac{5}{8}$, 카카오버터 $\frac{3}{8}$을 함유하고 있다.

$100[\%] \times \frac{5}{8} = 62.5[\%]$ $62.5[\%] \div 100 = 0.625$

∴ $20[\%] \div 0.625 = 32[\%]$

04 40[g]의 계량컵에 물을 가득 채웠더니 240[g]이었다. 과자 반죽을 넣고 달아보니 220[g]이 되었다면 이 반죽의 비중은 얼마인가?

① 0.85
② 0.9
③ 0.92
④ 0.95

해설

$$비중 = \frac{반죽 \ 무게 - 비중컵 \ 무게}{물 \ 무게 - 비중컵 \ 무게}$$

$$= \frac{220 - 40}{240 - 40} = \frac{180}{200} = 0.9$$

05 직접 배합에 사용하는 물의 온도로 반죽 온도 조절이 편리한 제품은?

① 젤리 롤 케이크
② 과일 케이크
③ 퍼프 페이스트리
④ 버터 스펀지 케이크

해설

퍼프 페이스트리는 반죽 온도가 18 ~ 20[℃]로 물을 반죽에 직접 넣고 사용하여 온도 조절이 편리하다.

기출복원문제

06 롤 케이크를 말 때 표면이 터지는 결점을 방지하기 위한 조치방법이 아닌 것은?

① 덱스트린을 적당량 첨가한다.
② 노른자를 줄이고 전란을 증가시킨다.
③ 오버 베이킹이 되도록 한다.
④ 설탕의 일부를 물엿으로 대체한다.

해설
오버 베이킹이 되도록 하면 비중이 더 낮아져 많이 부풀게 되고, 따라서 터지는 현상이 더 쉽게 발생한다.

07 일반 파운드 케이크와는 달리 마블 파운드 케이크에 첨가하여 색상을 나타내는 재료는?

① 코코아   ② 버터
③ 밀가루   ④ 계란

해설
마블 파운드 케이크에는 코코아를 첨가한다.

08 커스터드 푸딩을 컵에 채워 몇 [℃]의 오븐에서 중탕으로 굽는 것이 가장 적당한가?

① 160 ~ 170[℃]   ② 190 ~ 200[℃]
③ 210 ~ 220[℃]   ④ 230 ~ 240[℃]

해설
• 푸딩은 중탕 온도 160 ~ 170[℃]의 낮은 온도로 가열해야 푸딩 표면에 기포가 생기지 않는다.
• 푸딩은 계란의 열변성에 의한 농후화 작용을 이용한 제품이다.

09 케이크 반죽의 혼합 완료 정도는 무엇으로 알 수 있는가?

① 반죽의 온도   ② 반죽의 점도
③ 반죽의 비중   ④ 반죽의 색상

해설
케이크 반죽의 혼합 완료점은 비중으로 알 수 있다.

10 퍼프 페이스트리 반죽의 휴지 효과에 대한 설명으로 틀린 것은?

① 글루텐을 재정돈시킨다.
② 밀어 펴기가 용이해진다.
③ CO_2 가스를 최대한 발생시킨다.
④ 절단 시 수축을 방지한다.

해설
글루텐을 재정돈시키고, 밀어 펴기가 용이해지며, 절단 시 수축을 방지한다. 유지와 반죽의 굳는 정도를 같게 하며, 끈적거림을 방지하여 작업 능률이 향상된다.

11 튀김 기름의 품질을 저하시키는 요인으로만 나열된 것은?

① 온도, 수분, 탄소, 질소
② 온도, 수분, 공기, 철
③ 온도, 공기, 금속, 토코페롤
④ 온도, 공기, 탄소, 세사몰

해설
❯ 튀김 기름의 4대 적 : 온도, 수분, 공기, 이물질

12 퐁당(Fondant)에 대한 설명으로 가장 적합한 것은?

① 시럽을 214[℃]까지 끓인다.

② 40[℃] 전후로 식혀서 휘젓는다.

③ 굳으면 설탕 1 : 물 1로 만든 시럽을 첨가한다.

④ 유화제를 사용하면 부드럽게 할 수 있다.

> **해설**
>
> 퐁당은 물 30에 설탕 100을 넣고 114 ~ 118[℃]로 끓인 뒤 냉각하여 희뿌연 상태로 재결정화시킨 것으로 38 ~ 44[℃]에서 사용한다.

13 쿠키가 잘 퍼지지(Spread) 않은 이유가 아닌 것은?

① 고운 입자의 설탕 사용

② 과도한 믹싱

③ 알칼리 반죽 사용

④ 너무 높은 굽기 온도

> **해설**
>
> ▶ 쿠키가 퍼짐이 심한 이유
> - 묽은 반죽
> - 너무 많은 쇼트닝
> - 과다한 팽창제 사용
> - 알칼리성 반죽
> - 설탕을 많이 사용
> - 너무 낮은 굽기 온도

14 머랭(Meringue) 중에서 설탕을 끓여서 시럽으로 만들어 제조하는 것은?

① 이탈리안 머랭   ② 스위스 머랭

③ 냉제 머랭   ④ 온제 머랭

> **해설**
>
> 이탈리안 머랭은 흰자를 거품 내다가 114 ~ 118[℃]로 끓인 시럽을 부어 만든다.

15 다음 중 제과 생산관리에서 제1차 관리 3대 요소가 아닌 것은?

① 사람(Man)   ② 재료(Material)

③ 방법(Method)   ④ 자금(Money)

> **해설**
>
> - 기업 경영의 1차 관리 요소 : Man(사람의 질과 양), Material(재료, 물질), Money(자금, 원가)
> - 2차 관리 요소 : Method(방법), Minute(시간, 공정), Machine(기계, 시설), Market(시장)

16 파운드 케이크를 구울 때 윗면이 자연적으로 터지는 경우가 아닌 것은?

① 굽기 시작 전에 증기를 분무할 때

② 설탕 입자가 용해되지 않고 남아 있을 때

③ 반죽 내 수분이 불충분할 때

④ 오븐 온도가 높아 껍질 형성이 너무 빠를 때

> **해설**
>
> 굽기 전에 증기를 분무하면 터지지 않는다.

17 도넛 글레이즈의 사용 온도로 가장 적합한 것은?

① 49[℃]   ② 39[℃]

③ 29[℃]   ④ 19[℃]

> **해설**
>
> 도넛 글레이즈는 43 ~ 50[℃]가 적당하다.

18 제빵 공장에서 5인이 8시간 동안 옥수수식빵 500개, 바게트빵 550개를 만들었다. 개당 제품의 노무비는 얼마인가? (단, 시간당 노무비는 4,000원이다.)

① 132원   ② 142원
③ 152원   ④ 162원

▶해설
(500개 + 550개) ÷ 5인 ÷ 8시간 = 26.25개
∴ 4,000원 ÷ 26.25개 ≒ 152.38원

19 시폰 케이크 제조 시 반죽을 틀에 넣기 전에 이형제로 사용하기에 가장 적절한 것은?

① 쇼트닝   ② 밀가루
③ 라드   ④ 물

▶해설
시폰 케이크의 이형제는 물을 사용한다.

20 케이크의 부피가 작아지는 원인에 해당하는 것은?

① 강력분을 사용한 경우
② 액체 재료가 적은 경우
③ 크림성이 좋은 유지를 사용한 경우
④ 계란 양이 많은 반죽의 경우

▶해설
케이크를 만들 때는 박력분을 사용해야 부피가 커진다.

21 생크림에 대한 설명으로 옳지 않은 것은?

① 생크림은 우유로 제조한다.
② 유사 생크림은 팜유, 코코넛유 등 식물성 기름을 사용하여 만든다.
③ 생크림은 냉장 온도에서 보관하여야 한다.
④ 생크림의 유지 함량은 82[%] 정도이다.

▶해설
생크림은 우유의 지방분만을 분리한 것으로 유지 함량이 18[%] 이상인 크림을 말한다.

22 커스터드 크림의 재료에 속하지 않는 것은?

① 우유   ② 계란
③ 설탕   ④ 생크림

▶해설
◆ 커스터드 크림의 재료 : 우유, 계란, 설탕, 전분, 버터, 바닐라 향, 브랜디 등

23 쇼트 브레드 쿠키의 성형 시 주의할 점이 아닌 것은?

① 글루텐 형성 방지를 위해 가볍게 뭉쳐서 밀어 편다.
② 반죽의 휴지를 위해 성형 전에 냉동고에 동결시킨다.
③ 반죽을 일정한 두께로 밀어 펴서 원형 또는 주름 커터로 찍어 낸다.
④ 계란 노른자를 바르고 조금 지난 뒤 포크로 무늬를 그려 낸다.

▶해설
반죽의 휴지는 냉장고에서 한다.

24 찜을 이용한 제품에 사용되는 팽창제의 특성은?

① 지속성　　　　② 속효성

③ 지효성　　　　④ 이중 팽창

해설

속효성이란 팽창의 효과가 빠르게 나타나는 성질로, 증기로 익히는 찜류에 사용되는 팽창제의 특성이다.

25 반죽형 케이크를 구웠더니 너무 가볍고 부서지는 현상이 나타났다. 그 원인이 아닌 것은?

① 반죽에 밀가루 양이 많았다.

② 반죽의 크림화가 지나쳤다.

③ 팽창제 사용량이 많았다.

④ 쇼트닝 사용량이 많았다.

해설

반죽에 밀가루 양이 많으면 단단한 제품이 만들어진다.

26 도넛 튀김기에 붓는 기름의 평균 깊이로 가장 적당한 것은?

① 5 ～ 8[cm]　　　② 9 ～ 12[cm]

③ 12 ～ 15[cm]　　④ 16 ～ 19[cm]

해설

튀김기에 붓는 기름의 평균 깊이는 12 ～ 15[cm]가 적당하다.

27 다음 쿠키 중에서 상대적으로 수분이 적어서 밀어 펴는 형태로 만드는 제품은?

① 드롭 쿠키　　　② 스냅 쿠키

③ 스펀지 쿠키　　④ 머랭 쿠키

해설

▷ 밀어 펴는 쿠키 : 스냅 쿠키, 쇼트 브레드 쿠키. 계란 사용량이 적어서 밀어 펴서 정형기로 찍어 제조한다.

28 다음 중 반죽의 얼음 사용량 계산 공식으로 옳은 것은?

① 얼음 $= \dfrac{\text{물 사용량} \times (\text{수돗물 온도} - \text{사용수 온도})}{80 + \text{수돗물 온도}}$

② 얼음 $= \dfrac{\text{물 사용량} \times (\text{수돗물 온도} + \text{사용수 온도})}{80 + \text{수돗물 온도}}$

③ 얼음 $= \dfrac{\text{물 사용량} \times (\text{수돗물 온도} \times \text{사용수 온도})}{80 + \text{수돗물 온도}}$

④ 얼음 $= \dfrac{\text{물 사용량} \times (\text{계산된 물 온도} - \text{사용수 온도})}{80 + \text{수돗물 온도}}$

해설

얼음 $= \dfrac{\text{물 사용량} \times (\text{수돗물 온도} - \text{사용수 온도})}{80 + \text{수돗물 온도}}$

29 비중컵에 물을 담은 무게가 300[g]이고 반죽을 담은 무게가 260[g]일 때 비중은? (단, 비중컵의 무게는 50[g]이다.)

① 0.64　　　　② 0.74

③ 0.84　　　　④ 1.04

해설

비중 $= \dfrac{\text{반죽 무게} - \text{비중컵 무게}}{\text{물 무게} - \text{비중컵 무게}}$

$= \dfrac{260 - 50}{300 - 50} = \dfrac{210}{250} = 0.84$

정답　24 ②　25 ①　26 ③　27 ②　28 ①　29 ③

기출복원문제

30 블렌딩법에 대한 설명으로 옳은 것은?

① 건조 재료와 계란, 물을 가볍게 믹싱하다가 유지를 넣어 반죽하는 방법이다.

② 설탕 입자가 고와 스크래핑이 필요 없고 대규모 생산회사에서 이용하는 방법이다.

③ 부피를 우선으로 하는 제품에 이용하는 방법이다.

④ 유지와 밀가루를 먼저 믹싱하는 방법이며 제품의 유연성이 좋다.

> **해설**
>
> • **1단계** : 한꺼번에 믹싱하는 방법으로, 노동력과 시간이 절약된다.
> • **별립법** : 계란을 분리하여 제조하는 방법으로, 거품형 케이크에 사용한다.
> • **블렌딩법** : 유지에 밀가루를 넣어 파슬파슬하게 유지로 코팅하는 방법으로, 유연감이 있다.
> • **크림법** : 유지에 설탕을 넣고 유지를 크림화시키는 방법으로, 부피감이 있다.

31 빵 반죽의 손 분할이나 기계 분할은 가능한 몇 분 이내로 완료하는 것이 좋은가?

① 15 ~ 20분   ② 25 ~ 30분

③ 35 ~ 40분   ④ 45 ~ 50분

> **해설**
>
> 분할하는 과정에서도 발효가 되므로 신속하게 분할하는 게 좋으며, 시간은 식빵의 경우에는 20분 이내가 좋다.

32 밀가루 25[g]에서 젖은 글루텐 6[g]을 얻었다면 이 밀가루는 다음 중 어디에 속하는가?

① 박력분   ② 중력분

③ 강력분   ④ 제빵용 밀가루

> **해설**
>
> • 젖은 글루텐
>   = (젖은 글루텐 반죽의 중량 ÷ 밀가루 중량) × 100
>   = (6 ÷ 25) × 100 = 24[%]
> • 건조 글루텐 = 젖은 글루텐 ÷ 3 = 24 ÷ 3 = 8[%]
> 따라서 건조 글루텐 함량은 8[%]이고 박력분의 단백질 함량은 7 ~ 9[%]이므로 박력분에 속한다.

33 아이싱 크림에 많이 쓰이는 퐁당(Fondant)을 만들 때 끓이는 온도로 가장 적합한 것은?

① 78 ~ 80[℃]   ② 98 ~ 100[℃]

③ 114 ~ 116[℃]   ④ 130 ~ 132[℃]

> **해설**
>
> 퐁당은 설탕 100에 대하여 물 30을 넣고 114 ~ 118[℃]로 끓인 뒤 냉각하여 희뿌연 상태로 재결정화시킨 것으로 38 ~ 44[℃]에서 사용한다.

34 제빵에서 설탕의 역할이 아닌 것은?

① 이스트의 영양분이 됨.

② 껍질색을 나게 함.

③ 향을 향상시킴.

④ 노화를 촉진시킴.

> **해설**
>
> 설탕은 수분 보유제로 보습효과가 있어 노화를 지연시킨다.

35 메이스(Mace)와 같은 나무에서 생산되는 것으로 단맛의 향기가 있는 향신료는?

① 넛메그   ② 시나몬

③ 클로브   ④ 오레가노

넛메그는 육두구과 교목의 열매를 건조시킨 것으로, 1개의 종자에서 넛메그와 메이스를 얻는다.

36 다음 중 패리노그래프에 관한 설명으로 틀린 것은?

① 흡수율 측정
② 믹싱 시간 측정
③ 믹싱 내구성 측정
④ 전분의 점도 측정

해설
• 패리노그래프 : 밀가루의 흡수율, 믹싱 시간, 믹싱 내구성 측정
• 아밀로그래프 : 밀가루의 호화 정도 측정
• 익스텐소그래프 : 반죽의 신장성에 대한 저항 측정

37 제빵에서 소금의 역할이 아닌 것은?

① 글루텐을 강화시킨다.
② 유해 균의 번식을 억제시킨다.
③ 빵의 내상을 하얗게 한다.
④ 맛을 조절한다.

해설
소금은 빵의 내부를 누렇게 한다.

38 화학적 팽창에 대한 설명으로 잘못된 것은?

① 효모보다 가스 생산이 느리다.
② 가스를 생산하는 것은 탄산수소나트륨이다.
③ 중량제로 전분이나 밀가루를 사용한다.
④ 산의 종류에 따라 작용 속도가 달라진다.

해설
화학적 팽창제는 효모보다 가스 생산이 빠르게 일어난다.

39 식품의 열량[kcal] 계산 공식으로 맞는 것은? (단, 각 영양소 양의 기준은 g 단위로 한다.)

① (탄수화물의 양 + 단백질의 양) × 4 + (지방의 양 × 9)
② (탄수화물의 양 + 지방의 양) × 4 + (단백질의 양 × 9)
③ (지방의 양 + 단백질의 양) × 4 + (탄수화물의 양 × 9)
④ (탄수화물의 양 + 지방의 양) × 9 + (단백질의 양 × 4)

해설
탄수화물은 4[kcal], 단백질은 4[kcal], 지방은 9[kcal]의 열량을 낸다.

40 다음 중 계란에 대한 설명으로 옳은 것은?

① 노른자에 가장 많은 것은 단백질이다.
② 흰자는 대부분이 물이고, 그 다음 많은 성분은 지방질이다.
③ 껍질은 대부분 탄산칼슘으로 이루어져 있다.
④ 흰자보다 노른자 중량이 더 크다.

해설
노른자의 고형질 중 약 70[%]가 지방이고, 흰자는 지방이 거의 없다.

기출복원문제

41 아밀로그래프(Amylograph)에서 50[℃]에서의 점도(Minimum viscosity)와 최종 점도(Final viscosity) 차이를 표시하는 것으로 노화도를 나타내는 것은?

① 브레이크 다운(Break down)

② 세트 백(Set back)

③ 최소 점도(Minimum viscosity)

④ 최대 점도(Maximum viscosity)

> **해설**
> • 브레이크 다운(Break down) : 열 및 전단력에 대한 저항력의 척도
> • 세트 백(Set back) : 노화의 특성, 냉각 후 점도 측정

42 지방의 산화를 가속시키는 요소가 아닌 것은?

① 공기와의 접촉이 많다.

② 토코페롤을 첨가한다.

③ 높은 온도로 여러 번 사용한다.

④ 자외선에 노출시킨다.

> **해설**
> 토코페롤은 유지의 산화를 방해하는 항산화제로서 유지에 안정 효과를 갖게 한다.

43 자당(Sucrose) 10[%]를 이성화해서 10.52[%]의 전화당(Invert sugar)을 얻었다. 포도당(Glucose)과 과당(Fructose)의 비율은?

① 포도당 7.0[%], 과당 3.52[%]

② 포도당 5.26[%], 과당 5.26[%]

③ 포도당 3.52[%], 과당 7.0[%]

④ 포도당 2.63[%], 과당 7.89[%]

> **해설**
> 전화당이란 자당을 가수분해하여 생기는 동량의 포도당과 과당의 혼합물이다.

44 빵에서 탈지분유의 역할이 아닌 것은?

① 흡수율 감소　　　② 조직 개선

③ 완충제 역할　　　④ 껍질색 개선

> **해설**
> • 빵에서 탈지분유의 역할은 완충제 역할, 내구성 및 믹싱 내구성 증진이다.
> • 분유가 1[%] 증가하면 수분 흡수율도 1[%] 증가한다.

45 유지를 고온으로 계속 가열하였을 때 다음 중 점차 낮아지는 것은?

① 산가　　　　　　② 점도

③ 과산화물가　　　④ 발연점

> **해설**
> 유지를 고온으로 계속 가열하면 발연점이 낮아진다.

46 제빵에 적정한 물의 경도는 120 ～ 180[ppm] 미만인데, 이는 다음 중 어느 분류에 속하는가?

① 연수　　　　　　② 아경수

③ 일시적 경수　　　④ 영구적 경수

> **해설**
> 제빵에 가장 적합한 물은 아경수(120～180[ppm]) 미만이다.

47 포화지방산과 불포화지방산에 대한 설명 중 옳은 것은?

① 포화지방산은 이중결합을 함유하고 있다.

② 포화지방산은 할로겐이나 수소 첨가에 따라 불포화될 수 있다.

③ 코코넛 기름에는 불포화지방산이 더 높은 비율로 들어 있다.

④ 식물성 유지에는 불포화지방산이 더 높은 비율로 들어 있다.

해설

① 불포화지방산은 이중결합을 갖는다.

② 쇼트닝은 불포화지방산에 수소를 첨가하여 가공한다.

③ 코코넛 기름에는 포화지방산이 더 높은 비율로 들어 있다.

48 유용한 장내 세균의 발육을 왕성하게 하여 장에 좋은 영향을 미치는 이당류는?

① 설탕(Sucrose) ② 유당(Lactose)

③ 맥아당(Maltose) ④ 포도당(Glucose)

해설

유당은 단맛이 적고 물에 대한 용해도가 적으나 식품 속에 적당량이 있으면 젖산균의 발육을 도와 유해 균의 발육을 억제하여 정장 작용을 한다.

49 괴혈병을 예방하기 위해 어떤 영양소가 많은 식품을 섭취해야 하는가?

① 비타민 A ② 비타민 C

③ 비타민 D ④ 비타민 B_1

해설

② 비타민 C : 괴혈병 ① 비타민 A : 야맹증

③ 비타민 D : 구루병 ④ 비타민 B1 : 각기병

50 필수 아미노산이 아닌 것은?

① 트레오닌 ② 이소류신

③ 발린 ④ 알라닌

해설

필수 아미노산이란 식품 단백질을 구성하고 있는 아미노산 중 체내에서는 합성할 수 없어 음식으로 섭취해야 하는 아미노산으로 이소류신, 류신, 리신(라이신), 메티오닌, 페닐알라닌, 트레오닌, 트립토판, 발린 등이 있다. 어린이와 회복기 환자는 이외에도 히스티딘을 섭취해야 한다.

51 다음 중 병원체가 바이러스(Virus)인 질병은?

① 유행성간염 ② 결핵

③ 발진티푸스 ④ 말라리아

해설

바이러스성 감염병은 소아마비(폴리오, 급성회백수염), 유행성간염, 천열, 전염성설사 등이 있다.

52 다음 중 부패로 볼 수 없는 것은?

① 육류의 변질

② 계란의 변질

③ 어패류의 변질

④ 열에 의한 식용유의 변질

해설

• **단백질의 부패 생성물** : 암모니아, 아민류, 황화수소, 휘발성 염기질소로 부패의 정도를 측정하는 지표로 사용

• **발효** : 식품에 미생물이 번식하여 식품의 성질이 변화를 일으키는 현상으로, 그 변화가 인체에 유익한 경우

• **변패** : 탄수화물, 지방 식품이 미생물의 분해 작용으로 맛이나 냄새가 변하는 현상

• **산패** : 지방의 산화 등에 의해 악취나 변색이 일어나는 현상

53 살모넬라(Salmonella)의 특징이 아닌 것은?

① 그람(Gram)음성 간균이다.

② 발육 최적 pH는 7 ~ 8, 온도는 37[℃]이다.

③ 60[℃]에서 20분 정도의 가열로 사멸한다.

④ 독소에 의한 식중독을 일으킨다.

> **해설**

> ➡ 살모넬라균
> - 감염형 식중독을 일으키는 원인균
> - 60[℃]에서 20분간 가열 시 사멸
> - 생육 최적 온도 : 37[℃]
> - 최적 수소이온농도 : pH 7 ~ 8
> - 그람음성, 무아포성 간균
> - 고열 및 설사 증상
> - 보균자의 배설물을 통해 감염

54 화학적 식중독을 유발하는 원인이 아닌 것은?

① 복어 독   ② 불량한 포장용기

③ 유해한 식품첨가물   ④ 농약에 오염된 식품

> **해설**

> 복어 독은 자연 독에 의한 식중독으로, 테트로도톡신이 독소이다.

55 균체의 독소 중 뉴로톡신(Neurotoxin)을 생산하는 식중독균은?

① 포도상구균

② 클로스트리디움 보툴리누스

③ 장염 비브리오균

④ 병원성 대장균

> **해설**

> 보툴리누스균의 아포는 열에 강하고, 독소인 뉴로톡신은 열에 약해 80[℃]에서 30분이면 파괴된다. 식중독 중 치사율이 가장 높으며, 원인식품은 완전 가열, 살균되지 않은 병조림, 통조림, 소시지, 훈제품 등이다.

56 인수공통감염병으로만 짝지어진 것은?

① 폴리오, 장티푸스   ② 탄저, 리스테리아증

③ 결핵, 유행성간염   ④ 홍역, 브루셀라증

> **해설**

> 탄저의 원인균은 바실루스 안트라시스이며, 수육을 조리하지 않고 섭취하였거나 피부 상처 부위로 감염되기 쉬운 인수공통감염병이다. 인수공통감염병은 탄저병, 파상열(브루셀라증), 결핵, 야토병, 돈단독, Q열, 리스테리아증 등이 있다.

57 식품에 식염을 첨가함으로써 미생물 증식을 억제하는 효과와 관계가 없는 것은?

① 탈수 작용에 의한 식품 내 수분 감소

② 산소의 용해도 감소

③ 삼투압 증가

④ 펩티드결합의 분해

> **해설**

> ➡ 펩티드결합 : 유도단백질에 속하는 펩티드는 2개 이상의 아미노산 화합물로 단백질의 2차 구조이다. 펩티드결합은 산이나 염기에 의해 가수분해가 되는데, 염기가 더 잘 분해된다.

58 빵의 제조 과정에서 빵 반죽을 분할기에서 분할할 때 달라붙지 않게 하는 첨가물은?

① 호료(Thickening agent)

② 피막제(Coating agent)

③ 용제(Solvents)

④ 이형제(Release agent)

> **해설**

> 이형제란 빵 반죽을 틀에서 쉽게 분리하기 위해 틀에 바르는 것으로 유동파라핀을 사용한다.

59 우리나라에서 지정된 식품첨가물 중 버터류에 사용할 수 없는 것은?

① 터셔리부틸히드로퀴논(TBHQ)

② 식용색소황색 4호

③ 부틸히드록시아니솔(BHA)

④ 디부틸히드록시톨루엔(BHT)

해설

▶ 항산화제 : BHT, BHA, 비타민 E(토코페롤), 프로필갈레이트, EDTA, TBHQ 등이다.

60 다음 중 음식물을 매개로 전파되지 않는 것은?

① 이질   ② 장티푸스

③ 콜레라   ④ 광견병

해설

광견병은 동물(개)에 의해 전파되는 인수공통감염병이다.

기출복원문제

01 도넛 설탕 아이싱을 사용할 때의 온도로 적합한 것은?

① 20[℃] 전후   ② 25[℃] 전후

③ 40[℃] 전후   ④ 60[℃] 전후

해설

도넛 아이싱을 사용할 때의 온도는 40[℃] 전후의 온도로 데워서 되기를 조절한다.

02 도넛 반죽의 휴지 효과가 아닌 것은?

① 밀어 펴기 작업이 쉬워진다.

② 표피가 빠르게 마르지 않는다.

③ 각 재료에서 수분이 발산된다.

④ 이산화탄소가 발생하여 반죽이 부푼다.

해설

도넛 반죽을 휴지할 경우 비닐에 싸서 휴지를 하면 수분이 발산되지 않는다.

03 완성된 쿠키의 크기가 퍼지지 않아 작았다면 그 원인이 아닌 것은?

① 사용한 반죽이 묽었다.

② 굽기 온도가 높았다.

③ 반죽이 산성이었다.

④ 가루 설탕을 사용하였다.

해설

❯ 쿠키가 퍼짐이 작은 이유

• 된 반죽
• 산성 반죽
• 적은 설탕량
• 적은 유지량
• 굽기 온도 높음.

04 과자 반죽의 모양을 만드는 방법이 아닌 것은?

① 짤주머니로 짜기

② 밀대로 밀어 펴기

③ 성형틀로 찍어 내기

④ 발효 후 가스 빼기

해설

발효 후 가스 빼기는 제빵에서 1차 발효 과정 중에 펀치를 주는 것으로, 반죽의 온도를 균일하게 하고 이스트의 활성과 산화, 숙성을 촉진시키고 산소를 공급하여 발효를 촉진시키기 위함이다.

05 도넛의 흡유량이 높았을 때 그 원인은?

① 고율 배합 제품이다.

② 튀김 시간이 짧다.

③ 튀김 온도가 높다.

④ 휴지 시간이 짧다.

해설

도넛은 고율 배합의 제품으로 설탕의 양이나 유지, 팽창제의 사용량이 많으면 흡유량이 많아진다.

06 다음 중 일반적으로 초콜릿에 사용되는 원료가 아닌 것은?

① 카카오버터 ② 전지분유
③ 이스트 ④ 레시틴

해설

이스트는 빵을 만들 때 사용하는 팽창제이다.

07 다음 중 계란 노른자를 사용하지 않는 케이크는?

① 파운드 케이크
② 엔젤 푸드 케이크
③ 소프트 롤 케이크
④ 옐로 레이어 케이크

해설

엔젤 푸드 케이크는 계란 흰자만을 사용한다.

08 실내 온도 30[℃], 실외 온도 35[℃], 밀가루 온도 24[℃], 설탕 온도 20[℃], 쇼트닝 온도 20[℃], 계란 온도 24[℃], 마찰계수가 22이다. 반죽 온도가 25[℃]가 되기 위해서 필요한 물의 온도는?

① 8[℃] ② 9[℃]
③ 10[℃] ④ 12[℃]

해설

사용할 물 온도
= (희망 온도 × 6) − (밀가루 온도 + 실내 온도 + 설탕 온도 + 쇼트닝 온도 + 계란 온도 + 마찰계수)
= (25 × 6) − (24 + 30 + 20 + 20 + 24 + 22) = 10[℃]

09 오버 베이킹에 대한 설명 중 옳은 것은?

① 높은 온도에서 짧은 시간 동안 구운 것이다.
② 노화가 빨리 진행된다.
③ 수분 함량이 많다.
④ 가라앉기 쉽다.

해설

오버 베이킹은 저온에서 장시간 굽기를 한다. 낮은 온도에서 오래 굽기를 하면 수분의 손실이 커 노화가 빨리 진행된다.

10 스펀지 케이크 제조 시 덥게 하는 방법으로 사용할 때 계란과 설탕은 몇 [℃]로 중탕하고 혼합하는 것이 가장 적당한가?

① 10[℃] ② 25[℃]
③ 30[℃] ④ 43[℃]

해설

계란과 설탕을 37 ~ 43[℃]까지 중탕하는 방법으로 설탕의 용해도가 좋아 껍질색이 균일하게 된다.

11 다음 중 제과용 믹서로 적합하지 않은 것은?

① 에어 믹서 ② 버티컬 믹서
③ 연속식 믹서 ④ 스파이럴 믹서

해설

스파이럴 믹서는 제빵용 믹서에 적합하다.

12 반죽 무게를 구하는 식은?

① 틀 부피 × 비용적　② 틀 부피 + 비용적
③ 틀 부피 ÷ 비용적　④ 틀 부피 − 비용적

> **해설**
>
> 반죽의 무게는 '틀 부피 ÷ 비용적'으로 계산한다.

13 다음의 케이크 반죽 중 일반적으로 pH가 가장 낮은 것은?

① 스펀지 케이크
② 엔젤 푸드 케이크
③ 파운드 케이크
④ 데블스 푸드 케이크

> **해설**
>
> ① 스펀지 케이크 : pH 7.3 ~ 7.6
> ② 엔젤 푸드 케이크 : pH 5.2 ~ 6.5
> ③ 파운드 케이크 : pH 7.2 ~ 7.6
> ④ 데블스 푸드 케이크 : pH 8.5 ~ 9.2

14 화이트 레이어 케이크 제조 시 주석산 크림을 사용하는 목적과 거리가 먼 것은?

① 흰자를 강하게 하기 위하여
② 껍질색을 밝게 하기 위하여
③ 색을 하얗게 하기 위하여
④ 제품의 색깔을 진하게 하기 위하여

> **해설**
>
> 화이트 레이어 케이크 제조 시 주석산을 사용하면 pH를 낮추어 흰자 거품을 단단하게 하며, 색을 하얗게 하고, 흰자를 강하게 한다. 맛은 신맛이 난다.

15 다음 제품 중 일반적으로 비중이 가장 낮은 것은?

① 파운드 케이크　　② 레이어 케이크
③ 스펀지 케이크　　④ 과일 케이크

> **해설**
>
> • 파운드 케이크, 레이어 케이크, 과일 케이크 비중은 0.75 ~ 0.85이다.
> • 스펀지 케이크는 거품형 반죽으로 0.45 ~ 0.55의 비중으로 낮아 많이 부푼다.

16 성형한 파이 반죽에 포크 등을 이용하여 구멍을 내주는 가장 주된 이유는?

① 제품을 부드럽게 하기 위해
② 제품의 수축을 막기 위해
③ 제품의 원활한 팽창을 위해
④ 제품에 기포나 수포가 생기는 것을 막기 위해

> **해설**
>
> 파이 반죽에 작은 구멍을 내주는 이유는 기포 또는 수포가 생기는 것을 막기 위함이다.

17 다음 중 반죽형 케이크의 반죽 제조법에 해당하는 것은?

① 공립법　　　　② 별립법
③ 머랭법　　　　④ 블렌딩법

> **해설**
>
> ▶ 반죽형 반죽법 : 크림법, 블렌딩법, 1단계법, 설탕/물 반죽법 등이 있다.

18 유지의 경화란 어떤 것을 의미하는지 알맞은 것은?

① 지방산가를 계산하는 것이다.

② 경유를 정제하는 것이다.

③ 불포화지방산에 수소를 첨가하여 고체화하는 것이다.

④ 우유를 분해하는 것이다.

> **해설**
>
> 유지의 경화는 불포화지방산에 수소를 첨가하여 고체화하는 것을 말한다.

19 다음 중 제분에 대한 설명으로 틀린 것은?

① 넓은 의미의 개념으로 제분이란 곡류를 가루로 만드는 것이지만 일반적으로 밀을 사용하여 밀가루를 제조하는 것을 제분이라고 한다.

② 밀은 배유부가 치밀하거나 단단하지 못하여 도정할 경우 싸라기가 많이 나오기 때문에 처음부터 분말화하여 활용하는 것을 제분이라고 한다.

③ 제분 시 밀기울이 많이 들어가면 밀가루의 회분함량이 낮아진다.

④ 제분율이란 밀을 제분하여 밀가루를 만들 때 밀에 대한 밀가루의 백분율을 말한다.

> **해설**
>
> 제분 시 밀기울이 많이 들어가면 밀가루의 회분 함량이 높아진다.

20 스펀지 케이크를 만들 때 설탕이 적게 들어감으로 해서 생길 수 있는 현상은?

① 오븐에서 제품이 주저앉는다.

② 제품의 껍질이 두껍다.

③ 제품의 껍질이 갈라진다.

④ 제품의 부피가 증가한다.

> **해설**
>
> ● 설탕의 역할
> • 계란의 기포성을 안정시킴.
> • 색상을 진하게 만듦.
> • 캐러멜화 반응을 일으킴.
> • 수분량을 증가시킴.
> • 노화 방지

21 튀김 기름의 조건으로 틀린 것은?

① 발연점(Smoking point)이 높아야 한다.

② 산패에 대한 안정성이 있어야 한다.

③ 여름철에는 융점이 낮은 기름을 사용한다.

④ 산가(Acid value)가 낮아야 한다.

> **해설**
>
> 튀김용 기름은 푸른 연기가 발생하는 발연점이 높고 제품에 이미, 이취가 나지 않아야 한다. 융점은 고체가 열을 받아 액체가 되는 현상으로, 여름철에는 융점이 높고 겨울철에는 융점이 낮아야 한다.

22 슈(Choux)에 대한 설명이 틀린 것은?

① 팬닝 후 반죽 표면에 물을 분사하여 오븐에서 껍질이 형성되는 것을 지연시킨다.

② 껍질 반죽은 액체 재료를 많이 사용하기 때문에 굽기 중 증기 발생으로 팽창한다.

③ 오븐의 열 분배가 고르지 않으면 껍질이 약하여 주저앉는다.

④ 기름칠이 적으면 껍질 밑부분이 접시 모양으로 올라오거나 위와 아래가 바뀐 모양이 된다.

> **해설**
>
> 굽는 온도가 낮고 기름칠이 적으면 슈가 팽창하지 않아 밑면이 옆으로 퍼지지 못해 밑면이 좁아진다.

정답 18 ③ 19 ③ 20 ③ 21 ③ 22 ④

23 케이크 반죽의 pH가 적정 범위를 벗어나 알칼리일 경우 제품에서 나타나는 현상은?

① 부피가 작다.
② 향이 약하다.
③ 껍질색이 여리다.
④ 기공이 거칠다.

해설

▶ 케이크 반죽이 알칼리일 경우
 • 부피가 크다.
 • 향이 강하다.
 • 껍질색이 진하다.
 • 기공이 거칠다.

24 소규모 주방설비 중 작업의 효율성을 높이기 위한 작업 테이블의 위치로 가장 적당한 것은?

① 오븐 옆에 설치한다.
② 냉장고 옆에 설치한다.
③ 발효실 옆에 설치한다.
④ 주방의 중앙부에 설치한다.

해설

기본적인 기능을 사용하기 편리해야 하며, 작업 능률을 향상시킬 수 있는 구조여야 한다. 따라서 작업 테이블은 주방의 중앙에 설치한다.

25 고율 배합의 제품을 굽는 방법으로 알맞은 것은?

① 저온 단시간   ② 저온 장시간
③ 고온 단시간   ④ 고온 장시간

해설

고율 배합 제품은 낮은 온도에서 장시간 굽는다.

26 다음 중 비용적이 가장 큰 케이크는?

① 스펀지 케이크
② 파운드 케이크
③ 화이트 레이어 케이크
④ 초콜릿 케이크

해설

비용적은 반죽 1[g]이 차지하는 부피를 의미한다.
 • 스펀지 케이크 : 5.08[cm³/g]
 • 파운드 케이크 : 2.4[cm³/g]
 • 레이어 케이크 : 2.96[cm³/g]

27 어떤 과자 반죽의 비중을 측정하기 위하여 다음과 같이 무게를 달았다면 이 반죽의 비중은?

 • 비중컵 = 50[g]
 • 비중컵 + 물 = 250[g]
 • 비중컵 + 반죽 = 170[g]

① 0.40   ② 0.60
③ 0.68   ④ 1.47

해설

$$비중 = \frac{반죽\ 무게 - 비중컵\ 무게}{물\ 무게 - 비중컵\ 무게}$$

$$= \frac{170 - 50}{250 - 50} = \frac{120}{200} = 0.60$$

28 다음 중 1[mg]과 같은 것은?

① 0.0001[g]   ② 0.001[g]
③ 0.1[g]   ④ 1000[g]

해설

1[mg]은 질량을 나타내는 단위로 0.001[g]이다.

29 같은 크기의 팬에 각 제품의 비용적에 맞는 반죽을 팬닝하였을 경우 반죽량이 가장 무거운 반죽은?

① 파운드 케이크

② 레이어 케이크

③ 스펀지 케이크

④ 소프트 롤 케이크

> **해설**
>
> 같은 크기의 팬을 사용할 경우 비용적이 작은 제품은 많은 양을 넣어야 한다.
> ① 파운드 케이크 : 2.4[cm³/g]
> ② 레이어 케이크 : 2.96[cm³/g]
> ③ 스펀지 케이크 : 5.08[cm³/g]

30 설탕에 물을 넣고 114 ~ 118[℃]까지 가열시켜 시럽을 만든 후 냉각 교반하여 새하얗게 만든 제품은?

① 머랭

② 캔디

③ 퐁당

④ 휘핑크림

> **해설**
>
> ❖ **퐁당**(Fondant) : 114 ~ 118[℃]로 끓인 시럽을 40[℃] 전후로 식힌 후 저어서 하얗게 만든다(설탕의 재결정성을 이용한 것).

31 오랜 시간 발효 과정을 거치지 않고 혼합 후 정형하여 2차 발효를 하는 제빵법은?

① 재반죽법

② 스트레이트법

③ 노타임법

④ 스펀지법

> **해설**
>
> ❖ **노타임법** : 산화제와 환원제의 사용으로 발효 시간을 단축하여 제조하는 방법이다.

32 우유를 살균할 때 고온 단시간 살균법(HTST)으로서 가장 적합한 조건은?

① 72[℃]에서 15초 처리

② 75[℃] 이상에서 15분 처리

③ 130[℃]에서 2 ~ 3초 이내 처리

④ 62 ~ 65[℃]에서 30분 처리

> **해설**
>
> ❖ **우유의 살균법**
> • 저온 장시간 : 63 ~ 65[℃], 30분간 가열
> • 고온 단시간 : 72 ~ 75[℃], 15초간 가열
> • 초고온 순간 : 125 ~ 138[℃], 최소 2 ~ 4초 가열

33 다음 중 효소와 온도에 대한 설명으로 틀린 것은?

① 효소는 일종의 단백질이기 때문에 열에 의해 변성된다.

② 최적 온도 수준이 지나도 반응 속도는 증가한다.

③ 적정 온도 범위에서 온도가 낮아질수록 반응 속도는 낮아진다.

④ 적정 온도 범위 내에서 온도 10[℃] 상승에 따라 효소 활성은 약 2배로 증가한다.

> **해설**
>
> 효소를 구성하는 단백질은 열에 불안정하여 가열하면 변성된다. 온도, pH, 수분에 영향을 받으며 선택적으로 반응한다.

기출복원문제

34 다음의 초콜릿 성분이 설명하는 것은?

> • 글리세린 1개에 지방산 3개가 결합한 구조이다.
> • 실온에서는 단단한 상태이지만, 입안에 넣는 순간 녹게 만든다.
> • 고체로부터 액체로 변하는 온도 범위(가소성)가 겨우 2 ~ 3[℃]로 매우 좁다.

① 카카오매스　　② 카카오버터
③ 카카오기름　　④ 코코아파우더

해설

카카오버터는 카카오빈에서 뽑아낸 지방 성분으로 초콜릿의 주요 성분이 된다. 카카오버터의 융점은 30 ~ 35[℃]이다.

35 패리노그래프 커브의 윗부분이 500[B.U.]에 닿는 시간을 무엇이라고 하는가?

① 반죽 시간(Peak time)
② 도달 시간(Arrival time)
③ 반죽 형성 시간(Dough development time)
④ 이탈 시간(Departure time)

해설

패리노그래프는 밀가루의 믹싱 시간, 흡수율, 믹싱 내구성을 측정하는 기계이다. 곡선이 500[B.U.]에 도달하기까지, 다시 아래로 떨어지는 시간 등으로 밀가루의 특성을 분석할 수 있다.

36 다음에서 탄산수소나트륨(중조)의 반응에 의해 발생하는 물질이 아닌 것은?

① CO_2　　　　② H_2O
③ C_2H_5OH　　④ Na_2CO_3

해설

• 탄산수소나트륨과 산성제가 화학적 반응을 일으켜 이산화탄소를 발생시키고 기포를 만들어 반죽을 부풀게 한다.
• 이 화학반응의 원리는 탄산수소나트륨이 분해되어 이산화탄소, 물, 탄산나트륨이 되는 것이다.

37 제빵에 사용하는 물로 가장 적합한 형태는?

① 아경수　　　② 알칼리수
③ 증류수　　　④ 염수

해설

칼슘과 마그네슘이 120 ~ 180[ppm] 정도 함유된 아경수가 제빵에 적합하다.

38 유지의 경화란 무엇인가?

① 포화지방산의 수증기 증류를 말한다.
② 불포화지방산에 수소를 첨가하는 것이다.
③ 규조토를 경화제로 하는 것이다.
④ 알칼리 정제를 말한다.

해설

유지의 경화란 불포화지방산에 니켈을 촉매로 수소를 첨가하여 지방의 불포화도를 감소시킨 것을 가리킨다.

39 아밀로그래프에 관한 설명 중 틀린 것은?

① 반죽의 신장성 측정
② 맥아의 액화 효과 측정
③ 알파-아밀라아제의 활성 측정
④ 보통 제빵용 밀가루는 약 400 ~ 600[B.U.]

해설

• 아밀로그래프 : 밀가루의 호화 정도, 전분의 질을 측정하는 기계로, 곡선 높이는 400 ~ 600[B.U.]가 적당하다.
• 익스텐소그래프 : 반죽의 신장성에 대한 저항 측정

40 쇼트닝에 대한 설명으로 틀린 것은?

① 라드(돼지기름) 대용품으로 개발되었다.

② 정제한 동 · 식물성 유지로 만든다.

③ 온도 범위가 넓어 취급이 용이하다.

④ 수분을 16[%] 함유하고 있다.

해설

• 쇼트닝의 가스 보유력을 기준으로 적정 사용량은 3 ~ 4[%]이다. 반죽의 가스 보유력은 제품의 부피와 밀접한 관계가 있다.

• 쇼트닝은 수분을 0.5[%] 이하 함유하고 있다.

41 다음 중 당 알코올(Sugar alcohol)이 아닌 것은?

① 자일리톨　　② 솔비톨

③ 갈락티톨　　④ 글리세롤

해설

글리세롤은 지방을 가수분해하면 지방산과 함께 생성된다. 글리세린이라고 하며, 무색 투명하고 단맛이 있는 액체이다.

42 케이크 제품에서 계란의 기능이 아닌 것은?

① 영양가 증대　　② 결합제 역할

③ 유화 작용 저해　　④ 수분 증발 감소

해설

계란은 팽창제, 유화제, 농후화제, 결합제 및 제품의 구조를 형성하는 구성 재료이다.

43 맥아당은 이스트의 발효 과정 중 효소에 의해 어떻게 분해되는가?

① 포도당 + 포도당　　② 포도당 + 과당

③ 포도당 + 유당　　④ 과당 + 과당

해설

맥아당은 말타아제에 의해 2분자의 포도당으로 분해된다.

44 육두구과의 상록 활엽 교목에 맺히는 종자를 말리면 넛메그가 된다. 이 넛메그의 종자를 싸고 있는 빨간 껍질을 말린 향신료는?

① 생강　　② 클로브

③ 메이스　　④ 시나몬

해설

넛메그는 육두구과 교목의 열매를 건조시킨 것으로, 1개의 종자에서 넛메그와 메이스를 얻는다.

45 밀 제분 공정 중 정선기에 온 밀가루를 다시 마쇄하여 작은 입자로 만드는 공정은?

① 조쇄 공정(Break roll)

② 분쇄 공정(Reduct roll)

③ 정선 공정(Milling separator)

④ 조질 공정(Tempering)

해설

제분은 밀로부터 밀가루를 생산하는 단계로 큰 덩어리를 작게 하는 조쇄 공정을 거쳐 고운 가루로 만들어 주는 분쇄 공정을 거친다.

46 수크라아제(Sucrase)는 무엇을 가수분해시키는가?

① 맥아당   ② 설탕
③ 전분   ④ 과당

> **해설**
>
> 수크라아제는 탄수화물 분해 효소로 설탕을 가수분해시켜, 포도당과 과당을 만드는 효소이다.

47 리놀렌산(Linolenic acid)의 급원 식품으로 가장 적합한 것은?

① 라드   ② 들기름
③ 면실유   ④ 해바라기씨유

> **해설**
>
> 리놀렌산은 필수 지방산으로 체내에서 흡수되지는 않는다. 식물성 유지인 들기름에서 리놀렌산을 얻는다.

48 새우, 게 등의 겉껍질을 구성하는 키틴(Chitin)의 주된 단위 성분은?

① 갈락토사민(Galactosamine)
② 글루코사민(Glucosamine)
③ 글루쿠로닉산(Glucuronic acid)
④ 갈락투로닉산(Galacturonic acid)

> **해설**
>
> 키틴 키토산은 아미노당으로 이루어진 N-아세틸-D-글루코사민이 β-1,4결합으로 중합한 것으로 갑각류, 오징어, 패류, 곤충류 등의 갑피에 분포된 다당류이다.

49 단백질에 대한 설명으로 틀린 것은?

① 조직의 삼투압과 수분 평형을 조절한다.
② 약 20여 종의 아미노산으로 되어 있다.
③ 부족하면 2차적 빈혈을 유발하기 쉽다.
④ 동물성 식품에만 포함되어 있다.

> **해설**
>
> 단백질은 식물성 식품에도 고루 포함되어 있다.

50 건강한 성인이 식사 시 섭취한 철분이 200[mg]인 경우 체내 흡수된 철분의 양은?

① 1 ~ 5[mg]   ② 10 ~ 30[mg]
③ 100 ~ 150[mg]   ④ 200[mg]

> **해설**
>
> 철분은 헤모글로빈을 구성하는 성분이며, 혈액 생성 시 필수적인 영양소이다. 흡수율은 보통 10[%] 정도이다.

51 착색료에 대한 설명으로 틀린 것은?

① 천연 색소는 인공 색소에 비해 값이 비싸다.
② 타르색소는 카스텔라에 사용이 허용되어 있다.
③ 인공 색소는 색깔이 다양하고 선명하다.
④ 레토르트식품에서 타르색소가 검출되면 안된다.

> **해설**
>
> 착색료는 식품의 기호성을 높이기 위해 인공적으로 식품을 착색시키기 위해 사용되는 식품첨가물이다. 타르색소는 수용성이기 때문에 버터류, 마가린류, 레토르트식품, 식빵, 카스텔라 등에는 사용할 수 없다.

정답   46 ②   47 ②   48 ②   49 ④   50 ②   51 ②

52 다음 중 작업 공간의 살균에 가장 적당한 것은?

① 자외선 살균　　② 적외선 살균

③ 가시광선 살균　　④ 자비 살균

해설

자외선 살균은 작업 공간에서 청정화를 도모하기 위해 이용된다.

53 흰자의 거품과 뜨겁게 끓인 시럽을 천천히 부으면서 만든 머랭은 무엇인가?

① 온제 머랭　　② 스위스 머랭

③ 냉제 머랭　　④ 이탈리안 머랭

해설

이탈리안 머랭은 거품 낸 계란 흰자에 114 ~ 118[℃]에서 끓인 설탕 시럽을 조금씩 넣어주면서 거품 낸 것을 말한다.

54 다음 중 살모넬라균의 주요 감염원은?

① 채소류　　② 육류

③ 곡류　　④ 과일류

해설

▶ **살모넬라균**
- 감염형 식중독을 일으키는 원인균
- 60[℃]에서 20분간 가열 시 사멸
- 생육 최적 온도 : 37[℃]
- 최적 수소이온농도 : pH 7 ~ 8
- 그람음성, 무아포성 간균
- 고열 및 설사 증상
- 보균자의 배설물에서 오염되고, 익히지 않은 육류나 계란 섭취 시 감염

55 경구 감염병의 예방 대책 중 감염원에 대한 대책으로 바람직하지 않은 것은?

① 환자를 조기 발견하여 격리 치료한다.

② 환자가 발생하면 접촉자의 대변을 검사하고 보균자를 관리한다.

③ 일반 및 유흥음식점에서 일하는 사람들은 정기적인 건강진단이 필요하다.

④ 오염이 의심되는 물건은 어둡고 손이 닿지 않는 곳에 모아둔다.

해설

오염이 의심되는 물건은 수거하여 검사 기관에 보낸다.

56 산양, 양, 돼지, 소에게 감염되면 유산을 일으키고, 인체 감염 시 고열이 주기적으로 일어나는 인수공통감염병은?

① 광우병　　② 공수병

③ 파상열　　④ 신증후군출혈열

해설

파상열이란 '고열이 주기적으로 일어난다'이다. 일명 브루셀라증이라고 하며, 동물은 유산을 일으키고 사람은 고열 증상이 나타난다.

57 제1급 감염병이라 함은 치명률이 높거나 집단 발생의 우려가 커서 발생 또는 유행 즉시 신고하고 높은 수준의 격리가 필요한 감염병을 말한다. 다음 중 여기에 속하지 않는 감염병은?

① 보툴리눔독소증　　② 탄저

③ 디프테리아　　④ 장티푸스

해설

▶ **제1급 감염병** : 두창, 페스트, 탄저, 보툴리눔독소증, 야토병, 디프테리아 등

58 다음 중 식중독 관련 세균의 생육에 최적인 식품의 수분 활성도는?

① 0.30 ~ 0.39   ② 0.50 ~ 0.59

③ 0.70 ~ 0.79   ④ 0.90 ~ 1.00

해설

수분은 미생물 몸체의 주성분이며, 생리 기능을 조절하는 데 필요하다. 수분 활성도가 세균은 0.95, 효모는 0.87, 곰팡이는 0.80 이하일 때 증식이 저지된다.

59 주로 냉동된 육류 등 저온에서도 생존력이 강하고 수막염이나 임신부의 자궁 내 패혈증 등을 일으키는 식중독균은?

① 대장균   ② 살모넬라균

③ 리스테리아균   ④ 포도상구균

해설

리스테리아균은 5[℃] 이하의 저온에서도 증식하는 냉온성 세균이어서 냉장고 안에서도 쉽게 죽지 않는다.

60 다음 중 감염형 식중독을 일으키는 것은?

① 보툴리누스균   ② 살모넬라균

③ 포도상구균   ④ 고초균

해설

▶ **감염형 식중독** : 살모넬라균, 장염 비브리오균, 병원성 대장균

01 신체를 구성하는 성분 중 무기질은 체중의 몇 [%]를 차지하는가?

① 20[%] ② 15[%]

③ 10[%] ④ 5[%]

인체를 구성하는 영양소의 비율은 수분 65[%], 단백질 16[%], 지방 14[%], 무기질 5[%] 등으로 이루어져 있다.

02 반죽형 케이크의 특성에 해당되지 않는 것은?

① 일반적으로 밀가루가 계란보다 많이 사용된다.

② 많은 양의 유지를 사용한다.

③ 화학 팽창제에 의해 부피를 형성한다.

④ 해면 같은 조직으로 입에서의 감촉이 좋다.

해설

해면 같은 조직으로 입에서 감촉을 느끼는 것은 거품형 케이크이다.

03 반죽형 쿠키의 굽기 과정에서 퍼짐성이 나쁠 때 퍼짐성을 좋게 하기 위해서 사용할 수 있는 방법은?

① 입자가 굵은 설탕을 많이 사용한다.

② 반죽을 오래한다.

③ 오븐의 온도를 높인다.

④ 설탕의 양을 줄인다.

해설

◎ 쿠키의 퍼짐성을 좋게 하기 위한 방법
  • 입자가 굵은 설탕 사용
  • 팽창제 사용
  • 알칼리 재료의 사용
  • 낮은 오븐 온도 등

04 파이를 만들 때 충전물이 흘러 나왔을 경우 그 원인이 아닌 것은?

① 충전물 양이 너무 많다.

② 충전물에 설탕이 부족하다.

③ 껍질에 구멍을 뚫어 놓지 않았다.

④ 오븐 온도가 낮다.

해설

◎ 파이 충전물이 흘러 나왔을 경우의 원인
  • 충전물 양이 너무 많다.
  • 껍질에 구멍을 뚫지 않았다.
  • 오븐 온도가 낮았다.
  • 껍질에 수분이 많았다.
  • 충전물의 온도가 높았다.
  • 바닥 껍질이 얇다.
  • 위아래 껍질을 잘 붙이지 않았다.

05 파이를 냉장고에 휴지시키는 이유와 가장 거리가 먼 것은?

① 전 재료에 수화 기회를 준다.

② 유지와 반죽의 굳은 정도를 같게 한다.

③ 반죽을 경화 및 긴장시킨다.

④ 끈적거림을 방지하여 작업성을 좋게 한다.

해설

재료의 수화, 반죽과 유지의 경도를 같게 하고, 반죽의 성형을 용이하게 하기 위해 냉장 휴지를 한다.

기출복원문제

06 좋은 튀김 기름의 조건이 아닌 것은?

① 천연의 항산화제가 있다.

② 발연점이 높다.

③ 수분이 10[%] 정도이다.

④ 저장성과 안정성이 높다.

해설

▶ 튀김 기름의 4대 적 : 공기, 수분, 온도, 이물질

07 먼저 밀가루와 유지를 넣고 믹싱하여 유지에 의해 밀가루가 피복되도록 한 후 나머지 재료를 투입하는 방법으로 유연감을 우선으로 하는 제품에 사용되는 반죽법은?

① 1단계법　　　② 별립법

③ 블렌딩법　　　④ 크림법

해설

③ **블렌딩법** : 유지에 밀가루를 넣어 파슬파슬하게 유지로 코팅하는 방법이다.

① **1단계법** : 한꺼번에 믹싱하는 방법이다.

② **별립법** : 계란을 분리하여 제조하는 방법으로, 거품형 케이크에 사용한다.

④ **크림법** : 유지에 설탕을 넣고 유지를 크림화하는 방법이다.

08 반죽의 비중과 관련이 없는 것은?

① 완제품의 조직　　② 기공의 크기

③ 완제품의 부피　　④ 팬 용적

해설

비중은 완제품의 크기, 내부의 조직, 기공의 크기 등과 관련이 있으며, 팬 용적은 반죽의 양을 결정할 때 사용한다.

09 제빵 공장에서 5인이 8시간 동안 옥수수식빵 500개, 바게트빵 550개를 만들었다. 개당 제품의 노무비는 얼마인가? (단, 시간당 노무비는 4,000원이다.)

① 132원　　　　② 142원

③ 152원　　　　④ 162원

해설

(500개 + 550개) ÷ 5인 ÷ 8시간 = 26.25개

∴ 4,000원 ÷ 26.25개 ≒ 152원

10 반죽 온도가 정상보다 낮을 때 나타나는 제품의 결과로 틀린 것은?

① 부피가 작다.

② 큰 기포가 형성된다.

③ 기공이 조밀하다.

④ 오븐에 굽는 시간이 약간 길다.

해설

반죽 온도가 낮으면 기공이 천천히 열려 작고 조밀한 기공이 형성되며, 부피가 작다는 특징이 있다.

11 컵에 반죽을 담았을 때 90[g], 물을 담았을 때 110[g]이었다. 이때 컵 무게가 40[g]이었다면 반죽의 비중은?

① 0.6　　　　　② 0.7

③ 0.8　　　　　④ 0.9

해설

$$비중 = \frac{반죽\ 무게 - 비중컵\ 무게}{물\ 무게 - 비중컵\ 무게}$$

$$= \frac{90 - 40}{110 - 40} = \frac{50}{70} ≒ 0.7$$

12 커스터드 푸딩을 팬에 넣을 때 반죽을 어느 정도 채워야 하는가?

① 65[%] ② 75[%]

③ 85[%] ④ 95[%]

> **해설**
>
> • 커스터드 푸딩 : 95[%]
> • 레이어 케이크 : 55 ~ 60[%]
> • 스펀지 케이크 : 50 ~ 60[%]
> • 파운드 케이크 : 70[%]

13 제과용 포장재로 적합하지 않은 것은?

① PE(Polyethylene)

② OPP(Oriented Polypropylene)

③ PP(Polypropylene)

④ 흰색의 형광종이

> **해설**
>
> 형광종이는 발암물질이 들어 있어 포장재로 적합하지 않다.

14 단순 아이싱(Flat icing)을 만드는 데 들어가는 재료가 아닌 것은?

① 분당 ② 계란

③ 물 ④ 물엿

> **해설**
>
> 단순 아이싱은 물엿, 분당, 물, 향료를 혼합한다.

15 아이싱에 이용되는 퐁당(Fondant)은 설탕의 어떤 성질을 이용하는가?

① 보습성

② 재결정성

③ 용해성

④ 전화당으로 변하는 성질

> **해설**
>
> 퐁당은 설탕 100에 대하여 물 30을 넣고 114 ~ 118[℃]로 끓인 뒤 다시 희뿌연 상태로 재결정화시킨 것이다. 물엿, 전화당 시럽을 첨가하면 부드러워지며, 수분 보유력을 높일 수 있다.

16 일반적인 과자 반죽의 팬닝 시 주의점이 아닌 것은?

① 종이 깔개를 사용한다.

② 철판에 넣은 반죽은 두께가 일정하게 되도록 펴준다.

③ 팬 기름을 많이 바른다.

④ 팬닝 후 즉시 굽는다.

> **해설**
>
> 팬 기름을 많이 바르면 제품의 바닥의 색이 진해지며 두꺼워진다.

17 제품의 생산 원가를 계산하는 목적에 해당하지 않는 것은?

① 이익 계산 ② 판매 가격 결정

③ 원·부재료 관리 ④ 설비 보수

> **해설**
>
> 설비 보수는 생산계획의 감가상각의 목적이 된다.

18 다음 중 가장 고온에서 굽는 제품은?

① 파운드 케이크 ② 시폰 케이크

③ 퍼프 페이스트리 ④ 과일 케이크

> **해설**
>
> 페이스트리는 고온에서 구워야 유지가 팽창이 된다.

기출복원문제

19 반죽형 케이크의 믹싱 방법 중 제품에 부드러움을 주기 위한 목적으로 사용하는 것은?

① 크림법　　　　② 블렌딩법
③ 설탕/물법　　　④ 1단계법

해설

- **블렌딩법** : 유지에 밀가루를 넣어 파슬파슬하게 유지로 코팅하는 방법으로, 유연감이 있다.
- **1단계법** : 한꺼번에 믹싱하는 방법으로, 노동력과 시간이 절약된다.
- **별립법** : 계란을 분리하여 제조하는 방법으로, 거품형 케이크에 사용된다.
- **크림법** : 유지에 설탕을 넣고 유지를 크림화시키는 방법으로, 부피감이 있다.

20 흰자 100에 대하여 설탕 180의 비율로 만든 머랭으로서 구웠을 때 표면에 광택이 나고 하루쯤 두었다가 사용해도 무방한 머랭은?

① 냉제 머랭　　　② 온제 머랭
③ 이탈리안 머랭　　④ 스위스 머랭

해설

스위스 머랭은 흰자 $\frac{1}{3}$과 설탕 $\frac{2}{3}$를 혼합하여 43[℃]로 데우고 거품 내면서 레몬즙을 첨가한 후 나머지 흰자와 설탕을 섞어 거품 낸 냉제 머랭을 섞는다. 하루쯤 두었다가 사용해도 무방하다.

21 찜을 이용한 제품에 사용되는 팽창제의 특성으로 알맞은 것은?

① 지속성　　　　② 속효성
② 지효성　　　　④ 이중 팽창

해설

속효성이란 팽창의 효과가 빠르게 나타나는 성질로, 증기로 익히는 찜류에 사용되는 팽창제의 특성이다.

22 다음 중 냉동 생지법에 적합한 반죽의 온도는?

① 18 ~ 22[℃]　　② 26 ~ 30[℃]
② 32 ~ 36[℃]　　④ 38 ~ 42[℃]

해설

냉동 생지의 반죽 온도는 18 ~ 22[℃]가 적합하다.

23 소맥분 온도 25[℃], 실내 온도 26[℃], 수돗물 온도 18[℃], 결과 온도 30[℃], 희망 온도 27[℃], 사용물의 양이 10[kg]일 때 마찰계수는?

① 21　　　　　　② 26
③ 31　　　　　　④ 45

해설

마찰계수
= (결과 온도 × 3) − (밀가루 온도 + 실내 온도 + 수돗물 온도)
= (30 × 3) − (25 + 26 + 18) = 21

24 반죽형 쿠키 중 전란의 사용량이 많아 부드럽고 수분이 가장 많은 쿠키는?

① 스냅 쿠키　　　② 머랭 쿠키
③ 드롭 쿠키　　　④ 스펀지 쿠키

해설

반죽형 쿠키 중 수분이 많은 쿠키는 드롭 쿠키이다.

25 소금이 제과에 미치는 영향이 아닌 것은?

① 향을 좋게 한다.
② 잡균의 번식을 억제한다.
③ 반죽의 물성을 좋게 한다.
④ pH를 조절한다.

해설

소금은 pH를 조절하지 않는다.

26 파이의 일반적인 결점 중 바닥 크러스트가 축축한 원인이 아닌 것은?

① 오븐 온도가 높음.

② 충전물 온도가 높음.

③ 파이 바닥 반죽의 고율 배합

④ 불충분한 바닥열

해설

바닥 크러스트가 축축한 경우는 반죽에 유지 함량이 많거나 낮은 오븐 온도일 경우에 나타난다.

27 커스터드 크림의 재료에 속하지 않는 것은?

① 우유   ② 계란

③ 설탕   ④ 생크림

해설

커스터드 크림은 우유, 설탕, 계란을 혼합하여 안정제로 전분이나 박력분을 사용하여 끓인 크림을 말한다.

28 다음 중 일정한 용적 내에서 팽창이 가장 큰 제품은?

① 파운드 케이크   ② 스펀지 케이크

③ 레이어 케이크   ④ 엔젤 푸드 케이크

해설

② 스펀지 케이크 : 5.08[cm³/g]

① 파운드 케이크 : 2.4[cm³/g]

③ 레이어 케이크 : 2.96[cm³/g]

④ 엔젤 푸드 케이크 : 4.70[cm³/g]

29 도넛 제조 시 수분이 적을 때 나타나는 결점이 아닌 것은?

① 팽창이 부족하다.

② 혹이 튀어나온다.

③ 형태가 일정하지 않다.

④ 표면이 갈라진다.

해설

▶ **수분이 적을 때** : 팽창 부족, 형태 불균형, 딱딱한 내부, 표면의 요철, 표면의 갈라짐, 톱질 모양의 외피, 강한 점도 등

30 빵 제조 과정 중 발효 과정에서 탄산가스의 배출이 안 되게 보호막 역할을 하는 것은?

① 탈지분유   ② 글루텐

③ 설탕   ④ 소금

해설

제빵의 글루텐은 얇은 막을 생성하여 탄산가스를 배출하지 못하게 하는 보호막 역할을 한다.

31 젤리화의 요소가 아닌 것은?

① 유기산류   ② 염류

③ 당분류   ④ 펙틴류

해설

설탕 농도 50[%] 이상, pH 2.8 ~ 3.4의 산 상태에서 젤리를 형성한다.

32 다음 중 전분당이 아닌 것은?

① 물엿   ② 설탕

③ 포도당   ④ 이성화당

> **해설**
>
> 전분당이란 전분을 가수분해하여 만든 것이다. 이성화당이란 포도당에 효소를 적용시켜 일부 이성질체인 과당으로 변화시킨 당이다.

33 다음 중 향신료를 사용하는 목적이 아닌 것은?

① 냄새 제거   ② 맛과 향 부여

③ 영양분 공급   ④ 식욕 증진

> **해설**
>
> 향신료는 식욕을 증진시키고, 맛과 향을 부여하며, 소화를 증진시킨다.

34 케이크, 쿠키, 파이, 페이스트리용 밀가루의 제과 적성 및 점성을 측정하는 기구는?

① 아밀로그래프   ② 패리노그래프

③ 애그트론   ④ 맥미카엘 점도계

> **해설**
>
> 맥미카엘 점도계는 제과의 적성 및 점성을 측정한다.

35 모노-디 글리세리드는 어느 반응에서 생성되는가?

① 비타민의 산화   ② 전분의 노화

③ 지방의 가수분해   ④ 단백질의 변성

> **해설**
>
> 모노-디 글리세리드는 가장 많이 사용하는 계면 활성제로 지방의 가수분해로 생성되는 중간생성물이다.

36 맥아당을 분해하는 효소는?

① 말타아제   ② 락타아제

③ 리파아제   ④ 프로테아제

> **해설**
>
> 맥아당은 말타아제에 의해 2분자의 포도당으로 분해된다.

37 믹서 내에서 일어나는 물리적 성질을 파동곡선 기록기로 기록하여 밀가루의 흡수율, 믹싱 시간, 믹싱 내구성 등을 측정하는 기계는?

① 패리노그래프   ② 익스텐소그래프

③ 아밀로그래프   ④ 분광 분석기

> **해설**
>
> ① 패리노그래프 : 밀가루의 흡수율, 믹싱 시간, 믹싱 내구성 측정
> ② 익스텐소그래프 : 반죽의 신장성에 대한 저항 측정
> ③ 아밀로그래프 : 밀가루의 호화 정도 측정

38 빵 제품이 단단하게 굳는 현상을 지연시키기 위하여 유지에 첨가하는 유화제가 아닌 것은?

① 모노-디 글리세리드

② 레시틴

③ 유리지방산

④ 에스에스엘(SSL)

> **해설**
>
> 유리지방산은 유지를 구성하고 있는 트리글리세리드가 분해되어 생성된 지방산으로 유화제의 역할을 하지 않는다.

39 케이크 반죽을 하기 위해 계란 노른자 500[g]이 필요하다. 몇 개의 계란이 준비되어야 하는가? (단, 계란 1개의 중량 52[g], 껍질 12[%], 노른자 33[%], 흰자 55[%])

① 26개　　　　② 30개
③ 34개　　　　④ 38개

해설

500[g] ÷ (52[g] × 0.33) ≒ 30개

40 효모에 대한 설명으로 틀린 것은?

① 당을 분해하여 산과 가스를 생성한다.
② 출아법으로 증식한다.
③ 제빵용 효모의 학명은 Saccharomyces Cerevisiae 이다.
④ 산소의 유무에 따라 증식과 발효가 달라진다.

해설

당을 분해하여 산과 가스를 생성하는 것은 효모에 있는 치마아제의 기능이다. 치마아제는 과당, 포도당을 분해하여 CO_2 가스와 알코올을 생성한다.

41 피자 제조 시 많이 사용하는 향신료는?

① 넛메그　　　　② 오레가노
③ 박하　　　　④ 계피

해설

오레가노는 잎을 건조시킨 향신료로, 토마토 요리와 피자 등의 이탈리아 요리에 사용된다.

42 우유의 성분 중 제품의 껍질색을 개선시켜 주는 것은?

① 수분　　　　② 유지방
③ 유당　　　　④ 칼슘

해설

유당은 이당류로 갈변 반응을 일으켜 껍질색을 개선시킨다.

43 다음 중 식물계에는 존재하지 않는 당은?

① 과당　　　　② 유당
③ 설탕　　　　④ 맥아당

해설

유당은 포유류의 젖에 들어 있는 이당류이다.

44 제빵에서 사용하는 물로 가장 적합한 것은?

① 연수　　　　② 아연수
③ 아경수　　　　④ 경수

해설

빵 반죽에 적합한 물은 약산성의 아경수이다.

45 글루텐을 형성하는 밀가루의 주요 단백질로 함량이 가장 많은 것은?

① 글루테닌　　　　② 글리아딘
③ 글로불린　　　　④ 메소닌

해설

글루텐은 밀가루 단백질 중에서 글루테닌(20[%])과 글리아딘(36[%])이 물과 혼합하여 생성된다.

기출복원문제

46 하루 섭취한 2,700[kcal] 중 지방은 20[%], 탄수화물은 65[%], 단백질은 15[%] 비율이었다. 지방, 탄수화물, 단백질은 각각 약 몇 [g]을 섭취하였는가?

① 지방 135[g], 탄수화물 438.8[g], 단백질 45[g]

② 지방 540[g], 탄수화물 1755.2[g], 단백질 405.2[g]

③ 지방 60[g], 탄수화물 438.8[g], 단백질 101.3[g]

④ 지방 135[g], 탄수화물 195[g], 단백질 101.3[g]

해설
• 지방 : 2,700[kcal] × 0.2 ÷ 9[kcal] = 60[g]
• 탄수화물 : 2,700[kcal] × 0.65 ÷ 4[kcal] ≒ 438.8[g]
• 단백질 : 2,700[kcal] × 0.15 ÷ 4[kcal] ≒ 101.3[g]

47 설탕의 구성 성분은?

① 포도당과 과당

② 포도당과 갈락토오스

③ 포도당 2분자

④ 포도당과 맥아당

해설
설탕은 이당류이며 포도당과 과당으로 구성되어 있다.

48 리놀레산 결핍 시 발생할 수 있는 장애가 아닌 것은?

① 성장지연

② 시각기능장애

③ 생식장애

④ 호흡장애

해설
필수 지방산 결핍 시 성장지연, 시각기능장애, 생식장애 등을 일으킨다.

49 다음 중 비타민 K와 관계가 있는 것은?

① 근육 긴장

② 혈액 응고

③ 자극 전달

④ 노화 방지

해설
비타민 K는 혈액 응고 작용과 포도당의 연소에 관여한다.

50 아미노산의 성질에 대한 설명 중 맞는 것은?

① 모든 아미노산은 선광성을 갖는다.

② 아미노산은 융점이 낮아서 액상이 많다.

③ 아미노산은 종류에 따라 등전점이 다르다.

④ 천연 단백질을 구성하는 아미노산은 주로 D형이다.

해설
등전점이란 단백질이 중성이 되는 pH 시기를 말하며, 단백질의 종류에 따라 등전점은 달라진다.

51 식품첨가물의 구비 조건이 아닌 것은?

① 인체에 유해한 영향을 미치지 않을 것

② 식품의 영양가를 유지할 것

③ 식품에 나쁜 이화학적 변화를 주지 않을 것

④ 소량으로는 충분한 효과가 나타나지 않을 것

해설
식품첨가물은 미량으로 충분한 효과가 있어야 한다.

52 다음 중 인수공통감염병은?

① 탄저병

② 콜레라

③ 세균성이질

④ 장티푸스

해설
인수공통감염병은 탄저병, 브루셀라증, 야토병, 결핵, Q열, 광견병, 돈단독 등이 있다.

53 주로 단백질 식품이 혐기성균의 작용에 의해 본래의 성질을 잃고 악취를 내거나 유해 물질을 생성하여 먹을 수 없게 되는 현상은?

① 발효
② 부패
③ 갈변
④ 산패

해설

부패란 단백질 식품이 미생물에 의해 분해되어 악취가 나고 인체에 유해한 물질이 생성되는 현상이다.

54 아플라톡신은 다음 중 어디에 속하는가?

① 감자 독
② 효모 독
③ 세균 독
④ 곰팡이 독

해설

곰팡이 식중독에는 아플라톡신, 맥각 중독, 황변미 중독 등이 있다.

55 다음 경구 감염병 중 세균성 감염병이 아닌 것은?

① 장티푸스
② 발진티푸스
③ 파상열
④ 브루셀라

해설

발진티푸스는 경구 감염병 중 리케차성 감염병에 속한다.

56 미생물의 증식에 의해서 일어나는 식품의 부패나 변패를 방지하기 위하여 사용되는 식품첨가물은?

① 보존료
② 착색료
③ 산화방지제
④ 표백제

해설

보존료는 미생물의 번식으로 인한 식품의 변질을 방지하기 위해 사용되는 첨가물이다. 무미, 무취이며 독성이 없고 장기적으로 사용해도 인체에 무해해야 한다.

57 위생 동물의 일반적인 특성이 아닌 것은?

① 식성 범위가 넓다.
② 음식물과 농작물에 피해를 준다.
③ 병원미생물을 식품에 감염시키는 것도 있다.
④ 발육기간이 길다.

해설

위생 동물의 발육기간은 짧다.

58 정제가 불충분한 기름 중에 남아 식중독을 일으키는 고시폴은 어느 기름에서 유래하는가?

① 피마자유
② 콩기름
③ 면실유
④ 미강유

해설

목화씨 기름인 면실유에서 폴리페놀 화합물인 고시폴이 함유되어 있어 정제를 불충분하게 하면 신장독의 중독을 일으킨다.

기출복원문제

59 포도상구균에 의한 식중독 예방책으로 부적합한 것은?

① 조리장을 깨끗이 한다.

② 섭취 전에 60[℃] 정도로 가열한다.

③ 멸균된 기구를 사용한다.

④ 화농성 질환자의 조리 업무를 금지한다.

 해설

황색포도상구균은 엔테로톡신의 독소로 내열성이 있어 열에 쉽게 파괴되지 않는다.

60 식품위생법상의 식품위생의 대상이 아닌 것은?

① 식품   ② 식품첨가물

③ 조리 방법   ④ 기구와 용기, 포장

해설

식품위생이란 식품, 첨가물, 기구 또는 용기와 포장을 대상으로 하는 음식에 관한 위생을 말한다.

01 스펀지 케이크를 만들 때 반죽의 최종 온도는?

① 20[℃] ② 22[℃]

③ 25[℃] ④ 27[℃]

스펀지 케이크의 반죽 온도는 23~25[℃]가 적당하다.

02 빈혈, 체중 감소, 칼슘대사, 성장장애와 호흡장애를 일으키는 물질은?

① 아연(Zn) ② 납(Pb)

③ 구리(Cu) ④ 수은(Hg)

납중독의 증상은 골다공증, 고혈압, 심근경색, 지능 저하, 저체중, 간과 신장기능 저하, 만성피로 등이다.

03 손의 세척 효과가 가장 큰 방법은?

① 흐르는 수돗물에 씻는다.

② 흐르는 수돗물에 비누로 씻는다.

③ 흐르는 우물물에 씻는다.

④ 담아 놓은 수돗물에 씻는다.

해설

효과적인 손 세척 방법은 흐르는 수돗물로 비누를 바르고 30초 이상 거품 낸 후 씻는다.

04 백색의 결정이며 감미도는 설탕의 250배로 청량음료, 과자, 절임류에 사용되었으나 만성중독인 혈액독을 일으키는 사용이 금지된 감미료는?

① 사이클라메이트 ② 둘신

③ 사카린나트륨 ④ 롱가리트

해설

③ 사카린나트륨은 허용된 감미료이다.
④ 롱가리트는 사용이 금지된 표백제이다.

05 제과 반죽 시 사용할 물 온도를 구하려 할 때 필요하지 않은 것은?

① 설탕 온도 ② 실내 온도

③ 마찰계수 ④ 스펀지 온도

해설

사용할 물 온도＝(희망 온도×6) － (밀가루 온도＋실내 온도＋마찰계수＋설탕 온도＋유지 온도＋계란 온도)

06 거품형 반죽 제조 시 더운 공립법의 장점이 아닌 것은?

① 기포 시간이 단축된다.

② 기공이 조밀하다.

③ 껍질색이 균일하다.

④ 계란 비린내가 감소한다.

해설

더운 공립법은 계란과 설탕을 43[℃]로 중탕하여 거품 내는 방법으로 기포 시간 단축, 균일한 색, 계란 비린내 감소 등의 장점이 있다.

정답 01 ③ 02 ② 03 ② 04 ② 05 ④ 06 ②

07 제과·제빵에서 우유의 기능으로 틀린 것은?

① 영양을 강화하고 단맛을 낸다.

② 제품의 풍미를 개선한다.

③ 글루텐을 강화하여 오버 믹싱의 위험이 증가한다.

④ 유당의 캐러멜화로 껍질색이 좋아진다.

> **해설**
>
> 우유는 글루텐 강화로 반죽의 내구성을 높이고 오버 믹싱의 위험을 감소시킨다.

08 제과점 주방의 벽으로 알맞은 것은?

① 타일　　　　② 황토흙벽돌

③ 무늬목　　　④ 합판

> **해설**
>
> 욕실이나 주방은 주로 타일을 많이 사용한다.

09 빵 굽기에 사용되는 오븐에 대한 설명 중 틀린 것은?

① 터널 오븐은 반죽이 들어가는 입구와 제품이 구워져 나오는 출구가 다르다.

② 컨벡션 오븐은 제품의 껍질을 바삭바삭하게 구울 수 있으며 스팀을 사용할 수 있다.

③ 데크 오븐의 열원은 열풍이며 색을 곱게 구울 수 있는 장점이 있다.

④ 데크 오븐에 프랑스빵을 구울 때 캔버스를 이용하여 직접 화덕에 올려 구울 수 있다.

> **해설**
>
> 데크 오븐은 직접 가열 방식의 대표적인 오븐으로 상하의 열판이 뜨거워지면서 복사열과 자연적인 대류가 일어나 열전도가 된다.

10 다음 단위로 맞는 것은?

① 1[kg]은 10[g]이다.

② 1[kg]은 100[g]이다.

③ 1[kg]은 1,000[g]이다.

④ 1[kg]은 10,000[g]이다.

> **해설**
>
> 1[kg]은 1,000[g]이다.

11 다음 중 부패 세균이 아닌 것은?

① 슈도모나스균(Pseudomonas)

② 고초균(Bacillus subtilis)

③ 티포이드균(Salmonella typhi)

④ 어위니아균(Erwinia)

> **해설**
>
> 부패란 미생물의 작용에 의해 단백질이 악취를 내며 분해되는 현상을 말하며, 각종 아민이나 황화수소 등의 악취가 나는 가스가 발생한다. 종류에는 슈도모나스, 고초균인 클로스트리디움, 콜리나 에로게네스, 어위니아 등이 있다. 장티푸스는 살모넬라 티피에 의해 발생하는 세균감염이다.

12 우유의 칼슘 흡수를 방해하는 인자는?

① 비타민 C　　② 포도당

③ 유당　　　　④ 인

> **해설**
>
> 칼슘의 상호작용에서 가장 중요한 영양소인 인은 과도하거나 부족한 경우 칼슘의 흡수를 방해하며, 곡류의 피트산, 시금치의 수산, 과도한 소금, 카페인 등도 포함된다.

13 초콜릿을 템퍼링 하는 이유가 아닌 것은?

① 내부 조직이 치밀해지고 수축 현상이 일어나 틀
에서 분리가 잘 되게 함.

② 용해성이 좋아져 입안에서 잘 녹게 함.

③ 슈가 블룸이 일어나지 않게 하기 위해

④ 초콜릿 지방의 안정화를 위해

해설

초콜릿 템퍼링이 잘못된 경우 펫 블룸(Fat Bloom)이 일어나
지 않는다.

14 유통기한에 대한 설명으로 틀린 것은?

① 소비자가 섭취할 수 있는 최대 기간이다.

② 냉장 유통 제품은 냉장 온도까지 표시해야 한다.

③ 통조림식품은 유통기한 또는 품질 유지기한을
표시할 수 있다.

④ 식품위생법규에 따라 유통기한을 설정해야 한다.

해설

유통기한이란 특정제품이 제조일로부터 소비자에게 판매
가 허용되는 기한으로, 제품명, 제조자, 원재료, 날짜표시
등 주요 사항을 표시해야 한다.

유통기한은 생산자나 유통업자가 제품을 판매할 수 있는
마지막 시점이라는 점에서 사실상 소비자가 이를 언제까지
섭취할 수 있는지를 판단하는 데는 도움이 되지 않는다.

❯ **소비기한** : 식품 등에 표시된 보관방법을 준수할 경우
섭취하여도 안전에 이상이 없는 기한

15 흰자를 올릴 때 설탕을 넣는 이유는 무엇인가?

① 기포의 안정성　　② 유화성

③ 열응고성　　　　④ 강화제

해설

계란 흰자의 단백질은 안정된 상태가 아니기 때문에 설탕
을 넣으면 점성이 강해져 응집력을 높여주므로 기포가 잘
부서지지 않게 안정시키는 역할을 한다.

16 유독 물질인 고시폴과 결합하여 이용도가 감소되
는 아미노산은?

① 라이신(Lysine)

② 트레오닌(Threonine)

③ 페닐알라닌(Phenylalanine)

④ 발린(Valine)

해설

고시폴은 목화씨 기름에 들어 있는 독성이 있는 노란색 폴
리페놀 화합물로 여러 탈수소 효소의 억제제로 작용하며,
라이신과 결합하여 생체가 이용할 수 있는 라이신의 양을
감소시킨다.

면실박의 라이신 이용률이 낮은 이유는 고시폴과 라이신이
결합하여 단백질 대사 과정에 관여하기 때문이다.

17 제과에서 설탕의 기능과 거리가 먼 것은?

① 수분 보유력 증가　② 표피색 형성

③ 유화제　　　　　　④ 향의 형성

해설

제과에서의 설탕(감미제)의 기능은 껍질색 형성, 부드러운
가공과 속결, 조직, 노화지연, 특유의 향 공급 기능을 말한다.

18 베이킹파우더의 산 – 반응물질이 아닌 것은?

① 주석산과 주석산염

② 인산과 인산염

③ 알루미늄 물질

④ 중탄산과 중탄산염

해설

중탄산염은 탄산수소염이라고도 하며, 탄산에 포함된 수소
원자 2개 중 1개가 금속 원자에 치환되어 생기는 염이다.
중탄산염은 알칼리성에 속하며 탄산수소나트륨이 이에 포
함된다.

19 다음 밀가루 중 면류를 만드는 데 주로 사용되는 것은?

① 강력분 ② 대두분
③ 박력분 ④ 중력분

> **해설**
> 중력분은 단백질 함량이 9~10[%]이며 우동, 면류에 적합하다.

20 다음 중 바르게 짝지어진 것을 고르시오.

> 가. 살모넬라균은 60[℃]에서 3분 정도 가열하면 사멸한다.
> 나. 병원성 대장균의 독소는 뉴로톡신이다.
> 다. 장염 비브리오균은 감염형 식중독균이다.
> 라. 여시니아균은 냉장 온도와 진공 포장에서도 증식한다.

① 나, 다 ② 나, 라
③ 다, 라 ④ 가, 나

> **해설**
> 가. 살모넬라균은 60[℃]에서 20분, 70[℃] 이상에서 3분 정도면 사멸한다.
> 나. 병원성 대장균의 독소는 베로톡신이다.

21 바이러스에 의한 감염병이 아닌 것은?

① 일본뇌염 ② 인플루엔자
③ 홍역 ④ 세균성이질

> **해설**
> 세균성이질은 세균성 감염병이다.

22 유지에 대한 설명으로 옳지 않은 것은?

① 페이스트리 제조에 사용되는 성질은 가소성이다.
② 버터 크림 제조 시 유지가 믹싱 중 공기를 포집하는 성질은 크림성이다.
③ 식빵류의 제품에 부드러움을 주는 성질은 안정성이다.
④ 파운드 케이크와 같이 유지와 액체를 많이 사용하는 제품에는 유화성이 중요하다.

> **해설**
> 빵, 과자제품에 부드러움을 주는 성질은 쇼트닝성이다.

23 다음 중 노화 속도에 영향을 미치는 요인으로 가장 거리가 먼 것은?

① 수분 함량 ② 펜토산
③ 효소 작용 ④ 유화제

> **해설**
> 노화의 속도에 영향을 주는 요인은 저장 기간, 저장 온도, 배합률 등이 있는데, 수분 함량 38[%] 이상, 밀가루 단백질의 양과 질이 많고 높을수록, 물에 녹지 않고 수분을 흡수하는 펜토산의 함량이 많을수록, 수분 보유력을 높이는 유화제 첨가로 노화 속도를 지연시킬 수 있다.

24 HACCP에 대한 설명으로 틀린 것은?

① 식품위생의 수준 향상
② 사후 처리의 완벽 추구
③ 원료부터 제조, 유통 등 전 과정에 대한 관리
④ 종합적인 위생관리체계

> **해설**
> HACCP는 위해 방지를 위한 사전 예방적 식품 안전 관리 체계이다.

25 진균들에서 생산되는 독성물질로서 진균이 밀, 호두, 옥수수 등을 오염시켜 간독성 등 면역독성 등의 합병증을 일으키는 것은?

① 아플라톡신(Aflatoxin)

② 아미그달린(Amygdalin)

③ 테트로도톡신(Tetrodotoxin)

④ 에르고톡신(Ergotoxin)

> **해설**
> 아플라톡신은 땅콩, 옥수수, 쌀, 보리 등에 발생하는 곰팡이로, 아스퍼질러스 속의 2차 대사산물이며 곡류는 수분이 13[%] 이하, 땅콩은 7[%] 이하에 저장하면 독소 발생을 예방할 수 있다.

26 지질의 대사에 관여하며 뇌신경 등에 존재하는 유화제는?

① 글리시닌

② 에르고스테롤

③ 콜레스테롤

④ 레시틴

> **해설**
> 레시틴은 계란 노른자에 들어 있는 인지질로 천연 유화제이다.

27 건조된 아몬드 100[g]에 탄수화물 16[g], 단백질 18[g], 지방 54[g], 무기질 3[g], 수분 6[g], 기타 섬유소 등을 함유하고 있다면, 이 아몬드 100[g]의 열량은?

① 약 200[kcal]

② 약 622[kcal]

③ 약 751[kcal]

④ 약 364[kcal]

> **해설**
> $(16 \times 4) + (18 \times 4) + (54 \times 9) = 622$[kcal]

28 ADI는 무엇인가?

① 수분 활성도

② 반수치사량

③ 안전지수

④ 1일 허용섭취량

> **해설**
> ADI(Acceptable Daily Intake)은 일일 섭취허용량을 말한다.

29 반죽 굽기에 대한 설명으로 틀린 것은?

① 반죽 중의 전분은 호화되고 단백질은 변성되어 소화가 용이한 상태로 변한다.

② 고율 배합이고 반죽량이 많은 경우는 낮은 온도에서 장시간 굽는다.

③ 온도, 수분, 당의 종류, pH가 산성일 때 갈색화 반응이 빠르게 일어난다.

④ 굽기 중 캐러멜 반응과 메일라드 반응으로 껍질색이 형성되고 맛과 향이 난다.

> **해설**
> pH가 알카리성일 때 갈색화 반응이 빠르게 일어난다.

30 단백질에 대한 설명으로 잘못된 것은?

① 20여 종의 아미노산으로 구성되어 있다.

② 열에 의해 변성된다.

③ 호르몬, 효소, 머리털 등은 단백질로 이루어져 있다.

④ 주요 결합 형태는 글리코사이드 결합이다.

> **해설**
> 단백질의 결합은 펩티드결합이다.

31 쿠키 반죽 제조 시 유지보다 설탕을 많이 사용하면 나타나는 결과는?

① 제품이 부드러워진다.
② 제품의 촉감이 단단해진다.
③ 제품의 퍼짐이 작아진다.
④ 제품의 색이 연해진다.

해설

쿠키를 제조할 때 설탕을 많이 넣으면 제품의 촉감이 단단해지고, 유지를 많이 넣으면 부드럽다.

32 데커레이션 케이크 하나를 완성하는 데 한 명의 작업자가 5분이 걸린다면 작업자 8명이 1,200개를 만드는 데 필요한 시간은?

① 12시간 30분   ② 12시간 35분
③ 12시간 40분   ④ 12시간 45분

해설

(1,200개÷8명) × 5분÷60분 = 12.5시간

33 과자 반죽의 온도 조절에 대하여 잘못 설명한 것은?

① 반죽 온도가 높으면 기공이 크고 큰 구멍이 생긴다.
② 반죽 온도가 높으면 노화가 느리다.
③ 반죽 온도가 낮으면 기공이 조밀하다.
④ 반죽 온도가 낮으면 부피가 작다.

해설

• 반죽 온도가 높으면 기공이 크고 조직이 거칠어 노화가 빠르다.
• 반죽 온도가 낮으면 기공이 조밀하고 부피가 작으며 식감이 딱딱하다.

34 코코아 15[%]에 해당하는 초콜릿을 사용하여 케이크를 만들고자 할 때 초콜릿 사용량은?

① 18[%]   ② 20[%]
③ 22[%]   ④ 24[%]

해설

초콜릿 속의 코코아 함량은 5/8이므로, 초콜릿 함량을 x라 할 때,
$x \times 5/8 = 15$이므로 $x = 15 \times 8/5 = 24$

35 푸딩 표면에 기포 자국이 많이 생기는 경우는?

① 가열이 지나친 경우
② 계란의 양이 많은 경우
③ 오븐 온도가 낮은 경우
④ 설탕량이 많은 경우

해설

푸당 제조 시 가열이 지나치고 오븐 온도가 높으면 기포 자국이 많이 생긴다.

36 케이크 제조 시 제품이 부피가 크게 팽창했다가 주저앉는 원인이 아닌 것은?

① 밀가루 사용량의 부족
② 수분량의 증가
③ 베이킹파우더의 증가
④ 분유 사용량의 증가

해설

분유는 구조력을 향상시키므로 형태를 유지하려 한다.

37 다음 중 고온에서 빨리 구워야 하는 제품은?

① 저율 배합 제품
② 고율 배합 제품
③ 팬닝량이 많은 제품
④ 버터량이 많은 제품

해설

저율 배합 반죽은 고온에서 빨리 구워야 한다(언더베이킹).

38 다음 중 튀김옷에 대한 설명 중 틀린 것은?

① 튀김옷은 글루텐이 적은 박력분을 사용하는 것이 좋다.
② 튀김옷을 만들 때 글루텐의 수화가 많게 되기 위해 따뜻한 물로 반죽한다.
③ 튀김옷 제조 시 물의 20~30[%]를 계란으로 대체하면 글루텐 형성을 방해하므로 바삭해진다.
④ 튀김옷에 설탕을 넣으면 글루텐을 연화시켜 바삭해진다.

해설

튀김 반죽의 물은 냉장고의 차가운 물을 사용하면 좋다.

39 파운드 케이크의 적정 팬닝량은?

① 30[%]
② 50[%]
③ 70[%]
④ 90[%]

해설

파운드 케이크류의 반죽형 반죽은 70~80[%] 팬닝한다.

40 제과 기기 및 도구 관리가 옳지 않은 것은?

① 붓은 용도별로 구분하여 사용해야 된다.
② 체는 물로 세척하여 건조시킨 후 사용한다.
③ 밀대의 이물질은 철수세미를 사용하여 제거한다.
④ 스크레이퍼에 흠집이 있으면 교체한다.

해설

밀대는 나무 재질이 많으므로 가급적 물 세척은 하지 않고 사용 후 바로 행주로 닦거나 물 세척이 필요한 경우 완전히 건조시켜 보관한다.

41 부패의 진행 과정에서 생기는 부패 산물이 아닌 것은?

① 암모니아
② 황화수소
③ 일산화탄소
④ 메캅탄

해설

일산화탄소는 산소가 부족할 때 석탄이나 석유 등이 연소될 때 발생한다.

42 다음 중 미생물의 증식에 대한 설명으로 틀린 것은?

① 수분 함량이 적은 저장 곡류에서도 미생물은 증식할 수 있다.
② 70[℃]에서도 생육이 가능한 미생물이 존재한다.
③ 한 종류의 미생물이 많이 번식하면 다른 미생물의 번식이 억제될 수 있다.
④ 냉장고에서는 유해 미생물이 전혀 증식할 수 없다.

해설

냉장고에서도 미생물은 증식할 수 있다.

43 식품 조리 및 취급 시 교차오염이 발생하는 경우와 거리가 먼 것은?

① 생고기를 자른 가위로 반죽을 자른다.
② 씻지 않은 손으로 햄버거를 만든다.
③ 반죽에 고구마 조각을 얹어 쿠키를 굽는다.
④ 생선을 다듬던 도마에 샐러드용 채소를 썬다.

▶**해설**
교차오염이란 식품과 식품 또는 표면과 표면 사이에서의 오염물질의 이동을 말하며, 반죽에 고구마 조각을 얹어 쿠키를 굽는 것과는 관계가 없다.

44 유지의 경화 공정과 관계가 없는 물질은?

① 수소   ② 촉매제
③ 불포화지방산   ④ 콜레스테롤

▶**해설**
유지의 경화란 실온에서 액체인 불포화지방산에 니켈을 촉매로 수소를 첨가하여 상온에서 고체인 포화지방산으로 만드는 것이다.

45 제품을 생산하는 데 필요한 직접원가란?

① 재료비, 노무비, 경비
② 재료비, 용역비, 감가상각비
③ 판매비, 노무비, 일반 관리비
④ 임금, 생산비, 세금

▶**해설**
직접원가 = 재료비 + 노무비 + 경비

46 고율 배합 케이크와 비교하여 저율 배합 케이크의 특징으로 틀린 것은?

① 공기 혼합량이 많다.
② 굽기 온도가 높다.
③ 반죽의 비중이 높다.
④ 화학 팽창제의 사용량이 많다.

▶**해설**
저율 배합 케이크의 특징은 공기 혼합량이 적다.

47 퐁당(Fondant) 아이싱의 제조 온도로 적당한 것은?

① 98[℃]   ② 104[℃]
③ 116[℃]   ④ 124[℃]

▶**해설**
퐁당이란 설탕 100에 물 30을 넣고 114~118[℃]로 끓인 뒤 반투명 상태로 재결정화시킨 것으로 38~44[℃]로 식혀 사용한다.

48 식품의 대표적인 오염지표균으로 사용되는 미생물은?

① Escherichia coli
② Enterococcus faecalis
③ Shigella dysenteriae
④ Clostridium perfringens

▶**해설**
병원성 대장균은 분변성 오염의 지표로 사용되는 미생물로, 사람이나 동물의 배설물에 의한 오염을 판단하는 지표로 사용되는 미생물이나 세균 등을 의미한다.

정답 43 ③ 44 ④ 45 ① 46 ① 47 ③ 48 ①

49 경구 감염병과 비교할 때 세균성 식중독의 특징은?

① 2차 감염이 잘 일어난다.

② 경구 감염병보다 잠복기가 길다.

③ 면역이 생긴다.

④ 많은 양의 균으로 발병한다.

해설

> 세균성 식중독의 특징
- 많은 양의 균으로 발병한다.
- 잠복기가 짧다.
- 2차 감염은 거의 일어나지 않는다.
- 면역이 생기지 않는다.
- 원인균의 검출은 비교적 쉽다.

50 제과점에서 일을 해도 상관없는 사람은?

① 세균성 식중독 환자

② 피부병 환자

③ 후천성 면역 결핍증 환자

④ 결핵 환자

해설

결핵(비감염성 제외), 피부병 또는 화농성 질환, 후천성 면역 결핍증(성매매감염병에 관한 건강진단을 받아야 하는 영업에 종사하는 사람)은 식품 영업에 종사할 수 없다.

51 케이크 제조에 사용되는 계란의 역할이 아닌 것은?

① 팽창 작용

② 결합제 역할

③ 유화제 역할

④ 글루텐 형성

해설

케이크 제조에서는 최대한 글루텐을 형성하지 않도록 해야 부드러운 케이크를 만들 수 있다.

52 단체급식에서 고등어를 이용하여 동물성 단백질을 30[g] 섭취하고자 한다. 고등어의 1일 배식량은 얼마인가? (단, 고등어의 단백질 함량은 18[%]로 계산한다.)

① 167[g]　　② 150[g]

③ 120[g]　　④ 100[g]

해설

$30 \div 0.18 ≒ 167[g]$

53 코코아에 대한 설명으로 틀린 것은?

① 코코아의 종류는 천연코코아와 더치코코아가 있다.

② 더치코코아는 알칼리 처리하여 만든다.

③ 더치코코아는 색상이 진하고 물에 잘 분산된다.

④ 천연코코아는 중성을, 더치코코아는 알칼리성을 나타낸다.

해설

코코아는 초콜릿의 원료가 되는 카카오 페이스트를 압착하여 카카오버터를 제거하고 분쇄한 것이다.
- **천연코코아** : 붉은 갈색을 띠며 신맛과 냄새가 강하고 기름기가 적으며, 산이 남아 있어 베이킹소다와 사용할 경우 팽창제 역할을 하며, 물에 잘 섞이지 않아 음료용보다는 과자나 케이크 등에 사용한다.
- **더치코코아** : 천연코코아에 비해 색이 진하며 천연코코아의 산을 중화시키기 위해 알칼리 처리된 코코아로 물과 잘 섞이고 쓴맛과 떫은맛을 제거하고 풍미와 맛이 개선된다.

기출복원문제

54 화농성 질환의 작업자가 작업에 종사할 때 발생할 수 있는 식중독은?

① 알레르기(Allergy)성 식중독
② 포도상구균(Staphylococcus) 식중독
③ 살모넬라(Salmonella) 식중독
④ 보툴리누스(Botulinus) 식중독

해설

포도상구균은 그람양성, 통성혐기성 무아포균으로 자연계에 널리 분포하며 자연환경에 저항성이 강하다. 사람과 동물에서 피부, 장관 내 등 거의 모든 조직이나 기관에 침투하여 특히 인간에게 감염되면 세포 괴사 또는 화농성 염증을 유발한다. 공기, 토양 등에 널리 분포하며 특히 단백질, 탄수화물이 많은 식품에 오염된 가능성이 매우 높다.

55 잎을 건조시켜 만든 향신료는?

① 메이스 ② 오레가노
③ 넛메그 ④ 계피

해설

오레가노는 따뜻한 지중해 지역에서 자생하는 식물로 잎을 말려서 허브로 사용한다.

56 다음 중 전분당이 아닌 것은?

① 이성화당 ② 설탕
③ 포도당 ④ 물엿

해설

전분당이란 전분을 가수분해하여 얻는 당을 말하며, 포도당, 물엿, 이성화당 등이 있다.

57 HACCP 적용 7원칙이 아닌 것은?

① 위해요소 분석 ② 한계기준
③ 개선조치 ④ HACCP팀 구성

해설

HACCP팀 구성은 HACCP 준비 5단계에 해당한다.

58 이스트 푸드의 구성 성분 중 칼슘염의 중요 기능은?

① 물 조절제의 역할을 한다.
② 이스트의 성장에 필요하다.
③ 반죽에 신장성을 준다.
④ 오븐 팽창이 커진다.

해설

이스트 푸드의 칼슘염은 물의 경도를 조절하는 물 조절제로 사용되며 인산칼슘, 황산칼슘, 과산화칼슘이 있다.

59 산양, 양, 돼지, 소에게 감염되면 유산을 일으키고 인체 감염 시 고열이 주기적으로 일어나는 인수공통감염병은?

① 신증후군출혈열 ② 공수병
③ 파상열 ④ 광우병

해설

파상열은 브루셀라균의 감염으로 발생되는 인수공통감염병으로 소에게는 유산, 사람에게는 열성 질환을 일으킨다.

60 식품과 부패에 관여하는 주요 미생물의 연결이 옳지 않은 것은?

① 땅콩 – 세균 ② 육류 – 세균
③ 곡류 – 곰팡이 ④ 통조림 – 포자형성세균

해설

땅콩은 곰팡이에 의해 부패한다.

01 다음 중 25분 동안 동일한 분할량의 식빵 반죽을 구웠을 때 수분 함량이 가장 많은 굽기 온도는?

① 190[℃] ② 200[℃]
③ 210[℃] ④ 220[℃]

굽는 시간이 동일한 경우는 굽는 온도가 낮을수록 식빵 완제품의 수분 함량이 많다.

02 제빵에서 물의 양이 적량보다 적을 경우 나타나는 결과와 거리가 먼 것은?

① 수율이 낮다. ② 향이 강하다.
③ 부피가 크다. ④ 노화가 빠르다.

물의 양이 적량보다 적으면 가스 보유력이 떨어져 완제품의 부피가 작다.

03 냉동 제품에 대한 설명 중 틀린 것은?

① 저장기간이 길수록 품질 저하가 일어난다.
② 상대습도를 100[%]로 하여 해동한다.
③ 냉동 반죽의 분할량이 크면 좋지 않다.
④ 수분이 결빙할 때 다량의 잠열을 요구한다.

냉동 제품은 냉장 해동을 시키므로 상대습도는 60 ~ 80[%]로 유지한다.

04 중간 발효가 필요한 주된 이유는?

① 탄력성을 약화시키기 위하여
② 모양을 일정하게 하기 위하여
③ 반죽 온도를 낮게 하기 위하여
④ 반죽에 유연성을 부여하기 위하여

중간 발효는 반죽에 유연성을 부여해서 성형을 용이하게 하기 위함이다.

05 오버헤드 프루퍼(Overhead proofer)는 어떤 공정을 행하기 위해 사용하는 것인가?

① 분할 ② 둥글리기
③ 중간 발효 ④ 정형

오버헤드 프루퍼(Overhead proofer)의 뜻은 머리 위에 설치한 중간 발효기를 의미한다.

06 식빵 밑바닥이 움푹 파인 결점에 대한 원인이 아닌 것은?

① 굽는 처음 단계에서 오븐열이 너무 낮았을 경우
② 바닥면에 구멍이 없는 팬을 사용한 경우
③ 반죽기의 회전 속도가 느려 반죽이 언더믹스된 경우
④ 2차 발효를 너무 초과했을 경우

굽기 초기의 오븐 온도가 너무 높으면 식빵 밑바닥이 움푹 파인다.

07 제빵에서 중간 발효의 목적이 아닌 것은?

① 반죽을 하나의 표피로 만든다.

② 분할 공정으로 잃었던 가스의 일부를 다시 보완시킨다.

③ 반죽의 글루텐을 회복시킨다.

④ 정형 과정 중 찢어지거나 터지는 현상을 방지한다.

> **해설**
>
> 반죽을 하나의 표피로 만드는 공정은 믹싱 후나 둥글리기 할 때이다.

08 ppm을 나타낸 것으로 옳은 것은?

① g당 중량 백분율

② g당 중량 만분율

③ g당 중량 십만분율

④ g당 중량 백만분율

> **해설**
>
> ppm이란 part per million의 약자로 g당 중량 백만분율을 의미한다.

09 발효 손실에 관한 설명으로 틀린 것은?

① 반죽 온도가 높으면 발효 손실이 크다.

② 발효 시간이 길면 발효 손실이 크다.

③ 고율 배합일수록 발효 손실이 크다.

④ 발효 습도가 낮으면 발효 손실이 크다.

> **해설**
>
> 고율 배합일수록 이스트의 발효력이 떨어져 발효 손실이 적다.

10 빵을 포장할 때 가장 적합한 빵의 온도와 수분 함량은?

① 30[℃], 30[%]　　② 35[℃], 38[%]

③ 42[℃], 45[%]　　④ 48[℃], 55[%]

> **해설**
>
> 포장 온도는 35 ～ 40[℃]가 적합하며, 수분 함량은 38[%]가 좋다.

11 생산관리의 3대 요소에 해당하지 않는 것은?

① 시장(Market)　　② 사람(Man)

③ 재료(Material)　　④ 자금(Money)

> **해설**
>
> • 생산 1차 관리 : 사람, 재료, 자금
> • 생산 2차 관리 : 방법, 시간, 기계, 시장

12 제빵용 팬 기름에 대한 설명으로 틀린 것은?

① 종류에 상관없이 발연점이 낮아야 한다.

② 백색광유(Mineral oil)도 사용된다.

③ 정제 라드, 식물유, 혼합유도 사용된다.

④ 과다하게 칠하면 밑껍질이 두껍고 어둡게 된다.

> **해설**
>
> 제빵용 팬 기름은 푸른 연기가 발생하는 발연점이 높아야 한다.

13 제빵에 있어 2차 발효실의 습도가 너무 높을 때 일어날 수 있는 결점은?

① 겉껍질 형성이 빠르다.

② 오븐 팽창이 적어진다.

③ 껍질색이 불균일해진다.

④ 수포가 생성되고 질긴 껍질이 되기 쉽다.

 해설

➡ 2차 발효실의 습도가 높을 경우
- 제품의 윗면이 납작해진다.
- 껍질에 수포가 생긴다.
- 껍질이 질겨진다.
- 껍질에 반점이나 줄무늬가 생긴다.

14 최종 제품의 부피가 정상보다 클 경우의 원인이 아닌 것은?

① 2차 발효의 효과

② 소금 사용량 과다

③ 분할량 과다

④ 낮은 오븐 온도

해설

소금을 많이 사용하면 삼투압이 높아져 이스트의 활성이 떨어지므로 완제품의 부피가 작아진다.

15 식빵 제조 시 불 사용량 1,000[g], 계산된 물 온도 −7[℃], 수돗물 온도 20[℃]의 조건이라면 얼음 사용량은?

① 50[g]　　　② 130[g]

③ 270[g]　　　④ 410[g]

해설

$$얼음\ 사용량 = \frac{물\ 사용량 \times (수돗물\ 온도 - 계산된\ 물\ 온도)}{80 + 수돗물\ 온도}$$
$$= \frac{1,000 \times \{20 - (-7)\}}{80 + 20}$$
$$= 270[g]$$

16 데니시 페이스트리에서 롤인 유지 함량 및 접기 횟수에 대한 내용 중 틀린 것은?

① 롤인 유지 함량이 증가할수록 제품 부피는 증가한다.

② 롤인 유지 함량이 적어지면 같은 접기 횟수에서 제품의 부피가 감소한다.

③ 같은 롤인 유지 함량에서는 접기 횟수가 증가할수록 부피는 증가하다 최고점을 지나면 감소한다.

④ 롤인 유지 함량이 많은 것이 롤인 유지 함량이 적은 것보다 접기 횟수가 증가함에 따라 부피가 증가하다가 최고점을 지나면 감소하는 현상이 현저하다.

해설

접기 횟수가 증가함에 따라 부피가 증가하다가 최고점을 지나면 감소하는 현상이 서서히 일어난다.

17 빵 반죽의 흡수에 대한 설명으로 잘못된 것은?

① 반죽 온도가 높아지면 흡수율이 감소된다.

② 연수는 경수보다 흡수율이 증가한다.

③ 설탕 사용량이 많아지면 흡수율이 감소된다.

④ 손상전분이 적량 이상이면 흡수율이 증가한다.

해설

경수는 연수보다 흡수율이 증가한다.

18 둥글기기(Rounding) 공정에 대한 설명으로 틀린 것은?

① 덧가루, 분할기 기름을 최대로 사용한다.

② 손 분할, 기계 분할이 있다.

③ 분할기의 종류는 제품에 적합한 기종을 선택한다.

④ 둥글기기 과정 중 큰 기포는 제거되고 반죽 온도가 균일화된다.

해설

둥글기기 과정에서 덧가루 사용은 적어야 한다.

19 다음 중 쿠키의 퍼짐이 작아지는 원인이 아닌 것은?

① 반죽에 아주 미세한 입자의 설탕을 사용한다.

② 믹싱을 많이 하여 글루텐이 많아졌다.

③ 오븐 온도를 낮게 하여 굽는다.

④ 반죽의 유지 함량이 적고 산성이다.

해설

오븐 온도가 낮으면 쿠키의 퍼짐이 심해진다.

20 스펀지 도우법에서 스펀지의 표준온도로 가장 적합한 것은?

① 18 ~ 20[℃]　　② 23 ~ 25[℃]

③ 27 ~ 29[℃]　　④ 30 ~ 32[℃]

해설

스펀지 도우법에서 스펀지 반죽 온도는 24[℃]이고, 본 반죽 온도는 27[℃]이다.

21 냉동 반죽법의 단점이 아닌 것은?

① 휴일 작업에 미리 대처할 수 없다.

② 이스트가 죽어 가스 발생력이 떨어진다.

③ 가스 보유력이 떨어진다.

④ 반죽이 퍼지기 쉽다.

해설

휴일 작업에 미리 대처할 수 있는 것이 냉동 반죽법의 장점이다.

22 다음 중 발효에 미치는 영향이 가장 적은 것은?

① 이스트 양　　② 온도

③ 소금　　④ 유지

해설

유지는 가스 보유력에 영향을 미친다.

23 페이스트리 성형 자동 밀대(파이롤러)에 대한 설명 중 맞는 것은?

① 기계를 사용하므로 밀어 펴기의 반죽과 유지와의 경도는 가급적 다른 것이 좋다.

② 기계에 반죽이 달라붙는 것을 막기 위해 덧가루를 많이 사용한다.

③ 기계를 사용하여 반죽과 유지는 따로따로 밀어서 편 뒤 감싸서 밀어 펴기를 한다.

④ 냉동 휴지 후 밀어 펴면 유지가 굳어 갈라지므로 냉장 휴지를 하는 것이 좋다.

해설

반죽과 유지의 경도를 같게 하고, 반죽의 성형을 용이하게 하기 위해 냉장 휴지를 한다.

정답 18 ①　19 ③　20 ②　21 ①　22 ④　23 ④

24 팬닝 시 주의할 사항으로 적합하지 않은 것은?

① 팬닝 전 온도를 적정하고 고르게 한다.

② 틀이나 철판의 온도를 25[℃]로 맞춘다.

③ 반죽의 이음매가 틀의 바닥에 늘이도록 팬닝한다.

④ 반죽의 무게와 상태를 정하여 비용적에 맞추어 적당한 반죽량을 넣는다.

해설

틀이나 철판의 온도는 32[℃]로 맞춘다.

25 생산액이 2,000,000원, 외부가치가 1,000,000원, 생산가치가 500,000원, 인건비가 800,000원일 때 생산가치율은?

① 20[%]   ② 25[%]

③ 35[%]   ④ 40[%]

해설

$$생산가치율 = \frac{생산가치}{생산액} \times 100[\%]$$
$$= \frac{500,000}{2,000,000} \times 100 = 25[\%]$$

26 오븐 온도가 낮을 때 제품에 미치는 영향은?

① 2차 발효가 지나친 것과 같은 현상이 나타난다.

② 껍질이 급격히 형성된다.

③ 제품의 옆면이 터지는 현상이 생긴다.

④ 제품의 부피가 작아진다.

해설

❷ 오븐 온도가 낮을 때 미치는 영향

• 껍질이 잘 형성되지 않는다.

• 제품의 부피가 크다.

• 굽기 손실 비율이 크다.

• 풍미가 떨어지고 껍질이 두꺼워진다.

27 반죽법에 대한 설명 중 틀린 것은?

① 스펀지법은 반죽을 2번에 나누어 믹싱하는 방법으로 중종법이라고 한다.

② 직접법은 스트레이트법이라고 하며, 전 재료를 한번에 넣고 반죽하는 방법이다.

③ 비상 반죽법은 제조 시간을 단축할 목적으로 사용하는 반죽법이다.

④ 재반죽법은 직접법의 변형으로 스트레이트법의 장점을 이용한 방법이다.

해설

재반죽법은 직접법의 변형으로 스펀지법의 장점을 이용한 방법이다.

28 냉동 반죽법의 냉동과 해동방법으로 옳은 것은?

① 급속 냉동, 급속 해동

② 급속 냉동, 완만 해동

③ 완만 냉동, 급속 해동

④ 완만 냉동, 완만해동

해설

이스트와 글루텐의 냉해를 막기 위해 급속 냉동시키고, 반죽의 균일한 발효상태를 유도하기 위해 완만 해동을 한다.

29 포장 전 빵의 온도가 너무 낮을 때는 어떤 현상이 일어나는가?

① 노화가 빨라진다.

② 썰기(Slice)가 나쁘다.

③ 포장지에 수분이 응축된다.

④ 곰팡이, 박테리아의 번식이 용이하다.

해설

낮은 온도에서 포장하면 노화가 빨라지고 껍질이 건조된다.

기출복원문제

30 다음 중 빵의 부피가 가장 크게 되는 경우는 어느 것인가?

① 숙성이 안 된 밀가루를 사용할 때

② 물을 적게 사용할 때

③ 반죽이 지나치게 믹싱되었을 때

④ 발효가 더 되었을 때

해설

발효가 더 되면 빵 반죽을 팽창시키는 발효 산물이 많이 발생되어 오븐 스프링을 일으킨다.

31 생란의 수분 함량이 72[%]이고, 분말계란의 수분 함량이 4[%]라면, 생란 200[kg]으로 만들어지는 분말계란 중량은?

① 52.8[kg]　　② 54.3[kg]

③ 56.8[kg]　　④ 58.3[kg]

해설

• 생란의 고형분 : 생란 × 28[%] = 200[kg] × 0.28 = 56[kg]

• 수분 함량이 4[%]인 분말계란의 고형분 : 1 − 4[%]

∴ $56 \div \left(1 - \dfrac{4}{100}\right) = 56 \div 0.96 ≒ 58.3[kg]$

32 단백질을 분해하는 효소는?

① 아밀라아제(Amylase)

② 리파아제(Lipase)

③ 프로테아제(Protease)

④ 치마아제(Zymase)

해설

① 아밀라아제(Amylase) : 탄수화물 분해 효소

② 리파아제(Lipase) : 지방 분해 효소

③ 프로테아제(Protease) : 단백질 분해 효소

④ 치마아제(Zymase) : 포도당과 갈락토오스, 과당과 같은 단당류를 알코올과 이산화탄소로 분해시키는 효소

33 우유에 함유된 질소 화합물 중 가장 많은 양을 차지하는 것은?

① 시스테인　　② 글리아딘

③ 카제인　　　④ 락토알부민

해설

질소 화합물은 단백질을 가리키며, 우유의 단백질 중 카제인은 80[%]이다.

34 지방은 지방산과 무엇이 결합하여 이루어지는가?

① 아미노산　　② 나트륨

③ 글리세롤　　④ 리보오스

해설

지방은 탄소(C), 수소(H), 산소(O)의 3원소로 구성된 유기 화합물로 3분자의 지방산과 1분자의 글리세린(글리세롤)이 결합되어 만들어진 에스테르, 즉 트리글리세리드이다.

35 강력분의 특성으로 틀린 것은?

① 중력분에 비해 단백질 함량이 많다.

② 박력분에 비해 글루텐 함량이 적다.

③ 박력분에 비해 점탄성이 크다.

④ 경질소맥을 원료로 한다.

해설

글루텐은 단백질의 질과 함량에 의해 결정된다.

• 박력분 단백질 함량 : 7 ~ 9[%]

• 중력분 단백질 함량 : 9.1 ~ 10.0[%]

• 강력분 단백질 함량 : 11.5 ~ 13.0[%]

36 생이스트(Fresh yeast)에 대한 설명으로 틀린 것은?

① 중량의 65 ~ 70[%]가 수분이다.

② 20[℃] 정도의 상온에서 보관해야 한다.

③ 자기소화를 일으키기 쉽다.

④ 곰팡이 등의 배지 역할을 할 수 있다.

해설

5[℃] 정도의 냉장 온도에서 보관한다.

37 다음 중 이당류가 아닌 것은?

① 포도당   ② 맥아당

③ 설탕   ④ 유당

해설

▶ 이당류 : 자당, 유당, 맥아당

38 다음과 같은 조건에서 나타나는 현상과 밑줄 친 물질을 바르게 연결한 것은?

> 초콜릿의 보관방법이 적절치 않아 공기 중의 수분이 표면에 부착한 뒤 그 수분이 증발해 버려 어떤 물질이 결정 형태로 남아 흰색이 나타났다.

① 팻 블룸(Fat bloom) – 카카오매스

② 팻 블룸(Fat bloom) 글리세린

③ 슈가 블룸(Sugar bloom) – 카카오버터

④ 슈가 블룸(Sugar bloom) – 설탕

해설

템퍼링이 잘못되면 카카오버터에 의한 팻 블룸이, 보관이 잘못되면 설탕에 의한 슈가 블룸이 생긴다.

39 패리노그래프(Farinograph)의 기능 및 특징이 아닌 것은?

① 흡수율 측정

② 믹싱 시간 측정

③ 500[B.U.]를 중심으로 그래프 작성

④ 전분 호화력 측정

해설

• 패리노그래프 : 밀가루의 흡수율, 글루텐의 질, 믹싱 시간 측정, 500[B.U.]를 중심으로 그래프 작성
• 아밀로그래프 : 밀가루의 호화 정도 측정

40 일반적으로 양질의 빵 속을 만들기 위한 아밀로그래프의 범위는?

① 0 ~ 150[B.U.]   ② 200 ~ 300[B.U.]

③ 400 ~ 600[B.U.]   ④ 800 ~ 1000[B.U.]

해설

양질의 빵 속을 만들기 위한 전분의 호화력을 그래프 곡선으로 나타내면 400 ~ 600[B.U.]이다.

41 다음 중 유지의 경화 공정과 관계가 없는 물질은?

① 불포화지방산   ② 수소

③ 콜레스테롤   ④ 촉매제

해설

유지의 경화란 불포화지방산에 니켈을 촉매로 수소를 첨가하여 지방의 불포화도를 감소시킨 것을 가리킨다.

42 다음 중 정제당이 아닌 것은?

① 물엿 　　　② 분당
③ 전화당 　　④ 액당

> **해설**
>
> 전분당은 전분을 가수분해하여 얻는 당으로 물엿, 포도당, 이성화당이 이에 속한다.

43 영구적 경수(센물)를 사용할 때의 조치로 잘못된 것은?

① 소금 증가 　　② 효소 강화
③ 이스트 증가 　④ 광물질 감소

> **해설**
>
> 경수는 미네랄 함량이 많이 들어 있어 이스트 푸드, 소금을 감소시킨다.

44 다음 중 글레이즈(Glaze) 사용 시 가장 적합한 온도는?

① 15[℃] 　　② 25[℃]
③ 35[℃] 　　④ 45[℃]

> **해설**
>
> 도넛 글레이즈는 43 ~ 50[℃]가 좋다.

45 다음 중 찬물에 잘 녹는 것은?

① 한천(Agar) 　　② 씨엠씨(CMC)
③ 젤라틴(Gelatin) 　④ 일반 펙틴(Pectin)

> **해설**
>
> 씨엠씨는 식물의 뿌리에 있는 셀룰로오스에서 추출하며, 냉수에 쉽게 팽윤된다.

46 비타민과 생체에서의 주요 기능이 잘못 연결된 것은?

① 비타민 B_1 – 당질 대사의 보조 효소
② 나이아신 – 항펠라그라(Pellagra) 인자
③ 비타민 K – 혈액 응고 인자
④ 비타민 A – 항빈혈 인자

> **해설**
>
> ❯ 비타민 A : 야맹증, 각막연화증, 건조성 안염, 발육지연

47 유당불내증이 있을 경우 소장 내에서 분해가 되어 생성되지 못하는 단당류는?

① 설탕(Sucrose)
② 맥아당(Maltose)
③ 과당(Fructose)
④ 갈락토오스(Galactose)

> **해설**
>
> 유당은 소장에서 분해가 되어 포도당과 갈락토오스를 생성한다.

48 한 개의 무게가 50[g]인 과자가 있다. 이 과자 100[g] 중에 탄수화물 70[g], 단백질 5[g], 지방 15[g], 무기질 4[g], 물 6[g]이 들어 있다면 이 과자 10개를 먹을 때 얼마의 열량을 낼 수 있는가?

① 1,230[kcal] 　　② 1,800[kcal]
③ 2,175[kcal] 　　④ 2,750[kcal]

> **해설**
>
> {(탄수화물 × 4) + (단백질 × 4) + (지방 × 9)} ÷ 2 × 10
> = {(70 × 4) + (5 × 4) + (15 × 9)} ÷ 2 × 10
> = 2,175[kcal]

49 다음 중 효소와 활성물질이 잘못 짝지어진 것은?

① 펩신 – 염산

② 트립신 – 트립신 활성 효소

③ 트립시노겐 – 지방산

④ 키모트립신 – 트립신

> **해설**
>
> 트립시노겐은 단백질 분해 효소의 한 가지로 소장에서 분비되는 엔테로키나아제로 활성화되고 트립신으로 변한다. 트립신은 키모트립시노겐과 프로카르복시펩티다아제로 활성화한다.

50 다음 중 인체 내에서 합성할 수 없으므로 식품으로 섭취해야 하는 지방산이 아닌 것은?

① 리놀레산(Linoleic acid)

② 리놀렌산(Linolenic acid)

③ 올레산(Oleic acid)

④ 아라키돈산(Arachidonic acid)

> **해설**
>
> 필수 지방산에는 리놀레산, 리놀렌산, 아라키돈산이 해당된다. 불포화지방산은 탄소와 탄소의 결합인 이중결합이 한 개 이상 있는 지방산을 말하며, 식용유지의 대표적 지방산인 올레산은 필수 지방산이 아니다.

51 다음 중 곰팡이 독이 아닌 것은?

① 아플라톡신   ② 시트리닌

③ 삭시톡신   ④ 파툴린

> **해설**
>
> ❯ 섭조개, 대합 : 삭시톡신

52 다음에서 설명하는 균은?

> • 식품 중에 증식하여 엔테로톡신(Enterotoxin) 생산
> • 잠복기는 평균 3시간, 감염원은 화농소
> • 주요 증상은 구토, 복통, 설사

① 살모넬라균

② 포도상구균

③ 클로스트리디움 보툴리눔

④ 장염 비브리오균

> **해설**
>
> ❯ 포도상구균 : 화농의 황색포도상구균으로 독소는 엔테로톡신이다. 구토, 복통, 설사 증상이 나타나며 잠복기는 짧다.

53 밀가루 등으로 오인되어 식중독이 유발된 사례가 있으며 습진성 피부질환 등의 증상을 보이는 것은?

① 수은   ② 비소

③ 납   ④ 아연

> **해설**
>
> • 수은 : 미나마타병
> • 비소 : 피부 발진, 탈모
> • 아연 : 구토, 설사, 복통
> • 카드뮴 : 이타이이타이병

54 저장미에 발생한 곰팡이가 원인이 되는 황변미 현상을 방지하기 위한 수분 함량은?

① 13[%] 이하   ② 14 ~ 15[%]

③ 15 ~ 17[%]   ④ 17[%] 이상

> **해설**
>
> 저장미의 수분 함량은 13[%] 이하가 적당하다.

기출복원문제

55 단백질 식품이 미생물의 분해 작용에 의하여 형태, 색택, 경도, 맛 등의 본래의 성질을 잃고 악취를 발생하거나 유해 물질을 생성하여 먹을 수 없게 되는 현상은?

① 변패   ② 산패
③ 부패   ④ 발효

> **해설**
> ① **변패** : 탄수화물, 지방 식품이 미생물의 분해 작용으로 맛이나 냄새가 변하는 현상
> ② **산패** : 지방의 산화 등에 의해 악취나 변색이 일어나는 현상
> ④ **발효** : 식품에 미생물이 번식하여 식품의 성질이 변화를 일으키는 현상으로, 그 변화가 인체에 유익한 경우를 말한다.

56 미생물에 의한 부패나 변질을 방지하고 화학적인 변화를 억제하며 보존성을 높이고 영양가 및 신선도를 유지하는 목적으로 첨가하는 것은?

① 감미료   ② 보존료
③ 산미료   ④ 조미료

> **해설**
> 보존료는 미생물의 번식으로 인한 식품의 변질을 방지하기 위해 사용되는 첨가물이다. 무미, 무취이며 독성이 없고 장기적으로 사용해도 인체에 무해해야 한다.

57 다음 중 일반적으로 잠복기가 가장 긴 것은?

① 유행성간염   ② 디프테리아
③ 페스트   ④ 세균성이질

> **해설**
> 유행성간염의 잠복기는 20 ~ 25일로 경구 감염병 중에서 가장 길다.

58 인수공통감염병 중 오염된 우유나 유제품을 통해 사람에게 감염되는 것은?

① 탄저   ② 결핵
③ 야토병   ④ 구제역

> **해설**
> 결핵은 병에 걸린 소의 유즙이나 유제품을 거쳐 사람에게 경구적으로 감염되며, 잠복기는 불명이다.

59 다음 중 감염형 식중독을 일으키는 것은?

① 보툴리누스균
② 살모넬라균
③ 포도상구균
④ 고초균

> **해설**
> ▶ **감염형 식중독** : 살모넬라균, 장염 비브리오균, 병원성 대장균

60 빵 및 케이크류에 사용이 허가된 보존료는?

① 탄산수소나트륨
② 포름알데히드
③ 탄산암모늄
④ 프로피온산

> **해설**
> 프로피온산칼슘, 프로피온산나트륨은 빵과 과자류의 보존료이다.

01 다음 중 발효 시간을 연장시켜야 하는 경우는?

① 식빵 반죽 온도가 27[℃]이다.
② 발효실 온도가 24[℃]이다.
③ 이스트 푸드가 충분하다.
④ 1차 발효실 상대습도가 80[%]이다.

> **해설**
>
> 1차 발효실의 상대습도는 75 ~ 85[%] 정도이며, 반죽 온도는 27[℃]이고, 2차 발효실의 온도는 35 ~ 40[℃]이며, 습도는 85 ~ 90[%]가 적합하다.

02 제빵 시 굽기 단계에서 일어나는 반응에 대한 설명으로 틀린 것은?

① 반죽 온도가 60[℃]로 오르기까지 효소의 작용이 활발해지고 휘발성 물질이 증가한다.
② 글루텐은 90[℃]부터 굳기 시작하여 빵이 다 구워질 때까지 천천히 계속된다.
③ 반죽 온도가 60[℃]에 가까워지면 이스트가 죽기 시작한다. 그와 함께 전분이 호화하기 시작한다.
④ 표피 부분이 160[℃]를 넘어서면 당과 아미노산이 메일라드 반응을 일으켜 멜라노이드를 만들고, 당의 캐러멜화 반응이 일어나고 전분이 덱스트린으로 분해된다.

> **해설**
>
> 단백질의 변성 온도는 74[℃]이다.

03 어느 제과점의 이번 달 생산 예상 총액이 1,000만원인 경우 목표 노동생산성은 5,000원/시/인, 생산가동 일수는 20일, 1일 작업 시간이 10시간인 경우 소요 인원은?

① 4명   ② 6명
③ 8명   ④ 10명

> **해설**
>
> 1인당 20일간 생산액 = 5,000 × 10 × 20 = 1,000,000원
> ∴ 10,000,000 ÷ 1,000,000 = 10명

04 냉각으로 인한 빵 속의 수분 함량으로 적당한 것은?

① 약 5[%]   ② 약 15[%]
③ 약 25[%]   ④ 약 38[%]

> **해설**
>
> 빵을 절단, 포장하기에 적당한 온도는 35 ~ 40[℃]이며, 수분 함량은 38[%]가 좋다.

05 다음 제품 중 2차 발효실의 습도를 가장 높게 설정해야 되는 것은?

① 호밀빵   ② 햄버거빵
③ 불란서빵   ④ 빵도넛

> **해설**
>
> 햄버거빵은 발효 온도 38 ~ 40[℃], 상대습도 85 ~ 90[%]로 설정해야 한다. 호밀빵은 75 ~ 80[%], 불란서빵은 75 ~ 80[%], 빵도넛은 50[%]이다.

06 노타임 반죽에 사용되는 산화, 환원제의 종류가 아닌 것은?

① ADA(azodicarbonamide)

② L-시스테인

③ 소르브산

④ 요오드칼슘

> **해설**
>
> 노타임법의 산화제로는 브롬산칼륨, 요오드칼륨, 비타민 C, ADA를 사용하며, 환원제로는 L-시스테인, 소르브산, 중아황산염, 푸마르산 등을 주로 사용한다.

07 80[%] 스펀지에서 전체 밀가루가 2,000[g], 전체 가수율이 63[%]인 경우 스펀지에 55[%]의 물을 사용하였다면 본 반죽에 사용할 물의 양은?

① 380[g]

② 760[g]

③ 1,140[g]

④ 1,260[g]

> **해설**
>
> • 반죽 전체에 사용하는 물의 양
>   = 2,000 × 0.63 = 1,260[g]
> • 스펀지에 사용하는 밀가루의 양
>   = 2,000 × 0.8 = 1,600[g]
> • 스펀지에 사용하는 물 = 1,600 × 0.55 = 880[g]
> ∴ 본 반죽에 사용할 물의 양 = 1,260 − 880 = 380[g]

08 어린 반죽(발효가 덜 된 반죽)으로 제조를 할 경우 중간 발효 시간은 어떻게 조절되는가?

① 길어진다.　　② 짧아진다.

③ 같다.　　　　④ 판단할 수 없다.

> **해설**
>
> 어린 반죽으로 제조할 경우 중간 발효 시간을 길게 한다.

09 다음 중 식빵에서 설탕이 과다할 경우 대응책으로 가장 적합한 것은?

① 소금양을 늘린다.

② 이스트 양을 늘린다.

③ 반죽 온도를 낮춘다.

④ 발효 시간을 줄인다.

> **해설**
>
> 설탕이 과다할 경우 가스 발생력이 약해져 발효 시간이 길어지므로 이스트의 양을 늘려 사용한다.

10 다음 중 둥글리기의 목적과 거리가 먼 것은?

① 공 모양의 일정한 모양을 만든다.

② 큰 가스는 제거하고 작은 가스는 고르게 분산시킨다.

③ 흐트러진 글루텐을 재정렬한다.

④ 방향성 물질을 생성하여 맛과 향을 좋게 한다.

> **해설**
>
> • 둥글리기의 목적은 자른 면의 점착성을 감소시키고 표피를 형성하여 탄력을 유지시키기 위한 것이다.
> • 발효의 목적은 반죽의 팽창 작용, 반죽의 숙성 작용, 빵의 풍미 생성 등이다.

11 건포도식빵 제조 시 2차 발효에 대한 설명으로 틀린 것은?

① 최적의 품질을 위해 2차 발효를 짧게 한다.

② 식감이 가볍고 잘 끊어지는 제품을 만들 때는 2차 발효를 약간 길게 한다.

③ 밀가루의 단백질의 질이 좋은 것일수록 오븐 스프링이 크다.

④ 100[%] 중종법보다 70[%] 중종법이 오븐 스프링이 좋다.

해설

- 2차 발효는 정형한 반죽을 발효실에 넣어 외형과 부피를 70 ～ 80[%]까지 부풀리는 작업으로 기본적인 요소는 온도, 습도, 시간이다.
- 스펀지 반죽에 밀가루의 양을 증가시킬 때 부피의 증대, 얇은 기공막, 부드러운 조직으로 품질이 좋아진다.
- 100[%] 중종법이 풍미와 식감이 좋다.

12 냉동 반죽의 해동을 높은 온도에서 빨리 할 경우 반죽의 표면에서 물이 나오는 드립(Drip) 현상이 발생하는데, 그 원인이 아닌 것은?

① 얼음 결정이 반죽의 세포를 파괴, 손상
② 반죽 내 수분의 빙결 분리
③ 단백질의 변성
④ 급속 냉동

해설

냉동 반죽을 급속 냉동하는 이유는 최대 얼음 결정 형성대를 빨리 통과시켜 반죽 내의 수분이 얼음 알갱이를 형성하는 것을 방지하기 위함이다.

13 제빵 생산의 원가를 계산하는 목적으로만 연결된 것은?

① 순이익과 총매출의 계산
② 이익 계산, 가격 결정, 원가관리
③ 노무비, 재료비, 경비 산출
④ 생산량 관리, 재고관리, 판매관리

해설

제빵 생산의 원가를 계산하는 목적은 이익 계산, 판매 가격 결정, 원재료, 부재료 관리 등으로 원가관리를 하는 데 있다.

14 다음 중 빵의 냉각 방법으로 가장 적합한 것은?

① 바람이 없는 실내에서 냉각
② 강한 송풍을 이용한 급랭
③ 냉동실에서 냉각
④ 수분 분사 방식

해설

자연 냉각은 가장 좋은 방법으로 실온에서 3 ～ 4시간 냉각한다.

15 식빵 제조 시 수돗물 온도 20[℃], 사용할 물 온도 10[℃], 사용할 물의 양이 4[kg]일 때 사용할 얼음량은?

① 100[g]   ② 200[g]
③ 300[g]   ④ 400[g]

해설

$$얼음 사용량 = \frac{물\ 사용량 \times (수돗물\ 온도 - 계산된\ 물\ 온도)}{80 + 수돗물\ 온도}$$
$$= \frac{4,000 \times (20 - 10)}{80 + 20}$$
$$= 400[g]$$

16 스펀지 젤리 롤을 만들 때 겉면이 터지는 결점에 대한 조치사항으로 올바르지 않은 것은?

① 설탕의 일부를 물엿으로 대치한다.
② 팽창제 사용량을 감소시킨다.
③ 계란 노른자를 감소시킨다.
④ 반죽의 비중을 증가시킨다.

해설

반죽의 비중을 증가시키면 제품의 기공이 조밀하고 조직이 단단해져 겉면이 터지게 된다.

17 2차 발효에 대한 설명으로 틀린 것은?

① 이산화탄소를 생성시켜 최대한의 부피를 얻고 글루텐을 신장시키는 과정이다.
② 2차 발효실의 온도는 반죽의 온도보다 같거나 높아야 한다.
③ 2차 발효실의 습도는 평균 75 ~ 90[%] 정도이다.
④ 2차 발효실의 습도가 높을 경우 겉껍질이 형성되고 터짐 현상이 발생한다.

해설

2차 발효실의 습도가 낮을 경우 부피가 작고 터짐 현상이 발생된다.

18 빵을 포장하려 할 때 가장 적합한 빵의 중심 온도와 수분 함량은?

① 30[℃], 30[%] ② 35[℃], 38[%]
③ 42[℃], 45[%] ④ 48[℃], 55[%]

해설

포장 시 제품의 온도가 35 ~ 40[℃]일 때 빨리 노화되지 않고 포장지에 수분이 생기지 않는 축적의 상태가 된다. 수분 함량은 38[%]가 좋다.

19 냉동빵 혼합(Mixing) 시 흔히 사용하고 있는 제법으로, 환원제로 시스테인(Cysteine)을 사용하는 제법은?

① 스트레이트법 ② 스펀지법
③ 액체 발효법 ④ 노타임법

해설

노타임법에서 환원제로 시스테인을 사용한다.

20 식빵 껍질 표면에 물집이 생긴 이유가 아닌 것은?

① 반죽이 질었다.
② 2차 발효실의 습도가 높았다.
③ 발효가 과하였다.
④ 오븐의 윗열이 너무 높았다.

해설

껍질 표면에 물집이 생긴 이유는 발효 부족, 성형기의 취급 부주의 등이 있다.

21 빵의 품질 평가 방법 중 내부 특성에 대한 평가항목이 아닌 것은?

① 기공 ② 속색
③ 조직 ④ 껍질의 특성

해설

• 외부적 평가 : 부피, 껍질색, 외피의 균형, 퍼짐성, 껍질 형성
• 식감평가 : 냄새, 맛

22 빵의 생산 시 고려해야 할 원가 요소와 가장 거리가 먼 것은?

① 재료비 ② 노무비
③ 경비 ④ 학술비

해설

직접 원가 요소는 재료비, 노무비, 경비이다.

23 다음 중 반죽이 매끈해지고 글루텐이 가장 많이 형성되어 탄력성이 강한 것이 특징이며, 프랑스빵 반죽의 믹싱 완료 시기인 단계는?

① 클린업 단계 ② 발전 단계
③ 최종 단계 ④ 렛 다운 단계

프랑스빵 반죽은 탄력성이 강한 발전 단계에서 믹싱을 완료한다.

24 분할된 반죽을 둥그렇게 말아 하나의 피막이 형성되도록 하는 기계는?

① 믹서(Mixer)
② 오버헤드 프루퍼(Overhead proofer)
③ 정형기(Moulder)
④ 라운더(Rounder)

둥글리기 하는 기계는 라운더이다.

25 식빵을 만드는 데 실내 온도 15[℃], 수돗물 온도 10[℃], 밀가루 온도 13[℃]일 때 믹싱 후의 반죽 온도가 21[℃]가 되었다면 이때 마찰계수는?

① 5   ② 10
③ 20   ④ 25

마찰계수
= (반죽 결과 온도 × 3) − (실내 온도 + 밀가루 온도 + 수돗물 온도)
= (21 × 3) − (15 + 13 + 10) = 25

26 팬 오일의 조건이 아닌 것은?

① 발연점이 130[℃] 성도 되는 기름을 사용한다.
② 산패되기 쉬운 지방산이 적어야 한다.
③ 보통 반죽 무게의 0.1 ~ 0.2[%]를 사용한다.
④ 면실유, 대두유 등의 기름이 이용된다.

팬 오일은 발연점이 210[℃] 이상 높은 것을 사용한다.

27 더운 여름에 얼음을 사용하여 반죽 온도 조절 시 계산 순서로 적합한 것은?

① 마찰계수 → 물 온도 계산 → 얼음 사용량
② 물 온도 계산 → 얼음 사용량 → 마찰계수
③ 얼음 사용량 → 마찰계수 → 물 온도 계산
④ 물 온도 계산 → 마찰계수 → 얼음 사용량

• 마찰계수 = (반죽 결과 온도 × 3) − (실내 온도 + 밀가루 온도 + 수돗물 온도)
• 사용할 물 온도 = (희망 온도 × 3) − (실내 온도 + 밀가루 온도 + 마찰계수)
• 얼음 사용량
$$= \frac{\text{사용할 물의 양} \times (\text{수돗물 온도} - \text{사용할 물 온도})}{80 + \text{수돗물 온도}}$$

28 다음 중 굽기 과정에서 일어나는 변화로 틀린 것은?

① 당의 캐러멜화와 갈변 반응으로 껍질색이 진해지며 특유의 향을 발생한다.
② 굽기가 완료되면 모든 미생물이 사멸하고 대부분의 효소도 불활성화가 된다.
③ 전분 입자는 팽윤과 호화의 변화를 일으켜 구조 형성을 한다.
④ 빵의 외부 층에 있는 전분이 내부 층의 전분보다 호화가 덜 진행된다.

빵의 외부 층에 있는 전분이 내부 층의 전분보다 호화가 더 진행된다.

기출복원문제

29 대형 공장에서 사용되고 온도 조절이 쉽다는 장점이 있는 반면에, 넓은 면적이 필요하고 열 손실이 큰 것이 결점인 오븐은?

① 회전식 오븐(Rack oven)
② 데크 오븐(Deck oven)
③ 터널식 오븐(Tunnel oven)
④ 릴 오븐(Reel oven)

해설
터널 오븐은 대형 공장에서 대량 생산에 사용하는데 열 손실이 단점이다.

30 액체 발효법에서 액종 발효 시 완충제 역할을 하는 재료는?

① 탈지분유
② 설탕
③ 소금
④ 쇼트닝

해설
액체 발효법에서 탈지분유는 완충제로, 쇼트닝은 소포제로 사용한다.

31 제빵에 가장 적합한 물의 광물질 함량은?

① 1 ~ 60[ppm]
② 60 ~ 120[ppm]
③ 120 ~ 180[ppm]
④ 180[ppm] 이상

해설
③ 아경수 : 121 ~ 180[ppm], 제빵에 가장 적합한 물
① 연수 : 0 ~ 60[ppm]
② 아연수 : 61 ~ 120[ppm]
④ 경수 : 180[ppm] 이상

32 아밀로그래프의 기능이 아닌 것은?

① 전분의 점도 측정
② 아밀라아제의 효소능력 측정
③ 점도를 B.U. 단위로 측정
④ 전분의 다소(多小) 측정

해설
• 아밀로그래프 : 밀가루의 α-아밀라아제의 호화를 측정한다. 즉, 전분의 점도를 측정한다.
• 패리노그래프 : 밀가루의 흡수율, 반죽의 내구성, 시간을 측정한다.
• 익스텐소그래프 : 반죽의 신장성에 대한 저항, 신장 내구성으로 발효 시간을 측정한다.

33 다음 중 유지를 구성하는 분자가 아닌 것은?

① 질소
② 수소
③ 탄소
④ 산소

해설
유지의 구성 분자는 탄소, 수소, 산소이다.

34 코코아(Cocoa)에 대한 설명 중 옳은 것은?

① 초콜릿 리큐어(Chocolate liquor)를 압착 건조한 것이다.
② 코코아버터(Cocoa butter)를 만들고 남은 박(Press cake)을 분쇄한 것이다.
③ 카카오닙스(Cacao nibs)를 건조한 것이다.
④ 비터 초콜릿(Bitter chocolate)을 건조, 분쇄한 것이다.

해설
코코아는 카카오박을 고운 분말로 만든 것이다.

35 다음 중 환원당이 아닌 당은?

① 포도당　　　　② 과당

③ 자당　　　　　④ 맥아당

자당은 비환원당이다.

36 유지의 크림성이 가장 중요한 제품은?

① 케이크　　　　② 쿠키

③ 식빵　　　　　④ 단과자빵

크림성이란 유지가 공기 포집을 하는 성질로, 크림법으로 제조하는 케이크 등의 제조에 이용된다.

37 제과 · 제빵에서 안정제의 기능이 아닌 것은?

① 파이 충전물의 증점제 역할을 한다.

② 제품의 수분 흡수율을 감소시킨다.

③ 아이싱의 끈적거림을 방지한다.

④ 토핑물을 부드럽게 만든다.

안정제는 흡수제로 노화 지연 효과가 있다.

38 아밀로펙틴이 요오드 정색 반응에서 나타내는 색은?

① 적자색　　　　② 청색

③ 황색　　　　　④ 흑색

요오드에 의해 아밀로오스는 청색 반응, 아밀로펙틴은 적자색 반응을 나타낸다.

39 계란 흰자 540[g]을 얻으려고 한다. 계란 한 개의 평균 무게가 60[g]이라면 몇 개의 계란이 필요한가?

① 10개　　　　　② 15개

③ 20개　　　　　④ 25개

계란은 껍질 10[%], 흰자 60[%], 노른자 30[%]로 구성되어 있다.

$540[g] : 60[\%] = x : 100[\%]$

$x = 54,000 \div 60 = 900[g]$

$\therefore 900[g] \div 60[g] = 15개$

40 다음 당류 중 일반적인 제빵용 이스트에 의하여 분해되지 않는 것은?

① 설탕　　　　　② 과당

③ 맥아당　　　　④ 유당

유당 분해 효소인 락타아제는 이스트에 들어 있지 않아 유당을 분해하지 못해 껍질색에 영향을 준다.

41 빵 반죽의 특성인 글루텐을 형성하는 밀가루의 단백질 중 탄력성과 가장 관계가 깊은 것은?

① 알부민(Albumin)

② 글로불린(Globulin)

③ 글루테닌(Glutenin)

④ 글리아딘(Gliadin)

글루텐의 단백질 중 글리아딘은 신장성에 관여하고, 글루테닌은 탄력성에 관여한다.

기출복원문제

42 설탕을 포도당과 과당으로 분해하는 효소는?

① 인버타아제(Invertase)
② 치마아제(Zymase)
③ 말타아제(Maltase)
④ 알파–아밀라아제(α–amylase)

해설

설탕은 인버타아제에 의해 포도당과 과당으로 분해된다.

43 다음 유제품 중 일반적으로 100[g]당 열량을 가장 많이 내는 것은?

① 요구르트　② 탈지분유
③ 가공 치즈　④ 시유

해설

가공 치즈는 자연 치즈에 버터, 분유 같은 유제품을 첨가한 제품으로 열량을 많이 낸다.

44 패리노그래프의 기능이 아닌 것은?

① 산화제 첨가 필요량 측정
② 밀가루의 흡수율 측정
③ 믹싱 시간 측정
④ 믹싱 내구성 측정

해설

▶ 패리노그래프 : 밀가루의 흡수율, 믹싱 시간, 믹싱 내구성 측정

45 다음 중 식물성 검류가 아닌 것은?

① 젤라틴　② 펙틴
③ 구아검　④ 아라비아검

해설

▶ 젤라틴 : 동물의 가죽이나 뼈에서 추출

46 팔미트산(16 : 0)이 모두 아세틸 CoA로 분해되려면 β–산화를 몇 번 반복하여야 하는가?

① 5번　② 6번
③ 7번　④ 8번

해설

지방산 사슬에서 탄소가 2개씩 절단되는 β–산화 과정을 통해서 아세틸 CoA로 분해된다. 팔미트산은 탄소가 16개이므로 총 7번의 β–산화 과정을 거쳐 8개의 아세틸 CoA를 생성하게 된다.

47 다음 중 단당류가 아닌 것은?

① 갈락토오스　② 포도당
③ 과당　④ 맥아당

해설

▶ 이당류 : 자당, 유당, 맥아당

48 비타민의 결핍증상이 잘못 짝지어진 것은?

① 비타민 B_1 – 각기병
② 비타민 C – 괴혈병
③ 비타민 B_2 – 야맹증
④ 나이아신 – 펠라그라

해설

비타민 B_2의 결핍증상은 구각구순염이고, 비타민 A의 결핍증상은 야맹증이다.

49 질병에 대한 저항력을 지닌 항체를 만드는 데 꼭 필요한 영양소는?

① 탄수화물 ② 지방
③ 칼슘 ④ 단백질

해설
항체는 면역계 항원의 자극에 의해 면역 세포에서 만들어지는 면역글로불린을 말하는 것으로, 아미노산결합에 의한 단백질이다.

50 다음 중 포화지방산을 가장 많이 함유하고 있는 식품은?

① 올리브유 ② 버터
③ 콩기름 ④ 홍화유

해설
탄소와 탄소 사이에 이중결합의 유무에 따라 포화지방산과 불포화지방산으로 분류한다. 동물성 유지에 다량 함유되어 있는 것이 포화지방산이다.

51 주로 단백질이 세균에 의해 분해되어 악취, 유해 물질을 생성하는 현상은?

① 발효 ② 부패
③ 변패 ④ 산패

해설
• **발효** : 식품에 미생물이 번식하여 식품의 성질이 변화를 일으키는 현상으로, 그 변화가 인체에 유익한 경우를 말한다.
• **부패** : 단백질 식품에 혐기성세균이 증식한 생물학적 요인에 의해 단백질이 분해되어 악취와 물질을 생성하는 현상이다.

52 탄수화물이 많이 든 식품을 고온에서 가열하거나 튀길 때 생성되는 발암성 물질은?

① 니트로사민(Nitrosamine)
② 다이옥신(Dioxine)
③ 벤조피렌(Benzopyrene)
④ 아크릴아마이드(Acrylamide)

해설
아크릴아마이드(Acrylamide)는 전분식품 가열 시 열에 의한 아미노산과 당의 결합 반응으로 생성된 발암성 화합물이다.

53 우리나라의 식품위생법에서 정하고 있는 내용이 아닌 것은?

① 건강기능식품의 검사
② 건강진단 및 위생교육
③ 조리사 및 영양사의 면허
④ 식중독에 관한 조사 보고

해설
건강기능식품에 대하여는 식품위생법에 따른 처벌을 배제한다.

54 다음 식품첨가물 중에서 보존제로 허용되지 않는 것은?

① 소르빈산칼륨 ② 말라카이트그린
③ 데히드로초산 ④ 안식향산나트륨

해설
• 보존료는 식품의 변질 및 부패를 방지하고 신선도를 유지하기 위해 사용된다.
• 식품첨가물 공전에서 허용되고 있는 보존제는 데히드로초산, 데히드로초산나트륨, 소르빈산, 소르빈산칼륨, 소르빈산칼슘, 안식향산, 안식향산나트륨, 프로피온산칼슘, 프로피온산나트륨, 파라옥시안식향산부틸, 이초산나트륨이다.

55 작업장의 방충 · 방서용 금속망의 그물로 적당한 크기는?

① 5[mesh]
② 10[mesh]
③ 15[mesh]
④ 30[mesh]

해설

작업장의 방충 · 방서용 금속망의 그물은 30[mesh]이다.

56 병원성 대장균 식중독의 가장 적합한 예방책은?

① 곡류의 수분을 10[%] 이하로 조정한다.
② 어류의 내장을 제거하고 충분히 세척한다.
③ 어패류는 민물로 깨끗이 씻는다.
④ 건강보균자나 환자의 분변오염을 방지한다.

해설

병원성 대장균의 식중독은 분변을 통해 감염된다.

57 다음 중 제1급 법정 감염병이 아닌 것은?

① 두창
② 페스트
③ 콜레라
④ 디프테리아

해설

콜레라는 제2급 감염병이다.
▶ **제1급 감염병** : 두창, 페스트, 탄저, 보툴리눔독소증, 야토병, 디프테리아 등이 이에 속한다.

58 클로스트리디움 보툴리눔 식중독과 관련 있는 것은?

① 화농성 질환의 대표균
② 저온살균 처리로 예방
③ 내열성 포자 형성
④ 감염형 식중독

해설

보툴리누스균의 아포는 열에 강하고, 독소인 뉴로톡신은 열에 약해 80[℃]에서 30분이면 파괴된다. 식중독 중 치사율이 가장 높으며, 원인식품은 완전 가열, 살균되지 않은 병조림, 통조림, 소시지, 훈제품 등이다.

59 병원성 대장균 식중독의 원인균에 관한 설명으로 옳은 것은?

① 독소를 생산하는 것도 있다.
② 보통의 대장균과 똑같다.
③ 혐기성 또는 강한 혐기성이다.
④ 장내 상재균총의 대표격이다.

해설

병원성 대장균 중 장관출혈성 대장균은 호기성 또는 편성 혐기성으로 베로톡신이라는 독소를 생산하여 대장 점막에 궤양을 유발하여 출혈을 일으킨다.

60 다음 중 감염병과 관련 내용이 바르게 연결되지 않은 것은?

① 콜레라 – 외래 감염병
② 파상열 – 바이러스성 인수공통감염병
③ 장티푸스 – 고열 수반
④ 세균성이질 – 점액성 혈변

해설

• 파상열이란 '고열이 주기적으로 일어난다'이다. 일명 브루셀라증이라고 하며, 동물은 유산을 일으키고 사람은 열병이 난다.
• 바이러스성 인수공통감염병은 광견병, 일본뇌염, 뉴캐슬병, HVJ병, 구제역, 수포성 구내염 등이다.

기출복원문제

01 일반적으로 작은 규모의 제과점에서 사용하는 믹서는?

① 수직형 믹서 ② 수평형 믹서

③ 초고속 믹서 ④ 커터 믹서

해설

수직 믹서는 버티컬 믹서라 하며, 소규모 제과점에서 사용한다.

02 갓 구워낸 빵을 식혀 상온으로 낮추는 냉각에 관한 설명으로 틀린 것은?

① 빵 속의 온도를 35 ~ 40[℃]로 낮추는 것이다.

② 곰팡이 및 기타 균의 피해를 막는다.

③ 절단, 포장을 용이하게 한다.

④ 수분 함량을 25[%]로 낮추는 것이다.

해설

빵을 구워낸 직후 내부의 수분 함량은 42 ~ 45[%]이고, 포장하기에 적당한 온도는 35 ~ 40[℃]이며, 수분 함량은 38[%]가 좋다.

03 식빵 제조 시 과도한 부피의 제품이 되는 원인은?

① 소금양의 부족 ② 오븐 온도가 높음.

③ 배합수의 부족 ④ 미숙성 소맥분

해설

소금양이 부족하면 부피가 커지는 원인이 되고, 소금양이 많으면 삼투압 작용에 의해 부피가 작아진다.

04 원가의 구성에서 직접 원가에 해당되지 않는 것은?

① 직접 재료비 ② 직접 노무비

③ 직접 경비 ④ 직접 판매비

해설

• 직접 원가 = 직접 재료비 + 직접 노무비 + 직접 경비
• 총원가 = 제조 원가 + 판매비 + 일반 관리비

05 냉동빵에서 반죽의 온도를 낮추는 가장 주된 이유는?

① 수분 사용량이 많아서

② 밀가루의 단백질 함량이 낮아서

③ 이스트 활동을 억제하기 위해서

④ 이스트 사용량이 감소해서

해설

이스트의 활동을 억제하기 위해 반죽 온도를 낮춘다.

06 성형 후 공정으로 가스 팽창을 최대로 만드는 단계로 가장 적합한 것은?

① 1차 발효 ② 중간 발효

③ 펀치 ④ 2차 발효

해설

2차 발효는 정형한 반죽을 발효실에 넣어 외형과 부피를 70 ~ 80[%]까지 부풀리는 작업이다.

07 제빵용 밀가루의 적정 손상전분의 함량은?

① 1.5 ~ 3[%] ② 4.5 ~ 8[%]

③ 11.5 ~ 14[%] ④ 15.5 ~ 17[%]

해설

제빵용 밀가루의 손상전분의 함량은 4.5 ~ 8[%]이다.

08 500[g]짜리 완제품 식빵 500개를 주문받았다. 총 배합률은 190[%]이고, 발효 손실은 2[%], 굽기 손실은 10[%]일 때 20[kg]짜리 밀가루는 몇 포대가 필요한가?

① 6포대 ② 7포대

③ 8포대 ④ 9포대

해설

- 완제품 무게 = 500 × 500 = 250,000[g]
- 총 반죽 무게
  = 완제품 무게 ÷ {1 − (발효 손실 ÷ 100)}
  　÷ {1 − (굽기 손실 ÷ 100)}
  = 250,000 ÷ {1 − (2 ÷ 100)} ÷ {1 − (10 ÷ 100)}
  = 283.44[kg]
- 밀가루 무게
  = 총 반죽 무게 × 밀가루 배합률 ÷ 총 배합률
  = 283.44[kg] × 100 ÷ 190 = 149.178[kg]
- ∴ 필요한 밀가루 포대 수 = 149.178[kg] ÷ 20[kg]
  　　　　　　　　　　　 = 7.458포대

09 빵의 관능적 평가법에서 외부적 특성을 평가하는 항목으로 틀린 것은?

① 대칭성 ② 껍질색상

③ 껍질 특성 ④ 맛

해설

▶ 외부적 평가 : 부피, 껍질색, 외피의 균형, 터짐성, 껍질 형성

10 제빵용 팬 기름에 대한 설명으로 틀린 것은?

① 종류에 상관없이 발연점이 낮아야 한다.

② 무색, 무미, 무취이어야 한다.

③ 정제 라드, 식물유, 혼합유도 사용된다.

④ 과다하게 칠하면 밑껍질이 두껍고 어둡게 된다.

해설

제빵용 팬 기름은 푸른 연기가 발생하는 발연점이 높아야 한다.

11 다음 중 정상적인 스펀지 반죽을 발효시키는 동안 스펀지 내부의 온도 상승은 어느 정도가 가장 바람직한가?

① 1 ~ 2[℃] ② 4 ~ 6[℃]

③ 8 ~ 10[℃] ④ 12 ~ 14[℃]

해설

스펀지 반죽을 발효시키는 동안 스펀지 내부의 온도 상승은 4 ~ 6[℃]가 적합하다.

12 불란서빵 제조 시 스팀 주입이 많을 경우 생기는 현상은?

① 껍질이 바삭바삭하다.

② 껍질이 벌어진다.

③ 질긴 껍질이 된다.

④ 균열이 생긴다.

해설

스팀 주입이 많을 경우 질긴 껍질이 형성된다.

정답 07 ② 08 ③ 09 ④ 10 ① 11 ② 12 ③

13 스펀지 발효에서 생기는 결함을 없애기 위하여 만들어진 제조법으로 ADMI법이라고 불리는 제빵 법은?

① 액종법(Pre-ferment dough method)

② 비상 반죽법(Emergency dough method)

③ 노타임 반죽법(No-time dough method)

④ 스펀지 도우법(Sponge dough method)

해설

액종법을 ADMI법이라고 한다.

14 빵류의 2차 발효실 상대습도가 표준습도보다 낮을 때 나타나는 현상이 아닌 것은?

① 반죽에 껍질 형성이 빠르게 일어난다.

② 오븐에 넣었을 때 팽창이 저해된다.

③ 껍질색이 불균일하게 되기 쉽다.

④ 수포가 생기거나 질긴 껍질이 되기 쉽다.

해설

2차 발효실의 습도가 높으면 수포가 생기거나 질긴 껍질이 되기 쉽다.

15 튀김 기름에 스테아린(Stearin)을 첨가하는 이유에 대한 설명으로 틀린 것은?

① 기름의 침출을 막아 도넛 설탕이 젖는 것을 방지한다.

② 유지의 융점을 높인다.

③ 도넛에 설탕이 붙는 점착성을 높인다.

④ 경화제(Hardener)로 튀김 기름의 3 ~ 6[%]를 사용한다.

해설

경화제로 튀김 기름의 3 ~ 6[%]를 사용하는데, 경화 기능이 강하면 도넛에 붙는 설탕량이 줄어든다.

16 제빵 시 2차 발효의 목적이 아닌 것은?

① 성형 공정을 거치면서 가스가 빠진 반죽을 다시 부풀리기 위해

② 발효 산물 중 유기산과 알코올이 글루텐의 신장성과 탄력성을 높여 오븐 팽창이 잘 일어나도록 하기 위해

③ 온도와 습도를 조절하여 이스트의 활성을 촉진시키기 위해

④ 빵의 향에 관계하는 발효 산물인 알코올, 유기산 및 그 밖의 방향성 물질을 날려 보내기 위해

해설

▶ 2차 발효의 목적

• 성형에서 가스 빼기가 된 반죽을 다시 그물 구조로 부풀린다.

• 알코올, 유기산 및 그 외의 방향성 물질을 생산한다.

• 반죽의 신장성 증가와 오븐 팽창이 일어나도록 돕는다.

• 반죽 온도의 상승에 따라 이스트의 효소가 활성화된다.

• 바람직한 외형과 식감을 얻을 수 있다.

17 분할기에 의한 식빵 분할은 최대 몇 분 이내에 완료하는 것이 가장 적합한가?

① 20분   ② 30분

③ 40분   ④ 50분

해설

손 분할이나 기계 분할은 15 ~ 20분 이내로 분할하는 것이 좋다.

기출복원문제

18 어떤 과자점에서 여름에 반죽 온도를 24[℃]로 하여 빵을 만들려고 한다. 사용수 온도는 10[℃], 수돗물 온도는 18[℃], 사용수 양은 3[kg], 얼음 사용량은 900[g]일 때 조치사항으로 옳은 것은?

① 믹서에 얼음만 900[g]을 넣는다.

② 믹서에 수돗물만 3[kg]을 넣는다.

③ 믹서에 수돗물 3[kg]과 얼음 900[g]을 넣는다.

④ 믹서에 수돗물 2.1[kg]과 얼음 900[g]을 넣는다.

해설

얼음 사용량이 정해져 있어 계산할 필요가 없으며, 수돗물에서 얼음 사용량을 빼서 이용하면 된다.

3,000[g] − 900[g] = 2,100[g]

따라서 수돗물 2.1[kg], 얼음 900[g]을 넣는다.

19 빵 발효에 영향을 주는 요소에 대한 설명으로 틀린 것은?

① 사용하는 이스트의 양이 많으면 발효 시간은 감소된다.

② 삼투압이 높으면 발효가 지연된다.

③ 제빵용 이스트는 약알칼리성에서 가장 잘 발효된다.

④ 적정량의 손상된 전분은 발효성 탄수화물을 생성한다.

해설

◐ 발효에 영향을 주는 요소
- 이스트의 양과 질
- 반죽의 온도
- 반죽의 pH
- 이스트 푸드
- 삼투압
- 탄수화물과 효소

20 어느 제과점의 지난달 생산 실적이 다음과 같을 경우 노동분배율은?

- 외부가치 600만원
- 생산가치 3,000만원
- 인건비 1,500만원
- 총인원 10명

① 45[%]   ② 50[%]

③ 55[%]   ④ 60[%]

해설

노동분배율 = (생산가치 ÷ 외부가치) × 100 ÷ 총인원
= (30,000,000 ÷ 6,000,000) × 100 ÷ 10
= 50[%]

21 다음 중 제품의 특성을 고려하여 혼합 시 반죽을 가장 많이 발전시키는 것은?

① 불란서빵   ② 햄버거빵

③ 과자빵   ④ 식빵

해설

햄버거빵은 렛 다운 단계까지 믹싱한다.

22 수평형 믹서를 청소하는 방법으로 올바르지 않은 것은?

① 청소하기 전에 전원을 차단한다.

② 생산 직후 청소를 실시한다.

③ 물을 가득 채워 회전시킨다.

④ 금속으로 된 스크레이퍼를 이용하여 반죽을 긁어낸다.

해설

금속으로 된 스크레이퍼를 이용하면 믹서기에 흠집을 내므로 플라스틱 스크레이퍼를 이용한다.

23 성형한 식빵 반죽을 팬에 넣을 때 이음매의 위치는 어느 쪽이 가장 좋은가?

① 위 ② 아래

③ 좌측 ④ 우측

> **해설**
>
> 식빵 반죽을 팬에 넣을 때 이음매의 위치는 아래로 한다.

24 빵 포장의 목적으로 부적합한 것은?

① 빵의 저장성 증대

② 빵의 미생물 오염 방지

③ 수분 증발 촉진

④ 상품의 가치 향상

> **해설**
>
> 포장지는 방수성이 있고 통기성이 없어야 하며, 상품의 가치를 높일 수 있어야 하고, 단가가 낮아야 한다. 또한 포장에 의해 제품이 변형되지 않아야 한다.

25 냉동 반죽법에 적합한 반죽의 온도는?

① 18 ~ 22[℃] ② 26 ~ 30[℃]

③ 32 ~ 36[℃] ④ 38 ~ 42[℃]

> **해설**
>
> 냉동 반죽법의 반죽 온도는 이스트의 활동을 억제하기 위해 18 ~ 22[℃]가 적당하다.

26 완제품 중량이 400[g]인 빵 200개를 만들고자 한다. 발효 손실이 2[%]이고 굽기 및 냉각 손실이 12[%]라고 할 때 밀가루 중량은? (단, 총 배합률은 180[%]이며, 소수점 이하는 반올림한다.)

① 51,536[g] ② 54,725[g]

③ 61,320[g] ④ 61,940[g]

> **해설**
>
> • 완제품 총중량 = 완제품 중량 × 개수 = 80,000[g]
> • 분할 총중량 = 완제품 중량 ÷ {1 − (굽기 손실 ÷ 100)}
>   = 90,909.09[g]
> • 반죽 총중량 = 분할 총중량 ÷ {1 − (발효 손실 ÷ 100)}
>   = 92,764.38[g]
> ∴ 밀가루 중량
>   = 반죽 총중량 × 밀가루 배합률 ÷ 총 배합률
>   = 51,536[g]

27 빵의 제품 평가에서 브레이크와 슈레드 부족 현상의 이유가 아닌 것은?

① 발효 시간이 짧거나 길었다.

② 오븐의 온도가 높았다.

③ 2차 발효실의 습도가 낮았다.

④ 오븐의 증기가 너무 많았다.

> **해설**
>
> ▶ 브레이크(터짐)와 슈레드(찢어짐)의 부족 현상
> • 발효가 부족했거나 지나치게 과한 경우
> • 2차 발효실 온도가 높았거나 시간이 긴 경우
> • 습도가 낮은 경우
> • 연수 사용
> • 너무 높은 오븐 온도
> • 진 반죽일 때

28 반추위 동물의 위액에 존재하는 우유 응유 효소는?

① 펩신 ② 트립신

③ 레닌 ④ 펩티다아제

> **해설**
>
> 레닌은 단백질을 응고시키며, 송아지, 어린 양 등 반추위 동물의 위액에 존재한다.

정답 23 ② 24 ③ 25 ① 26 ① 27 ④ 28 ③

29 다음 중 빵 굽기의 반응이 아닌 것은?

① 이산화탄소의 방출과 노화를 촉진시킨다.

② 빵의 풍미 및 색깔을 좋게 한다.

③ 제빵 제조 공정의 최종 단계로 빵의 형태를 만든다.

④ 전분의 호화로 식품의 가치를 향상시킨다.

해설

발효에 의해 생긴 이산화탄소는 열팽창을 시켜 빵의 부피를 만든다.

30 진한 껍질색의 빵에 대한 대책으로 적합하지 못한 것은?

① 설탕, 우유 사용량 감소

② 1차 발효 감소

③ 오븐 온도 감소

④ 2차 발효 습도 조절

해설

❯ 진한 껍질이 되는 경우
  • 질 낮은 밀가루 사용 • 낮은 반죽 온도
  • 높은 습도 • 어린 반죽 등

31 스펀지법에 비교해서 스트레이트법의 장점은?

① 노화가 느리다.

② 발효에 대한 내구성이 좋다.

③ 노동력이 감소된다.

④ 기계에 대한 내구성이 증가한다.

해설

❯ 스트레이트법의 장점
  • 제조 공정이 단순하다.
  • 노동력과 시간이 절감된다.
  • 제조 장소, 제조 장비가 간단하다.
  • 발효 손실을 줄일 수 있다.

32 다음 혼성주 중 오렌지 성분을 원료로 하여 만들지 않는 것은?

① 그랑마르니에(Grand marnier)

② 마라스키노(Maraschino)

③ 쿠앵트로(Cointreau)

④ 큐라소(Curacao)

해설

마라스키노는 체리를 사용하며, 달고 강력한 풍미가 특징이다.

33 전분의 노화에 대한 설명 중 틀린 것은?

① $-18[℃]$ 이하의 온도에서는 잘 일어나지 않는다.

② 노화된 전분은 소화가 잘된다.

③ 노화란 α-전분이 β-전분으로 되는 것을 말한다.

④ 노화된 전분은 향이 손실된다.

해설

• α-전분 → β-전분 = 노화
• β-전분 → α-전분 = 호화
• 노화된 전분은 소화가 되지 않는다.

34 다음 중 중화가를 구하는 식은?

① $\dfrac{중조의 양}{산성제의 양} \times 100$

② $\dfrac{중조의 양}{산성제의 양}$

③ $\dfrac{산성제의 양 \times 중조의 양}{100}$

④ 산성제의 양 × 중조의 양

해설

중화가는 산 100[g]을 중화시키는 데 필요한 중조의 양을 말한다.

중화가 = (중조의 양 ÷ 산성제의 양) × 100

정답 29 ① 30 ② 31 ③ 32 ② 33 ② 34 ①

35 일시적 경수에 대한 설명으로 맞는 것은?

① 가열 시 탄산염으로 되어 침전된다.
② 끓여도 경도가 제거되지 않는다.
③ 황산염에 기인한다.
④ 제빵에 사용하기에 가장 좋다.

해설

일시적 경수는 탄산염에 기인한다.

36 생크림 보존 온도로 가장 적합한 것은?

① −18[℃] 이하　　② −5 ～ −1[℃]
③ 0 ～ 10[℃]　　④ 15 ～ 18[℃]

해설

생크림은 냉장 온도로 0 ～ 10[℃]에서 보관하여 사용한다.

37 제과에서 유지의 기능이 아닌 것은?

① 연화 작용　　② 공기 포집 기능
③ 보존성 개선 기능　④ 노화 촉진 기능

해설

유지는 수분 증발을 방지하고 노화를 지연시킨다.

38 제과 · 제빵용 건조 재료와 팽창제 및 유지 재료를 알맞은 배합률로 균일하게 혼합한 원료는?

① 프리믹스　　② 팽창제
③ 향신료　　④ 밀가루 개량제

해설

프리믹스란 밀가루, 설탕, 분유, 계란분말, 향료 등의 건조 재료와 팽창제 및 유지 재료를 알맞은 배합률로 혼합한 원료를 말한다.

39 반죽의 신장성과 신장에 대한 저항성을 측정하는 기기는?

① 패리노그래프　　② 레오퍼멘토에터
③ 믹사트론　　④ 익스텐소그래프

해설

반죽의 신장도를 측정하는 기기는 익스텐소그래프이다.

40 전화당을 설명한 것 중 틀린 것은?

① 설탕의 1.3배의 감미를 갖는다.
② 설탕을 가수분해시켜 생긴 포도당과 과당의 혼합물이다.
③ 흡습성이 강해서 제품의 보존기간을 지속시킬 수 있다.
④ 상대적인 감미도는 맥아당보다 낮으나 쿠키의 광택과 촉감을 위해 사용한다.

해설

전화당은 감미도가 135 정도로 맥아당보다 감미도가 높다.

41 커스터드 크림에서 계란의 주요 역할은?

① 영양가를 높이는 역할
② 결합제의 역할
③ 팽창제의 역할
④ 저장성을 높이는 역할

해설

계란은 팽창제, 유화제, 농후화제, 결합제 및 제품의 구조를 형성하는 구성 재료이다. 커스터드 크림에서는 계란의 노른자가 커스터드 크림을 엉기게 하는 결합제의 역할을 한다.

42 우유에 대한 설명으로 옳은 것은?

① 시유의 비중은 1.3 정도이다.

② 우유 단백질 중 가장 많은 것은 카제인이다.

③ 우유의 유당은 이스트에 의해 쉽게 분해된다.

④ 시유의 현탁액은 비타민 B_2에 의한 것이다.

해설

우유 단백질 중 카제인은 80[%]이다.

43 안정제의 사용 목적이 아닌 것은?

① 흡수제로 노화 지연 효과

② 머랭의 수분 배출 유도

③ 아이싱이 부서지는 것 방지

④ 크림 토핑의 거품 안정

해설

안정제는 불안정한 혼합물에 더하여 안정시키는 물질이다. 머랭의 수분을 억제하고, 아이싱의 끈적거림과 부서짐 방지, 토핑의 거품을 안정, 젤리 · 무스의 제조에 사용한다. 흡수제로 노화 지연 효과가 있으며, 포장성 개선의 목적으로 사용한다.

44 카카오버터의 결정이 거칠어지고 설탕의 결정이 석출되어 초콜릿의 조직이 노화하는 현상은?

① 템퍼링(Tempering)

② 블룸(Bloom)

③ 콘칭(Conching)

④ 페이스트(Paste)

해설

블룸은 초콜릿의 표면에 하얀 무늬가 생기거나 하얀 가루를 뿌린 듯이 보이고, 하얀 반점의 생김새가 꽃과 닮아서 이름이 붙여졌다.

45 과실이 익어감에 따라 어떤 효소의 작용에 의해 수용성 펙틴이 생성되는가?

① 펙틴리가아제

② 아밀라아제

③ 프로토펙틴 가수분해 효소

④ 브로멜린

해설

프로토펙틴 가수분해 효소는 프로토펙틴을 가수분해하여 수용성 식물섬유인 펙틴이나 펙틴산으로 변환시키는 효소이다.

46 소화기관에 대한 설명으로 틀린 것은?

① 위는 강알칼리의 위액을 분비한다.

② 이자(췌장)는 당대사 호르몬의 내분비선이다.

③ 소장은 영양분을 소화 흡수한다.

④ 대장은 수분을 흡수하는 역할을 한다

해설

위는 pH 2인 강산성이다.

47 한 개의 무게가 25[g]인 과자가 있다. 이 과자 100[g] 중에 탄수화물 50[g], 단백질 15[g], 지방 30[g], 무기질 5[g], 물 8[g]이 들어 있다면 이 과자 10개를 먹을 때 얼마의 열량을 낼 수 있는가?

① 1,425[kcal]　② 1,325[kcal]

③ 1,225[kcal]　④ 1,125[kcal]

해설

$\{(50 \times 4[kcal]) + (15 \times 4[kcal]) + (30 \times 9[kcal])\} \times 10 \div 4 = (200 + 60 + 270) \times 10 \div 4 = 1,325[kcal]$

48 비타민과 관련된 결핍증의 연결이 틀린 것은?

① 비타민 A – 야맹증

② 비타민 B₁ – 구내염

③ 비타민 C – 괴혈병

④ 비타민 D – 구루병

해설

• 비타민 A : 야맹증, 건조성 안염, 각막연화증, 발육지연
• 비타민 B₁ : 각기병, 식욕부진, 피로, 권태감
• 비타민 B₁₂ : 악성빈혈, 구내염, 간질환, 성장정지

49 적혈구, 뇌세포, 신경세포의 주요 에너지원으로 혈당을 형성하는 당은?

① 과당

② 설탕

③ 유당

④ 포도당

해설

우리 몸에서 혈당을 형성하는 당은 포도당이다.

50 물수건의 소독 방법으로 가장 적합한 것은?

① 비누로 세척한 후 건조한다.

② 삶거나 차아염소산 소독 후 일광 건조한다.

③ 3[%] 과산하수소로 살균 후 일광 선소한다.

④ 크레졸(Cresol) 비누액으로 소독하고 일광 건조한다.

해설

물수건은 삶거나 차아염소산 소독 후 일광 건조한다.

51 빵을 제조하는 과정에서 반죽 후 분할기로부터 분할할 때나 구울 때 달라붙지 않게 할 목적으로 허용되어 있는 첨가물은?

① 글리세린

② 프로필렌글리콜

③ 초산비닐수지

④ 유동파라핀

해설

이형제로 사용되는 식품첨가물 중 허용된 것은 유동파라핀이다.

52 다음 중 수소를 첨가하여 얻는 유지류는?

① 쇼트닝

② 버터

③ 라드

④ 양 기름

해설

쇼트닝은 액상의 식물 기름에 니켈을 촉매로 수소를 첨가하여 경화시킨 유지류이다.

53 장염 비브리오 식중독을 일으키는 주요 원인식품은?

① 계란

② 어패류

③ 채소류

④ 육류

해설

감염형 식중독인 장염 비브리오균 식중독은 병원성 호염균으로 약 3[%] 식염 배지에서 발육이 잘되고, 어패류, 해조류 등에 의해 감염된다.

기출복원문제

54 밀가루의 표백과 숙성을 위하여 사용하는 첨가물은?

① 개량제   ② 유황제
③ 정착제   ④ 팽창제

해설
밀가루 개량제는 밀가루의 표백과 숙성기간을 단축하고 색이나 품질을 증진시키기 위해 첨가되는 식품첨가물로 과산화벤조일, 브롬산칼륨, 아조디카본아마이드, 이산화염소, 염소, 과황산암모늄 등이 있다.

55 부패를 판정하는 방법으로 사람에 의한 관능검사를 실시할 때 검사하는 항목이 아닌 것은?

① 색   ② 맛
③ 냄새   ④ 균수

해설
부패란 단백질 식품에 혐기성세균이 증식한 생물학적 요인에 의해 단백질이 분해되어 악취와 유해 물질을 생성하는 현상이다.

56 위생 동물의 일반적인 특성이 아닌 것은?

① 식성 범위가 넓다.
② 음식물과 농작물에 피해를 준다.
③ 병원미생물을 식품에 감염시키는 것도 있다.
④ 발육기간이 길다.

해설
위생 동물의 발육기간은 짧다.

57 결핵의 주요한 감염원이 될 수 있는 것은?

① 토끼고기   ② 양고기
③ 돼지고기   ④ 불완전 살균우유

해설
결핵은 병에 걸린 소의 유즙이나 유제품을 거쳐 사람에게 경구적으로 감염되며, 잠복기는 불명이다.

58 세균성 식중독에 관한 사항 중 옳은 내용으로만 짝지은 것은?

> ㄱ. 황색포도상구균(Staphylococcus aureus) 식중독은 치사율이 아주 높다.
> ㄴ. 보툴리누스균(Clostridium botulinum)이 생산하는 독소는 열에 아주 강하다.
> ㄷ. 장염 비브리오균(Vibrio parahaemolyticus)은 감염형 식중독이다.
> ㄹ. 여시니아균(Yersinia enterocolitica)은 냉장 온도와 진공 포장에서도 증식한다.

① ㄱ, ㄴ   ② ㄴ, ㄷ
③ ㄴ, ㄹ   ④ ㄷ, ㄹ

해설
• 세균성 식중독에는 감염형 식중독과 독소형 식중독이 있다.
• 감염형 식중독인 장염 비브리오균 식중독은 병원성 호염균으로 약 3[%] 식염 배지에서 발육이 잘되고, 어패류, 해조류 등에 의해 감염된다.
• 여시니아균은 그람음성의 타원형 또는 구형의 세균으로 주로 봄, 가을철에 많이 발생하는 질병이다. 고열, 복통, 설사 증세가 나타나며, 유당을 분해하지 않고 저온인 5[℃]에서도 증식하여 겨울철에도 환자가 발생하며 가축에 존재하고 사람에게도 감염된다.

59 살모넬라균에 의한 식중독 증상과 가장 거리가 먼 것은?

① 심한 설사   ② 급격한 발열

③ 심한 복통   ④ 신경마비

해설

▶ 살모넬라균
- 감염형 식중독을 일으키는 원인균
- 60[℃]에서 20분간 가열 시 사멸
- 생육 최적 온도 : 37[℃]
- 최적 수소이온농도 : pH 7 ~ 8
- 그람음성, 무아포성 간균
- 고열 및 설사 증상
- 보균자의 배설물을 통해 감염

60 급성 감염병을 일으키는 병원체로 포자는 내열성이 강하며 생물학전이나 생물테러에 사용될 수 있는 위험성이 높은 병원체는?

① 브루셀라균   ② 탄저균

③ 결핵균   ④ 리스테리아균

해설

탄저의 원인균은 바실루스 안트라시스이며, 수육을 조리하지 않고 섭취하였거나 피부 상처 부위로 감염되기 쉬운 인수공통감염병이다.

탄저병의 증상은 잠복기는 7일 이내이나 60일까지 계속되기도 한다. 감염 시 발열 및 복통이 나타나고 사망률은 5 ~ 20[%]이다. 폐탄저병의 경우 3 ~ 5일 이내 호흡부전 및 쇼크로 사망할 수 있다.

기출복원문제

01 도넛과 케이크의 글레이즈(Glaze) 사용 온도로 가장 적합한 것은?

① 23[℃]   ② 34[℃]
③ 49[℃]   ④ 68[℃]

> **해설**
>
> 도넛 글레이즈는 43 ∼ 50[℃]가 좋다.

02 냉동 반죽의 장점이 아닌 것은?

① 노동력 절약
② 작업 효율의 극대화
③ 설비와 공간의 절약
④ 이스트 푸드의 절감

> **해설**
>
> ▶ 냉동 반죽의 장점
> • 작업 효율의 극대화
> • 노동력 절약
> • 설비와 공간의 절약
> • 소량 생산 가능 등

03 3[%] 이스트를 사용하여 4시간 발효시켜 좋은 결과를 얻는다고 가정할 때 발효 시간을 3시간으로 줄이려고 한다. 이때 필요한 이스트 양은? (단, 다른 조건은 같다고 본다.)

① 3.5[%]   ② 4[%]
③ 4.5[%]   ④ 5[%]

> **해설**
>
> 가감하고자 하는 이스트 양
>
> $= \dfrac{\text{기존 이스트의 양} \times \text{기존의 발효 시간}}{\text{조절하고자 하는 발효 시간}}$
>
> = 3[%] × 4시간 ÷ 3시간
> = 3[%] × 240 ÷ 180 = 4[%]

04 식빵의 온도를 28[℃]까지 냉각한 후 포장할 때 식빵에 미치는 영향은?

① 노화가 일어나서 빨리 딱딱해진다.
② 빵에 곰팡이가 쉽게 발생한다.
③ 빵의 모양이 찌그러지기 쉽다.
④ 식빵을 슬라이스하기 어렵다.

> **해설**
>
> • 빵을 슬라이스하여 포장하기에 적당한 온도는 35 ∼ 40[℃]이며, 수분 함량은 38[%]가 좋다.
> • 낮은 온도에서 포장하면 노화가 일어나서 딱딱해진다.

05 빵 속에 줄무늬가 생기는 원인으로 옳은 것은?

① 덧가루 사용이 과다한 경우
② 반죽 개량제의 사용이 과다한 경우
③ 밀가루를 체로 치지 않은 경우
④ 너무 되거나 진 반죽인 경우

> **해설**
>
> 덧가루가 과다한 경우 줄무늬가 생긴다.

06 버터톱식빵 제조 시 분할 손실이 3[%]이고, 완제품 500[g]짜리 4개를 만들 때 사용하는 강력분의 양으로 가장 적당한 것은? (단, 총 배합률은 195.8[%]이다.)

① 약 1,065[g]   ② 약 2,140[g]
③ 약 1,053[g]   ④ 약 1,123[g]

해설

• 완제품 중량 : 500[g] × 4 = 2,000[g]
• 분할 손실 전 무게 = 2,000[g] ÷ {1 − (3 ÷ 100)}
  = 2,000[g] ÷ 0.97 ≒ 2,061.86[g]
∴ 밀가루 무게 = 2,061.86 × 100 ÷ 195.8 ≒ 1,053.04[g]

07 1개의 스펀지 반죽으로 2 ~ 4개의 도우(Dough)를 제조하는 방법으로 노동력, 시간이 절약되는 방법은?

① 가당 스펀지법   ② 오버나잇 스펀지법
③ 마스터 스펀지법   ④ 비상 스펀지법

해설

표준스펀지법, 100[%] 스펀지법, 단·장시간 스펀지법과 마스터 스펀지법이 있다.

08 반죽이 팬 또는 용기에 가득 차는 성질과 관련된 것은?

① 흐름성   ② 가소성
③ 탄성   ④ 점탄성

해설

② **가소성** : 변형시킨 모양이 그대로 남는 성질
③ **탄성** : 어떤 물체가 외력에 의해 변형되었다가 다시 원래로 돌아가려는 성질
④ **점탄성** : 물체에 힘을 가했을 때 액체로서의 성질과 고체로서의 성질이 동시에 나타나는 현상

09 다음 중 냉동 반죽을 저장할 때의 적정 온도로 옳은 것은?

① −1 ~ −5[℃] 정도
② −6 ~ −10[℃] 정도
③ −18 ~ −24[℃] 정도
④ −40 ~ −45[℃] 정도

해설

급속 냉동 온도는 −40[℃], 저장 온도는 −25 ~ −18[℃]가 적합하다.

10 다음 재료 중 식빵 제조 시 반죽 온도에 가장 큰 영향을 주는 것은?

① 설탕   ② 밀가루
③ 소금   ④ 반죽 개량제

해설

반죽 온도에 미치는 영향 요인은 실내 온도, 밀가루 온도, 물 온도, 마찰열 등이다.

11 다음 중 빵 표피의 갈변 반응을 설명한 것으로 옳은 것은?

① 이스트가 사멸해서 생긴다.
② 마가린으로부터 생긴다.
③ 아미노산과 당으로부터 생긴다.
④ 굽기 온도 때문에 지방이 산패되어 생긴다.

해설

밀가루의 단백질에 의해 아미노산과 당의 결합으로 메일라드 반응이 일어난다.

12 제빵용으로 주로 사용되는 도구는?

① 모양깍지
② 돌림판(회전판)
③ 짤주머니
④ 스크레이퍼

해설

모양깍지, 돌림판, 짤주머니 등은 케이크 제조 시 사용한다.

13 빵 제품의 껍질색이 연한 원인 설명으로 거리가 먼 것은?

① 1차 발효 과다
② 낮은 오븐 온도
③ 덧가루 사용 과다
④ 고율 배합

해설

고율 배합은 유지, 설탕, 계란의 배합 비율이 높은 제품으로 당의 함량이 높아 껍질색이 진하다.

14 스펀지법(Sponge dough method)에서 가장 적합한 스펀지 반죽의 온도는?

① 10 ~ 20[℃]
② 22 ~ 26[℃]
③ 34 ~ 38[℃]
④ 42 ~ 46[℃]

해설

스펀지 도우법에서 스펀지 반죽 온도는 24[℃]이고, 본 반죽 온도는 27[℃]이다.

15 밀가루 중에 가장 많이 함유된 물질은?

① 단백질
② 지방
③ 전분
④ 회분

해설

밀가루는 전분 65 ~ 78[%], 단백질 6 ~ 15[%], 회분 1[%] 이하, 수분 13 ~ 14[%]로 구성된다.

16 팬 오일의 구비 조건이 아닌 것은?

① 높은 발연점
② 무색, 무미, 무취
③ 가소성
④ 항산화성

해설

푸른 연기가 발생하는 발연점이 높아야 제품에 이미, 이취가 나지 않는다. 가소성이란 유지가 상온에서 고체 모양을 유지하는 성질이다.

17 둥글리기의 목적이 아닌 것은?

① 글루텐의 구조와 방향 정돈
② 수분 흡수력 증가
③ 반죽의 기공을 고르게 유지
④ 반죽 표면에 얇은 막 형성

해설

둥글리기를 하면 수분 흡수력이 감소된다.

18 굽기 과정 중 당류의 캐러멜화가 개시되는 온도로 가장 적합한 것은?

① 100[℃]
② 120[℃]
③ 150[℃]
④ 185[℃]

해설

• 캐러멜화 반응은 당류가 열을 받아 갈색으로 변하는 반응으로 150[℃]가 개시되는 온도이다.
• 메일라드 반응은 비환원성 당류와 아미노산이 결합하여 색을 내는 반응이다.

19 냉동 반죽법에 대한 설명 중 틀린 것은?

① 저율 배합 제품은 냉동 시 노화의 진행이 비교적 빠르다.

② 고율 배합 제품은 비교적 완만한 냉동에 견딘다.

③ 저율 배합 제품일수록 냉동 처리에 더욱 주의해야 한다.

④ 프랑스빵 반죽은 비교적 노화의 진행이 느리다.

해설

냉동 반죽에는 설탕, 유지 함량이 많은 고율 배합이 적당하며, 프랑스빵 반죽은 유지와 당류가 없어 노화의 진행이 빠르다.

20 식빵 제조 시 최고의 부피를 얻을 수 있는 유지의 양은? (단, 다른 재료의 양은 모두 동일하다고 본다.)

① 2[%]

② 4[%]

③ 8[%]

④ 12[%]

해설

식빵 제조 시 최고의 부피는 4[%] 유지가 적당하다.

21 빵을 포장하는 프로필렌 포장지의 기능이 아닌 것은?

① 수분 증발 억제로 노화 지연

② 빵의 풍미 성분 손실 지연

③ 포장 후 미생물 오염 최소화

④ 빵의 로프균 오염 방지

해설

빵의 로프균은 제과 · 제빵 작업 중 99[℃]의 제품 내부 온도에서도 생존할 수 있다.

22 불란서빵의 2차 발효실 습도로 가장 적합한 것은?

① 65 ~ 70[%]

② 75 ~ 80[%]

③ 80 ~ 85[%]

④ 85 ~ 90[%]

해설

불란서빵의 2차 발효실 습도는 75 ~ 80[%]로 낮게 하여야 습도가 적게 흡수되어 부피가 커진다.

23 희망 반죽 온도 26[℃], 마찰계수 20, 실내 온도 26[℃], 스펀지 반죽 온도 28[℃], 밀가루 온도 21[℃]일 때 스펀지법에서 사용할 물의 온도는?

① 11[℃]

② 9[℃]

③ 8[℃]

④ 7[℃]

해설

사용할 물 온도

= (희망 온도 × 4) − (실내 온도 + 밀가루 온도 + 스펀지 반죽 온도 + 마찰계수)

= (26 × 4) − (26 + 21 + 28 + 20) = 9[℃]

24 빵 제품의 노화 지연 방법으로 옳은 것은?

① −18[℃] 냉동 보관

② 냉장 보관

③ 저배합, 고속 믹싱 빵 제조

④ 수분 30 ~ 60[%] 유지

해설

냉장 보관(0 ~ 10[℃]) 시 노화가 가장 빠르다.

25 대량 생산 공장에서 많이 사용되는 오븐으로 반죽이 들어가는 입구와 제품이 나오는 출구가 서로 다른 오븐은?

① 데크 오븐
② 터널 오븐
③ 로터리 래크 오븐
④ 컨벡션 오븐

해설
터널 오븐은 반죽이 들어가는 입구와 제품이 나오는 출구가 서로 다른 오븐으로 대량 생산 공장에서 많이 사용한다.

26 스펀지 도우법에 있어서 스펀지 반죽에 사용하는 일반적인 밀가루의 사용 범위는?

① 0 ~ 20[%]
② 20 ~ 40[%]
③ 40 ~ 60[%]
④ 60 ~ 100[%]

해설
스펀지 반죽에 사용하는 일반적인 밀가루의 사용 범위는 60 ~ 100[%]이며, 도우 반죽을 사용하는 밀가루의 사용 범위는 0 ~ 40[%]이다.

27 다음 중 스트레이트법과 비교한 스펀지 도우법에 대한 설명이 옳은 것은?

① 노화가 빠르다.
② 발효 내구성이 좋다.
③ 속결이 거칠고 부피가 작다.
④ 발효 향과 맛이 나쁘다.

해설
➡ 스펀지 도우법의 장점
• 작업 공정에 융통성이 있어 잘못된 공정을 수정할 수 있다.
• 발효 내구성이 강하다.
• 노화가 지연되어 제품의 저장성이 좋다.
• 크고 속결이 부드럽다.

28 발효 중 펀치의 효과와 거리가 먼 것은?

① 반죽의 온도를 균일하게 한다.
② 이스트의 활성을 돕는다.
③ 산소 공급으로 반죽의 산화, 숙성을 진전시킨다.
④ 성형을 용이하게 한다.

해설
성형을 용이하게 하는 공정은 중간 발효이며, 펀치는 반죽에 압력을 주어 가스를 빼는 과정이다.

29 제조 공정상 비상 반죽법에서 가장 많은 시간을 단축할 수 있는 공정은?

① 재료 계량
② 믹싱
③ 1차 발효
④ 굽기

해설
1차 발효 시간을 단축시킨다.

30 모닝빵을 1,000개 만드는 데 한 사람이 3시간 걸렸다. 1,500개 만드는 데 30분 내에 끝내려면 몇 사람이 작업해야 하는가?

① 2명
② 3명
③ 5명
④ 9명

해설
• 1인이 1시간 동안 만드는 개수
  = 1,000개 ÷ 3시간 = 333.3개
• 1,500개를 1인이 작업하면
  1,500 ÷ 333.3 = 4.5시간
• 4.5시간을 분으로 환산하면
  4시간 30분 = 270분
따라서 30분 근무 시 인원 수는
270분 ÷ 30분 = 9명

31 시유의 수분 함량은 약 얼마인가?

① 12[%]　　　　② 78[%]

③ 87[%]　　　　④ 95[%]

> **해설**
>
> 일반적인 시유의 수분 함량은 약 88[%]이고, 고형분은 약 12[%]이다.

32 다음 중 발효 시간을 단축시키는 물은?

① 연수　　　　② 경수

③ 염수　　　　④ 알칼리수

> **해설**
>
> 연수는 반죽이 연하고 끈적거리기 때문에 흡수율을 1 ～ 2[%] 정도 줄인다.

33 비중이 1.04인 우유에 비중이 1.00인 물을 1 : 1 부피로 혼합하였을 때 물을 섞은 우유의 비중은?

① 0.04　　　　② 1.02

③ 1.04　　　　④ 2.04

> **해설**
>
> $(1.04 + 1.00) \div 2 = 1.02$

34 카제인이 산이나 효소에 의하여 응고되는 성질은 어떤 식품의 제조에 이용되는가?

① 아이스크림　　　　② 생크림

③ 버터　　　　④ 치즈

> **해설**
>
> 우유 단백질 중 카제인은 80[%]이다. 열에 응고되지 않으나 산과 레닌에 의해 응유, 응고되어 치즈 등을 만들 수 있다.

35 이스트의 가스 생산과 보유를 고려할 때 제빵에 가장 좋은 물의 경도는?

① 0 ～ 60[ppm]

② 120 ～ 180[ppm]

③ 180[ppm] 이상(일시)

④ 180[ppm] 이상(영구)

> **해설**
>
> 제빵에 가장 적합한 물은 아경수(120 ～ 180[ppm])이다.

36 분당은 저장 중 응고되기 쉬운데 이를 방지하기 위하여 어떤 재료를 첨가하는가?

① 소금　　　　② 설탕

③ 글리세린　　　　④ 전분

> **해설**
>
> 분당은 설탕을 곱게 빻아 가루로 만든 가공당으로 덩어리가 생기는 것을 방지하기 위해 3[%]의 전분을 혼합한다.

37 전분은 밀가루 중량의 약 몇 [%] 정도인가?

① 30[%]　　　　② 50[%]

③ 70[%]　　　　④ 90[%]

> **해설**
>
> 밀가루는 전분 65 ～ 78[%], 단백질 6 ～ 15[%], 회분 1[%] 이하, 수분 13 ～ 14[%]로 구성된다.

38 일반적인 버터의 수분 함량은?

① 18[%] 이하　　　　② 25[%] 이하

③ 30[%] 이하　　　　④ 45[%] 이하

> **해설**
>
> 버터는 우유지방 80 ～ 81[%], 수분 14 ～ 18[%], 소금 1 ～ 3[%], 무기질 2[%] 등으로 구성되어 있다.

기출복원문제

39 밀가루의 물성을 전문적으로 시험하는 기기로 이루어진 것은?

① 패리노그래프, 가스 크로마토그래프, 익스텐소그래프

② 패리노그래프, 아밀로그래프, 파이브로미터

③ 패리노그래프, 아밀로그래프, 익스텐소그래프

④ 아밀로그래프, 익스텐소그래프, 펑추어 테스터

해설

• 패리노그래프 : 밀가루의 흡수율 측정
• 아밀로그래프 : 밀가루의 호화 정도 측정
• 익스텐소그래프 : 반죽의 신장성에 대한 저항 측정

40 케이크 제조에 사용되는 계란의 역할이 아닌 것은?

① 결합제 역할　　② 글루텐 형성 작용
③ 유화력 보유　　④ 팽창 작용

해설

계란은 팽창제, 유화제, 농후화제, 결합제 및 제품의 구조를 형성하는 구성 재료이다.

41 제과에 많이 쓰이는 럼주의 원료는?

① 옥수수 전분　　② 포도당
③ 당밀　　　　　④ 타피오카

해설

럼주는 당밀을 발효시켜 만든 술이다.

42 다음 중 반죽의 pH가 가장 낮아야 좋은 것은?

① 레이어 케이크　　② 스펀지 케이크
③ 파운드 케이크　　④ 과일 케이크

해설

과일 케이크는 과일이 들어가므로 산도가 가장 낮다.

43 빵 제조 시 밀가루를 체로 치는 이유가 아닌 것은?

① 제품의 착색　　② 입자의 균질
③ 공기의 혼입　　④ 불순물의 제거

해설

체를 치는 이유는 공기의 혼입, 불순물 제거, 입자의 균질 등이다.

44 이스트 푸드 성분 중 물 조절제로 사용되는 것은?

① 황산암모늄　　② 전분
③ 칼슘염　　　　④ 이스트

해설

칼슘염은 물 조절제의 역할을 한다.

45 열대성 다년초의 다육질 뿌리로, 매운맛과 특유의 방향을 가지고 있는 향신료는?

① 넛메그　　　　② 계피
③ 올스파이스　　④ 생강

해설

생강은 뿌리로 얻는 향신료로 서아프리카, 인도, 중국 등에서 재배한다.

46 빵, 과자 속에 함유되어 있는 지방이 리파아제에 의해 소화되면 무엇으로 분해되는가?

① 동물성 지방 + 식물성 지방
② 글리세롤 + 지방산
③ 포도당 + 과당
④ 트립토판 + 리신

해설

지방은 글리세롤과 지방산으로 분해된다.

정답　39 ③　40 ②　41 ③　42 ④　43 ①　44 ③　45 ④　46 ②

47 다음 중 감미가 가장 강한 것은?

① 맥아당   ② 설탕

③ 과당   ④ 포도당

 해설

과당(175) > 전화당(135) > 설탕(100) > 포도당(75) >
맥아당(32) > 갈락토오스(32) > 유당(16)

48 유아에게 필요한 필수 아미노산이 아닌 것은?

① 발린   ② 트립토판

③ 히스티딘   ④ 글루타민

 해설

필수 아미노산이란 식품 단백질을 구성하고 있는 아미노산
중 체내에서는 합성할 수 없어 음식으로 섭취해야 하는 아
미노산으로 이소류신, 류신, 리신(라이신), 메티오닌, 페닐알
라닌, 트레오닌, 트립토판, 발린 등이 있다. 어린이와 회복
기 환자는 이외에도 히스티딘을 더 섭취해야 한다.

49 시금치에 들어 있으며 칼슘의 흡수를 방해하는 유기산은?

① 초산   ② 호박산

③ 수산   ④ 구연산

 해설

칼슘의 흡수를 방해하는 유기산은 수산, 옥살산이다.

50 순수한 지방 20[g]이 내는 열량은?

① 80[kcal]   ② 140[kcal]

③ 180[kcal]   ④ 200[kcal]

 해설

지방은 9[kcal]의 열량을 내므로 20 × 9 = 180[kcal]

51 정제가 불충분한 면실유에 들어 있을 수 있는 독성분은?

① 듀린   ② 테무린

③ 고시폴   ④ 브렉큰 펀 톡신

 해설

정제가 불충분한 면실유에 들어 있는 독은 고시폴이다.

52 제2급 법정 감염병으로 소화기계 감염병인 것은?

① 결핵   ② 화농성 피부염

③ 장티푸스   ④ 독감

해설

❯ 제2급 법정 감염병 : 결핵, 홍역, 콜레라, 장티푸스, 파라
티푸스, 세균성이질, 성홍열, 폴리오 등

53 다음 중 바이러스에 의한 경구 감염병이 아닌 것은?

① 폴리오   ② 유행성간염

③ 전염성 설사   ④ 성홍열

해설

❯ 바이러스성 감염병 : 폴리오(급성회백수염), 천열, 전염
성 설사증, 유행성간염, 인플루엔자, 홍역 등이 있다.

기출복원문제

54 빵이나 카스텔라 등을 부풀게 하기 위하여 첨가하는 합성 팽창제(Baking powder)의 주성분은?

① 염화나트륨   ② 탄산나트륨

③ 탄산수소나트륨   ④ 탄산칼슘

해설

합성 팽창제의 주성분은 탄산수소나트륨, 산성제(산염), 분
산제 등이다.

55 세균성 식중독의 예방 원칙에 해당되지 않는 것은?

① 세균오염 방지　　② 세균 가열 방지
③ 세균 증식 방지　　④ 세균의 사멸

해설

세균에 의한 오염 방지, 세균 증식 방지, 세균의 사멸 등이 예방 원칙에 들어간다.

56 식품첨가물 중 보존료의 조건이 아닌 것은?

① 변패를 일으키는 각종 미생물의 증식을 억제할 것
② 무미, 무취하고 자극성이 없을 것
③ 식품의 성분과 반응을 잘하여 성분을 변화시킬 것
④ 장기간 효력을 나타낼 것

해설

보존료는 미생물의 번식으로 인한 식품의 변질을 방지하기 위해 사용되는 첨가물로 무미, 무취이며 독성이 없고, 장기적으로 사용해도 인체에 무해해야 한다.

57 식품 또는 식품첨가물을 채취, 제조, 가공, 조리, 저장, 운반 또는 판매하는 직접 종사자들이 정기 건강진단을 받아야 하는 주기는?

① 1회 / 월　　② 1회 / 3개월
③ 1회 / 6개월　　④ 1회 / 연

해설

1년에 1회이다.

58 곰팡이의 일반적인 특성으로 틀린 것은?

① 광합성능이 있다.
② 주로 무성포자에 의해 번식한다.
③ 진핵세포를 가진 다세포 미생물이다.
④ 분류학상 진균류에 속한다.

해설

곰팡이는 엽록체가 없어 광합성을 하지 못하므로 다른 생물이나 죽은 동식물체에 붙어서 양분을 흡수하는 기생생활을 한다.

59 부패의 물리학적 판정에 이용되지 않는 것은?

① 냄새　　② 점도
③ 색 및 전기저항　　④ 탄성

해설

물리학적 검사로 식품의 경도, 점성, 탄력성, 색, 전기저항들을 측정하는 방법이다.

60 다음 중 감염형 세균성 식중독에 속하는 것은?

① 파라티푸스균　　② 보툴리누스균
③ 포도상구균　　④ 장염 비브리오균

해설

감염형 식중독에는 살모넬라균 식중독, 장염 비브리오균 식중독, 병원성 대장균 식중독이 있다.

정답　55 ②　56 ③　57 ④　58 ①　59 ①　60 ④

01 성형에서 반죽의 중간 발효 후 밀어 펴기 하는 과정의 주된 효과는?

① 글루텐 구조의 재정돈
② 가스를 고르게 분산
③ 부피의 증가
④ 단백질의 변성

해설

❸ 중간 발효의 목적
- 분할 둥글리기 하는 과정에서 손상된 글루텐 구조를 재정돈한다.
- 가스 발생으로 반죽의 유연성을 회복시킨다.
- 반죽의 신장성을 증가시켜 정형 과정에서 밀어 펴기를 쉽게 한다.
- 성형할 때 끈적거리지 않게 반죽 표면에 얇은 막을 형성한다.

02 퍼프 페이스트리를 정형할 때 수축하는 경우는?

① 반죽이 질었을 경우
② 휴지 시간이 길었을 경우
③ 반죽 중 유지 사용량이 많았을 경우
④ 밀어 펴기 중 무리한 힘을 가했을 경우

해설

밀어 펴기를 과도하게 하였거나 짧은 휴지 시간, 된 반죽, 유지 사용이 적은 경우 등이다.

03 젤리 롤 케이크를 마는데 표피가 터질 때 조치할 사항으로 적합하지 않은 것은?

① 노른자를 증가시킨다.
② 팽창제 사용량을 감소시킨다.
③ 설탕의 일부를 물엿으로 대치한다.
④ 덱스트린의 점착성을 이용한다.

해설

노른자 대신 전란으로 대치한다.

04 오버헤드 프루퍼는 어떤 공정을 행하기 위해 사용하는 것인가?

① 분할
② 둥글리기
③ 중간 발효
④ 정형

해설

오버헤드 프루퍼는 중간 발효를 목적으로 대량 생산 공장에서 사용한다. 오버헤드 프루퍼(Overhead proofer)의 뜻은 머리 위에 설치한 중간 발효기를 의미한다.

05 다음 중 빵의 노화 속도가 가장 빠른 온도는 어느 것인가?

① −18 ~ −1[℃]
② 0 ~ 10[℃]
③ 20 ~ 30[℃]
④ 35 ~ 45[℃]

해설

빵의 노화가 빠른 온도는 0 ~ 10[℃]로 냉장 온도이다.

기출복원문제

06 총원가는 어떻게 구성되는가?

① 제조 원가 + 판매비 + 일반 관리비

② 직접 재료비 + 직접 노무비 + 판매비

③ 제조 원가 + 이익

④ 직접 원가 + 일반 관리비

해설

총원가 = 직접 재료비 + 직접 노무비 + 직접 경비
+ 제조 간접비 + 판매비 + 일반 관리비

07 같은 크기의 틀에 넣어 같은 체적의 제품을 얻으려고 할 때 반죽의 분량이 가장 적은 제품은?

① 밀가루식빵

② 호밀식빵

③ 옥수수식빵

④ 건포도식빵

해설

곡류를 이용한 식빵은 단백질 함량이 적어 글루텐 형성을 하지 못해 부피가 작아진다.

08 식빵 제조에 있어서 소맥분의 4[%]에 해당하는 탈지분유를 사용할 때 제품에 나타나는 영향으로 틀린 것은?

① 빵 표피색이 연해진다.

② 영양 가치를 높인다.

③ 맛이 좋아진다.

④ 제품 내상이 좋아진다.

해설

탈지분유는 유당이 함유되어 있어 빵 표피색을 진하게 한다.

09 굽기 손실이 가장 큰 제품은?

① 식빵

② 바게트

③ 단팥빵

④ 버터롤

해설

굽기 손실은 저율 배합에서 높게 나타난다.

10 다음은 식빵 배합표이다. ( ) 안에 적합한 것은?

- 강력분 – 100[%], 1,500[g]
- 설탕 – (㉠)[%], 75[g]
- 이스트 – 3[%], (㉡)[g]
- 소금 – 2[%], 30[g]
- 버터 – 5[%], 75[g]
- 이스트 푸드 – (㉢)[%], 1.5[g]
- 탈지분유 – 2[%], 30[g]
- 물 – 70[%], 1,050cc

① 5, 45, 0.01

② 5, 45, 0.1

③ 0.5, 4.5, 0.01

④ 50, 450, 1

해설

% = g ÷ g, g = g × %
㉠ 설탕의 비율 = 75 ÷ 1,500 = 0.05 = 5[%]
㉡ 이스트의 무게 = 1,500 × 0.03 = 45[g]
㉢ 이스트 푸드의 비율 = 1.5 ÷ 1,500 = 0.001 = 0.1[%]

11 빵 제품의 평가 항목 설명으로 틀린 것은?

① 외관평가는 부피, 겉껍질, 색상이다.

② 내관평가는 기공, 속색, 조직이다.

③ 종류평가는 크기, 무게, 가격이다.

④ 빵의 식감 특성은 냄새, 맛, 입안에서의 감촉이다.

◆ 평가 항목 종류
  • 외부평가 : 외형의 균형, 부피, 굽기의 균일화, 터짐성, 껍질 형성
  • 내부평가 : 조직, 기공, 속색, 속결
  • 식감평가 : 냄새, 맛 등

12 발효에 직접적으로 영향을 주는 요소와 가장 거리가 먼 것은?

① 반죽 온도　　② 계란의 신선도
③ 이스트의 양　　④ 반죽의 pH

◆ 발효에 영향을 주는 요소 : 충분한 물, 적당한 온도, 산도, 이스트의 양, 발효성, 탄수화물의 양, 삼투압 등

13 스트레이트법으로 일반식빵을 만들 때 믹싱 후 반죽의 온도로 가장 이상적인 것은?

① 20[℃]　　② 27[℃]
③ 34[℃]　　④ 41[℃]

스트레이트법의 반죽 온도는 27[℃]이다.

14 다음 중 포장 전 빵의 온도가 너무 낮을 때에는 어떤 현상이 일어나는가?

① 노화가 빨라진다.
② 썰기가 나쁘다.
③ 포장지에 수분이 응축된다.
④ 곰팡이, 박테리아의 번식이 용이하다.

낮은 온도에서 포장하면 노화가 가속되고 껍질이 건조해진다.

15 다음 중 가스 발생량이 많아져 발효가 빨라지는 경우가 아닌 것은?

① 이스트를 많이 사용할 때
② 소금을 많이 사용할 때
③ 반죽에 약산을 소량 첨가할 때
④ 발효실 온도를 약간 높일 때

소금을 많이 사용하면 이스트가 삼투압의 영향을 받아 발효가 늦어진다.

16 빵 제품의 모서리가 예리하게 된 것은 다음 중 어떤 반죽에서 오는 결과인가?

① 발효가 지나친 반죽
② 과다하게 이형유를 사용한 반죽
③ 어린 반죽
④ 2차 발효가 지나친 반죽

발효나 반죽이 덜 된 어린 반죽은 모서리가 예리하게 나타난다.

17 지나친 반죽과 발효가 제품에 미치는 영향을 잘못 설명한 것은?

① 부피가 크다.　　② 향이 강하다.
③ 껍질이 두껍다.　　④ 팬 흐름이 적다.

과발효된 반죽은 많은 양의 유기산 생성으로 제품의 발효 향이 강하고, 껍질색이 엷고, 조직이 고르지 못하며, 글루텐의 약화로 팬 흐름이 많다.

18 식빵의 가장 일반적인 포장 적온은?

① 15[℃]
② 25[℃]
③ 35[℃]
④ 45[℃]

해설

식빵의 적정 포장 온도는 35 ~ 40[℃]이다.

19 제빵용 밀가루의 적정 손상전분의 함량은?

① 1.2 ~ 3[%]
② 4.5 ~ 8[%]
③ 11.5 ~ 14[%]
④ 15.5 ~ 17[%]

해설

제빵용 밀가루에 함유된 손상전분 함량은 4.5 ~ 8[%]이다.

20 빵을 오븐에 넣으면 빵 속의 온도가 높아지면서 부피가 증가한다. 이때 일어나는 현상이 아닌 것은?

① 가스압이 증가한다.
② 이산화탄소 가스의 용해도가 증가한다.
③ 이스트의 효소 활성이 60[℃]까지 계속된다.
④ 79[℃]부터 알코올이 증발하여 특유의 향이 난다.

해설

이산화탄소 가스의 용해도가 감소한다.

21 발효의 목적이 아닌 것은?

① 반죽을 숙성시킨다.
② 글루텐을 강화시킨다.
③ 풍미 성분을 생성시킨다.
④ 팽창 작용을 한다.

해설

글루텐의 강화는 믹싱할 때 나타나는 현상이다.

22 내부에 팬이 부착되어 열풍을 강제 순환시키면서 굽는 타입으로 굽기의 편차가 극히 적은 오븐은?

① 터널 오븐
② 컨벡션 오븐
③ 밴드 오븐
④ 래크 오븐

해설

컨벡션 오븐은 팬을 이용하여 열풍을 강제 순환시킨다.

23 정형한 식빵 반죽을 팬에 넣을 때 이음매의 위치는 어느 쪽이 가장 좋은가?

① 위
② 아래
③ 좌측
④ 우측

해설

반죽의 이음매는 아래로 향하게 팬닝한다.

24 식빵 반죽을 분할할 때 처음에 분할한 반죽과 나중에 분할한 반죽은 숙성도의 차이가 크므로 단시간 내에 분할해야 한다. 몇 분 이내로 완료하는 것이 가장 좋은가?

① 2 ~ 7분
② 8 ~ 13분
③ 15 ~ 20분
④ 25 ~ 30분

해설

분할하는 과정에서도 발효가 되므로 신속하게 분할하는 게 좋으며, 시간은 식빵의 경우에는 20분 이내가 좋다.

25 2차 발효 시 상대습도가 부족할 때 일어나는 현상은?

① 질긴 껍질
② 흰 반점
③ 터짐
④ 단단한 표피

해설

겉껍질이 형성되고 터짐 현상이 발생하는 원인은 2차 발효실의 습도가 낮은 경우이다.

정답 18 ③ 19 ② 20 ② 21 ② 22 ② 23 ② 24 ③ 25 ③

26 일반적인 스펀지 도우법으로 식빵을 만들 때 도우의 가장 적당한 온도는?

① 17[℃] ② 27[℃]
③ 37[℃] ④ 47[℃]

> **해설**
> 스펀지 도우법에서 스펀지 반죽 온도는 24[℃]이고, 본 반죽 온도는 27[℃]이다.

27 건포도식빵, 옥수수식빵, 야채식빵을 만들 때 건포도, 옥수수, 야채는 믹싱의 어느 단계에 넣는 것이 좋은가?

① 최종 단계 후 ② 클린업 단계 후
③ 발전 단계 후 ④ 렛 다운 단계 후

> **해설**
> 건포도, 옥수수, 야채 등은 최종 단계 후에 넣어야 부서지는 것을 방지한다.

28 밀가루 온도 25[℃], 실내 온도 24[℃], 수돗물 온도 20[℃], 결과 온도 30[℃], 희망 온도 27[℃], 마찰계수 24일 때 사용할 물 온도는?

① 2[℃] ② 6[℃]
③ 8[℃] ④ 17[℃]

> **해설**
> 사용할 물 온도
> = (희망 온도 × 3) − (밀가루 온도 + 실내 온도 + 마찰계수)
> = (27 × 3) − (25 + 24 + 24) = 8[℃]

29 노무비를 절감하는 방법으로 바람직하지 않은 것은?

① 표준화 ② 단순화
③ 설비 휴무 ④ 공정 시간 단축

> **해설**
> 설비 휴무는 생산성을 낮추는 원인이 되어 노무비의 증가를 가져온다.

30 냉동 반죽에 사용되는 재료와 제품의 특성에 대한 설명 중 틀린 것은?

① 일반 제품보다 산화제 사용량을 증가시킨다.
② 저율 배합인 프랑스빵이 가장 유리하다.
③ 유화제를 사용하는 것이 좋다.
④ 밀가루는 단백질 양과 질이 좋은 것을 사용한다.

> **해설**
> 저율 배합인 프랑스빵보다 냉동 반죽에는 설탕, 유지 함량이 많은 고율 배합이 적당하다.

31 패리노그래프와 관계가 적은 것은?

① 흡수율 측정
② 믹싱 시간 측정
③ 믹싱 내구성 측정
④ 호화 특성 측정

> **해설**
> 아밀로그래프는 온도 변화에 따라 밀가루의 α-아밀라아제의 효과를 측정하여 전분의 호화 정도를 측정한다.

기출복원문제

정답 26 ② 27 ① 28 ③ 29 ③ 30 ② 31 ④

32 다음 중 점도계가 아닌 것은?

① 비스코아밀로그래프(Viscoamylograph)
② 익스텐소그래프(Extensograph)
③ 맥미카엘(MacMichael) 점도계
④ 브룩필드(Brookfield) 점도계

해설
▶ 익스텐소그래프 : 반죽의 신장성에 대한 저항, 신장 내 구성으로 발효 시간을 측정한다.

33 단백질 분해 효소는?

① 치마아제　　② 말타아제
③ 프로테아제　④ 인버타아제

해설
치마아제는 단당류 분해 효소, 말타아제는 맥아당 분해 효소, 인버타아제는 자당 분해 효소이다.

34 이스트 푸드의 구성 성분 중 칼슘염의 주요 기능은?

① 이스트 성장에 필요하다.
② 반죽에 탄성을 준다.
③ 오븐 팽창이 커진다.
④ 물 조절제 역할을 한다.

해설
이스트 푸드 성분에서 칼슘염은 물의 경도를 조절해 주는 역할을 한다.

35 다음 중 우유 단백질의 응고에 관여하지 않는 것은?

① 산　　　② 레닌
③ 가열　　④ 리파아제

해설
리파아제는 지방 분해 효소이다.

36 커스터드 크림에서 계란의 주요 역할은?

① 영양가　　② 결합제
③ 팽창제　　④ 저장성

해설
커스터드 크림에서 계란은 결합제 역할을 한다.

37 제조 현장에서 제빵용 이스트를 저장하는 현실적인 온도로 적당한 것은?

① −18[℃] 이하　② −1～5[℃]
③ 20[℃] 이하　④ 35[℃] 이상

해설
제빵용 이스트는 냉장 온도에 보관한다.

38 다음 중 지방 분해 효소는?

① 리파아제　　② 프로테아제
③ 치마아제　　④ 말타아제

해설
리파아제는 지방 분해 효소이다.

39 다음 중 글레이즈(Glaze) 사용 시 적합한 온도는 어느 것인가?

① 15[℃]　　② 25[℃]
③ 35[℃]　　④ 45[℃]

해설
도넛 글레이즈는 43～50[℃]가 적당하다.

40 오븐 스프링(Oven spring)이 일어나는 원인으로 맞지 않는 것은?

① 가스압 ② 용해 탄산가스

③ 전분 호화 ④ 알코올 기화

해설

오븐 팽창(오븐 스프링)은 오븐 속의 증기가 차가운 반죽과 접촉하여 처음 크기의 약 $\frac{1}{3}$ 정도가 팽창하는 것을 말한다. 용해 탄산가스와 알코올이 기화(79[℃]) → 가스압 증가로 팽창

41 제빵에서 설탕의 기능으로 틀린 것은?

① 이스트의 영양분이 된다.

② 껍질색을 나게 한다.

③ 향을 향상시킨다.

④ 노화를 촉진시킨다.

해설

설탕은 수분 보유력이 있어 노화를 지연시킨다.

42 물의 기능이 아닌 것은?

① 유화 작용을 한다.

② 반죽 농도를 조절한다.

③ 소금 등의 재료를 분산시킨다.

④ 효소의 활성을 제공한다.

해설

유화 작용이란 물과 기름을 분산, 혼합시키는 작용을 말한다.

43 반죽 개량제에 대한 설명 중 틀린 것은?

① 반죽 개량제는 빵의 품질과 기계성을 증가시킬 목적으로 첨가한다.

② 반죽 개량제에는 산화제, 환원제, 반죽 강화제, 노화 지연제, 효소 등이 있다.

③ 산화제는 반죽의 구조를 강화시켜 제품의 부피를 증가시킨다.

④ 환원제는 반죽의 구조를 강화시켜 반죽 시간을 증가시킨다.

해설

환원제는 반죽을 연화시켜 반죽 시간을 단축시킨다.

44 발연점을 고려했을 때 튀김 기름으로 가장 좋은 것은?

① 낙화생유 ② 올리브유

③ 라드 ④ 면실유

해설

발연점이 높은 면실유 기름이 튀김 기름으로 적당하다.

45 다음 중 이당류(Disaccharides)에 속하는 것은?

① 포도당(Glucose)

② 과당(Fructose)

③ 갈락토오스(Galactose)

④ 설탕(Sucrose)

해설

▶ **이당류** : 자당, 유당, 맥아당

기출복원문제

46 소화기관에 대한 설명 중 틀린 것은?

① 위는 강알칼리의 위액을 분비한다.

② 이자(췌장)는 당 대사 호르몬의 내분비선이다.

③ 소장은 영양분을 소화 · 흡수한다.

④ 대장은 수분을 흡수하는 역할을 한다.

> **해설**
>
> 위는 강산의 위액을 분비한다.

47 아미노산과 아미노산과의 결합은?

① 글리코사이드 결합

② 펩티드결합

③ $\alpha-1, 4$결합

④ 에스테르 결합

> **해설**
>
> 펩티드결합 = 아미노산 + 아미노산 결합이다.

48 칼슘 흡수를 방해하는 인자는?

① 위액　　　　② 유당

③ 비타민 C　　④ 옥살산

> **해설**
>
> 옥살산과 수산은 칼슘 흡수를 방해한다.

49 다음 중 필수 지방산이 아닌 것은?

① 리놀렌산(Linolenic acid)

② 리놀레산(Linoleic acid)

③ 아라키돈산(Arachidonic acid)

④ 스테아르산(Stearic acid)

> **해설**
>
> 스테아르산은 필수 지방산이 아니다.

50 열량 영양소의 단위 g당 칼로리의 설명으로 옳은 것은?

① 단백질은 지방보다 칼로리가 많다.

② 탄수화물은 지방보다 칼로리가 적다.

③ 탄수화물은 단백질보다 칼로리가 적다.

④ 탄수화물은 단백질보다 칼로리가 많다.

> **해설**
>
> 탄수화물(4[kcal]), 단백질(4[kcal]), 지방(9[kcal])

51 부패의 진행에 수반하여 생기는 부패 산물이 아닌 것은?

① 암모니아　　② 탄화수소

③ 메캅탄　　　④ 일산화탄소

> **해설**
>
> 부패란 단백질 식품에 혐기성세균이 증식한 생물학적 요인에 의해 분해되어 악취와 유해 물질을 생성하는 현상이다. 암모니아, 메캅탄, 각종 탄화수소가 생성된다.

52 법정 감염병 중 치명률이 높거나 집단 발생의 우려가 커서 발생 또는 유행 즉시 신고하고 높은 수준의 격리가 필요한 감염병은?

① 제1급 감염병　　② 제2급 감염병

③ 제3급 감염병　　④ 제4급 감염병

> **해설**
>
> ❯ **제1급 감염병** : 두창, 페스트, 탄저, 보툴리눔독소증, 디프테리아 등이 이에 속한다.

53 손에 화농성 염증이 있는 조리자가 만든 김밥을 먹고 감염될 수 있는 식중독은?

① 비브리오 패혈증

② 살모넬라 식중독

③ 보툴리누스 식중독

④ 황색포도상구균 식중독

해설

▶ **포도상구균** : 화농의 황색포도상구균으로 독소는 엔테로톡신이며, 구토, 복통, 설사 증상이 나타나며 잠복기는 짧다.

54 다음 중 독버섯의 독성분은?

① 솔라닌(Solanine)

② 에르고톡신(Ergotoxin)

③ 무스카린(Muscarine)

④ 베네루핀(Venerupin)

해설

① 솔라닌 : 감자

② 에르고톡신 : 맥각

③ 무스카린 : 독버섯

④ 베네루핀 : 모시조개, 굴

55 다음 중 밀가루 개량제가 아닌 것은?

① 과산화벤조일

② 과황산암모늄

③ 염화칼슘

④ 이산화염소

해설

밀가루 개량제는 밀가루의 표백과 숙성기간을 단축하고 색이나 품질을 증진시키기 위해 첨가되는 식품첨가물로 과산화벤조일, 브롬산칼륨, 아조디카본아마이드, 이산화염소, 염소, 과황산암모늄 등이 있다.

56 다음 중 곰팡이가 생존하기에 가장 어려운 서식처는?

① 물

② 곡류 식품

③ 두류 식품

④ 토양

해설

곰팡이는 수분 활성도가 0.80이므로 물에서는 생존할 수 없다.

57 식품 보존료로서 갖추어야 할 요건으로 적합한 것은?

① 공기, 광선에 안정할 것

② 사용방법이 까다로울 것

③ 일시적으로 효력이 나타날 것

④ 열에 의해 쉽게 파괴될 것

해설

보존료는 미생물의 번식으로 인한 식품의 변질을 방지하기 위해 사용되는 첨가물로 무미, 무취이며 독성이 없고 장기적으로 사용해도 인체에 무해해야 한다.

58 장티푸스에 대한 일반적인 설명으로 잘못된 것은?

① 잠복기간은 7 ~ 14일이다.

② 사망률은 10 ~ 20[%]이다.

③ 앓고 난 뒤 강한 면역이 생긴다.

④ 예방할 수 있는 백신은 개발되어 있지 않다.

해설

장티푸스는 예방할 수 있는 백신이 개발되어 있다. 급성 감염병으로 잠복기가 길고 40[℃] 이상의 고열이 2주간 계속된다.

59 제과 · 제빵 생산 과정에서 99[℃]의 제품 내부 온도에서도 생존할 수 있는 균은 어느 것인가?

① 리스테리아균   ② 대장균

③ 살모넬라균   ④ 로프균

해설

로프균은 공기 속에 떠다니거나 밀가루에 섞여 혼입될 수 있는 균으로, 열에 강하여 100 ~ 200[℃]에서도 죽지 않는다.

60 살모넬라 식중독의 예방 대책으로 틀린 것은?

① 조리된 식품을 냉장고에 장기 보관한다.

② 음식물을 철저히 가열하여 섭취한다.

③ 개인위생 관리를 철저히 한다.

④ 유해 동물과 해충을 방제한다.

해설

◎ 살모넬라균
- 감염형 식중독을 일으키는 원인균
- 60[℃]에서 20분간 가열 시 사멸
- 생육 최적 온도 : 37[℃]
- 최적 수소이온농도 : pH 7 ~ 8
- 그람음성, 무아포성 간균
- 고열 및 설사 증상
- 보균자의 배설물을 통해 감염

01 식빵을 만들 때 반죽의 최종 온도는?

① 27[℃]   ② 23[℃]

③ 20[℃]   ④ 25[℃]

 해설
식빵의 반죽 온도는 27[℃] 정도이다.

02 반죽 혼합에 관한 설명 중 틀린 것은?

① 반죽에 글루텐을 형성한다.

② 반죽 형성 후기 단계는 반죽이 얇고 균일한 필름 막을 형성한다.

③ 브레이크 다운 단계는 반죽이 건조하고 부드러운 상태이다.

④ 모든 젤(gel)을 골고루 수화시켜 하나의 반죽으로 만든다.

해설
브레이크 다운 단계는 반죽이 탄력성을 잃고 신장성이 상실되어 축 처지는 상태를 말한다.

03 손의 세척 효과가 가장 큰 방법은?

① 흐르는 수돗물에 씻는다.

② 흐르는 수돗물에 비누로 씻는다.

③ 흐르는 우물물에 씻는다.

④ 담아 놓은 수돗물에 씻는다.

해설
올바른 손 씻기 방법은 흐르는 물에 비누로 꼼꼼하게 30초 이상 씻는 것이다.

04 스트레이트법에 의해 식빵을 만들 때 밀가루 온도 20[℃], 실내 온도 26[℃], 수돗물 온도 19[℃], 결과 온도 30[℃], 희망 온도 27[℃], 사용할 물의 양이 1,000[g]이면 얼음 사용량은 약 얼마인가?

① 87   ② 89

③ 91   ④ 93

해설
- 얼음 사용량 = 물 사용량 × (수돗물 온도 − 사용할 물 온도)/(80 + 수돗물 온도)
- 사용할 물 온도 = (희망 반죽 온도 × 3) − (밀가루 온도 + 실내 온도 + 마찰계수)
- 마찰계수 = (결과 반죽 온도 × 3) − (밀가루 온도 + 실내 온도 + 수돗물 온도)
∴ 마찰계수 = (30 × 3) − (20 + 26 + 19) = 25
   사용할 물 온도 = (27 × 3) − (20 + 26 + 25) = 10[℃]
   얼음 사용량 = 1,000 × (19 − 10)/(80 + 19) ≒ 90.9[g]

05 제빵 방법 중 스펀지법으로 식빵을 만들려고 한다. 본 반죽 혼합 후 반죽 결과 온도에 영향을 주는 요인이 아닌 것은?

① 제빵 개량제 온도

② 실내 온도

③ 마찰계수

④ 스펀지 온도

해설
반죽 온도에 영향을 주는 요인으로는 밀가루 온도, 실내 온도, 수돗물 온도, 스펀지 온도, 마찰계수 등이다.

정답   01 ①   02 ③   03 ②   04 ③   05 ①

06 빵의 굽기 과정에 대한 설명으로 옳은 것은?

① 저온 장시간 : 반죽량이 적고 설탕량이 적은 경우

② 고온 장시간 : 반죽량이 많고 설탕량이 많은 경우

③ 저온 단시간 : 과다한 수분 증발을 요하는 제품을 생산하거나 크기가 크고 밀가루의 비율이 부재료(버터, 계란, 설탕 등)에 비해 많은 경우

④ 전반 고온 – 후반 저온 : 초기에 고온으로 빵 모양을 형성하고 색이 나기 시작하면 온도는 낮추는 방법

해설

일반적으로 많이 사용하는 방법으로 초기에 고온으로 굽다 색이 나면 온도를 낮춘다.

07 제과·제빵에서 우유의 기능으로 틀린 것은?

① 영양을 강화하고 단맛을 낸다.

② 제품의 풍미를 개선한다.

③ 글루텐을 강화하여 오버 믹싱의 위험이 증가한다.

④ 유당의 캐러멜화로 껍질색이 좋아진다.

해설

▶ 제과·제빵에서 우유의 역할
• 계란, 밀가루와 함께 제품의 뼈대를 형성한다.
• 껍질색을 진하게 한다.
• 향을 좋게 한다.
• 수분 보유제 역할
• 제빵에서 완충제 역할

08 제과점 주방의 벽으로 알맞은 것은?

① 타일　　　　② 황토흙벽돌

③ 무늬목　　　④ 합판

해설

뜨거운 열과 각종 오염이 많은 주방에는 타일이 적당하다.

09 빵 굽기에 사용되는 오븐에 대한 설명 중 틀린 것은?

① 터널 오븐은 반죽이 들어가는 입구와 제품이 구워져 나오는 출구가 다르다.

② 컨벡션 오븐은 제품의 껍질을 바삭바삭하게 구울 수 있으며 스팀을 사용할 수 있다.

③ 데크 오븐의 열원은 열풍이며 색을 곱게 구울 수 있는 장점이 있다.

④ 데크 오븐에 프랑스빵을 구울 때 직접 화덕에 올려 구울 수 있다.

해설

데크 오븐은 내부의 열을 발생하는 장치가 위, 아래 두 군데가 있고 복사열을 가하여 굽는 오븐이다.

10 다음 단위로 맞는 것은?

① 1[kg]은 10[g]이다.

② 1[kg]은 100[g]이다.

③ 1[kg]은 1,000[g]이다.

④ 1[kg]은 10,000[g]이다.

해설

1[kg]은 1,000[g]이다.

11 버터 크림 제조 시 설탕과 물을 넣고 가열하여 용해시킨 후 가열 온도는?

① 75[℃]   ② 85[℃]
③ 95[℃]   ④ 105[℃]

해설

설탕 시럽을 105[℃] 정도로 농축시킨 후 냉각시켜 사용한다.

12 우유의 칼슘 흡수를 방해하는 인자는?

① 비타민 C   ② 포도당
③ 유당   ④ 인

해설

우유 속의 인은 실제로 칼슘의 흡수를 방해할 수 있으나, 인을 과다 섭취하여 칼슘과 인의 비율이 맞지 않을 경우에 한하며, 실제 우유에는 칼슘과 인이 1.2 : 1로 적당히 함유되어 있다.

13 초콜릿을 템퍼링 하는 이유가 아닌 것은?

① 초콜릿 속의 카카오버터를 베타(β) 결정으로 만들어 주는 과정
② 펫 블룸(Fat bloom)이 일어나지 않게 하기 위해
③ 내부 조직을 치밀하게 하고 수축 현상이 일어나 틀에서 분리가 잘되게 하기 위해
④ 초콜릿의 코코아를 안정화하기 위해

해설

초콜릿의 지방(카카오버터)을 안정화시키기 위함이다.

14 제품의 유통기한에 대한 설명으로 틀린 것은?

① 소비자가 섭취할 수 있는 최대 기간이다.
② 냉장 유통 제품은 냉장 온도까지 표시해야 한다.
③ 통조림식품은 유통기한 또는 품질 유지기한을 표시할 수 있다.
④ 식품위생법규에 따라 유통기한을 설정해야 한다.

해설

• **유통기한** : 제품의 제조일로부터 소비자에게 판매가 허용되는 기한
• **소비기한** : 표시된 보관조건 준수 시 안전하게 식품 섭취가 가능한 기한

15 흰자를 올릴 때 설탕을 넣는 이유는 무엇인가?

① 거품 안정제   ② 산화제
③ 감미제   ④ 강화제

해설

흰자에 설탕을 넣어 머랭을 만드는 이유는 흰자의 수분을 흡수하여 기포의 막이 깨지기 어렵게 되어 거품이 안정되고 윤기가 난다.

16 유독 물질인 고시폴과 결합하여 이용도가 감소되는 아미노산은?

① 라이신(Lysine)
② 트레오닌(Threonine)
③ 페닐알라닌(Phenylalanine)
④ 발린(Valine)

해설

고시폴은 목화씨 기름에 들어 있는 독성이 있는 페놀성 화합물질로 여러 탈수소 효소의 억제제로 작용하며, 라이신과 결합하여 생체가 이용할 수 있는 필수 아미노산인 라이신의 양을 감소시킨다.

17 제빵에서 설탕의 기능과 거리가 먼 것은?

① 수분 보유력 증가

② 표피색 형성

③ 기공과 조직을 부드럽게 함.

④ 글루텐 조직을 강화시킴.

해설

제빵에서 설탕은 기공과 속결을 부드럽게 하며 노화를 지연시키고 발효 중 이스트에 발효성 탄수화물로 공급된다.

18 파이, 크로와상, 데니시 페이스트리 등의 제품은 유지가 층상구조를 이루는 제품들로 유지의 어떤 성질을 이용한 것인가?

① 쇼트닝성　　　　② 가소성

③ 안정성　　　　　④ 크림성

해설

유지의 가소성은 밀어펴기 작업 시 반죽 층과 유지 층이 균일하게 밀어 펴지도록 작용하는 성질을 말한다.

19 다음 밀가루 중 면류를 만드는 데 주로 사용되는 것은?

① 강력분　　　　　② 대두분

③ 박력분　　　　　④ 중력분

해설

중력분은 단백질 함량이 9~10[%] 정도이며, 다목적용으로 우동, 면류 등에 적합하다.

20 식중독 균에 대한 설명으로 옳은 것은?

> 가. 병원성 대장균은 그람음성이며 독소는 베로톡신이다.
> 나. 캠필로박터균은 나선 운동을 하며 열에 매우 강하다.
> 다. 장염 비브리오균은 독소형 식중독균이다.
> 라. 여시니아균은 냉장 온도와 진공 포장에서도 증식한다.

① 나, 다　　　　　② 가, 라

③ 다, 라　　　　　④ 가, 나

해설

나. 캠필로박터균은 열에 약해 70[℃] 이상에서 1분 만에 사멸한다.

다. 장염 비브리오균은 감염형 식중독균이다.

21 제빵 반죽 시 스펀지 도우법에 대한 설명 중 틀린 것은?

① 부피, 기공, 조직감 등의 측면에서 제품의 특성이 향상된다.

② 제품의 노화가 빠르다.

③ 발효의 풍미가 향상된다.

④ 직접 반죽법에 비해 발효 내구성이 증가된다.

해설

스펀지 도우법(중종법)은 직접 반죽법에 비해 노화가 지연되어 저장성이 좋아진다.

정답 17 ④　18 ②　19 ④　20 ②　21 ②

22 유지의 성질을 잘못 설명한 것은?

① 페이스트리, 파이 등에 적당한 유지의 성질은 가소성이다.

② 빵과 과자 제품에 부드러움을 주는 유지의 성질은 크림성이다.

③ 사용기한이 긴 쿠키와 크래커 제품에 적당한 유지의 성질은 안정성이다.

④ 파운드 케이크와 같이 유지와 액체를 많이 사용하는 제품에는 유화성이 중요하다.

> **해설**
> 빵과 과자 제품의 부드러움을 주는 성질은 쇼트닝성이다.

23 다음 중 노화 속도에 영향을 미치는 요인으로 가장 거리가 먼 것은?

① 수분 함량　　　　② 펜토산

③ 유지의 종류　　　　④ 유화제

> **해설**
> 빵의 노화에 영향을 주는 요인은, 저장 기간, 저장 온도, 배합률, 밀가루의 양과 질, 유화제, 펜토산의 양과 질이 있다.

24 이스트 2[%]를 사용하여 제품을 1시간 30분 발효를 시켜서 제품을 만들었다. 발효 시간을 1시간으로 줄여 제품을 생산할 때 이스트를 몇 [%] 조절해야 하는가?

① 3[%]　　　　② 1[%]

③ 2[%]　　　　④ 4[%]

> **해설**
> 바꾸고자 하는 이스트 양 = (기존의 이스트 양 × 기존의 시간)/바꾸고자 하는 발효시간
> = (2 × 90)/60 = 3[%]

25 진균들에서 생산되는 독성물질로서 진균이 밀, 호두, 옥수수 등을 오염시켜 간독성 등 면역독성 등의 합병증을 일으키는 것은?

① 아플라톡신(Aflatoxin)

② 아미그달린(Amygdalin)

③ 테트로도톡신(Tetrodotoxin)

④ 에르고톡신(Ergotoxin)

> **해설**
> 아플라톡신은 진균독이라 하며, A. flavus와 A. parasiticus에서 주로 생성되는 곰팡이 독소이다. 발암 물질이기도 하며 다량 섭취 시 출혈, 구토, 설사 및 장기손상을 유발한다. 쌀, 옥수수, 땅콩 등 곡식을 오염시킨다.

26 식빵을 생산할 때 2차 발효실 온도가 보통보다 낮았다. 이때 증상으로 틀린 것은?

① 껍질색이 연하다.

② 부피가 작다.

③ 껍질이 두껍다.

④ 수포가 생기거나 질긴 껍질이 되기 쉽다.

> **해설**
> 2차 발효실의 습도가 높은 경우 표피에 수포가 생기고 껍질색이 진하다.

27 건조된 아몬드 100[g]에 탄수화물 16[g], 단백질 18[g], 지방 54[g], 무기질 3[g], 수분 6[g], 기타 섬유소 등을 함유하고 있다면, 이 아몬드 100[g]의 열량은?

① 약 200[kcal]　　　　② 약 622[kcal]

③ 약 751[kcal]　　　　④ 약 364[kcal]

> **해설**
> 탄수화물, 단백질 각 4[kcal], 지방 9[kcal]이므로
> (16 × 4) + (18 × 4) + (54 × 9) = 622[kcal]

기출복원문제

정답 22 ② 23 ③ 24 ① 25 ① 26 ④ 27 ②

28 ADI는 무엇인가?

① 수분 활성도   ② 반수치사량

③ 안전지수   ④ 1일 섭취허용량

> **해설**

> ADI : 인간이 한평생 매일 먹어도 영향이 없다고 생각되는 화학물질의 1일 섭취량

29 빵 제품에서 볼 수 있는 노화 현상이 아닌 것은?

① 맛과 향의 증진   ② 조직의 경화

③ 전분의 결정화   ④ 소화율의 저하

> **해설**

> 빵의 노화의 원인은 전분의 퇴화에 있으며 소화율이 저하된다. 전분의 퇴화란 전분이 수분을 잃어 조직이 딱딱해지는 것을 말한다.

30 식빵을 만들 때 분유를 사용하였다. 식빵에서 분유의 기능이 아닌 것은?

① 풍미 개선   ② 글루텐 강화

③ 껍질색 형성   ④ 기공 형성

> **해설**

> 제빵에서 분유(우유)의 기능
> • 글루텐 강화로 반죽의 내구성을 높이고 오버 믹싱의 위험을 감소시킴.
> • 유당의 캐러멜화로 껍질색이 향상
> • 풍미 개선
> • 영양 강화 및 단맛 개선
> • 보수력 있어 촉촉함 유지

31 제빵법에서 직접법을 비상 반죽법으로 변형할 때 조치 사항은?

① 설탕량을 늘린다.   ② 이스트를 줄인다.

③ 흡수량을 늘린다.   ④ 소금양을 늘린다.

> **해설**

> 비상 반죽법의 필수적 조치 6가지
> • 이스트 2배
> • 설탕 사용량 1[%] 감소
> • 물 사용량 1[%] 증가
> • 믹싱 시간 20~30[%] 증가
> • 반죽 온도 30[℃]
> • 1차 발효 시간 15~30분

32 건포도 식빵을 만들 때 건포도를 전처리하는 목적이 아닌 것은?

① 건포도의 풍미를 되살린다.

② 씹는 촉감을 개선한다.

③ 제품 내에서의 수분 이동을 억제한다.

④ 수분을 제거하여 건포도의 보존성을 높인다.

> **해설**

> 건포도를 전처리하면, 건포도가 수분을 흡수하여 제품 내에서의 수분 이동을 억제하여 건포도의 풍미와 씹는 촉감을 개선시킨다.

33 오븐의 굽기 과정 중 일어나는 현상이 아닌 것은?

① 이산화탄소의 용해도가 증가한다.

② 알코올이 증발한다.

③ 글루텐이 응고된다.

④ 오븐 팽창이 일어난다.

> **해설**

> 굽기 과정 중 49[℃]부터 이산화탄소의 용해도가 감소한다.

34 장티푸스에 대한 설명으로 틀린 것은?

① 원인균은 그람음성 간균으로 운동성이 있다.

② 주요 증상은 발열이다.

③ 파라티푸스의 경우보다 병독 증세가 강하다.

④ 장티푸스 환자의 소변으로 균이 배출되지 않는다.

해설

장티푸스는 환자의 소변에 균이 배출되어 소독에 유의해야 한다.

35 빵의 반죽 과정 중 조치사항이 아닌 것은?

① 계절에 맞게 물 온도를 조절하여 반죽 온도를 조절한다.

② 초산, 젖산 및 사워 등을 첨가하여 pH를 낮게 유지한다.

③ 작업자 및 기계, 기구를 청결히 한다.

④ 보존료인 소르브산을 반죽에 첨가한다.

해설

빵에 사용하는 방부제는 프로피온산칼슘, 프로피온산나트륨이 있다.

36 분할 냉동 반죽에 대한 설명 중 틀린 것은?

① 굽기 후 결과가 가장 안정적이다.

② 성형 공정이 필요 없다.

③ 냉동 반죽법 중 해동부터 제품 생산까지의 시간이 가장 오래 걸린다.

④ 한 가지 반죽으로 여러 종류의 제품 생산이 가능하다.

해설

분할 냉동 반죽은 1차 발효를 마친 상태에서 반죽을 분할한 뒤 냉동하는 방법으로 성형 냉동 반죽이나, 발효 냉동 반죽보다 품질 손상을 최소화할 수 있다.

반죽 전체를 냉동하는 것보다 시간이 적게 걸린다.

37 전분의 호화에 영향을 주는 요인이 아닌 것은?

① 수분　　　　② 습도

③ 전분의 종류　④ 온도

해설

전분의 호화에 영향을 주는 요인은 전분의 종류, 수분, 설탕, pH 등이 있다.

38 다음 중 튀김옷에 대한 설명 중 틀린 것은?

① 튀김옷은 글루텐이 적은 박력분을 사용하는 것이 좋다.

② 튀김옷을 만들 때 글루텐의 수화가 많게 되기 위해 따뜻한 물로 반죽한다.

③ 튀김옷 제조 시 물의 20~30[%]를 계란으로 대체하면 글루텐 형성을 방해하므로 바삭해진다.

④ 튀김옷에 설탕을 넣으면 글루텐을 연화시켜 바삭해진다.

해설

튀김옷을 만들 때 탄산수나 차가운 물로 반죽하면 바삭하게 만들 수 있다.

39 계란 노른자의 수분 함량은?

① 50[%]　　　② 45[%]

③ 55[%]　　　④ 60[%]

해설

계란의 수분 함량은 75[%], 노른자는 50[%], 흰자는 88[%]이다.

기출복원문제

40 분할기에 의한 기계적 분할 시 분할의 기준이 되는 것은?

① 무게　　　　② 모양
③ 배합률　　　④ 부피

> **해설**

분할기 사용 시 분할의 기준은 부피이다.

41 파상열에 대한 설명으로 틀린 것은?

① Brucella 속이 원인균이다.
② 원인균은 열에 대한 저항성이 강하다.
③ 특이한 발열이 주기적으로 반복된다.
④ 소, 돼지, 염소 등으로부터 감염된다.

> **해설**

파상열은 주로 소, 산양, 돼지 등의 유산과 불임증을 유발한다.
열에 대한 저장성은 약하다.

42 스펀지 도우법에서 밀가루의 사용량을 증가할 경우와 거리가 먼 것은?

① 반죽의 탄력성이 좋아짐.
② 품질, 풍미 개선
③ 성형 공정 개선
④ 부피 증가

> **해설**

스펀지에 밀가루 사용량을 증가할 경우 반죽의 신장성이 좋아진다.

43 단과자빵 기계 분할 시 반죽이 분할기에 달라붙지 않도록 사용하는 윤활유는?

① 대두유　　　　② 파라핀 용액
③ 쇼트닝　　　　④ 왁스

> **해설**

분할기에 사용하는 이형제로는 유동파라핀 0.1~0.2[%]를 사용한다.

44 식품을 채취, 제조, 가공, 조리, 저장, 운반 또는 판매하는 직접 종사자는 연 1회 정기 건강진단을 받는데, 건강 진단 항목이 아닌 것은?

① 전염성 피부질환　② 장티푸스
③ 이질　　　　　　④ 폐결핵

> **해설**

이질은 대장에서 발병하는 급성 또는 만성 질병으로, 콜레라와 함께 급성 설사를 일으키는 대표적인 법정 전염병이다.

45 이스트에 대한 설명 중 옳지 않은 것은?

① 엽록소가 없는 단세포 생물이다.
② 제빵용 이스트는 온도 20~25[℃]에서 발효력이 최대가 된다.
③ 생이스트의 수분 함유율은 70~75[%]이다.
④ 주로 출아법에 의해 증식한다.

> **해설**

제빵용 이스트는 28~32[℃]가 적당하며 38[℃]가 가장 활발하다.

46 빵의 팬닝 시 팬의 온도로 가장 적합한 것은?

① 냉장 온도(0~5[℃])

② 20~24[℃]

③ 30~35[℃]

④ 60[℃] 이상

<해설>

철판 및 팬의 온도는 30~35[℃]가 적당하다.

47 버터 크림 당액 제조 시 설탕에 대한 물 사용량으로 적당한 것은?

① 25[%]   ② 50[%]

③ 75[%]   ④ 100[%]

<해설>

버터 크림 제조 시 설탕에 대한 물 사용량은 25[%]가 적당하다.

48 리케차에 의한 식중독은?

① 성홍열   ② 유행성간염

③ 쯔쯔가무시병   ④ 디프테리아

<해설>

쯔쯔가무시병은 발열, 두통, 발진, 가피 형성 등을 특징으로 하는 리케차 질환이다. 가을철 급성 열성 질환의 30[%] 정도를 차지하는 가장 흔한 질병으로 매개체는 털진드기로 원인균에 감염된 진드기가 사람을 물어서 전파한다.

49 제빵에서 연수를 사용한 반죽의 상태로 옳은 것은?

① 반죽이 단단하고 가스보유력이 약하다.

② 반죽이 단단하며 가스보유력이 강하다.

③ 반죽이 질고 가스보유력이 강하다.

④ 반죽이 질고 가스보유력이 약하다.

<해설>

연수는 경도가 60[ppm] 이하인 물을 말하며 증류수, 수돗물, 빗물이 여기에 속한다.

반죽이 질고 흡수력이 약해 가스보유력이 약하므로 2[%] 정도 흡수율을 낮추고 이스트 푸드와 소금을 증가한다.

50 노로바이러스(Norovirus)에 대한 설명으로 틀린 것은?

① 사람에게 장염을 일으키는 바이러스 그룹이다.

② 현재 노로바이러스에 대한 항바이러스제는 없다.

③ 유아는 감염이 잘되나 성인에게는 문제가 되지 않는다.

④ 적은 수로도 사람에게 질병을 일으킬 수 있다.

<해설>

노로바이러스는 열에 대한 저항성이 강하며, 소량의 바이러스만 있어도 쉽게 감염될 정도로 전염성이 높다. 평균 12~48시간의 잠복기를 거친 뒤 오심, 구토, 설사의 증상이 발생하는데, 소아에서는 구토가 흔하고 성인에서는 설사가 흔하게 나타난다.

51 둥글리기의 목적과 거리가 먼 것은?

① 방향성 물질을 생성하여 맛과 향을 좋게 한다.

② 흐트러진 글루텐을 재정렬한다.

③ 큰 가스는 제거하고 작은 가스는 고르게 분산시킨다.

④ 자른 면의 점착성을 감소시킨다.

<해설>

방향성 물질을 생성하여 맛과 향을 좋게 하는 과정은 발효 과정이다.

기출복원문제

52 쥐로 인하여 매개되는 병명이 아닌 것은?

① 렙토스피라증   ② 레지오넬라증
③ 페스트   ④ 발진열

> **해설**

레지오넬라증은 물에서 서식하는 레지오넬라균에 의해 발생하는 감염성 질환으로 레지오넬라 폐렴과 폰티악 열의 두가지 형태로 나타난다.

53 빵 반죽 발효 시 나타나는 현상으로 틀린 것은?

① 여러 가지 유기산 생성으로 반죽이 견고해진다.
② 발효 산물에 의하여 반죽의 pH가 낮아진다.
③ 발효 시 열이 발생하여 반죽 온도는 상승한다.
④ 발효 대사산물로 반죽이 숙성되고 빵에 풍미를 제공한다.

> **해설**

빵의 알코올 발효에 의해 탄산가스와 알코올을 만들며, 열을 발생시키는 것을 말한다.
이산화탄소에 의해 팽창하며, 효소 작용에 의해 반죽을 유연하게 하고, 알코올, 유기산, 에스테르, 알데히드, 케톤 등에 의해 독특한 맛과 향을 생성한다.

54 화농성 질환의 작업자가 작업에 종사할 때 발생할 수 있는 식중독은?

① 알레르기(Allergy)성 식중독
② 포도상구균(Staphylococcus) 식중독
③ 살모넬라(Salmonella) 식중독
④ 보툴리누스(Botulinus) 식중독

> **해설**

포도상구균은 독소형 식중독이며, 그람양성이며 장독소인 엔테로톡신에 의해 발병한다.
화농성 질환의 원인균으로 화농성 질환자가 만든 음식에 의해 발생할 수 있다.

55 잎을 건조시켜 만든 향신료는?

① 메이스   ② 오레가노
③ 넛메그   ④ 계피

> **해설**

- **메이스** : 육두구 열매의 씨를 둘러싸고 있는 그물모양의 빨간 껍질 부분을 말린 것
- **넛메그** : 열매의 씨앗을 말린 것
- **오레가노** : 60[cm] 다년초로 꽃은 흰색이나 분홍색으로 식용이 가능하고, 잎은 감촉이 부드러우며 샐러드와 파스타에 넣는다
- **계피** : 녹나무 속에 속하는 몇 종의 육계나무에서 새로 자란 가지의 연한 속 껍질을 벗겨 말린 것

56 냉각시킨 식빵의 일반적인 수분 함량은?

① 약 48[%]   ② 약 18[%]
③ 약 28[%]   ④ 약 38[%]

> **해설**

식빵의 칼로리는 100[g]당 279[kcal]이며 탄수화물이 50[%], 단백질이 9[%], 지방이 4[%], 수분은 약 35~38[%] 정도이다.

57 HACCP 적용 7원칙이 아닌 것은?

① 위해요소 분석   ② 한계기준
③ 개선조치   ④ HACCP팀 구성

> **해설**

HACCP팀 구성은 HACCP 준비 5단계에 해당한다.
> **HACCP 적용 7원칙**
- 위해요소 분석
- 중요관리점
- 한계기준
- 모니터링
- 개선조치
- 검증방법 설정
- 기록의 유지관리

58 이스트 푸드의 구성 성분 중 칼슘염의 중요 기능은?

① 물 조절제의 역할을 한다.

② 이스트의 성장에 필요하다.

③ 반죽에 신장성을 준다.

④ 오븐 팽창이 커진다.

 해설

칼슘염(인산칼슘, 황산칼슘, 과산화칼슘)은 물의 경도를 조절하여 아경수가 되도록 한다.

59 감염병 중 바이러스에 의해 감염되지 않는 것은?

① 장티푸스   ② 폴리오

③ 인플루엔자   ④ 유행성간염

 해설

바이러스에 의한 감염병으로는 일본뇌염, 인플루엔자, 광견병, 천열, 소아마비(폴리오), 설사, 홍역, 유행성간염 등이 있다.

60 둥글리기를 하는 목적으로 틀린 것은?

① 반죽 내 기공의 균일화

② 반죽이 끈적거리지 않도록 표피 형성

③ 반죽의 유연성 회복

④ 손상된 글루텐 구조 재정돈

 해설

반죽의 유연성 회복은 중간 발효의 목적이다.

제과 · 제빵 기능사
CBT 실전모의고사

제과기능사

- 제1회 제과기능사 실전모의고사
- 제2회 제과기능사 실전모의고사
- 제3회 제과기능사 실전모의고사

제빵기능사

- 제1회 제빵기능사 실전모의고사
- 제2회 제빵기능사 실전모의고사
- 제3회 제빵기능사 실전모의고사

글자 크기 ⊖ 100% ⊕ 150% ⊕ 200%　화면 배치　전체 문제 수 :　안 푼 문제 수 :

답안 표기란

1	① ② ③ ④
2	① ② ③ ④
3	① ② ③ ④
4	① ② ③ ④
5	① ② ③ ④
6	① ② ③ ④

✦ 정답 및 해설 p. 192

01 다음 중 버터 크림에 사용하기 알맞은 향료는?

① 오일 타입
② 농축 타입
③ 에센스 타입
④ 분말 타입

02 제과용 밀가루 제조에 사용되는 밀로 가장 좋은 것은?

① 연질동맥
② 연질춘맥
③ 경질동맥
④ 경질춘맥

03 어린 반죽으로 만든 제품에 대한 설명 중 틀린 것은?

① 껍질색은 어두운 적갈색이다.
② 부피가 커졌다가 작아져서 제품이 만들어진다.
③ 속색이 무겁고 어두운 숙성이 안 된 색이다.
④ 밀가루 냄새가 난다.

04 2차 발효 과다 현상이 아닌 것은?

① 저장성이 감소한다.
② 부피가 크다.
③ 껍질색이 어둡다.
④ 터짐이 좋다.

05 푸딩에 관한 설명 중 맞는 것은?

① 계란의 열변성에 의한 농후화 작용을 이용한 제품이다.
② 반죽의 팽창을 이용해서 팬닝량은 70[%]가 적당하다.
③ 계란, 설탕, 우유 등을 혼합하여 직화로 구운 제품이다.
④ 하얀 음식이라고 불리기도 한다.

06 제품이 유연성을 우선으로 할 목적으로 밀가루와 유지를 먼저 믹싱하는 방법은?

① 단단계법
② 크림법
③ 설탕/물법
④ 블렌딩법

 계산기　　1/11　다음▶　　 안 푼 문제　 답안 제출

제 **1** 회 [제과기능사] **CBT 실전모의고사**

수험번호 :

수험자명 :

제한 시간 : 60분
남은 시간 :

글자
크기 · 100% · Ⓜ 150% · ⊕ 200%

화면
배치

전체 문제 수 :
안 푼 문제 수 :

답안 표기란

7	①	②	③	④
8	①	②	③	④
9	①	②	③	④
10	①	②	③	④
11	①	②	③	④
12	①	②	③	④

07 다음 쿠키 반죽 중 유지 사용량이 가장 적은 것은?

① 버터 쿠키
② 쇼트 브레드 쿠키
③ 핑거 쿠키
④ 머랭 쿠키

08 제빵 시 경수를 사용할 때 조치사항은 어느 것인가?

① 급수량 감소
② 이스트 양 감소
③ 이스트 푸드 양 증가
④ 맥아 첨가

09 일반적으로 표준식빵 제조 시 가장 적당한 2차 발효실 습도는?

① 55[%]
② 65[%]
③ 85[%]
④ 95[%]

10 제빵용 팬 기름에 대한 설명으로 틀린 것은?

① 무색, 무취, 무미이어야 한다.
② 종류에 상관없이 발연점이 낮아야 한다.
③ 산패에 강해야 한다.
④ 유동파라핀이 사용된다.

11 일반적인 스트레이트법을 비상 스트레이트법으로 변경시킬 때 필수적인 조치가 아닌 것은?

① 수분 흡수율을 1[%] 증가시킴.
② 설탕 사용량을 1[%] 감소시킴.
③ 소금 사용량을 감소시킴.
④ 이스트 사용량을 2배로 증가시킴.

12 일반적으로 사용하는 밀가루의 종류가 다른 것과 같지 않은 제품은?

① 식빵
② 스펀지 케이크
③ 엔젤 푸드 케이크
④ 소프트 롤 케이크

실전모의고사 CBT

글자
크기 100% 150% 200%

화면
배치

전체 문제 수 :
안 푼 문제 수 :

답안 표기란

13	①	②	③	④
14	①	②	③	④
15	①	②	③	④
16	①	②	③	④
17	①	②	③	④
18	①	②	③	④

13 데블스 푸드 케이크(Devil's food cake)에서 천연코코아 사용량이 30[%]일 때 중조의 사용량은?

① 5.2[%]

② 2.8[%]

③ 2.1[%]

④ 1.2[%]

14 작은 부피의 결점의 원인인 것은?

① 소금 사용량 부족

② 이스트 푸드 사용량 과다

③ 물 흡수량 많음.

④ 설탕 사용량 과다

15 2차 발효실의 온도와 습도가 가장 높아야 할 제품은?

① 도넛

② 바게트

③ 햄버거빵

④ 하드롤

16 다음 제품 중 반죽의 비중이 가장 낮은 것은?

① 초콜릿 케이크

② 옐로 레이어 케이크

③ 파운드 케이크

④ 버터 스펀지 케이크

17 다음 중 파운드 케이크의 윗면이 자연적으로 터지는 원인이 아닌 것은?

① 팬닝 후 장시간 방치하여 표피가 말랐을 경우

② 오븐 온도가 높아 껍질 형성이 빠른 경우

③ 반죽 내에 수분이 충분한 경우

④ 설탕 입자가 용해되지 않고 남아 있는 경우

18 팬에 바르는 기름(이형제)은 무엇이 높은 것을 선택해야 하는가?

① 산가

② 발연점

③ 가소성

④ 크림성

 계산기

◀ 이전 3/11 다음 ▶

 안 푼 문제   답안 제출

글자
크기 100% 150% 200%

화면
배치

전체 문제 수 :
안 푼 문제 수 :

답안 표기란

19 ① ② ③ ④
20 ① ② ③ ④
21 ① ② ③ ④
22 ① ② ③ ④
23 ① ② ③ ④

19 설탕 공예용으로 제조 시 설탕의 재결정을 막기 위해 첨가하는 재료는?

① 포도당
② 중조
③ 주석산
④ 베이킹파우더

20 빵의 부피와 연관성이 가장 깊은 것은?

① 소맥분의 회분 함량에 따라
② 소맥분의 단백질 함량에 따라
③ 소맥분의 수분 함량에 따라
④ 소맥분의 전분 함량에 따라

21 ADMI법이라고 불리는 제빵법으로 스펀지 발효에 생기는 결함을 없애기 위하여 만들어진 제조 방법은?

① 액체 발효법(Pre-ferment dough method)
② 노타임 반죽법(No-time dough method)
③ 스펀지법(Sponge dough method)
④ 비상 반죽법(Emergency dough method)

22 사과파이를 만들 때 껍질의 결의 크기는 어떻게 조절되는가?

① 반죽의 접기 수로 조절한다.
② 쇼트닝의 양으로 조절한다.
③ 밀가루의 양으로 조절한다.
④ 쇼트닝의 크기로 조절한다.

23 빵의 제조 시 작업장의 온도, 습도로 알맞은 것은?

① 21 ~ 25[℃], 65 ~ 75[%]
② 21 ~ 25[℃], 80 ~ 90[%]
③ 25 ~ 28[℃], 65 ~ 75[%]
④ 25 ~ 28[℃], 80 ~ 90[%]

실전모의고사 CBT

 계산기

◀ 이전 4/11 다음 ▶

 안 푼 문제 답안 제출

글자 크기 ⊖ 100% Ⓜ 150% ⊕ 200%   화면 배치   전체 문제 수 :
안 푼 문제 수 :

답안 표기란

24 ① ② ③ ④
25 ① ② ③ ④
26 ① ② ③ ④
27 ① ② ③ ④
28 ① ② ③ ④

24 쿠키를 제조함에 있어 퍼짐성은 완제품의 균일성과 포장에 중요한 의미를 가진다. 다음 설명 중 퍼짐성이 작아지는 원인으로 틀린 것은?

① 반죽은 유지 함량이 적고 산성이다.
② 믹싱을 많이 하여 글루텐을 많이 생성한다.
③ 반죽에 아주 작은 입자의 설탕을 사용한다.
④ 오븐 온도를 낮게 하여 오래 굽는다.

25 파이(Pie) 생산 시 껍질을 만들 때 유지의 입자가 크면 일어나는 현상은?

① 결의 길이가 길다.
② 매우 미세한 결이 만들어진다.
③ 결의 길이와는 상관이 없다.
④ 결의 길이가 짧다.

26 케이크 팬 용적 450[cm³]에 100[g]의 스펀지 케이크 반죽을 넣어 좋은 결과를 얻었다면 팬 용적 1,350[cm³]에 넣어야 할 반죽 무게는?

① 100[g]
② 123[g]
③ 200[g]
④ 300[g]

27 다음 제품 중 반죽이 가장 진 것은?

① 불란서빵
② 식빵
③ 잉글리시 머핀
④ 과자빵

28 밀가루의 흡수율, 믹싱 내구성, 믹싱 시간 등 반죽의 배합을 위한 기초 자료를 제공하는 실험 방법은?

① 알베오그래프(Alveograph)
② 익스텐소그래프(Extensograph)
③ 아밀로그래프(Amylograph)
④ 패리노그래프(Farinograph)

[계산기]   ◀ 이전 5/11 다음 ▶   안 푼 문제   답안 제출

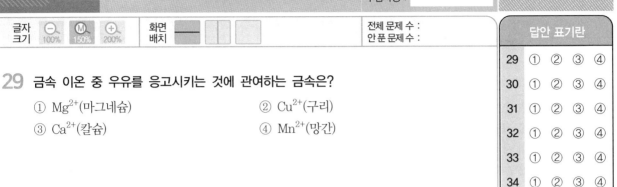

제 **1** 회 제과기능사 CBT 실전모의고사

수험번호 :
수험자명 :

제한 시간 : 60분

글자 크기 100% 150% 200%

화면 배치

전체 문제 수 :
안 푼 문제 수 :

답안 표기란
29 ① ② ③ ④
30 ① ② ③ ④
31 ① ② ③ ④
32 ① ② ③ ④
33 ① ② ③ ④
34 ① ② ③ ④

29 금속 이온 중 우유를 응고시키는 것에 관여하는 금속은?

① Mg^{2+}(마그네슘) ② Cu^{2+}(구리)

③ Ca^{2+}(칼슘) ④ Mn^{2+}(망간)

30 열원으로 찜(수증기)을 이용했을 때 열전달 방식은?

① 대류 ② 초음파

③ 복사 ④ 전도

31 탈지분유 구성 중 50[%] 정도를 차지하는 것은?

① 회분 ② 지방

③ 수분 ④ 유당

32 포화지방산의 탄소수가 다음과 같을 때 융점이 가장 높아서 상온에서 가장 딱딱한 유지가 되는 것은?

① 6개 ② 10개

③ 14개 ④ 18개

33 식품 용기 중 유해 금속과의 관계이다. 잘못 연결된 것은?

① 유리식기 – 주석 ② 놋그릇 – 구리

③ 법랑 – 카드뮴 ④ 도자기 – 납

34 밀의 제1제한 아미노산은 무엇인가?

① 메티오닌(Methionine) ② 류신(Leucine)

③ 리신(Lysine) ④ 발린(Valine)

글자 크기 ⊖ 100% Ⓜ 150% ⊕ 200% 화면 배치

전체 문제 수 :
안푼 문제 수 :

답안 표기란

35	①	②	③	④
36	①	②	③	④
37	①	②	③	④
38	①	②	③	④
39	①	②	③	④
40	①	②	③	④

35 제과 · 제빵에서 유화제의 역할 중 틀린 것은?

① 반죽의 수분과 유지의 혼합을 돕는다.

② 노화를 지연시킨다.

③ 반죽의 신장성을 저하시킨다.

④ 부피를 좋게 한다.

36 동물의 껍질과 연골 속에 있는 콜라겐을 정제한 것으로 안정제나 제과 원료로 사용되는 것은?

① 젤라틴

② 펙틴

③ 한천

④ 카라기닌

37 강력분과 박력분의 성상에서 가장 중요한 차이점은?

① 단백질 함량의 차이

② 지방 함량의 차이

③ 전분 함량의 차이

④ 비타민 함량의 차이

38 글루텐을 강화시키는 것은?

① 환원제

② 지나친 발효

③ 소금

④ 단백질 분해 효소

39 빵에서 탈지분유의 역할 중 틀린 것은?

① 흡수율 감소

② 완충제 역할

③ 조직 개선

④ 진한 껍질색

40 인체의 수분 소요량에 영향을 주는 요인이 아닌 것은?

① 기온

② 신장의 기능

③ 염분의 섭취량

④ 활동력

글자 크기 ⊖ 100% Ⓜ 150% ⊕ 200%　화면 배치　전체 문제 수 :　안푼 문제 수 :

답안 표기란				
41	①	②	③	④
42	①	②	③	④
43	①	②	③	④
44	①	②	③	④
45	①	②	③	④
46	①	②	③	④

41 식품을 제조, 가공 또는 보존 시 식품에 첨가, 혼합, 침윤 기타의 방법으로 사용되는 물질은?

① 식품첨가물
② 기구
③ 화학적 합성품
④ 식품

42 유해한 합성 착색료는?

① 수용성 안나토
② 이산화티타늄
③ 베타카로틴
④ 아우라민

43 제2급 감염병으로 소화기계 감염병은?

① 결핵
② 장티푸스
③ 독감
④ 화농성 피부염

44 다음 중 효소와 기질명이 서로 맞는 것은?

① 리파아제 – 지방질
② 아밀라아제 – 섬유소
③ 말타아제 – 단백질
④ 펩신 – 맥아당

45 지방의 소화에 대한 설명 중 올바른 것은?

① 유지가 소화, 분해되면 단당류가 된다.
② 소화는 대부분 위에서 일어난다.
③ 지방은 수용성 물질의 소화를 돕는다.
④ 소화를 위해 담즙산이 필요하다.

46 다음 중 병원체가 바이러스인 질병은?

① 폴리오
② 디프테리아
③ 결핵
④ 성홍열

실전모의고사 CBT

 계산기　◀ 이전　8/11　다음 ▶　 안푼 문제　 답안 제출

글자 크기 100% 150% 200%　화면 배치

전체 문제 수 :
안 푼 문제 수 :

답안 표기란				
47	①	②	③	④
48	①	②	③	④
49	①	②	③	④
50	①	②	③	④
51	①	②	③	④
52	①	②	③	④

47 유지의 항산화 보완제로 가장 적당하지 못한 것은?

① 염산　　　　　　　　　② 주석산
③ 구연산　　　　　　　　④ 인산

48 버터의 독특한 향미와 관계가 있는 물질은?

① 모노글리세리드(Monoglyceride)
② 지방산(Fatty acid)
③ 디아세틸(Diacetyl)
④ 캡사이신(Capsaicin)

49 제빵에서 소금의 역할 중 틀린 것은?

① 글루텐을 강화시킨다.　　② 빵의 내상을 희게 한다.
③ 방부 효과가 있다.　　　　④ 맛을 조절한다.

50 제빵 시 생이스트(효모) 첨가에 가장 적당한 물의 온도는?

① 10[℃]　　　　　　　　② 20[℃]
③ 30[℃]　　　　　　　　④ 50[℃]

51 괴혈병을 예방하기 위하여 어떤 영양소가 많은 식품을 섭취해야 하는가?

① 비타민 A　　　　　　　② 비타민 C
③ 비타민 D　　　　　　　④ 무기질

52 우유를 살균하는 데는 여러 가지 방법이 있는데, 고온 단시간 살균법으로서 가장 적당한 조건은?

① 62 ~ 65[℃]에서 30분 처리
② 72[℃]에서 15초 처리 후 냉각
③ 75[℃] 이상에서 15분 열처리
④ 130[℃]에서 2 ~ 3초 이내 처리

계산기　　　◀ 이전　9/11　다음 ▶　　안 푼 문제　답안 제출

글자 크기 ⊖ 100% Ⓜ 150% ⊕ 200% 화면 배치

전체 문제 수 :
안 푼 문제 수 :

답안 표기란

53	①	②	③	④
54	①	②	③	④
55	①	②	③	④
56	①	②	③	④
57	①	②	③	④
58	①	②	③	④

53 알레르기(Allergy)성 식중독의 주된 원인식품은?

① 오징어

② 꽁치

③ 광어

④ 갈치

54 지방의 산패를 촉진하는 인자와 거리가 먼 것은?

① 질소의 존재

② 자외선의 존재

③ 동의 존재

④ 산소의 존재

55 이스트 푸드의 역할이 아닌 것은?

① 빵의 촉감을 좋게 한다.

② 빵의 향기를 좋게 한다.

③ 반죽 개량제 역할을 한다.

④ 빵의 부피를 크게 한다.

56 효소를 구성하고 있는 주성분은?

① 탄수화물

② 단백질

③ 지방

④ 비타민

57 설탕 200[g]을 물 100[g]에 녹여 액당(液糖)을 만들었다면 이 액당의 당도는?

① 66.7[%]

② 75[%]

③ 100[%]

④ 150[%]

58 전분을 덱스트린(Dextrin)으로 변화시키는 효소는?

① α-아밀라아제(Amylase)

② β-아밀라아제(Amylase)

③ 말타아제(Maltase)

④ 치마아제(Zymase)

 계산기

◀ 이전 10/11 다음 ▶

 안 푼 문제

 답안 제출

실전모의고사 CBT

글자 크기 100% 150% 200%　　화면 배치

전체 문제 수 :
안 푼 문제 수 :

59 케이크 제조에서 쇼트닝의 기본적인 3가지 기능과 가장 거리가 먼 것은?

① 팽창 기능　　　　　　② 유화 기능
③ 윤활 기능　　　　　　④ 안정 기능

60 밀가루 전분의 아밀로펙틴은 전분의 약 몇 [%]가 되는가?

① 20 ~ 25[%]　　　　　② 60 ~ 65[%]
③ 30 ~ 35[%]　　　　　④ 75 ~ 80[%]

계산기　　◀ 이전　11/11　다음 ▶　　안 푼 문제　답안 제출

수험번호 :

수험자명 :

제한 시간 : 60분
남은 시간

글자
크기   ⊖ 100% Ⓜ 150% ⊕ 200%

화면
배치

전체 문제 수 :
안푼 문제 수 :

답안 표기란

1	① ② ③ ④
2	① ② ③ ④
3	① ② ③ ④
4	① ② ③ ④
5	① ② ③ ④
6	① ② ③ ④

✦ 정답 및 해설 p. 195

01 다음 중 비터(Beater)를 이용하여 교반하는 것이 적당한 제법으로 알맞은 것은?

① 공립법
② 복합법
③ 별립법
④ 블렌딩법

02 빵 굽기 과정에서 오븐 스프링(Oven spring)에 의한 반죽 부피의 팽창 정도는?

① 본래 크기의 약 $\frac{1}{2}$까지
② 본래 크기의 약 $\frac{1}{3}$까지
③ 본래 크기의 약 $\frac{1}{5}$까지
④ 본래 크기의 약 $\frac{1}{6}$까지

03 반죽형 케이크 제조 시 중심부가 솟는 원인은?

① 굽기 시간의 증가
② 유지 사용량의 감소
③ 오븐 윗불이 약한 경우
④ 계란 사용량의 증가

04 일반적으로 옐로 레이어 케이크의 반죽 온도는 어느 정도가 가장 적당한가?

① 16[℃]
② 20[℃]
③ 24[℃]
④ 30[℃]

05 패리노그래프에 관한 설명 중 틀린 것은?

① 흡수율 측정
② 믹싱 내구성 측정
③ 전분의 점도 측정
④ 믹싱 시간 측정

06 가로 10[cm], 세로 18[cm], 높이 7[cm]의 팬을 사용할 때 비용적이 3.4[cm³/g]인 빵의
분할량은 약 얼마인가?

① 330[g]
② 350[g]
③ 370[g]
④ 390[g]

 계산기

1/11 다음▶

 안 푼 문제   답안 제출

글자 크기 100% 150% 200%   화면 배치   전체 문제 수 : 안 푼 문제 수 :

답안 표기란				
7	①	②	③	④
8	①	②	③	④
9	①	②	③	④
10	①	②	③	④
11	①	②	③	④
12	①	②	③	④

07 제빵 반죽에서 소금을 늦게 넣어 믹싱 시간을 단축하는 방법은?

① 후염법   ② 훈제법

③ 염장법   ④ 염지법

08 반죽 내에 소금양이 과다할 때 일어나는 현상이 아닌 것은?

① 부피가 작다.   ② 빵의 모서리가 뾰족하다.

③ 껍질색이 진하다.   ④ 촉촉하고 질기다.

09 유화 쇼트닝을 60[%] 사용한 옐로 레이어 케이크 배합에 32[%]의 초콜릿을 넣어 초콜릿 케이크를 만들 때 원래의 쇼트닝 60[%]는 얼마로 조절해야 하는가?

① 48[%]   ② 54[%]

③ 60[%]   ④ 72[%]

10 도넛 튀김용 유지로 가장 적당한 것은?

① 라드   ② 유화 쇼트닝

③ 버터   ④ 면실유

11 캔디의 재결정을 막기 위해 사용되는 원료가 아닌 것은?

① 물엿   ② 설탕

③ 전화당   ④ 과당

12 분할기에 의한 기계식 분할 시 분할의 기준이 되는 것은?

① 무게   ② 모양

③ 부피   ④ 배합률

계산기   ◀ 이전   2/11   다음 ▶   안 푼 문제   답안 제출

글자 크기 ⊖ 100% Ⓜ 150% ⊕ 200%

화면 배치

전체 문제 수 :
안 푼 문제 수 :

답안 표기란

13	①	②	③	④
14	①	②	③	④
15	①	②	③	④
16	①	②	③	④
17	①	②	③	④

13 전분의 노화에 대한 설명 중 틀린 것은?

① 노화는 −18[℃]에서 잘 일어나지 않는다.

② 노화된 전분은 소화가 잘된다.

③ 노화된 전분은 향이 손실된다.

④ 노화란 α−전분 → β−전분으로 되는 것을 말한다.

14 대량 생산 공장에서 많이 사용하는 오븐으로 반죽이 들어가는 입구와 제품이 나오는 입구가 다른 오븐으로 통과되는 속도와 온도가 중요시되는 오븐은?

① 컨벡션 오븐(Convection oven)

② 로터리 래크 오븐(Rotary rack oven)

③ 데크 오븐(Deck oven)

④ 터널 오븐(Tunnel oven)

15 밀가루 100[%], 계란 166[%], 설탕 166[%], 소금 2[%]인 배합률은 어떤 케이크 제조에 적당한가?

① 파운드 케이크

② 엔젤 푸드 케이크

③ 스펀지 케이크

④ 옐로 레이어 케이크

16 굳어진 설탕 아이싱 크림을 여리게 하는 방법 중 부적당한 것은?

① 설탕 시럽을 넣어 여리게 한다.

② 중탕으로 가열한다.

③ 소량의 물을 넣고 중탕으로 가열한다.

④ 전분이나 밀가루 같은 흡수제를 이용한다.

17 다음 제품 중 오븐에 넣기 전에 약한 충격을 가하여 굽기 하는 것은?

① 파운드 케이크

② 젤리 롤 케이크

③ 피칸파이

④ 슈

계산기

◀ 이전 3/11 다음 ▶

안 푼 문제 · 답안 제출

실전모의고사 CBT

제**2**회 제과기능사 CBT 실전모의고사

수험번호 :

수험자명 :

제한 시간 : 60분

남은 시간 :

글자 크기 100% 150% 200%

화면 배치

전체 문제 수 :
안 푼 문제 수 :

답안 표기란

18	①	②	③	④
19	①	②	③	④
20	①	②	③	④
21	①	②	③	④
22	①	②	③	④
23	①	②	③	④

18 파이용 크림 제조 시 농후화제로 쓰이지 않는 것은?

① 계란

② 중조

③ 전분

④ 밀가루

19 밤 만주를 성형한 후 물을 뿌려주는 이유가 아닌 것은?

① 덧가루의 제거

② 껍질색의 균일화

③ 소성 후 철판에서 잘 떨어짐.

④ 껍질의 터짐 방지

20 빵 발효에 영향을 주는 요소로 이스트의 양이 중요하다. 이스트 2[%]를 사용하여 4시간 발효시킨 경우 양질의 빵을 만들었다면 발효 시간을 3시간으로 단축하려면 약 얼마의 이스트를 사용해야 하는가?

① 1.5[%]

② 2.0[%]

③ 2.7[%]

④ 3.0[%]

21 다음 중 올바른 팬닝 요령이 아닌 것은?

① 반죽의 이음매가 틀의 아랫부분으로 놓이게 한다.

② 철판의 온도를 65[℃]로 맞춘다.

③ 비용적의 단위는 cm^3/g이다.

④ 반죽은 적정 분할량을 넣는다.

22 스펀지 케이크의 반죽 1[g]당 팬 용적[cm^3]은 얼마인가?

① 2.40

② 2.96

③ 4.7

④ 5.08

23 언더 베이킹(Under baking)이란?

① 낮은 온도에서 장시간 굽는 방법

② 높은 온도에서 단시간 굽는 방법

③ 밑불을 낮게 윗불을 높게 굽는 방법

④ 밑불을 낮게 윗불을 낮게 굽는 방법

계산기

◀ 이전 4/11 다음 ▶

안 푼 문제

답안 제출

글자 크기 ⊖ 100% Ⓜ 150% ⊕ 200%　화면 배치 ▭ ▯▯ ▯▯▯

전체 문제 수 :
안푼 문제 수 :

답안 표기란

24	①	②	③	④
25	①	②	③	④
26	①	②	③	④
27	①	②	③	④
28	①	②	③	④

24 사과파이의 결의 크기를 크게 하는 방법은?

① 밀가루 사용량 증가　　② 충전물 증가
③ 쇼트닝 증가　　④ 밀어 펴는 횟수 증가

25 사용할 물 온도를 구할 때 필요한 온도가 아닌 것은?

① 수돗물 온도　　② 마찰계수
③ 희망 온도　　④ 밀가루 온도

26 플로어 타임을 길게 주어야 할 경우는?

① 반죽 온도가 높을 때　　② 반죽 배합이 덜 되었을 때
③ 반죽 온도가 낮을 때　　④ 중력분을 사용했을 때

27 중조 1.5[%]를 사용하는 배합표에서 베이킹파우더로 대체하고자 할 경우 사용량으로 알맞은 것은?

① 1.5[%]　　② 3.0[%]
③ 4.5[%]　　④ 6.0[%]

28 아래와 같은 조건일 때 스펀지법에서 사용할 도우의 물 온도는?

- 실내 온도 : 29[℃]
- 마찰계수 : 22
- 희망 온도 : 30[℃]
- 스펀지 온도 : 24[℃]
- 밀가루 온도 : 28[℃]
- 수돗물 온도 : 20[℃]

① 0[℃]　　① 13[℃]
③ 17[℃]　　④ 24[℃]

▦ 계산기　　◀ 이전　5/11　다음 ▶

제**2**회 제과기능사 CBT 실전모의고사

수험번호 :
수험자명 :

제한 시간 : 60분

글자
크기   100% 150% 200%

화면
배치

전체 문제 수 :
안 푼 문제 수 :

답안 표기란

29	① ② ③ ④
30	① ② ③ ④
31	① ② ③ ④
32	① ② ③ ④
33	① ② ③ ④
34	① ② ③ ④

29 퍼프 페이스트리(Puff pastry) 제조 시 굽기 과정에서 부풀어 오르지 않는 이유로 틀린 것은?

① 밀가루의 사용량이 증가되었다.
② 오븐이 너무 차다.
③ 반죽이 너무 차다.
④ 품질이 나쁜 계란이 사용되었다.

30 2차 발효실의 가장 적당한 온도는?

① 25 ~ 30[℃]
② 30 ~ 35[℃]
③ 35 ~ 40[℃]
④ 40 ~ 45[℃]

31 제과에서 유지의 기능이 아닌 것은?

① 연화 기능
② 공기 포집 기능
③ 노화 촉진 기능
④ 안정 기능

32 포도당의 설명 중 틀린 것은?

① 입에서 용해될 때 시원한 느낌을 준다.
② 포도당은 물엿을 완전히 전화시켜 만든다.
③ 효모의 영양원으로 발효를 촉진시킨다.
④ 설탕에 비해 삼투압이 높으며 감미가 높다.

33 불포화지방산과 포화지방산에 대한 설명 중 옳은 것은?

① 식물성 유지에는 불포화지방산이 더 높은 비율로 들어 있다.
② 코코넛 기름에는 불포화지방산이 더 높은 비율로 들어 있다.
③ 포화지방산은 이중결합을 함유하고 있다.
④ 포화지방산은 할로겐이나 수소 첨가에 따라 불포화될 수 있다.

34 어떤 첨가물의 LD$_{50}$의 값이 작다는 것은 무엇을 의미하는가?

① 독성이 크다.
② 독성이 적다.
③ 저장성이 적다.
④ 안전성이 크다.

계산기   ◀ 이전   6/11   다음 ▶   안 푼 문제   답안 제출

글자
크기 100% 150% 200%

화면
배치

전체 문제 수 :
안 푼 문제 수 :

답안 표기란

35	①	②	③	④
36	①	②	③	④
37	①	②	③	④
38	①	②	③	④
39	①	②	③	④

35 뉴로톡신(Neurotoxin)이란 균체의 독소를 생산하는 식중독균은?

① 보툴리누스균

② 병원성 대장균

③ 포도상구균

④ 장염 비브리오균

36 필수 아미노산이 아닌 것은?

① 리신(Lysine)

② 메티오닌(Methionine)

③ 페닐알라닌(Phenylalanine)

④ 아라키돈산(Arachidonic acid)

37 칼슘염의 설명으로 부적당한 것은?

① 글루텐을 강하게 하여 반죽을 되고 건조하게 한다.

② 인산칼슘염은 반응 후 산성이 된다.

③ 곰팡이와 로프(Rope) 박테리아의 억제 효과가 있다.

④ 이스트 성장을 위한 질소 공급을 한다.

38 향신료에 대한 설명으로 틀린 것은?

① 향신료는 고대 이집트, 중동 등에서 방부제, 의약품의 목적으로 사용되던 것이 식품으로 이용된 것이다.

② 스파이스는 주로 열대지방에서 생산되는 향신료로 뿌리, 열매, 꽃, 나무껍질 등 다양한 부위가 이용된다.

③ 허브는 주로 온대지방의 향신료로 식물의 잎이나 줄기가 주로 사용된다.

④ 향신료는 주로 전분질 식품의 맛을 내는 데 사용된다.

39 공장 설비 중 제품의 생산능력은 어떤 설비가 가장 기준이 되는가?

① 오븐

② 믹서

③ 발효기

④ 작업 테이블

실전모의고사
CBT

계산기

◀ 이전 7/11 다음 ▶

 안 푼 문제

 답안 제출

글자
크기 ⊖ 100% Ⓜ 150% ⊕ 200% 화면 배치

전체 문제 수 :
안 푼 문제 수 :

	답안 표기란			
40	①	②	③	④
41	①	②	③	④
42	①	②	③	④
43	①	②	③	④
44	①	②	③	④
45	①	②	③	④

40 제빵 적성에 맞지 않는 밀가루는?

① 제분 직후 30 ~ 40일 정도의 숙성기간이 지난 것

② 물을 흡수할 수 있는 능력이 큰 것

③ 글루텐의 질이 좋고 함량이 많은 것

④ 프로테아제의 함량이 많은 것

41 기름을 계속 사용했을 때 나타나는 현상은?

① 발연점이 감소한다.　② 발연점이 증가한다.

③ 안정성이 크다.　④ 산패가 느리다.

42 수용성 향료(Essence)에 관한 설명 중 틀린 것은?

① 수용성 향료(Essence)에는 조합향료를 에탄올로 추출한 것이 있다.

② 수용성 향료(Essence)는 고농도 제품을 만들기 어렵다.

③ 수용성 향료(Essence)에는 천연물질을 에탄올로 추출한 것이 있다.

④ 수용성 향료(Essence)는 내열성이 강하다.

43 다음 중 수용성 비타민이 아닌 것은?

① 나이아신　② 비타민 A

③ 비타민 B　④ 비타민 C

44 비병원성 미생물에 속하는 세균은?

① 결핵균　② 젖산균

③ 이질균　④ 살모넬라균

45 도넛에 뿌리는 도넛 설탕을 만드는 재료와 거리가 먼 것은?

① 소금　② 포도당

③ 쇼트닝　④ 레시틴

🖩 계산기　◀ 이전 **8/11** 다음 ▶　 안 푼 문제　 답안 제출

제2회 제과기능사 CBT 실전모의고사

수험번호 :
수험자명 :

제한 시간 : 60분

글자 크기 100% 150% 200%
화면 배치
전체 문제 수 :
안푼 문제 수 :

답안 표기란

46 ① ② ③ ④
47 ① ② ③ ④
48 ① ② ③ ④
49 ① ② ③ ④
50 ① ② ③ ④
51 ① ② ③ ④

46 클로스트리디움 보툴리눔 식중독과 관련 있는 것은?

① 화농성 질환의 대표균
② 저온살균 처리 및 신속한 섭취로 예방
③ 내열성 포자 형성
④ 감염형 식중독

47 밀가루 중 밀기울의 혼합률을 측정하는 기준 성분은?

① 비타민 B
② 지방
③ 회분
④ 섬유질

48 계란 흰자의 조성과 가장 거리가 먼 것은?

① 라이소자임
② 오브알부민
③ 콘알부민
④ 카로틴

49 베이킹파우더가 반응을 일으키면 주로 발생되는 가스는?

① 질소가스
② 산소가스
③ 탄산가스
④ 암모니아가스

50 제빵용 밀가루 선택 시 고려할 사항과 가장 거리가 먼 것은?

① 흡수율
② 회분 양
③ 단백질 양
④ 전분 양

51 음식물을 통해서만 얻어야 하는 아미노산과 거리가 먼 것은?

① 글루타민(Glutamine)
② 트립토판(Tryptophan)
③ 리신(Lysine)
④ 메티오닌(Methionine)

제**2**회 제과기능사 **CBT 실전모의고사**

수험번호 :
수험자명 :

제한 시간 : 60분

글자크기 100% 150% 200%

화면배치

전체 문제 수 :
안 푼 문제 수 :

답안 표기란

52 ① ② ③ ④
53 ① ② ③ ④
54 ① ② ③ ④
55 ① ② ③ ④
56 ① ② ③ ④

52 과자와 빵에서 우유가 미치는 영향 중 틀린 것은?

① 영양 강화이다.

② 보수력이 없어서 쉽게 노화된다.

③ 이스트에 의해 생성된 향을 착향시킨다.

④ 겉껍질 색깔을 강하게 한다.

53 유당에 대한 설명 중 틀린 것은?

① 이스트에 의해 발효되지 않는다.

② 이당류이다.

③ 단맛은 설탕과 비교해서 약하다.

④ 유산균에 의해 발효되어 초산이 된다.

54 산과 알칼리 및 열에서 비교적 안정하고 칼슘의 흡수를 도우며 골격 발육과 관계가 깊은 비타민은?

① 비타민 A

② 비타민 B_1

③ 비타민 D

④ 비타민 E

55 미생물에 의해 주로 단백질이 변화되어 악취, 유해 물질을 생성하는 현상은?

① 올레산(Oleic acid)

② 리놀레산(Linoleic acid)

③ 스테아르산(Stearic acid)

④ 에이코사펜타엔산(Eicosapentaenoic acid)

56 탄수화물이 소장에서 흡수되어 문맥계로 들어갈 때의 형태는 무엇인가?

① 단당류

② 다당류

③ 이당류

④ 이상 모두의 혼합형태

57 이스트 푸드의 충전제로 사용되는 것은?

① 산화제

② 설탕

③ 분유

④ 전분

58 유지의 분해산물인 글리세린에 대한 설명으로 틀린 것은?

① 물에 잘 녹는 감미의 액체로 비중은 물보다 낮다.

② 물 – 기름의 유탁액에 대한 안정 기능이 있다.

③ 보습성이 뛰어나 빵류, 케이크류, 소프트 쿠키류의 저장성을 연장시킨다.

④ 향미제의 용매로 식품의 색택을 좋게 하는 독성이 없는 극소수 용매 중의 하나이다.

59 미나마타병의 원인물질은?

① 구리(Cu)

② 납(Pb)

③ 수은(Hg)

④ 카드뮴(Cd)

60 소장에서 저장작용을 하는 이당류는?

① 유당

② 포도당

③ 자당

④ 맥아당

수험번호 :

수험자명 :

제한 시간 : 60분
남은 시간 :

글자 크기 100% 150% 200%

화면 배치

전체 문제 수 :
안 푼 문제 수 :

답안 표기란
1 ① ② ③ ④
2 ① ② ③ ④
3 ① ② ③ ④
4 ① ② ③ ④
5 ① ② ③ ④

✦ 정답 및 해설 p.199

01 파이 껍질(Pie crust)은 성형하기 전에 12 ~ 16[℃]에서 적어도 6시간 저장하는 것이 좋다. 그 이유로 부적당한 것은?

① 충전물이 스며드는 것을 막기 위해

② 유지를 굳혀 바람직한 결을 얻기 위해

③ 밀가루를 적절히 수화시키기 위해

④ 성형 동안 반죽이 수축되지 않도록 하기 위해

02 다음 중 파운드 케이크의 윗면이 자연적으로 터지는 원인이 아닌 것은?

① 팬닝 후 장시간 방치하여 표피가 말랐을 경우

② 설탕 입자가 용해되지 않고 남아 있는 경우

③ 반죽 내에 수분이 불충분한 경우

④ 오븐 온도가 낮아 껍질 형성이 늦은 경우

03 초콜릿 케이크에서 우유 사용량을 구하는 공식은?

① 설탕 + 30 − (코코아 × 1.5) + 전란

② 설탕 + 30 + (코코아 × 1.5) − 전란

③ 설탕 − 30 + (코코아 × 1.5) + 전란

④ 설탕 − 30 − (코코아 × 1.5) − 전란

04 다음의 쿠키(Cookies) 제품 중에서 지방을 가장 많이 섭취할 수 있는 종류는?

① 드롭 쿠키(Drop cookies)

② 레이디핑거(Ladyfinger)

③ 쇼트 브레드(Short bread)

④ 슈가 쿠키(Sugar cookies)

05 연속식 제빵법을 사용하는 장점으로 틀린 것은?

① 공장 면적과 믹서 등 설비의 감소

② 인력의 감소

③ 발효 향의 증가

④ 발효 손실의 감소

계산기

1/11 다음 ▶

 안 푼 문제 답안 제출

제**3**회 제과기능사 CBT 실전모의고사

수험번호 :

수험자명 :

제한 시간 : 60분
남은 시간

글자
크기 ⊖ 100% Ⓜ 150% ⊕ 200%

화면
배치

전체 문제 수 :
안 푼 문제 수 :

답안 표기란

6 ① ② ③ ④
7 ① ② ③ ④
8 ① ② ③ ④
9 ① ② ③ ④
10 ① ② ③ ④
11 ① ② ③ ④

06 모닝빵을 60분에 500개 성형하는 기계를 사용할 때 모닝빵 800개를 만드는 데 소요되는 시간은?

① 86분

② 90분

③ 96분

④ 100분

07 수돗물 온도 10[℃], 실내 온도 28[℃], 밀가루 온도 30[℃], 마찰계수 23일 때 반죽 온도를 27[℃]로 하려면 몇 [℃]의 물을 사용해야 하는가?

① 17[℃]

② 12[℃]

③ 5[℃]

④ 0[℃]

08 최종 제품의 부피가 정상보다 클 경우의 원인이 아닌 것은?

① 소금 사용량 과다

② 분할량 과다

③ 2차 발효의 초과

④ 낮은 오븐 온도

09 밀가루를 체로 쳐서 사용하는 이유와 가장 거리가 먼 것은?

① 불순물 제거

② 분산

③ 공기의 혼입

④ 표피색 개선

10 튀김 기름을 나쁘게 하는 4가지 요소는?

① 온도, 수분, 공기, 이물질

② 온도, 수분, 탄소, 이물질

③ 온도, 공기, 수소, 탄소

④ 온도, 수분, 산소, 수소

11 스펀지 케이크 반죽에 버터를 넣고자 한다. 이때 버터의 온도는 얼마가 가장 적당한가?

① 30[℃]

② 35[℃]

③ 60[℃]

④ 85[℃]

 계산기

◀ 이전 2/11 다음 ▶

 안 푼 문제 답안 제출

실전모의고사
CBT

제3회 제과기능사 CBT 실전모의고사 **151**

글자
크기 100% 150% 200%

화면
배치

전체 문제 수 :
안푼 문제수 :

답안 표기란

12	①	②	③	④
13	①	②	③	④
14	①	②	③	④
15	①	②	③	④
16	①	②	③	④
17	①	②	③	④

12 스펀지 케이크에서 계란 사용량을 감소시킬 때의 조치사항이 잘못된 것은?

① 베이킹파우더를 사용하기도 한다.　② 양질의 유화제를 병용한다.

③ 물 사용량을 추가한다.　④ 쇼트닝을 첨가한다.

13 빵에서 설탕의 중요한 기능은?

① 껍질색을 낸다.　② 완충 작용을 한다.

③ 유화 작용을 한다.　④ 글루텐을 질기게 한다.

14 산화제와 환원제를 함께 사용하여 믹싱 시간과 발효 시간을 감소하는 제빵법은?

① 스트레이트법　② 노타임 반죽법

③ 비상 스펀지 도우법　④ 비상 스트레이트법

15 식빵 제조 시 물을 넣은 것보다 우유를 넣은 제품의 껍질색이 진하다. 우유의 무엇이 제품의 껍질색을 진하게 하는가?

① 젖산　② 무기질

③ 카제인　④ 유당

16 제빵용으로 주로 사용되는 도구는?

① 모양깍지　② 짤주머니

③ 돌림판(회전판)　④ 스크레이퍼

17 레이어 케이크 반죽의 온도를 조절하려 할 때, 실내 온도 25[℃], 밀가루 온도 25[℃], 설탕 온도 25[℃], 수돗물 온도 20[℃], 유화 쇼트닝 온도 20[℃], 계란 온도 20[℃], 마찰계수 28, 희망 온도 23[℃]라면 사용할 물의 온도로 적당한 것은?

① -5[℃]　② 3[℃]

③ 12[℃]　④ 23[℃]

계산기　◀ 이전　3/11　다음 ▶　안푼 문제　답안 제출

글자 크기 ⊖ 100% Ⓜ 150% ⊕ 200% 화면 배치

전체 문제 수 :
안 푼 문제 수 :

답안 표기란

18 ① ② ③ ④
19 ① ② ③ ④
20 ① ② ③ ④
21 ① ② ③ ④
22 ① ② ③ ④

18 고율 배합의 제품을 굽는 방법으로 맞는 것은?

① 저온 단시간
② 저온 장시간
③ 고온 단시간
④ 고온 장시간

19 반죽의 내구성과 소맥분의 질을 측정하는 그래프는?

① 패리노그래프
② 아밀로그래프
③ 익스텐소그래프
④ 믹소그래프

20 포장 전 빵의 온도가 너무 낮을 때는 다음의 어떤 현상이 일어나는가?

① 노화가 빨라진다.
② 썰기가 나쁘다.
③ 곰팡이, 박테리아의 번식이 용이하다.
④ 포장지에 수분이 응축된다.

21 적당한 2차 발효점은 여러 여건에 따라 차이가 있다. 일반적으로 완제품의 몇 [%]까지 팽창시키는가?

① 0[%]
② 50 ~ 60[%]
③ 70 ~ 80[%]
④ 90 ~ 100[%]

22 일반 파운드 케이크의 배합률이 올바르게 설명된 것은?

① 소맥분 200, 설탕 200, 계란 100, 버터 100
② 소맥분 200, 설탕 100, 계란 100, 버터 100
③ 소맥분 100, 설탕 100, 계란 200, 버터 200
④ 소맥분 100, 설탕 100, 계란 100, 버터 100

 계산기 ◀ 이전 4/11 다음 ▶  안 푼 문제   답안 제출

실전모의고사 CBT

글자 크기 100% 150% 200%

화면 배치

전체 문제 수 :
안 푼 문제 수 :

답안 표기란

23	①	②	③	④
24	①	②	③	④
25	①	②	③	④
26	①	②	③	④
27	①	②	③	④
28	①	②	③	④

23 비스킷을 제조할 때 설탕을 유지보다 많이 사용하면 어떤 결과가 나타나는가?

① 제품의 촉감이 단단해진다.
② 제품의 퍼짐이 작아진다.
③ 제품의 색깔이 엷어진다.
④ 제품이 부드러워진다.

24 모카 아이싱(Mocha icing)의 특징이 결정되는 재료는?

① 커피
② 초콜릿
③ 코코아
④ 분당

25 파이를 만들 때 충전물이 끓어 넘쳤다. 그 원인으로 틀린 것은?

① 충전물의 온도가 낮았다.
② 껍질에 구멍이 없다.
③ 바닥 껍질이 너무 얇다.
④ 배합이 적합하지 않았다.

26 냉동빵에서 반죽의 온도를 낮추는 가장 주된 이유는?

① 수분 사용량이 많으므로
② 이스트 활동을 억제하기 위해
③ 밀가루의 단백질 함량이 낮아서
④ 이스트 사용량이 감소하므로

27 발효 과정을 거치는 동안에 반죽이 거친 취급을 받아 상처받은 상태이므로 이를 회복시키기 위해 글루텐 숙성과 안정을 도모하는 과정은?

① 1차 발효
② 펀치
③ 중간 발효
④ 2차 발효

28 반죽의 혼합 과정 중 유지를 첨가하는 방법으로 올바른 것은?

① 반죽의 글루텐 형성 중간 단계에서 첨가한다.
② 반죽의 글루텐 형성 최종 단계에서 첨가한다.
③ 밀가루 및 기타 재료와 함께 계량하여 혼합하기 전에 첨가한다.
④ 반죽이 수화되어 덩어리를 형성하는 클린업 단계에서 첨가한다.

계산기 ◀ 이전 5/11 다음 ▶ 안 푼 문제 답안 제출

수험번호 :

수험자명 :

제한 시간 : 60분
남은 시간 :

글자
크기　100%　150%　200%

화면
배치

전체 문제 수 :
안 푼 문제 수 :

답안 표기란

29	①	②	③	④
30	①	②	③	④
31	①	②	③	④
32	①	②	③	④
33	①	②	③	④

29 버터 크림을 만들 때 흡수율이 가장 높은 유지는?

① 라드

② 경화 라드

③ 유화 쇼트닝

④ 경화 식물성 쇼트닝

30 다음 중 보관 장소가 나머지 재료와 크게 다른 재료는?

① 설탕

② 밀가루

③ 소금

④ 생이스트

31 밀알을 껍질 부위, 배아 부위, 배유 부위로 분류할 때 배유에 대한 설명으로 틀린 것은?

① 밀알의 대부분으로 무게비로 약 83[%]를 차지한다.

② 무질소물은 다른 부위에 비하여 많은 편이다.

③ 회분 함량은 0.3[%] 정도로 낮은 편이다.

④ 전체 단백질의 약 90[%]를 구성하며 무게비에 대한 단백질 함량이 높다.

32 다음의 효소 중 일반적인 제빵용 이스트에는 없기 때문에 관계되는 당은 발효되지 않고 잔류당으로 빵 제품 내에 남게 하는 효소는?

① 치마아제

② 말타아제

③ 락타아제

④ 인버타아제

33 밀가루에 함유된 회분이 의미하는 것이 아닌 것은?

① 광물질은 껍질에 많다.

② 제빵 특성을 대변한다.

③ 정제 정도를 알 수 있다.

④ 강력분은 박력분보다 회분 함량이 높다.

계산기　◀ 이전　6/11　다음 ▶　안 푼 문제　답안 제출

글자 크기 ⊖ 100% Ⓜ 150% ⊕ 200% 화면 배치 ▭ ▯▯ ▭

전체 문제 수 :
안 푼 문제 수 :

답안 표기란				
34	①	②	③	④
35	①	②	③	④
36	①	②	③	④
37	①	②	③	④
38	①	②	③	④
39	①	②	③	④

34 영양소의 소화 흡수에 대한 설명이 잘못된 것은?

① 위액의 분비는 반사조건적인 영향도 많이 받는다.

② 최종 흡수된 영양소는 모두 문맥계를 통하여 유입된다.

③ 일부 소화효소는 불활성 전구체로 분비되어 소화관 내에서 활성화된다.

④ 영양소의 분해하는 과정은 여러 종류의 효소가 단계적으로 작용하여 이루어진다.

35 열량 섭취량을 2,500[kcal] 내외로 했을 때 이상적인 1일 지방 섭취량은?

① 약 10 ~ 20[g] ② 약 40 ~ 50[g]

③ 약 70 ~ 80[g] ④ 약 90 ~ 100[g]

36 작업장의 방충 · 방서용 금속망의 그물 크기는 어느 정도가 적당한가?

① 5[mesh] ② 15[mesh]

③ 20[mesh] ④ 30[mesh]

37 살균력 검사 시 표준으로 사용되는 소독제는?

① 석탄산 ② 승홍수

③ 요오드 ④ 알코올

38 냉장 보관하면 어떤 식중독이 예방되는가?

① 자연독에 의한 식중독 ② 세균성 식중독

③ 유독기구에 의한 식중독 ④ 화학적 식중독

39 탄수화물은 체내에서 주로 어떤 작용을 하는가?

① 골격을 형성한다. ② 혈액을 구성한다.

③ 체작용을 조절한다. ④ 열량을 공급한다.

계산기 ◀ 이전 7/11 다음 ▶ 안 푼 문제 답안 제출

글자
크기　○ 100%　Ⓜ 150%　⊕ 200%

화면
배치

전체 문제 수 :
안 푼 문제 수 :

답안 표기란

40　① ② ③ ④
41　① ② ③ ④
42　① ② ③ ④
43　① ② ③ ④
44　① ② ③ ④
45　① ② ③ ④

40 베이킹파우더 성분 중 이산화탄소를 발생시키는 것은?

① 전분

② 주석산

③ 탄산수소나트륨

④ 인산칼슘

41 제빵 시 반죽용 물의 설명으로 틀린 것은?

① 경수는 반죽의 글루텐을 경화시킨다.

② 연수는 발효를 지연시킨다.

③ 연수는 반죽을 끈적거리게 한다.

④ 연수 사용 시 미네랄 이스트 푸드를 증량해서 사용하는 것이 좋다.

42 정제가 불충분한 기름 중에 남아 식중독을 일으키는 물질인 고시폴(Gossypol)은 어느 기름에서 유래하는가?

① 피마자유

② 면실유

③ 콩기름

④ 미강유

43 설탕 100[g]을 포도당으로 대치하려고 한다. 감미를 고려할 때 포도당은 얼마를 사용하여야 하는가?

① 75[g]

② 100[g]

③ 130[g]

④ 150[g]

44 다음 중 단당류가 아닌 것은?

① 과당

② 포도당

③ 맥아당

④ 갈락토오스

45 공장 수방설비 중 작업의 효율성을 높이기 위한 작업 테이블의 위치는?

① 오븐 옆에 설치한다.

② 냉장고 옆에 설치한다.

③ 발효실 옆에 설치한다.

④ 주방의 중앙부에 설치한다.

계산기　　◀ 이전　8/11　다음 ▶　 안 푼 문제　 답안 제출

실전모의고사 CBT

글자
크기 ⊖ 100% Ⓜ 150% ⊕ 200%

화면
배치

전체 문제 수 :
안푼 문제 수 :

답안 표기란

46	①	②	③	④
47	①	②	③	④
48	①	②	③	④
49	①	②	③	④
50	①	②	③	④
51	①	②	③	④

46 유지의 경화란 무엇인가?

① 경유를 정제하는 것

② 우유를 분해하는 것

③ 지방산가를 계산하는 것

④ 불포화지방산에 수소를 첨가하여 고체화시키는 것

47 제과, 제빵용 건조 재료 등과 팽창제 및 유지 재료를 알맞은 배합률로 균일하게 혼합한 원료는?

① 프리믹스

② 밀가루 개선제

③ 계면 활성제

④ 향신료

48 신체를 구성하는 무기질은 체중의 몇 [%] 정도를 차지하는가?

① 5[%]

② 16[%]

③ 30[%]

④ 65[%]

49 식품 제조 공정 중에서 거품을 없애는 용도로 사용되는 것은?

① 글리세린(Glycerine)

② 실리콘 수지(Silicon resin)

③ 프로필렌글리콜(Propylene glycol)

④ 피페로닐 뷰톡사이드(Piperonyl butoxide)

50 살모넬라균에 대한 설명이 아닌 것은?

① 그람양성 간균

② 급성 위장염을 일으킴.

③ 최적 온도는 37[℃]

④ 60[℃]에서 20분 만에 사멸

51 다음 첨가물 중 합성보존료가 아닌 것은?

① 데히드로초산

② 안식향산나트륨

③ 소르빈산

④ 차아염소산나트륨

계산기 ◀ 이전 9/11 다음 ▶ 안 푼 문제 답안 제출

글자 크기 ⊖ 100% Ⓜ 150% ⊕ 200% 화면 배치

전체 문제 수 :
안 푼 문제 수 :

답안 표기란

52 ① ② ③ ④
53 ① ② ③ ④
54 ① ② ③ ④
55 ① ② ③ ④
56 ① ② ③ ④

52 담즙산의 설명으로 틀린 것은?

① 간장에서 합성

② 지방의 유화 작용

③ 수용성 비타민의 흡수에 관계

④ 콜레스테롤(Cholesterol)의 최종 대사산물

53 다음 식품 중 콜레스테롤(Cholesterol) 함량이 가장 높은 것은?

① 식빵

② 밥

③ 국수

④ 버터

54 상대적 감미도가 순서대로 나열된 것은?

① 과당 > 전화당 > 설탕 > 포도당 > 맥아당 > 유당

② 설탕 > 과당 > 전화당 > 포도당 > 유당 > 맥아당

③ 전화당 > 설탕 > 포도당 > 과당 > 맥아당 > 유당

④ 유당 > 설탕 > 포도당 > 맥아당 > 과당 > 전화당

55 제빵용 물로 가장 적당한 것은?

① 연수(1 ~ 60[ppm])

② 아연수(61 ~ 120[ppm])

③ 아경수(121 ~ 180[ppm])

④ 경수(180[ppm] 이상)

56 친수성 – 친유성 균형(HLB)이 다음과 같을 경우 친수성인 계면 활성제는?

① 5

② 7

③ 9

④ 11

계산기

◀ 이전 10/11 다음 ▶

안 푼 문제 답안 제출

실전모의고사 CBT

글자 크기 🔍 100% ⓜ 150% ⊕ 200%   화면 배치 ▭ ▯▯ ▯

전체 문제 수 :
안 푼 문제 수 :

57 다음 단백질에 대한 설명으로 틀린 것은?

① 1차 구조 – 아미노산과 아미노산이 펩티드결합으로 연결되어 있다.

② 2차 구조 – 아미노산 사슬이 코일 구조를 가지고 있다.

③ 3차 구조 – 2차 구조의 코일이 입체구조를 이루어 굽혀져 있다.

④ 4차 구조 – 2차 구조의 코일이 평면구조를 이루며 굽혀져 있다.

58 다음 중 유지의 산화 속도를 억제하는 것은?

① 토코페롤

② 리파아제

③ 아스코르빈산

④ 몰식자산프로필

59 다음 중 다당류인 전분을 분해하는 효소가 아닌 것은?

① 알파–아밀라아제

② 베타–아밀라아제

③ 디아스타제

④ 말타아제

60 대장균에 대한 설명으로 옳지 않은 것은?

① 젖당을 발효시킨다.

② 세균오염의 지표가 된다.

③ 사람의 변을 통해 나온다.

④ 대장균은 건조식품에는 존재하지 않는다.

▦ 계산기   ◀ 이전 11/11 다음 ▶   ▥ 안 푼 문제   ▤ 답안 제출

글자 크기 ⊖ 100% Ⓜ 150% ⊕ 200% 화면 배치 ▬ ▢ ▢

전체 문제 수 :
안푼 문제 수 :

답안 표기란

1	①	②	③	④
2	①	②	③	④
3	①	②	③	④
4	①	②	③	④
5	①	②	③	④
6	①	②	③	④

✦ 정답 및 해설 p. 202

01 경수로 반죽할 때 취해야 할 조치는?

① 이스트 푸드 감소　　　　② 쇼트닝 증가
③ 설탕 증가　　　　　　　④ 소금 증가

02 일반적으로 생이스트의 고형분 함량은?

① 5[%]　　　　　　　　② 10[%]
③ 30[%]　　　　　　　④ 70[%]

03 어떤 케이크를 제조하기 위하여 조건을 조사한 결과 계란 온도 25[℃], 밀가루 온도 25[℃], 설탕 온도 25[℃], 쇼트닝 온도 25[℃], 실내 온도 25[℃], 사용수 온도 20[℃], 결과 온도 28[℃]가 되었다. 마찰계수는?

① 28　　　　　　　　　② 23
③ 18　　　　　　　　　④ 13

04 스펀지 케이크 반죽을 팬에 담을 때 팬 용적의 어느 정도가 가장 적당한가?

① 10 ~ 20[%]　　　　　② 20 ~ 30[%]
③ 40 ~ 50[%]　　　　　④ 50 ~ 60[%]

05 다음 제과용 포장재료로 알맞지 않은 것은?

① 일반 형광종이　　　　　② PE(Polyethylene)
③ OPP(Oriented polypropyrene)　　④ PP(Polypropyrene)

06 과자 제품의 평가 시 내부적 평가 요인으로 알맞지 않은 것은?

① 맛　　　　　　　　　② 기공
③ 방향　　　　　　　　④ 부피

 계산기　　　　1/11　다음 ▷　　 안 푼 문제　 답안 제출

글자
크기 100% 150% 200%

화면
배치

전체 문제 수 :
안 푼 문제 수 :

답안 표기란

7	① ② ③ ④
8	① ② ③ ④
9	① ② ③ ④
10	① ② ③ ④
11	① ② ③ ④
12	① ② ③ ④

07 흰자를 사용하는 제품에 주석산 크림과 같은 산을 넣는 이유가 아닌 것은?

① 흰자의 알칼리성을 중화한다.

② 흰자의 거품을 강하게 만든다.

③ 머랭의 색상을 희게 한다.

④ 전체 흡수율을 높여 노화를 지연시킨다.

08 수분 함량이 제일 많은 쿠키는?

① 드롭 쿠키

② 스냅 쿠키

③ 스펀지 쿠키

④ 쇼트 브레드 쿠키

09 다음 중 빵의 노화가 가장 빨리 발생하는 온도는?

① -18[℃]

② 0[℃]

③ 20[℃]

④ 35[℃]

10 표준 스트레이트법의 반죽 온도는?

① 23[℃]

② 25[℃]

③ 27[℃]

④ 30[℃]

11 제빵의 기본 재료가 아닌 것은?

① 밀가루

② 이스트

③ 쇼트닝

④ 물

12 어떤 빵의 굽기 손실이 12[%]일 때 완제품의 중량을 600[g]으로 만들려면 분할 무게는?

① 662[g]

② 672[g]

③ 682[g]

④ 692[g]

계산기

◀ 이전 2/11 다음 ▶

안 푼 문제   답안 제출

제 1 회 제빵기능사 CBT 실전모의고사

수험번호 :
수험자명 :

제한 시간 : 60분
남은 시간

글자 크기 ⊖ 100% Ⓜ 150% ⊕ 200%   화면 배치

전체 문제 수 :
안푼 문제 수 :

답안 표기란

13 ① ② ③ ④
14 ① ② ③ ④
15 ① ② ③ ④
16 ① ② ③ ④
17 ① ② ③ ④

13 퍼프 페이스트리 제조 시 충전용 유지가 많을수록 어떤 결과가 생기는가?

① 밀어 펴기가 쉽다.
② 부피가 커진다.
③ 제품이 부드럽다.
④ 오븐 스프링이 적다.

14 정형한 파이 반죽에 구멍자국을 내주는 가장 주된 이유는?

① 제품의 원활한 팽창을 위해
② 제품을 부드럽게 하기 위해
③ 제품의 수축을 막기 위해
④ 제품에 기포나 수포가 생기는 것을 막기 위해

15 슈 껍질 굽기 후 밑면이 좁고 공과 같은 형태를 가졌다. 실패 원인은 무엇인가?

① 반죽이 되거나 윗불이 강하다.
② 온도가 낮고 팬에 기름칠이 적다.
③ 반죽이 질고 글루텐이 형성된 반죽이다.
④ 밑불이 윗불보다 강하고 팬에 기름칠이 적다.

16 도넛 설탕이 물에 녹는 현상을 방지하는 설명으로 틀린 것은?

① 튀김 시간을 증가시킨다.
② 도넛에 묻는 설탕량을 증가시킨다.
③ 포장용 도넛의 수분은 38[%] 전후로 한다.
④ 냉각 중 환기를 더 많이 시키면서 충분히 냉각한다.

17 다음 반죽의 상태 중 밀가루의 글루텐이 형성되어 최대의 탄력성을 갖는 단계는?

① 픽업 단계
② 발전 단계
③ 클린업 단계
④ 렛 다운 단계

글자 크기 ⊖ 100% Ⓜ 150% ⊕ 200%
화면 배치

전체 문제 수 :
안 푼 문제 수 :

답안 표기란

18 ① ② ③ ④
19 ① ② ③ ④
20 ① ② ③ ④
21 ① ② ③ ④
22 ① ② ③ ④

18 제빵에 있어서 발효의 주된 목적은?

① 이스트를 증식시키기 위한 것이다.
② 탄산가스와 알코올을 생성시키는 것이다.
③ 분할 및 성형이 잘되도록 하기 위한 것이다.
④ 가스를 포용할 수 있는 상태로 글루텐을 연화시키는 것이다.

19 스트레이트법의 반죽 순서는?

① 반죽 – 성형 – 분할 – 발효 – 굽기
② 반죽 – 분할 – 성형 – 발효 – 굽기
③ 반죽 – 발효 – 분할 – 성형 – 굽기
④ 반죽 – 발효 – 성형 – 분할 – 굽기

20 제빵에서 사용하는 측정 단위에 대한 설명으로 옳은 것은?

① 온도는 열의 양을 측정하는 것이다.
② 무게보다는 부피 단위로 계량된다.
③ 우리나라에서는 화씨(Fahrenheit)를 사용한다.
④ 원료의 무게를 측정하는 것을 계량이라고 한다.

21 전통적인 퍼프 페이스트리의 기본 배합률로 적당한 것은?

	강력분	유지	냉수	소금
①	100	100	50	1
②	100	50	100	1
③	100	50	50	1
④	100	50	25	1

22 오버 베이킹(Over baking)에 대한 설명 중 틀린 것은?

① 높은 온도의 오븐에서 굽는다.
② 윗부분이 평평해진다.
③ 굽기 시간이 길어진다.
④ 제품에 남는 수분이 적다.

계산기　　◀ 이전　4/11　다음 ▶　　 안 푼 문제　 답안 제출

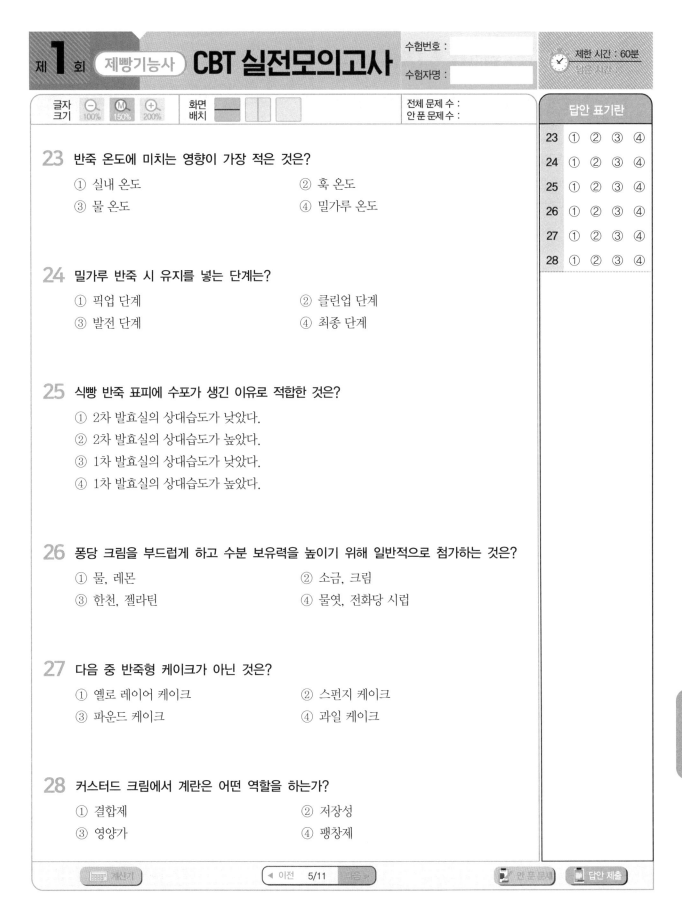

글자 크기 100% 150% 200%

화면 배치

전체 문제 수 :
안 푼 문제 수 :

답안 표기란

23	①	②	③	④
24	①	②	③	④
25	①	②	③	④
26	①	②	③	④
27	①	②	③	④
28	①	②	③	④

23 반죽 온도에 미치는 영향이 가장 적은 것은?

① 실내 온도
② 훅 온도
③ 물 온도
④ 밀가루 온도

24 밀가루 반죽 시 유지를 넣는 단계는?

① 픽업 단계
② 클린업 단계
③ 발전 단계
④ 최종 단계

25 식빵 반죽 표피에 수포가 생긴 이유로 적합한 것은?

① 2차 발효실의 상대습도가 낮았다.
② 2차 발효실의 상대습도가 높았다.
③ 1차 발효실의 상대습도가 낮았다.
④ 1차 발효실의 상대습도가 높았다.

26 퐁당 크림을 부드럽게 하고 수분 보유력을 높이기 위해 일반적으로 첨가하는 것은?

① 물, 레몬
② 소금, 크림
③ 한천, 젤라틴
④ 물엿, 전화당 시럽

27 다음 중 반죽형 케이크가 아닌 것은?

① 옐로 레이어 케이크
② 스펀지 케이크
③ 파운드 케이크
④ 과일 케이크

28 커스터드 크림에서 계란은 어떤 역할을 하는가?

① 결합제
② 저장성
③ 영양가
④ 팽창제

계산기

◀ 이전   5/11   다음 ▶

안 푼 문제   답안 제출

실전모의고사 CBT

제 **1** 회 (제빵기능사) **CBT 실전모의고사**

수험번호 :
수험자명 :

제한 시간 : 60분
남은 시간

글자
크기 100% 150% 200%

화면
배치

전체 문제 수 :
안푼 문제 수 :

답안 표기란

29	① ② ③ ④
30	① ② ③ ④
31	① ② ③ ④
32	① ② ③ ④
33	① ② ③ ④
34	① ② ③ ④

29 스트레이트법(Straight method)에 의한 식빵 제조의 경우 이스트의 최적 사용 범위는?

① 1 ~ 2[%]
② 2 ~ 3[%]
③ 3 ~ 5[%]
④ 5 ~ 8[%]

30 제빵 발효에 직접적인 영향을 주는 재료가 아닌 것은?

① 쇼트닝
② 설탕
③ 이스트
④ 밀가루

31 다음 중 이당류에 속하는 것은?

① 과당
② 유당
③ 전분
④ 포도당

32 물의 기능이 아닌 것은?

① 유화 작용을 한다.
② 반죽 농도를 조절한다.
③ 효소의 활성을 제공한다.
④ 소금 등의 재료를 분산시킨다.

33 당의 가수분해 생성물 중 연결이 잘못된 것은?

① 자당 = 포도당 + 과당
② 과당 = 포도당 + 자당
③ 맥아당 = 포도당 + 포도당
④ 유당 = 포도당 + 갈락토오스

34 포도당과 결합하여 젖당을 이루며 한천과 뇌신경 등에 존재하는 당류는?

① 과당(Fructose)
② 만노오스(Mannose)
③ 리보오스(Ribose)
④ 갈락토오스(Galactose)

계산기 ◀ 이전 6/11 다음 ▶ 안 푼 문제 답안 제출

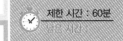

제 **1** 회 제빵기능사 CBT 실전모의고사

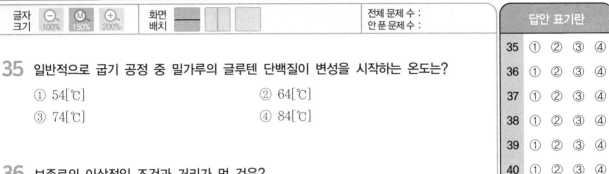

답안 표기란

35	① ② ③ ④
36	① ② ③ ④
37	① ② ③ ④
38	① ② ③ ④
39	① ② ③ ④
40	① ② ③ ④

35 일반적으로 굽기 공정 중 밀가루의 글루텐 단백질이 변성을 시작하는 온도는?

① 54[℃]

② 64[℃]

③ 74[℃]

④ 84[℃]

36 보존료의 이상적인 조건과 거리가 먼 것은?

① 저렴한 가격일 것

② 사용방법이 간편할 것

③ 독성이 없거나 매우 적을 것

④ 다량으로 효력이 있을 것

37 탄수화물, 지방과 비교할 때 단백질만이 갖는 특징적인 구성 성분은?

① 탄소

② 산소

③ 수소

④ 질소

38 한 개의 무게가 50[g]인 과자가 있다. 이 과자 100[g] 중에 탄수화물 70[g], 단백질 5[g], 지방 15[g], 무기질 4[g], 물 6[g]이 들어 있다면 이 과자 10개를 먹을 때 얼마의 열량을 낼 수 있는가?

① 1,230[kcal]

② 1,800[kcal]

③ 2,175[kcal]

④ 2,750[kcal]

39 향신료(Spices)를 사용하는 목적 중 틀린 것은?

① 육류나 생선의 냄새를 완화시킨다.

② 향기를 부여하여 식욕을 증진시킨다.

③ 제품에 식욕을 불러일으키는 색을 부여한다.

④ 매운맛과 향기로 혀, 코, 위장을 자극하여 식욕을 억제시킨다.

40 다음 중 설탕의 기능이 아닌 것은?

① 감미제

② 껍질색 개선

③ 부피 팽창

④ 이스트의 영양

글자 크기 ⊖ 100% Ⓜ 150% ⊕ 200%　　화면 배치 ▭ ▯▯ ▭

전체 문제 수 :
안 푼 문제 수 :

답안 표기란

41	①	②	③	④
42	①	②	③	④
43	①	②	③	④
44	①	②	③	④
45	①	②	③	④
46	①	②	③	④

41 유지의 크림성에 대한 설명 중 틀린 것은?

① 액상기름은 크림성이 없다.

② 버터는 크림성이 가장 뛰어나다.

③ 크림이 되면 부드러워지고 부피가 커진다.

④ 유지가 믹싱 조작 중 공기를 포집하는 성질을 크림화라고 한다.

42 계란 껍질을 제외한 전란의 고형질 함량은?

① 40[%]

② 25[%]

③ 20[%]

④ 10[%]

43 계란의 특성에 대한 설명 중 틀린 것은?

① 계란 흰자는 수분 50[%], 고형분 50[%]로 이루어짐.

② 계란 노른자의 고형분 함량은 50[%] 정도이다.

③ 신선한 계란 흰자의 pH는 보통 6.0 ~ 7.7 정도이다.

④ 계란 흰자의 수분은 85 ~ 88[%] 정도이다.

44 전분은 체내에서 주로 어떠한 기능을 하는가?

① 열량을 공급한다.

② 대사작용을 조절한다.

③ 피와 살을 합성한다.

④ 뼈를 튼튼하게 한다.

45 폐디스토마의 제1중간숙주는?

① 잉붕어

② 돼지고기

③ 쇠고기

④ 다슬기

46 아플라톡신은 다음 중 어느 것과 가장 관계가 있는가?

① 감자 독

② 세균 독

③ 효모균

④ 곰팡이 독

🖩 계산기　　◀ 이전　8/11　다음 ▶　　📱 안 푼 문제　📄 답안 제출

답안 표기란

47	①	②	③	④
48	①	②	③	④
49	①	②	③	④
50	①	②	③	④
51	①	②	③	④
52	①	②	③	④

47 다음 중 인수공통감염병은?

① 이질
② 탄저병
③ 소아마비
④ 살모넬라

48 글리코겐을 설명한 말이 아닌 것은?

① 글리코겐은 쓴맛을 갖는다.
② 일명 동물성 전분이라고도 한다.
③ 주로 간이나 근육조직에 저장된다.
④ 분자량은 전분보다 적지만 가치가 훨씬 크다.

49 당류의 용해도는 단맛의 크기와 일치한다. 다음 중 단맛의 강도 순서가 바른 것은?

① 과당 > 설탕 > 포도당 > 맥아당
② 설탕 > 과당 > 포도당 > 맥아당
③ 포도당 > 설탕 > 과당 > 맥아당
④ 포도당 > 과당 > 설탕 > 맥아당

50 pH 9인 물 1[L]와 pH 4인 물 1[L]를 섞었을 때, 이 물의 액성은?

① 약산성
② 중성
③ 강알칼리성
④ 약알칼리성

51 다크 초콜릿을 템퍼링(Tempering) 할 때 처음 녹이는 공정의 온도 범위에 적합한 것은?

① 30 ~ 32[℃]
② 38 ~ 40[℃]
③ 45 ~ 47[℃]
④ 53 ~ 55[℃]

52 스펀지 케이크를 먹었을 때 가장 많이 섭취하게 되는 영양소는?

① 단백질
② 무기질
③ 당질
④ 지방

제 **1** 회 제빵기능사 **CBT 실전모의고사**

수험번호 :

수험자명 :

제한 시간 : 60분
남은 시간

글자 크기 ⊖ 100% Ⓜ 150% ⊕ 200%

화면 배치

전체 문제 수 :
안 푼 문제 수 :

답안 표기란

53 ① ② ③ ④
54 ① ② ③ ④
55 ① ② ③ ④
56 ① ② ③ ④
57 ① ② ③ ④
58 ① ② ③ ④

53 우유의 주요 단백질 중 75 ~ 80[%]를 차지하는 것은?

① 시스테인

② 락토알부민

③ 카제인

④ 글리아딘

54 제과에 많이 쓰이는 "럼주"는 무엇을 원료로 하여 만드는 술인가?

① 옥수수 전분

② 당밀

③ 포도당

④ 타피오카

55 이타이이타이병의 원인물질은?

① Cd

② Hg

③ Mg

④ Pb

56 결핵의 감염원인은?

① 소

② 말

③ 개

④ 돼지

57 지방질 대사를 위한 간의 중요한 역할 중 잘못 설명한 것은?

① 콜레스테롤을 합성한다.

② 담즙산의 생산 원천이다.

③ 지방산을 합성하거나 분해한다.

④ 지방질 섭취의 부족에 의해 케톤체를 만든다.

58 필수 지방산이 아닌 것은?

① 올레산

② 아라키돈산

③ 리놀렌산

④ 리놀레산

제 **1** 회 제빵기능사 CBT 실전모의고사

수험번호 :
수험자명 :

제한 시간 : 60분
남은 시간

글자 크기 100% 150% 200%

화면 배치

전체 문제 수 :
안푼 문제 수 :

59 파운드 케이크 제조용 쇼트닝에서 가장 중요한 제품 특성은?

① 신장성   ② 유화성

③ 가소성   ④ 안전성

60 식용유지의 산화방지제로 항산화제를 사용한다. 항산화제는 직접 산화를 방지하는 물질과 항산화 작용을 보조하는 물질 또는 앞의 두 작용을 가진 물질로 구분하는데 항산화 작용을 보조하는 물질은?

① 비타민 C   ② 비타민 K

③ BHA   ④ BHT

계산기   ◀ 이전   11/11   다음 ▶   안 푼 문제   답안 제출

수험번호 :

수험자명 :

제한 시간 : 60분

글자 크기 ⊖ 100% Ⓜ 150% ⊕ 200%

화면 배치

전체 문제 수 :
안 푼 문제수 :

답안 표기란

1	①	②	③	④
2	①	②	③	④
3	①	②	③	④
4	①	②	③	④
5	①	②	③	④
6	①	②	③	④

✦ 정답 및 해설 p. 206

01 스트레이트법으로 일반식빵을 만들 때 사용하는 생이스트의 양으로 가장 적당한 것은?

① 2[%]
② 4[%]
③ 6[%]
④ 8[%]

02 25[℃]에서 반죽의 흡수율이 61[%]일 때, 반죽의 온도를 30[℃]로 하면 흡수율은 얼마가 되겠는가?

① 52[%]
② 55[%]
③ 58[%]
④ 61[%]

03 빵의 냉각 방법으로 가장 적합한 것은?

① 바람이 없는 실내
② 냉동실에서 냉각
③ 수분 분사 방식
④ 강한 송풍을 이용한 급랭

04 고율 배합 케이크와 비교하여 저율 배합 케이크의 특징은?

① 굽는 온도가 높다.
② 반죽의 비중이 낮다.
③ 화학 팽창제 사용량이 적다.
④ 믹싱 중 공기 혼입량이 많다.

05 파이 반죽을 휴지시키는 이유는?

① 유지를 부드럽게 하기 위해
② 밀가루의 수분 흡수를 돕기 위해
③ 촉촉하고 끈적거리는 반죽을 만들기 위해
④ 제품의 분명한 결 형성을 방지하기 위해

06 화이트 레이어 케이크에서 설탕 120[%], 흰자 78[%]로 사용한 경우 유화 쇼트닝의 사용량은?

① 50[%]
② 55[%]
③ 60[%]
④ 66[%]

계산기

1/10

안 푼 문제

답안 제출

답안 표기란
7	①	②	③	④
8	①	②	③	④
9	①	②	③	④
10	①	②	③	④
11	①	②	③	④
12	①	②	③	④

07 핑거 쿠키 성형 방법 중 옳지 않은 것은?

① 철판에 기름을 바르고 짠다.

② 5 ~ 6[cm] 정도의 길이로 짠다.

③ 짠 뒤 윗면에 고르게 설탕을 뿌려준다.

④ 원형깍지를 이용하여 일정한 간격으로 짠다.

08 다음 제품 중 이형제로 팬에 물을 분무하여 사용하는 것은?

① 슈

② 시퐁 케이크

③ 오렌지 케이크

④ 마블 파운드 케이크

09 아이싱에 이용되는 퐁당(Fondant)은 설탕의 어떤 성질을 이용하는가?

① 설탕의 보습성

② 설탕의 용해성

③ 설탕의 재결정성

④ 설탕이 전화당으로 변하는 성질

10 커스터드 푸딩(Custard pudding)을 제조할 때 설탕 : 계란의 사용 비율로 적합한 것은?

① 1 : 1

② 2 : 1

③ 1 : 2

④ 3 : 2

11 빵의 밑바닥이 움푹 들어가는 이유가 아닌 것은?

① 반죽이 질었다.

② 뜨거운 팬의 사용

③ 팬의 기름칠 부족

④ 2차 발효실의 습도가 높음.

12 한 덩어리 반죽은 손 분할이나 기계 분할로 분할을 할 때 가능한 몇 분 이내로 완료하는 것이 좋은가?

① 15분

② 30분

③ 40분

④ 45분

 계산기

◀ 이전 2/10 다음 ▶

 안 푼 문제   답안 제출

글자
크기　○ 100%　Ⓜ 150%　⊕ 200%

화면
배치

전체 문제 수 :
안 푼 문제 수 :

답안 표기란
13　① ② ③ ④
14　① ② ③ ④
15　① ② ③ ④
16　① ② ③ ④
17　① ② ③ ④

13 스트레이트법에 알맞은 1차 발효실의 습도는?

① 55 ~ 60[%]

② 65 ~ 70[%]

③ 75 ~ 80[%]

④ 85 ~ 90[%]

14 총 배합률 180[%]인 식빵을 제조하는데 밀가루 22[kg]을 사용하였더니 분할 무게 600[g]짜리 65개가 되었다. 이 제품의 발효 손실은 얼마로 보는가?

① 0.52[%]

② 1.53[%]

③ 2.02[%]

④ 2.53[%]

15 쿠키를 구울 때 퍼짐을 좋게 하는 조치가 아닌 것은?

① 1단계 믹싱에서는 설탕 일부를 믹싱 후반에 투입

② 전체 믹싱 시간 늘림.

③ 반죽의 알칼리화

④ 가급적 입자가 고운 설탕 사용

16 슈(Choux)의 제조 공정상 구울 때 주의할 사항 중 잘못된 것은?

① 220[℃] 정도의 오븐에서 바삭한 상태로 굽는다.

② 굽는 중간 오븐 문을 자주 여닫아 수증기를 제거한다.

③ 너무 빨리 오븐에서 꺼내면 찌그러지거나 주저앉기 쉽다.

④ 너무 빠른 껍질 형성을 막기 위해 처음에 윗불을 약하게 한다.

17 수돗물 온도 20[℃], 사용할 물 온도 10[℃], 사용할 물의 양이 4[kg]일 때 사용하는 얼음량은?

① 100[g]

② 200[g]

③ 300[g]

④ 400[g]

계산기　◀ 이전　3/10　다음 ▶　안 푼 문제　답안 제출

글자
크기
100%
150%
200%

화면
배치

전체 문제 수 :
안푼 문제 수 :

답안 표기란

18 ① ② ③ ④
19 ① ② ③ ④
20 ① ② ③ ④
21 ① ② ③ ④
22 ① ② ③ ④
23 ① ② ③ ④

18 도넛에서 발한을 제거하는 방법은?

① 충분히 예열시킨다.

② 접착력이 없는 기름을 사용한다.

③ 튀김 시간을 증가한다.

④ 도넛에 묻는 설탕의 양을 감소한다.

19 다음 중 파이롤러를 사용하지 않는 제품은?

① 케이크 도넛

② 데니시 페이스트리

③ 롤 케이크

④ 퍼프 페이스트리

20 식빵을 팬닝할 때 일반적으로 권장되는 팬의 온도는?

① 22[℃]

② 27[℃]

③ 32[℃]

④ 37[℃]

21 무스 크림을 만들 때 가장 많이 이용되는 머랭의 종류는?

① 이탈리안 머랭

② 온제 머랭

③ 스위스 머랭

④ 냉제 머랭

22 빵의 제조 과정에서 빵 반죽을 분할기에서 분할할 때나 구울 때 달라붙지 않게 하고 모양
을 그대로 유지하기 위하여 사용되는 첨가물은?

① 유동파라핀

② 대두 인지질

③ 카제인

④ 프로필렌글리콜

23 연속식 제빵법을 사용하는 장점으로 틀린 것은?

① 인력의 감소

② 발효 향의 증가

③ 발효 손실의 감소

④ 공장 면적과 믹서 등 설비의 감소

계산기

◀ 이전 4/10 다음 ▶

안 푼 문제   답안 제출

수험번호 :

수험자명 :

제한 시간 : 60분

글자 크기 100% 150% 200%

화면 배치

전체 문제 수 :
안 푼 문제 수 :

답안 표기란

24	① ② ③ ④
25	① ② ③ ④
26	① ② ③ ④
27	① ② ③ ④
28	① ② ③ ④
29	① ② ③ ④

24 표준 스트레이트법을 비상 스트레이트법으로 전환할 때 필수적인 조치사항이 아닌 것은?

① 물 사용량을 1[%] 증가

② 이스트 사용량을 2배 증가

③ 설탕 사용량을 1[%] 증가

④ 반죽 시간 증가

25 젤리 롤 케이크를 말 때 터지는 경우가 발생할 때 조치할 사항이 아닌 것은?

① 덱스트린의 점착성을 이용한다.

② 계란에 노른자를 추가시켜 사용한다.

③ 설탕(자당)의 일부를 물엿으로 대치한다.

④ 팽창이 과도한 경우에는 팽창제 사용량을 감소시킨다.

26 식빵 제조 중 굽기 및 냉각 손실이 10[%]이고, 완제품이 500[g]이라면 분할은 몇 [g]으로 해야 하는가?

① 546[g]

② 556[g]

③ 566[g]

④ 576[g]

27 빵의 노화 현상과 거리가 먼 것은?

① 빵 껍질의 변화

② 빵의 풍미 저하

③ 빵 내부조직의 변화

④ 곰팡이 번식에 의한 변화

28 압착 이스트의 고형분의 함량은?

① 10 ~ 20[%]

② 30 ~ 35[%]

③ 40 ~ 50[%]

④ 60 ~ 80[%]

29 제과에서 설탕의 기능이 아닌 것은?

① 감미제

② 밀가루 단백질 연화

③ 수분 보유력으로 노화 지연

④ 알코올 발효의 탄수화물 급원

계산기

◀ 이전 5/10 다음 ▶

안 푼 문제

답안 제출

제**2**회 제빵기능사 CBT 실전모의고사

수험번호 :
수험자명 :

제한 시간 : 60분
남은 시간

글자
크기 ⊖ 100% Ⓜ 150% ⊕ 200%

화면
배치

전체 문제 수 :
안푼 문제 수 :

답안 표기란

30	①	②	③	④
31	①	②	③	④
32	①	②	③	④
33	①	②	③	④
34	①	②	③	④

30 젤리 롤 케이크 반죽 굽기에 대한 설명으로 틀린 것은?

① 두껍게 편 반죽은 낮은 온도에서 구워낸다.

② 구운 후 철판에서 꺼내지 않고 냉각시킨다.

③ 양이 적은 반죽은 높은 온도에서 구워낸다.

④ 열이 식으면 압력을 가해 수평을 맞춘다.

31 초콜릿의 블룸(Bloom) 현상에 대한 설명 중 틀린 것은?

① 템퍼링이 부족하면 설탕이 재결정화가 일어난다.

② 지방이 유출된 것을 팻 블룸(Fat bloom)이라고 한다.

③ 설탕이 재결정화된 것을 슈가 블룸(Sugar bloom)이라고 한다.

④ 초콜릿 표면에 나타난 흰 반점이나 무늬 같은 것을 블룸(Bloom) 현상이라고 한다.

32 케이크, 쿠키, 파이, 페이스트리용 밀가루의 제과 적성 및 점성을 측정하는 기구는?

① 애그트론(Agtron)

② 아밀로그래프(Amylograph)

③ 패리노그래프(Farinograph)

④ 맥미카엘 점도계(MacMichael Viscosimeter)

33 효소의 특성이 아닌 것은?

① 30 ~ 40[℃]에서 최대 활성을 갖는다.

② 효소는 그 구성 물질이 전분과 지방으로 되어 있다.

③ 효소 농도와 기질 농도가 효소 작용에 영향을 준다.

④ pH 4.5 ~ 8.0 범위 내에서 반응하며 효소의 종류에 따라 최적 pH는 달라질 수 있다.

34 포장된 케이크류에서 변패 요인으로 가장 중요한 원인은?

① 작업자

② 고온

③ 흡수

④ 저장기간

계산기

◀ 이전 6/10 다음 ▶

 안 푼 문제
 답안 제출

실전모의고사
CBT

글자 크기 ⊖ 100% Ⓜ 150% ⊕ 200%　　화면 배치 ▭ ▯ ▢

전체 문제 수 :
안 푼 문제 수 :

답안 표기란

35	①	②	③	④
36	①	②	③	④
37	①	②	③	④
38	①	②	③	④
39	①	②	③	④
40	①	②	③	④
41	①	②	③	④

35 단백질의 분해 효소로 췌액에 존재하는 것은?

① 레닌
② 트립신
③ 펩신
④ 프로테아제

36 지용성 비타민이 아닌 것은?

① 비타민 A
② 비타민 C
③ 비타민 E
④ 비타민 K

37 포도상구균의 독소는?

① 살모넬라
② 삭시톡신
③ 뉴로톡신
④ 엔테로톡신

38 결핵의 특히 중요한 감염원이 될 수 있는 것은?

① 양고기
② 토끼고기
③ 돼지고기
④ 불완전 살균우유

39 다음 효소 중 과당을 분해하여 CO_2와 알코올을 만드는 효소는?

① 리파아제(Lipase)
② 말타아제(Maltase)
③ 프로테아제(Protease)
④ 치마아제(Zymase)

40 탄수화물은 체내에서 무엇으로 분해되어 흡수되는가?

① 젖당
② 전분
③ 맥아당
④ 포도당

41 다음의 당류 중에서 상대적 감미도가 보기에서 두 번째로 큰 것은?

① 과당
② 맥아당
③ 설탕
④ 포도당

📟 계산기　　◀ 이전　7/10　다음 ▶　　📱 안 푼 문제　📱 답안 제출

글자
크기 ⊖ 100% Ⓜ 150% ⊕ 200%

화면
배치

전체 문제 수 :
안푼 문제 수 :

답안 표기란

42	①	②	③	④
43	①	②	③	④
44	①	②	③	④
45	①	②	③	④
46	①	②	③	④
47	①	②	③	④

42 다음은 분말계란과 생란을 사용할 때의 장단점이다. 옳은 것은?

① 생란은 취급이 용이하고, 영양가 파괴가 적다.

② 분말계란이 생란보다 저장면적이 커진다.

③ 생란이 영양은 우수하나, 분말계란보다 공기 포집력이 떨어진다.

④ 분말계란은 취급이 용이하나, 생란에 비해 공기 포집력이 떨어진다.

43 코코아 20[%]에 해당하는 초콜릿의 양은?

① 16[%]

② 20[%]

③ 28[%]

④ 32[%]

44 화이트 초콜릿에는 코코아 고형분이 얼마나 들어 있는가?

① 0[%]

② 14[%]

③ 30[%]

④ 62.5[%]

45 콜레스테롤의 특징 중 잘못된 것은?

① 식물성 스테롤이다.

② 비타민의 전구체이기도 하다.

③ 여러 호르몬의 시작 물질이다.

④ 뇌와 신경조직에 많이 들어 있다.

46 제과, 제빵 제품에서 제공되는 미생물의 가장 중요한 생육 환경조건은?

① 수분, 온도, 영양물질

② 화학 팽창제, 건조, 소금

③ 수분, 지방, 기압

④ 온도, 건조, 삼투압

47 소독력이 매우 강한 일종의 표면 활성제로서 공장의 소독, 종업원의 손을 소독할 때나 용기 및 기구의 소독제로 알맞은 것은?

① 석탄산액

② 역성비누

③ 과산화수소

④ 크레졸

글자 크기 100% 150% 200% 화면 배치

전체 문제 수 :
안 푼 문제 수 :

답안 표기란

48	①	②	③	④
49	①	②	③	④
50	①	②	③	④
51	①	②	③	④
52	①	②	③	④
53	①	②	③	④

48 유지의 산패의 원인이 아닌 것은?

① 고온으로 가열한다.

② 토코페롤을 첨가한다.

③ 햇빛이 잘 드는 곳에 보관한다.

④ 수분이 많은 식품을 넣고 튀긴다.

49 다음 중 비타민 A의 결핍증이 아닌 것은?

① 각막연화증

② 야맹증

③ 결막건조증

④ 구각염

50 다음 향신료 중 대부분의 피자 소스에 필수적으로 들어가는 향신료는?

① 오레가노

② 넛메그

④ 정향

③ 계피

51 식빵 제조 시 물을 넣는 것보다 우유를 넣은 제품의 껍질색이 진하다. 우유의 무엇이 제품의 껍질색을 진하게 하는가?

① 젖산

② 무기질

③ 카제인

④ 유당

52 물 100[g]에 설탕 25[g]을 녹이면 당도는 얼마나 되는가?

① 10[%]

② 20[%]

③ 30[%]

④ 40[%]

53 휘핑용 생크림에 대한 설명 중 잘못된 것은?

① 기포성을 이용하여 만든다.

② 유지방이 기포 형성의 주체이다.

③ 유지방 45[%] 이상의 진한 생크림이 원료이다.

④ 거품의 품질유지를 위해 높은 온도에서 보관한다.

계산기　　　◀ 이전　9/10　다음 ▶　　　안 푼 문제　답안 제출

글자 크기 ⊖ 100% Ⓜ 150% ⊕ 200%

화면 배치

전체 문제 수 :
안푼 문제 수 :

답안 표기란
54 ① ② ③ ④
55 ① ② ③ ④
56 ① ② ③ ④
57 ① ② ③ ④
58 ① ② ③ ④
59 ① ② ③ ④
60 ① ② ③ ④

54 설탕 시럽 제조 시 주석산 크림을 사용하는 주된 이유는?

① 냉각 시 설탕의 재결정을 막아준다.

② 시럽을 빨리 끓이기 위함이다.

③ 시럽을 하얗게 만들기 위함이다.

④ 설탕을 빨리 용해시키기 위함이다.

55 다음 중 비타민 D의 전구물질은?

① 에르고스테롤

② 이노시톨

③ 에탄올

④ 콜린

56 천연 버터와 마가린의 가장 큰 차이는?

① 수분

② 산가

③ 지방산

④ 과산화물가

57 작업 공간의 살균에 가장 적당한 것은?

① 자외선 살균

② 적외선 살균

③ 자비 살균

④ 가시광선 살균

58 세균성 식중독의 특징이 아닌 것은?

① 잠복기가 짧다.

② 수인성 전파가 드물다.

③ 대량의 균에 의해 감염된다.

④ 2차 감염이 잘 일어난다.

59 우유에 들어 있는 단백질은?

① 카제인

② 피리독신

③ 나이신

④ 판토텐산

60 장염 비브리오균에 감염되었을 때 주요 증상은?

① 오한

② 급성 장염질환

③ 신경마비

④ 피부농포

 계산기

◀ 이전 10/10 다음 ▶

 안 푼 문제  답안 제출

글자 크기 100% 150% 200%　　화면 배치

전체 문제 수 :
안푼 문제 수 :

◆ 정답 및 해설 p. 209

01 반죽을 발효하는 동안 생성되는 것이 아닌 것은?

① 알코올　　　　　　　② 유기산
③ 탄산가스　　　　　　④ 질소

02 빵 제조 시 밀가루를 체로 치는 이유가 아닌 것은?

① 이물질 제거　　　　　② 제품의 색
③ 고른 분산　　　　　　④ 공기의 혼입

03 밀가루 단백질 함량이 박력분이라 할 수 있는 것은?

① 7 ~ 9[%]　　　　　　② 9 ~ 10.5[%]
③ 10.5 ~ 11.5[%]　　　④ 12 ~ 13.5[%]

04 쿠키를 만들 때 정상적인 반죽 온도는?

① 4 ~ 10[℃]　　　　　② 18 ~ 24[℃]
③ 28 ~ 32[℃]　　　　　④ 35 ~ 40[℃]

05 케이크 도넛에 대두분을 사용하는 목적이 아닌 것은?

① 흡수율 증가　　　　　② 껍질색 강화
③ 식감의 개선　　　　　④ 껍질 구조 강화

06 다음 머랭 종류에서 설탕을 끓여 시럽으로 만들어 제조하는 것은?

① 이탈리안 머랭
② 스위스 머랭
③ 따뜻한 물로 중탕하여 제조하는 머랭
④ 얼음물로 차게 하여 제조하는 머랭

답안 표기란

1	① ② ③ ④
2	① ② ③ ④
3	① ② ③ ④
4	① ② ③ ④
5	① ② ③ ④
6	① ② ③ ④

계산기　　　1/10　다음　　안 푼 문제　답안 제출

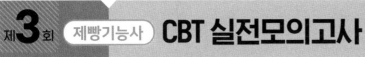

수험번호 :
수험자명 :

제한 시간 : 60분

글자 크기 ⊖ 100% Ⓜ 150% ⊕ 200% 화면 배치

전체 문제 수 :
안푼 문제 수 :

답안 표기란

7	①	②	③	④
8	①	②	③	④
9	①	②	③	④
10	①	②	③	④
11	①	②	③	④
12	①	②	③	④
13	①	②	③	④

07 가압하지 않는 찜기의 내부 온도로 가장 적당한 것은?

① 65[℃]

② 97[℃]

③ 135[℃]

④ 160[℃]

08 제과 제품을 평가하는 데 있어 외부 특성에 해당되지 않는 것은?

① 껍질색

② 부피

③ 기공

④ 균형

09 비스킷 반죽을 오랫동안 믹싱할 때 일어나는 현상이 아닌 것은?

① 제품의 크기가 작아진다.

② 제품이 단단해진다.

③ 제품이 부드럽다.

④ 성형이 어렵다.

10 제품을 생산하는 데 필요한 원가의 3요소는 무엇인가?

① 재료비, 노무비, 경비

② 재료비, 용역비, 감가상각비

③ 판매비, 노동비, 월급

④ 광열비, 월급, 생산비

11 튀김 기름의 발연 현상과 관계가 깊은 것은?

① 유리지방산가

② 유화가

③ 크림가

④ 검화가

12 빵 효모의 발효에 가장 적당한 pH 범위는?

① 2 ~ 4

② 4 ~ 6

③ 6 ~ 8

④ 8 ~ 10

13 2[%] 이스트로 4시간 발효했을 때 가장 좋은 결과를 얻는다고 가정할 때, 발효 시간을 3시간으로 감소시키려면 이스트의 양은 얼마로 결정하여야 하는가?

① 2.16[%]

② 2.66[%]

③ 3.16[%]

④ 3.66[%]

글자 크기 🔍 100% Ⓜ 150% 🔍 200%　화면 배치　전체 문제 수 :　안 푼 문제 수 :

답안 표기란				
14	①	②	③	④
15	①	②	③	④
16	①	②	③	④
17	①	②	③	④
18	①	②	③	④
19	①	②	③	④

14 1인당 생산가치는 생산가치를 무엇으로 나누어 계산하는가?

① 시간
② 원재료비
③ 인원수
④ 임금

15 비스킷을 구울 때 갈변이 되는 것은 어느 반응에 의한 것인가?

① 메일라드 반응 단독으로
② 효소에 의한 갈색화 반응으로
③ 아스코르빈산의 산화 반응에 의하여
④ 메일라드 반응과 캐러멜화 반응이 동시에 일어나서

16 반죽형 케이크를 구웠더니 너무 가볍고 부서지는 현상이 나타났다. 그 원인이 아닌 것은?

① 반죽에 밀가루 양이 많았다.
② 쇼트닝 사용량이 많았다.
③ 반죽의 크림화가 지나쳤다.
④ 팽창제 사용량이 많았다.

17 케이크 반죽의 비중에 관한 설명으로 맞는 것은?

① 비중이 높으면 제품의 부피가 크다.
② 비중이 낮으면 공기가 적게 포함되어 있음을 의미한다.
③ 비중이 낮을수록 제품의 기공이 조밀하고 조직이 묵직하다.
④ 일정한 온도에서 반죽의 무게를 같은 부피의 물의 무게로 나눈 값이다.

18 빵 제품의 모서리가 예리하게 된 것은 다음 중 어떤 반죽에서 오는 결과인가?

① 발효가 지친 반죽
② 믹싱이 지친 반죽
③ 2차 발효가 지친 반죽
④ 어린 반죽

19 ppm이란?

① g당 중량 백분율
② g당 중량 만분율
③ g당 중량 십만분율
④ g당 중량 백만분율

제**3**회 제빵기능사 CBT 실전모의고사

수험번호 :
수험자명 :

제한 시간 : 60분
남은 시간 :

글자
크기 ⊖ 100% Ⓜ 150% ⊕ 200%

화면
배치

전체 문제 수 :
안푼 문제 수 :

답안 표기란

20	①	②	③	④
21	①	②	③	④
22	①	②	③	④
23	①	②	③	④
24	①	②	③	④
25	①	②	③	④

20 일반적으로 빵의 노화 현상에 따른 변화(Staling)와 거리가 먼 것은?

① 전분의 결정화
② 수분 손실
③ 향의 손실
④ 곰팡이 발생

21 믹싱 시간과 관계가 적은 요인은?

① 제품의 노화 지연
② 제품의 수율 증가
③ 제품의 구조력 증가
④ 제품의 유연성 증가

22 제품의 중앙부가 오목하게 생산되었다. 조치하여야 할 사항이 아닌 것은?

① 단백질 함량이 높은 밀가루를 사용한다.
② 오븐의 온도를 낮추어 굽는다.
③ 수분의 양을 줄인다.
④ 우유를 증가시킨다.

23 다음 중 1[mg]과 같은 것은?

① 10[g]
② 1[g]
③ 0.01[g]
④ 0.001[g]

24 반죽 무게를 이용하여 반죽의 비중 측정 시 필요한 것은?

① 밀가루 무게
② 용기 무게
③ 물 무게
④ 설탕 무게

25 연속식 제빵법(Continuous dough mixing system)에는 여러 가지 장점이 있어 대량 생산 방법으로 사용되는데, 스트레이트법에 대한 장점으로 볼 수 없는 것은?

① 공장 면적의 감소
② 인력의 감소
③ 발효 손실의 감소
④ 산화제 사용 감소

 계산기

◀ 이전 4/10 다음 ▶

 안 푼 문제 답안 제출

실전모의고사 CBT

글자 크기 ⊖ 100% ⓜ 150% ⊕ 200%　화면 배치

전체 문제 수 :
안 푼 문제 수 :

답안 표기란

26 ① ② ③ ④
27 ① ② ③ ④
28 ① ② ③ ④
29 ① ② ③ ④
30 ① ② ③ ④
31 ① ② ③ ④

26 완제품이 440[g]인 스펀지 케이크 500개를 주문받았다. 굽기 손실이 12[%]라면 전체 반죽은 얼마나 준비하여야 하는가?

① 200[kg]
② 250[kg]
③ 300[kg]
④ 600[kg]

27 반죽형 쿠키의 굽기 과정에서 퍼짐성이 나쁠 때 퍼짐성을 좋게 하기 위해서 사용할 수 있는 방법은?

① 입자가 굵은 설탕을 사용한다.
② 반죽을 오래한다.
③ 오븐의 온도를 높인다.
④ 설탕의 양을 줄인다.

28 푸딩을 제조할 때 경도의 조절은 어떤 재료에 의하여 결정되는가?

① 우유
② 계란
③ 설탕
④ 소금

29 발효 시간을 단축시키려고 한다. 어떤 물을 사용해야 되겠는가?

① 경수
② 연수
③ 염수
④ 알칼리수

30 식빵 제조 시 1차 발효 손실은 몇 [%]인가?

① 1 ~ 2[%]
② 7 ~ 9[%]
③ 12 ~ 13[%]
④ 15[%]

31 설탕을 포도당과 과당으로 분해하는 효소는?

① 인버타아제(Invertase)
② 치마아제(Zymase)
③ 말타아제(Maltase)
④ 알파-아밀라아제(α-amylase)

계산기　◀ 이전　5/10　다음 ▶　안 푼 문제　답안 제출

제3회 제빵기능사 CBT 실전모의고사

수험번호 :
수험자명 :

제한 시간 : 60분
남은 시간

글자
크기 100% 150% 200%

화면
배치

전체 문제 수 :
안 푼 문제 수 :

답안 표기란

32	①	②	③	④
33	①	②	③	④
34	①	②	③	④
35	①	②	③	④
36	①	②	③	④
37	①	②	③	④

32 다음 밀가루 중 스파게티나 마카로니를 만드는 데 주로 사용되는 것은?

① 강력분　　　　　　　　　② 박력분
③ 중력분　　　　　　　　　④ 듀럼밀분

33 메이스와 같은 나무에서 생산되는 향신료로서 빵도넛에 많이 사용하는 것은?

① 넛메그　　　　　　　　　② 클로브
③ 시나몬　　　　　　　　　④ 오레가노

34 계란의 노른자계수를 측정한 결과이다. 가장 신선하지 못한 것은?

① 0.1　　　　　　　　　　② 0.2
③ 0.3　　　　　　　　　　④ 0.4

35 식품첨가물 중 표백제가 아닌 것은?

① 소르빈산　　　　　　　　② 과산화수소
③ 산성 아황산나트륨　　　　④ 차아황산나트륨

36 동물의 결체조직에 존재하는 단백질로 콜라겐을 부분적으로 가수분해하여 얻어지는 유도단백질은?

① 알부민　　　　　　　　　② 젤라틴
③ 트레오닌　　　　　　　　④ 한천

37 식중독 발생 시의 조치사항 중 잘못된 것은?

① 환자의 상태를 메모한다.
② 식중독 의심이 있는 환자는 의사의 진단을 받게 한다.
③ 보건소에 신고한다.
④ 먹던 음식물은 전부 버린다.

글자
크기 (−) 100% (M) 150% (+) 200%

화면
배치

전체 문제 수 :
안 푼 문제 수 :

답안 표기란

38	①	②	③	④
39	①	②	③	④
40	①	②	③	④
41	①	②	③	④
42	①	②	③	④
43	①	②	③	④
44	①	②	③	④

38 다음 중 연결이 잘못된 것은?

① 난백 – 알부민
② 옥수수 – 제인
③ 밀 – 글리아딘
④ 혈액 – 케라틴

39 다음 중 단순지질에 속하지 않는 것은?

① 스테롤(Sterol)
② 면실유
③ 인지질
④ 왁스(Wax)

40 당질과 가장 관계가 깊은 것은?

① 인슐린
② 펩신
③ 프로테아제
④ 리파아제

41 쇼트닝에 함유된 지방 함량은?

① 40[%]
② 60[%]
③ 80[%]
④ 100[%]

42 제빵용 효모에 의하여 발효되지 않는 당은?

① 과당
② 맥아당
③ 포도당
④ 유당

43 소맥분의 질을 판단하는 기준이 되는 것은?

① 단백질 함량
② 소맥의 양
③ 생산지
④ 분산성

44 전분의 노화에 영향을 주는 요인과 가장 거리가 먼 것은?

① 전분의 종류
② 당의 종류
③ 전분의 농도
④ 염류 또는 각종 이온의 함량

계산기
◀ 이전 7/10 다음 ▶
안 푼 문제
답안 제출

글자
크기 100% 150% 200%
화면
배치
전체 문제 수 :
안푼 문제 수 :

답안 표기란

45	①	②	③	④
46	①	②	③	④
47	①	②	③	④
48	①	②	③	④
49	①	②	③	④
50	①	②	③	④

45 노인의 경우 필수 지방산의 흡수를 위하여 다음 중 어떤 종류의 기름을 섭취하는 것이 좋은가?

① 콩기름
② 돼지기름
③ 닭기름
④ 쇠기름

46 장염 비브리오균에 감염되었을 경우 주요 증상은?

① 피부농포
② 급성 장염질환
③ 신경마비 증상
④ 간경변 증상

47 제과·제빵 작업 중 99[℃]의 제품 내부 온도에서 생존할 수 있는 것은?

① 대장균
② 로프균
③ 살모넬라균
④ 리스테리아균

48 제빵에서 탈지분유를 밀가루 대비 4~6[%] 사용할 때의 영향이 아닌 것은?

① 믹싱 내구성을 높인다.
② 발효 내구성을 높인다.
③ 흡수율을 증가시킨다.
④ 껍질색을 여리게 한다.

49 패리노그래프(Farinograph)에 대한 설명 중 잘못된 것은?

① 믹싱 시간 측정
② 흡수율 측정
③ 전분 호화력 측정
④ 500[B.U.]를 중심으로 그래프 작성

50 초콜릿의 코코아와 코코아버터의 함량으로 옳은 것은?

① 코코아 $\frac{2}{8}$, 코코아버터 $\frac{6}{8}$

② 코코아 $\frac{3}{8}$, 코코아버터 $\frac{5}{8}$

③ 코코아 $\frac{4}{8}$, 코코아버터 $\frac{4}{8}$

④ 코코아 $\frac{5}{8}$, 코코아버터 $\frac{3}{8}$

 계산기
◄ 이전 8/10 다음 ►
 안푼 문제 답안 제출

실전모의고사 CBT

글자
크기 100% 150% 200%

화면
배치

전체 문제 수 :
안푼 문제 수 :

답안 표기란

51 ① ② ③ ④
52 ① ② ③ ④
53 ① ② ③ ④
54 ① ② ③ ④
55 ① ② ③ ④
56 ① ② ③ ④

51 다음 설명 중 옳은 것은?

① 모노글리세리드는 글리세롤의 −OH기 3개 중 하나에만 지방산이 결합된 것이다.

② 기름의 비누화는 가성소다에 의해 낮은 온도에서 진행 속도가 빠르다.

③ 기름의 가수분해는 온도와 별 상관이 없다.

④ 기름의 산패는 기름 자체의 이중결합과 무관하다.

52 식품첨가물의 사용량 결정에 고려하는 ADI란?

① 1일 섭취허용량
② 반수치사량
③ 최대 무작용량
④ 안전계수

53 세균성 식중독과 비교하여 볼 때 경구 감염병의 특징으로 볼 수 없는 것은?

① 적은 양의 균으로도 질병을 일으킬 수 있다.

② 2차 감염이 된다.

③ 잠복기가 비교적 짧다.

④ 면역이 잘된다.

54 제빵용 밀가루에서 빵 발효에 많은 영향을 주는 손상전분의 적정한 함량은?

① 0[%]
② 1.0 ~ 3.5[%]
③ 4.5 ~ 8[%]
④ 9.0 ~ 12.5[%]

55 어떤 케이크 제조에 1[kg]의 계란이 필요하다면 껍질을 포함한 평균 무게가 60[g]인 계란은 약 몇 개가 필요한가?

① 19개
② 22개
③ 25개
④ 27개

56 다음 탄수화물 중 이당류가 아닌 것은?

① 자당(Sucrose)
② 유당(Lactose)
③ 맥아당(Maltose)
④ 포도당(Glucose)

계산기
◀ 이전 9/10 다음 ▶
안 푼 문제
답안 제출

제**3**회 제빵기능사 CBT 실전모의고사

수험번호 :
수험자명 :

제한 시간 : 60분
남은 시간

글자 크기 100% 150% 200%
화면 배치

전체 문제 수 :
안푼 문제 수 :

답안 표기란

57 ① ② ③ ④
58 ① ② ③ ④
59 ① ② ③ ④
60 ① ② ③ ④

57 마가린에 풍미를 강화하고 방부제의 역할도 하기 때문에 첨가하는 물질은?

① 지방

② 우유

③ 소금

④ 유화제

58 100[g]의 밀가루에서 얻은 젖은 글루텐이 39[g]이 되었을 때, 이 밀가루의 단백질 함량은?

① 2[%]

② 8[%]

③ 13[%]

④ 19[%]

59 제과 · 제빵용 건조 재료 등과 팽창제 및 유지 재료를 알맞은 배합률로 균일하게 혼합한 원료는?

① 팽창제

② 밀가루 개량제

③ 프리믹스

④ 향신료

60 다음 아미노산 중 S-S 결합을 형성하고 있는 것은?

① 발린(Valine)

② 티로신(Tyrosine)

③ 리신(Lysine)

④ 시스틴(Cystine)

실전모의고사 CBT

CBT 실전모의고사 정답 및 해설

🎈 제1회 제과기능사 실전모의고사 ✦ 문제 p.128

01	③	02	①	03	②	04	③	05	①
06	④	07	④	08	④	09	③	10	②
11	③	12	①	13	③	14	④	15	③
16	④	17	③	18	②	19	③	20	②
21	①	22	④	23	③	24	④	25	①
26	④	27	③	28	④	29	③	30	①
31	④	32	④	33	①	34	③	35	③
36	①	37	①	38	③	39	①	40	②
41	①	42	④	43	②	44	①	45	④
46	①	47	①	48	③	49	②	50	③
51	②	52	②	53	②	54	①	55	②
56	②	57	①	58	①	59	③	60	④

01 ▶ ③
버터 크림은 가열하지 않고 제조하는 제품이다. 에센스 타입의 향료는 휘발성이 강한 알코올이 첨가되어 있어 가열할 때 알코올이 증발한다. 그러므로 가열을 하지 않는 버터 크림에 적합하다.

02 ▶ ①
• **연질동맥** : 박력분, 제과용
• **경질춘맥** : 강력분, 제빵용

03 ▶ ②
어린 반죽으로 만든 제품은 상대적으로 오븐 스프링이 약해 부피가 작은 제품이 만들어진다.

04 ▶ ③
2차 발효가 과다하면 껍질색이 밝은 색을 띤다.

05 ▶ ①
보통의 푸딩은 설탕 : 계란을 1 : 2의 비율로 제조하며, 골고루 섞이도록 풀어서 우유를 더해 중탕으로 오랫동안 찌는 제품이다. 팽창을 이용한 제품이 아니기 때문에 95[%] 팬닝을 한다.

06 ▶ ④
블렌딩법은 밀가루와 유지를 섞은 다음 가루 종류와 물을 섞고 건조 재료와 액체 재료인 계란, 물을 넣어 섞는 방법이다. 이 방법은 유연감을 우선으로 하고, 대표적인 제품에는 데블스 푸드 케이크가 이에 속한다.

07 ▶ ④
• **머랭 쿠키** : 계란 흰자와 설탕을 이용해서 만든 제품이다.
• **쇼트 브레드 쿠키** : 유지 함량이 가장 높은 제품이다.

08 ▶ ④
경수를 사용하면 반죽이 단단해지므로 부드러워지도록 맥아를 첨가해야 한다.

09 ▶ ③
보통 표준식빵 제조 시 2차 발효실 습도는 85[%]가 좋다.

10 ▶ ②
종류에 상관없이 발연점이 높아야 한다.

11 ▶ ③
소금 사용량을 감소시키는 것은 비상 스트레이트법으로 변경시킬 때 선택 사항이다.

12 ▶ ①
케이크류는 박력분을 사용하나, 식빵은 강력분을 사용한다.

13 ▶ ③
데블스 푸드 케이크의 중조(탄산수소나트륨) 사용량
= 천연코코아 사용량(30[%]) × 0.07 = 2.1[%]

14 ▶ ④
❷ **작은 부피의 결점의 원인**
  • 소금, 설탕, 쇼트닝, 분유 사용량 과다
  • 이스트 푸드의 사용량 부족
  • 물 흡수량이 적음.

15 ▶ ③

식빵, 햄버거빵, 단과자빵은 2차 발효 시 고온고습이어야 하며, 특히 햄버거빵은 높은 온도와 습도로 흐름성을 좋게 하여 윗면이 평평해지도록 해야 좋은 제품을 만들 수 있다.

16 ▶ ④

비중이 낮은 것은 공기가 많이 들어간 제품을 뜻한다.
거품형 반죽 제품이 반죽형보다 비중이 더 낮다.
- **거품형 반죽** : 스펀지 케이크, 엔젤 푸드 케이크, 카스텔라, 롤 케이크 등
- **반죽형 반죽** : 레이어 케이크, 파운드 케이크, 과일 케이크, 마들렌, 바움쿠헨 등

17 ▶ ③

반죽에 수분이 충분하면 껍질의 생성이 늦어져 반죽이 부풀면서 윗면이 터지지 않고 자연스럽게 구워진다.

18 ▶ ②

발연점이 높은 기름(이형제)이어야 굽는 도중에 연기가 나지 않고 제품에도 영향이 없다.

19 ▶ ③

설탕의 재결정화를 억제해 주는 재료는 물엿, 주석산, 전화당 등이 있다.

20 ▶ ②

빵의 부피는 단백질 함량과 가장 관계가 깊다.

21 ▶ ①

❱ **액체 발효법**(액종법)
- 액체 발효법 또는 완충제(분유)를 사용하기 때문에 ADMI(아드미)법이라고도 한다.
- 스펀지 도우법의 결함(많은 공간 필요)을 없애기 위해 만들어진 제조법이다.
- 액종 재료를 섞어 2 ~ 3시간 발효시킨 후 사용하는 스펀지 도우법의 변형이다.

22 ▶ ④

파이류는 유지 입자의 크기에 따라 파이 결의 크기가 달라진다. 입자가 크면 긴 결의 파이가 만들어지며, 너무 작으면 흡수되어 결이 없어진다.

23 ▶ ③

작업장의 온도는 26 ~ 28[℃], 75[%] 내외로 습도를 유지해야 좋은 제품을 얻을 수 있다.

24 ▶ ④

❱ **쿠키의 퍼짐성이 작아지는 원인** : 산성 반죽, 적은 설탕량, 적은 유지량, 된 반죽, 굽기 온도 높음.

25 ▶ ①

파이 껍질을 만들 때 유지의 입자가 크면 결의 길이가 길어진다.

26 ▶ ④

$$450[cm^3] : 100[g] = 1,350[cm^3] : x$$
$$x = 300[g]$$

27 ▶ ③

❱ **렛 다운 단계**(Let down stage) : 반죽이 늘어지는 단계이며, 탄력성이 떨어지고 신장성이 커지며 점성이 많아진다. 렛 다운 단계까지 반죽을 하는 제품은 햄버거빵, 잉글리시 머핀 등이다.

28 ▶ ④

❱ **패리노그래프**
- 밀가루의 흡수율, 믹싱 내구성, 믹싱 시간을 측정한다.
- 믹서와 연결된 파동곡선 기록기로 기록하여 측정한다.
- 500[B.U.]에 도달해서 이탈하는 시간 등으로 특성을 판단한다.

29 ▶ ③

금속 이온 중 Ca^{2+}(칼슘)은 우유의 응고에 관여한다.

30 ▶ ①

찜기를 가열하여 데워진 수증기 또는 액체나 액체의 일부가 위로 올라가고 차가운 것이 아래로 내려오는 순환 방식을 대류열이라고 한다.

31 ▶ ④

탈지분유는 지방을 제거한 탈지유에서 수분을 제거한 것이나, 뉴당은 우유 전체의 4.8[%] 정도로 수분을 제거한 고형분 12[%] 중에서 절반(50[%])에 가까운 비중을 차지한다.

32 ▶ ④

탄소수가 증가함에 따라 포화지방산은 녹는점이 높아진다.
천연유지 중에 가장 많이 존재하는 지방산은 스테아르산(탄소수 18개)이다.

실전모의고사 C B T

33 ▶ ①

유해 금속의 주석은 식품 용기 중 통조림에 속한다.

34 ▶ ③

밀의 제한 아미노산은 리신(라이신), 트레오닌이다.

35 ▶ ③

❯ **유화제(계면 활성제)의 역할**
- 물과 유지를 잘 혼합되게 한다.
- 흡습성을 증가시켜 수분 보유로 노화를 지연시킨다.
- 신장성을 부여하여 반죽의 기계 내성을 향상시킨다.
- 제품의 조직을 부드럽게 하고 부피를 좋게 한다.

36 ▶ ①

젤라틴은 동물의 껍질과 연골 속에 있는 콜라겐을 정제한 것으로 안정제나 제과 원료로 사용하며, 한천과 마찬가지로 끓는 물에 용해되고, 냉각되면 단단하게 굳는 성질이 있다.

37 ▶ ①

밀가루는 단백질 함량의 차이에 따라 강력분, 박력분으로 나눈다.

38 ▶ ③

환원제, 지나친 발효, 단백질 분해 효소는 글루텐을 약화시킨다.

39 ▶ ①

❯ **빵 · 과자에 영향을 미치는 유제품의 기능**
- 믹싱 내구력을 향상
- 완충 작용으로 반죽의 pH가 저하
- 제품의 껍질색을 나타냄.
- 수분 보유력으로 노화를 지연
- 맛과 향을 향상

40 ▶ ②

인체의 수분 소요량에는 기온, 염분의 섭취량, 활동력이 영향을 준다.

41 ▶ ①

식품을 제조, 가공 또는 보존에 있어 식품에 첨가, 혼합, 침윤, 기타 방법으로 사용되는 물질은 식품첨가물이다.

42 ▶ ④

❯ **아우라민** : 단무지, 카레에 사용되었던 황색 색소로 과자 등 식품의 착색료로 사용되었다. 그러나 유해한 작용이 있기 때문에 현재는 사용이 금지되었다.

43 ▶ ②

- **제2급 감염병** : 코로나 바이러스 감염증 −19, 결핵, 수두, 홍역, 콜레라, 장티푸스, 파라티푸스, 세균성이질, 장출혈성대장균감염증 등이 있다.
- **장티푸스** : 장티푸스균을 병원균으로 하는 법정 감염병으로 특별한 증세가 없는데도 고열이 4주 정도 계속되고, 전신이 쇠약해지는 질환이다.

44 ▶ ①

② 아밀라아제 – 전분 ③ 말타아제 – 맥아당 ④ 펩신 – 단백질

45 ▶ ④

지방의 소화를 위해 스테압신 또는 리파아제가 필요하다.

46 ▶ ①

❯ **바이러스성 감염병** : 일본뇌염, 인플루엔자, 광견병, 천열, 소아마비(급성회백수염, 폴리오), 감염형 설사증, 홍역, 유행성간염

47 ▶ ①

❯ **항산화 보완제** : 비타민 C, 주석산, 구연산, 인산 등(항산화제와 같이 사용 시 항산화 효과를 높일 수 있다.)

48 ▶ ③

❯ **합성향** : 천연향에 들어 있는 향 물질을 합성시킨 것으로 버터의 디아세틸, 바닐라빈의 바닐린, 계피의 시나몬 알데히드 등이 있다.

49 ▶ ②

❯ **제빵에서 소금의 역할**
- 반죽 중의 설탕의 감미와 작용하여 풍미를 높여준다.
- 이스트 발효 시 잡균의 번식을 억제하고 향을 좋게 한다.
- 반죽의 발효 속도를 늦춘다.
- 글루텐의 힘을 좋게 한다.

50 ▶ ③

❯ **생이스트** : 잘게 부수어 사용하거나 물에 녹여 사용한다. 이스트를 녹이는 물은 28 ~ 32[℃]가 적당(38[℃]가 가장 활발)하다.

51 ▸ ②
영양소 중 비타민 C가 부족하면 괴혈병에 걸리기 쉽다.

52 ▸ ②
고온 단시간 살균법은 72 ~ 75[℃]에서 15초간 살균하는 방법으로 저온 장시간 살균법의 결점, 즉 처리 시간이 많이 걸리고 연속 작업이 안 되는 단점을 보완하여 개발된 방법이다.

53 ▸ ②
◑ **알레르기성 식중독** : 세균의 효소 작용에 의해 유독 물질로 발생되는 식중독으로 신선도가 저하된 꽁치, 전갱이, 청어 등의 등푸른 생선이 원인식품이다.

54 ▸ ①
◑ **튀김 기름의 4대 적** : 공기(산소), 이물질, 온도(열), 수분(물)

55 ▸ ②
이스트 푸드는 이스트의 영양소로 발효를 촉진하고 빵 반죽과 빵의 질을 개량하는 역할을 한다.

56 ▸ ②
효소를 구성하고 있는 주성분은 단백질이다.

57 ▸ ①
$$당도 = \frac{200}{200 + 100} \times 100 ≒ 66.7[\%]$$

58 ▸ ①
전분을 덱스트린(Dextrin)으로 변화시키는 효소는 α−아밀라아제(Amylase)이다.

59 ▸ ③
쇼트닝은 지방이 100[%]인 제품으로 크림성(팽창) 가소성 유화성, 안정성의 기능을 가지고 있다. 윤활 기능은 제빵에서의 기능이다.

60 ▸ ④
밀가루 전분의 아밀로펙틴 함유량은 75 ~ 80[%] 포함되어 있다.

✌ **제2회 제과기능사 실전모의고사** ✦ 문제 p. 139

01	④	02	②	03	②	04	③	05	③
06	③	07	①	08	②	09	②	10	④
11	②	12	③	13	②	14	④	15	③
16	④	17	②	18	②	19	②	20	③
21	②	22	④	23	②	24	③	25	①
26	②	27	③	28	②	29	③	30	③
31	③	32	④	33	①	34	①	35	①
36	④	37	③	38	④	39	①	40	④
41	①	42	④	43	②	44	②	45	④
46	③	47	③	48	④	49	③	50	④
51	①	52	②	53	④	54	③	55	③
56	①	57	④	58	①	59	③	60	①

01 ▸ ④
블렌딩법은 밀가루와 유지를 섞어 밀가루가 유지에 감싸이게 하고 건조 재료와 액체 재료인 계란, 물을 넣어 섞는 방법으로 유연감을 우선으로 한다. 대표적인 제품으로는 데블스 푸드 케이크가 있다.

02 ▸ ②
◑ **오븐 스프링**(오븐 팽창) : 오븐 속의 증기가 차가운 반죽과 접촉하여 처음 크기의 약 $\frac{1}{3}$ 정도가 팽창하는 것을 말한다.

03 ▸ ②
수분이나 유지의 사용량이 적어 된 반죽이거나, 윗불이 높은 경우 케이크의 중심부가 솟는 현상이 일어난다.

04 ▸ ③
◑ **옐로 레이어 케이크** : 반죽형 반죽 과자의 대표적인 제품으로 설탕 사용량이 밀가루 사용량보다 많은 고율 배합 제품이다, 반죽 온도는 22 ~ 24[℃]가 적당하다.

05 ▸ ③
◑ **패리노그래프**
  • 글루텐의 흡수율 측정　　　　• 믹싱 시간 측정
  • 믹싱 내구성 측정　　　　　　• 500[B.U.] 도달 시간 측정

06 ▶ ③

반죽의 적정 분할량 = 틀의 비용적
가로 10[cm] × 세로 18[cm] × 높이 7[cm] ÷ 3.4 ≒ 370.6[g]

07 ▶ ①

◐ 후염법
- 소금을 클린업 단계 직후에 넣는 제법
- 수화 촉진, 반죽 온도 감소
- 반죽의 흡수율 증가, 반죽 시간 단축
- 제품 속색을 갈색으로 만듦.

08 ▶ ②

반죽에 소금양 과다 시 빵의 모서리가 각지지 않고 둥글다.

09 ▶ ②

- 초콜릿 중 카카오버터 $= 32 \times \dfrac{3}{8} = 12[\%]$
- 유화 쇼트닝 = 카카오버터 $\times \dfrac{1}{2} = 12 \times \dfrac{1}{2} = 6[\%]$

∴ 60 − 6 = 54[%]

10 ▶ ④

도넛 튀김용 유지는 발연점이 높은 유지가 적당하다.
면실유 발연점은 약 223[℃] 정도로 가장 높기 때문에 튀김용 유지로 적당하다.

11 ▶ ②

캔디 생산 시 재결정화를 막기 위하여 엿, 전화당, 과당 등의 부원료를 사용한다.

12 ▶ ③

반죽 분할 시 손 분할과 기계식 분할로 나누어지며, 기계식 분할의 기준은 부피이다.

13 ▶ ②

◐ 전분의 노화 : α화한 전분이 수분 함량 30 ~ 60[%], 온도 0 ~ 4[℃](5[℃] 이하)일 때 가장 쉽게 생전분의 구조(β−전분과 같은 물질)로 변화하는데, 이것을 노화(老化)라고 한다. 따라서 점성이 작아지고 소화가 잘 안된다.

14 ▶ ④

터널 오븐은 들어가는 입구와 나오는 출구가 서로 다르다.

15 ▶ ③

◐ 스펀지 케이크 : 계란의 기포성을 이용한 대표적인 제품으로 계란에 들어 있는 단백질의 신장성과 변성에 의해 거품을 형성하고 팽창하는 제품이다.

16 ▶ ④

◐ 굳은 아이싱을 풀어주는 조치
- 아이싱에 최소의 액체를 넣는다.
- 35 ~ 43[℃]로 중탕한다.
- 굳은 아이싱은 데우는 정도로 안 되면 설탕 시럽(설탕 2 : 물 1)을 넣는다.

17 ▶ ②

젤리 롤 케이크는 거품을 올려서 만드는 제품으로 공기방울을 제거하기 위하여 약간의 충격을 준 후 굽는다.

18 ▶ ②

중조는 팽창제 중 하나이다.

19 ▶ ③

밤 만주를 성형한 후 물을 뿌려주는 이유는 덧가루의 제거, 껍질색의 균일화, 껍질의 터짐 방지를 위해서이다.

20 ▶ ③

가감하고자 하는 이스트 양 $= \dfrac{\text{기존 이스트 양} \times \text{기존의 발효 시간}}{\text{조절하고자 하는 발효 시간}}$
$= \dfrac{2 \times 4}{3} \fallingdotseq 2.7[\%]$

21 ▶ ②

팬닝 시 팬의 온도는 32[℃]가 적당하다.

22 ▶ ④

◐ 케이크의 팬 용적(반죽 1[g]당 차지하는 부피)
- 파운드 케이크 : 2.40[cm³]
- 레이어 케이크 : 2.96[cm³]
- 엔젤 푸드 케이크 : 4.71[cm³]
- 스펀지 케이크 : 5.08[cm³]

23 ▶ ②

◐ 언더 베이킹(Under baking) : 너무 높은 온도에서 구워 설익고 중심 부분이 갈라지고 조직이 거칠며 주저앉기 쉽다.

24 ▸ ③
결의 크기는 쇼트닝의 양에 따라 결정된다.

25 ▸ ①
사용할 물 온도
= (희망 온도 × 3) − (밀가루 온도 + 실내 온도 + 마찰계수)

26 ▸ ③
❯ 플로어 타임이 길어지는 경우
• 본 반죽 시간이 길고, 온도가 낮다.
• 스펀지 반죽에 사용한 밀가루의 양이 적다.
• 사용하는 밀가루 단백질의 양과 질이 좋다.
• 본 반죽 상태의 처지는 정도가 적다.

27 ▸ ③
베이킹파우더 = 중조 × 3
= 1.5 × 3 = 4.5[%]

28 ▸ ③
사용할 물 온도
= (희망 온도 × 4) − (밀가루 온도 + 실내 온도 + 마찰계수 + 스펀지 반죽 온도)
= (30 × 4) − (28 + 29 + 22 + 24)
= 120 − 103 = 17[℃]

29 ▸ ①
❯ 퍼프 페이스트리 제조 시 굽기 중 작은 부피의 이유
• 부적절한 오븐 온도
• 너무 낮은 반죽 온도
• 품질이 좋지 않은 계란 사용

30 ▸ ③
❯ 2차 발효 : 평균 온도 35 ～ 38[℃], 상대습도 85 ～ 90[%] 조건에서 30분 ～ 1시간 정도 발효시킨다.

31 ▸ ③
❯ 유지의 기능
• 연화 기능
• 공기 포집 기능
• 안정 기능
• 영양가 첨가

32 ▸ ④
설탕에 비해 삼투압이 높으며 감미가 낮다.

33 ▸ ①
❯ 불포화지방산
• 탄소와 탄소의 결합에 이중결합이 1개 이상 있는 지방산이다.
• 산화되기 쉽고 융점이 낮다.
• 상온에서 액체이며, 식물성 유지에 다량 함유되어 있다.

34 ▸ ①
❯ LD_{50} : 실험동물 50[%]를 사망시키는 독성물질의 양(쥐 이용)이다. 양이 작을수록 독성이 강하다는 뜻(클수록 안전)이다.

35 ▸ ①
❯ 보툴리누스균 식중독 : 내열성 포자를 형성하며, 주로 식중독은 A, B, E, F형이다. 특히 A, B형 균의 포자는 내열성이 강하나 (120[℃], 4시간), 독소인 뉴로톡신은 열에 약하여 80[℃]에서 30분이면 파괴된다.

36 ▸ ④
아라키돈산은 필수 지방산에 해당된다.

37 ▸ ④
소금은 글루텐 성분을 촉진하기 때문에 반죽의 탄력성을 키워 반죽 시간이 길어진다.
이스트에 질소를 공급하는 것은 암모늄염이다.

38 ▸ ④
향신료는 직접 향을 내기보다는 주재료에서 나는 불쾌한 냄새를 막아주고 다시 그 재료와 어울려 풍미를 향상시키고 제품의 보존성을 높여주는 기능을 한다.

39 ▸ ①
공장의 생산능력은 공장 설비 중 오븐을 기준으로 한다.

40 ▸ ④
프로테아제는 단백질 분해 효소이다.

41 ▸ ①

기름을 계속 사용하면 안정성이 낮아지고, 산패가 빨라지고, 발연점이 낮아진다.
발연점이란 유지를 가열할 때 연기가 발생하는 온도로 좋은 기름은 발연점이 높아야 한다.

42 ▸ ④

▶ **수용성 향료**(Essence / Flavor) : 정유나 Flavor base 용액을 알코올이나 글리세린, 프로필렌글리콜 등에 의해 추출하여 얻은 것. 물에 잘 분산하는 특성이 있고 내열성이 없으며 주로 드링크류, 청량음료, 빙과류에 적용한다.

43 ▸ ②

▶ **수용성 비타민** : 비타민 C, 비타민 B군, 나이아신 등

44 ▸ ②

비병원성 미생물에 속하는 균은 젖산균이다.

45 ▸ ④

레시틴은 지방산, 글리세린 외에 인산과 콜린이 결합되어 있다. 쇼트닝과 마가린의 유화제로 쓰이며, 옥수수와 대두유로부터 나온다.

46 ▸ ③

▶ **클로스트리디움 보툴리눔**(Clostridium botulinum) **식중독** : 혐기성균으로 열과 소독약에 저항성이 강한 아포를 생산하는 독소형 식중독균. 이 균의 A, B, F형 독소 생산균 아포는 최소 120[℃]에서 4분 이상 가열하여야 사멸되나, E형 독소 생산균의 아포는 수분 이상 끓이면 사멸된다. 한편 이들이 생산한 독소는 열에 쉽게 파괴되는 단순단백질로서 80[℃]에서 30분, 100[℃]에서 1 ~ 2분 가열로 파괴된다.

47 ▸ ③

밀기울에는 회분을 많이 함유하고 있다.

48 ▸ ④

카로틴은 카로티노이드 중 분자 속에 산소를 함유하지 않은 것으로, 당근의 붉은색은 β-카로틴에 의한 것이다.

49 ▸ ③

베이킹파우더의 반응 시 탄산가스가 발생된다.

50 ▸ ④

제빵용 밀가루 선택 시 고려할 사항은 단백질 양, 흡수율, 회분 양이다.

51 ▸ ①

글루타민(Glutamine)은 아미노산의 하나인 글루탐산으로 신장이나 기타 조직 내에서 글루탐산과 암모니아로부터 합성된다.

52 ▸ ②

보수력이 있어서 노화를 지연시킨다.

53 ▸ ④

유당은 발효되지 않는 당으로 빵을 구운 후 유일하게 남아 있는 당이다.
감미도는 설탕(100)에 비해 유당(16)이 낮다.

54 ▸ ③

비타민 D(칼시페롤)는 칼슘의 흡수를 돕고 골격 발육에 관여하며, 산과 알칼리 및 열에 비교적 안정하다.

55 ▸ ③

▶ **스테아르산** : 유기용매에는 잘 녹는다. 글리세롤과의 에스테르로서 널리 동식물계의 유지나 인지질에 함유되어 있고, 천연으로는 가장 다량으로 존재하는 지방산이다.

56 ▸ ①

탄수화물이 소장에서 흡수되어 문맥계로 들어갈 때는 단당류로 들어간다.

57 ▸ ④

전분은 이스트 푸드의 충전제로 사용된다.

58 ▸ ①

글리세린의 비중은 물보다 높다.

59 ▸ ③

미나마타병은 수은에 오염된 해산물 섭취로 발병한다.

60 ▸ ①

소장에서 락타아제가 유당을 당과 갈락토오스로 분해하여 저장시킨다.

🥨 제3회 제과기능사 실전모의고사 ✦ 문제 p. 150

01	①	02	④	03	②	04	③	05	③
06	③	07	④	08	①	09	④	10	①
11	③	12	④	13	①	14	②	15	④
16	④	17	①	18	②	19	①	20	①
21	③	22	④	23	①	24	①	25	①
26	②	27	④	28	④	29	③	30	④
31	④	32	③	33	②	34	②	35	②
36	④	37	①	38	②	39	④	40	③
41	②	42	②	43	③	44	③	45	④
46	④	47	①	48	①	49	②	50	①
51	④	52	③	53	④	54	①	55	③
56	④	57	④	58	①	59	④	60	①

01　▶ ①
❷ 휴지의 이유
- 밀가루의 수분 흡수로 인한 반죽을 수화시킨다.
- 휴지하는 동안 글루텐을 안정시켜 성형을 용이하게 한다.
- 반죽과 유지의 되기를 같게 하여 결 형성을 돕는다.

02　▶ ④
오븐의 온도가 높으면 껍질이 빨리 생겨서 부풀면서 표피가 갈라지게 된다.

03　▶ ②
❷ 초콜릿 케이크
　우유 = 설탕 + 30 + (코코아 × 1.5) − 전란

04　▶ ③
쇼트 브레드 쿠키는 다량의 유지와 설탕, 밀가루로 만든 것으로 지방을 가장 많이 사용한다. 반죽을 밀어 모양틀로 찍는 부드러운 쿠키로 바삭한 맛이 특징이다.

05　▶ ③
연속식 제빵법은 액체 발효법을 한 단계 발전시킨 방법으로, 발효 시간이 없으며 발효 향이 감소된다.

06　▶ ③
$60 : 500 = x : 800$　∴ $x = 96$분

07　▶ ④
사용할 물 온도
= (희망 온도 × 3) − (실내 온도 + 밀가루 온도 + 마찰계수)
= (27 × 3) − (28 + 30 + 23) = 0[℃]

08　▶ ①
제품 반죽의 소금 사용량이 많을 경우 부피는 작게 나온다.

09　▶ ④
가루 재료를 체로 치면 가루 속의 불순물 제거, 공기의 혼입, 분산에 도움을 준다.

10　▶ ①
❷ 튀김 기름의 4대 적 : 온도, 공기, 수분, 이물질

11　▶ ③
버터의 용해 온도는 50 ~ 70[℃]로 녹여 반죽 마지막 단계에서 넣어 섞는다.

12　▶ ④
스펀지 케이크에 쇼트닝은 사용하지 않는다.

13　▶ ①
❷ 설탕의 기능
- 감미제
- 이스트의 영양 공급
- 캐러멜화 작용
- 수분 보유력
- 연화 작용
- 방부제 역할
- 윤활 작용

14　▶ ②
❷ 노타임 반죽법 : 산화제와 환원제의 사용으로 발효 시간을 25[%] 정도 단축시킨다.

15 ▶ ④

우유의 유당에 의해 색이 진하게 된다.

16 ▶ ④

제빵에서 반죽 분할 시 스크레이퍼를 사용한다.

17 ▶ ①

사용할 물 온도
= (희망 온도 × 6) − (실내 온도 + 밀가루 온도 + 설탕 온도 + 쇼트닝 온도 + 계란 온도 + 마찰계수)
= (23 × 6) − (25 + 25 + 25 + 20 + 20 + 28) = −5[℃]

18 ▶ ②

고율 배합은 저온 장시간으로 굽는다.

19 ▶ ①

◉ 패리노그래프 : 고속 믹서 내에서 일어나는 물리적 성질을 기록하는 기계로 글루텐의 흡수율 측정, 소맥분의 질 측정, 믹싱 시간을 측정한다.

20 ▶ ①

◉ 낮은 온도의 포장
  • 수분 손실이 많아 노화가 가속된다.
  • 껍질이 건조된다.

21 ▶ ③

2차 발효점은 제품 부피의 70 ~ 80[%]까지 부풀리는 작업이다.

22 ▶ ④

파운드 케이크란 이름은 당초에 기본 재료인 밀가루, 설탕, 계란, 버터 4가지를 각각 1파운드씩 같은 양을 넣어 만든 제품에서 유래되었다.

23 ▶ ①

설탕이 반죽 속의 수분을 흡수하여 촉감이 단단해진다.

24 ▶ ①

◉ 모카 아이싱 : 인스턴트 커피를 뜨거운 물에 녹여 체에 내린 후 슈가 파우더에 섞는다.

25 ▶ ①

충전물의 온도가 높으면 파이를 만들 때 충전물이 끓어 넘친다.

26 ▶ ②

냉동빵에서 반죽의 온도를 낮추는 가장 주된 이유는 이스트 활동을 억제하기 위해서이다.

27 ▶ ④

2차 발효는 성형 과정을 거치는 동안 불완전한 상태의 반죽을 발효실에 넣어 숙성시키는 과정으로, 좋은 외형과 식감의 제품을 얻기 위하여 행하는 발효의 최종 단계이다.

28 ▶ ④

◉ 클린업 단계
  • 반죽이 한 덩어리가 되고 믹서볼이 깨끗해진다.
  • 글루텐의 결합은 적고 반죽을 펼쳐도 두꺼운 채로 끊어진다.
  • 글루텐이 형성되기 시작하는 단계로 유지를 넣는다.

29 ▶ ③

유화 쇼트닝이란 유화제(기름이 물을 흡수하는 성질)를 혼합한 쇼트닝으로 유화 기능이 흡수율을 높인다.

30 ▶ ④

설탕·밀가루·소금은 실온 보관이지만, 생이스트는 냉장고에 보관한다.

31 ▶ ④

◉ 배유(Endosperm)
  • 밀의 83[%] 차지
  • 단백질 73[%] 함유
  • 경질소맥과 연질소맥으로 나뉨.
  • 내배유를 분말화한 것이 밀가루
  • 단백질, 탄수화물, 철의 대부분과 리보플라빈, 나이신, 티아민 같은 비타민 B군 다량 함유

32 ▶ ③

락타아제는 유당 분해 효소로 젖당(유당)을 포도당과 갈락토오스로 분해한다.
유당은 동물성 당류이므로 단세포 생물인 이스트에는 락타아제가 없다.

33 ▸ ②

◉ 회분 함량의 의미
- 정제도를 표시한다(밀의 $\frac{1}{5}$ ~ $\frac{1}{4}$).
- 제분율과 정비례한다.
- 경질소맥이 연질소맥보다 회분 함량이 높다.
- 제빵 적성과 관계가 없다.

34 ▸ ②

최종 흡수된 영양소 중 수용성 성분이 문맥계를 통한다.

35 ▸ ②

지방은 1일 총열량의 20[%] 이하 섭취가 적당하므로
2,500[kcal] × 20[%] = 500[kcal]이다.
지방은 1[g]당 9[kcal]의 열량을 내므로
500[kcal] ÷ 9[kcal] ≒ 56[g]

36 ▸ ④

체의 그물 구멍 크기를 나타내는 단위로 1인치 안에 있는 구멍의 수를 메시(mesh)라고 부른다. 숫자가 클수록 구멍이 작으며 30[mesh]가 적당하다.

37 ▸ ①

석탄산은 살균력 검사 시 표준으로 사용되는 소독제로 석탄산계수라고 한다.

38 ▸ ②

세균성 식중독은 냉장 온도(0 ~ 10[℃])에서는 세균을 억제하므로 어느 정도는 예방할 수 있다.

39 ▸ ④

탄수화물은 1[g]당 4[kcal]의 열량을 내는 에너지 공급원이다.

40 ▸ ③

베이킹파우더의 탄산수소나트륨이 반응을 일으켜 이산화탄소 가스를 촉진시킨다.

41 ▸ ②

연수는 발효를 촉진시킨다.

42 ▸ ②

정제가 불충분 기름 중에 남아 식중독을 일으키는 물질인 고시폴(Gossypol)은 불순 면실유(목화씨)로부터 생긴다.

43 ▸ ③

탄수화물의 상대적 감미도가 자당 100, 포도당 75이므로
A 감미도 × A 중량 = B 감미도 × B 중량
$100 × 100[g] = 75 × x$
$10,000 = 75x$
$x = 10,000 ÷ 75 ≒ 133.3[g]$

44 ▸ ③

맥아당은 이당류이다.

45 ▸ ④

공장 주방설비 중 작업의 효율성을 높이기 위한 작업 테이블은 주방 중앙부에 설치하는 것이 좋다.

46 ▸ ④

유지의 경화란 불포화지방산에 수소를 첨가하고 니켈이나 백금의 촉매제를 사용하여 고체화시킨 것을 말한다.

47 ▸ ①

프리믹스는 제과, 제빵 및 조리에 필요한 모든 재료를 미리 배합하여 만든 제품으로 물만 넣고 반죽을 하면 원하는 제품을 쉽게 만들수 있다.

48 ▸ ①

인체 구성의 영양소의 비율은 수분(65[%]), 단백질(16[%]), 지방(14[%]), 무기질(5[%]), 당질(소량), 비타민(미량)이다.

49 ▸ ②

소포제는 식품 제조 공정 중 생긴 거품을 없애기 위해 첨가하는 것으로 규소수지(실리콘 수지)가 있다.

50 ▸ ①

살모넬라(Salmonella)균 식중독은 어육류, 튀김 등 모든 식품에 의하여 감염되며 급성 위장염을 일으킨다. 원인세균은 그람음성 간균으로 60[℃]에서 20분 가열하면 사멸한다.

51 ▶ ④
보존료에는 데히드로초산, 데히드로초산나트륨, 소르빈산, 소르빈산칼륨, 안식향산, 안식향산나트륨이 있다.

52 ▶ ③
담즙산은 지용성 비타민의 흡수에 관계한다.

53 ▶ ④
콜레스테롤 함량이 높은 것, 즉 유지의 함량이 높은 제품은 버터이다.

54 ▶ ①
당류의 감미도는 과당(175) > 전화당(135) > 자당(100) > 포도당(75) > 맥아당, 갈락토오스(32) > 유당(16)이다.

55 ▶ ③
❯ 제빵에 적합한 물 : 아경수

56 ▶ ④
HLB의 값이 9 이하이면 친유성으로 기름에 용해되고, HLB의 수치가 11 이상이면 친수성으로 물에 용해된다.

57 ▶ ④
❯ 4차 구조 : 3차 구조의 코일이 평면구조를 이루며 굽혀져 있다.

58 ▶ ①
비타민 E는 천연 항산화제이며, 유지의 산화 속도를 억제한다.

59 ▶ ④
말타아제는 장에서 분비하며, 엿당을 포도당으로 가수분해한다.

60 ▶ ①
대장균은 세균성 식중독이며, 발효와는 다르다.

🖋 제1회 제빵기능사 실전모의고사 ✦ 문제 p. 161

01	①	02	③	03	②	04	④	05	①
06	④	07	④	08	③	09	②	10	③
11	③	12	③	13	②	14	④	15	②
16	③	17	②	18	②	19	③	20	④
21	①	22	①	23	②	24	②	25	②
26	④	27	②	28	①	29	②	30	①
31	②	32	①	33	②	34	④	35	③
36	④	37	④	38	③	39	④	40	③
41	②	42	②	43	①	44	①	45	④
46	④	47	②	48	①	49	①	50	①
51	③	52	③	53	③	54	②	55	①
56	①	57	④	58	①	59	②	60	①

01 ▶ ①
경수로 배합을 하면 글루텐이 부드럽게 되고 반죽 시간이 길어져 기계에 잘 붙는 반죽이 되므로 이스트 푸드를 감소해야 한다.

02 ▶ ③
생이스트는 고형분 30 ~ 35[%]와 70 ~ 75[%]의 수분을 함유하고 있다.

03 ▶ ②
마찰계수
= (결과 온도 × 6) − (실내 온도 + 밀가루 온도 + 설탕 온도 + 쇼트닝 온도 + 계란 온도 + 수돗물 온도)
= (28 × 6) − (25 + 25 + 25 + 25 + 25 + 20) = 23

04 ▶ ④
스펀지 케이크의 팬닝량은 50 ~ 60[%]이다.

05 ▶ ①
제과용 포장 봉투류(건빵, 쿠키, 캔디류), 냉동 포장 봉투(김치, 만두 등)는 PP, PE, PVC, OPP 용기가 사용된다.

06 ▶ ④
평가로는 기공, 조직, 속색, 입안의 감촉, 향, 맛이 있다.

07 ▸ ④

◉ **흰자에 주석산을 사용하는 이유**
- 흰자의 알칼리성을 낮추어 산성으로 만들어 색을 하얗고 밝게 해줌.
- 머랭이 튼튼하여 탄력성이 생김.

08 ▸ ③

스펀지 쿠키는 모든 쿠키 중에서 수분이 가장 많은 쿠키이다.

09 ▸ ②

노화 최적 온도는 −6.6 ∼ 10[℃]이다.

10 ▸ ③

스트레이트법의 반죽 온도는 27[℃]이다.

11 ▸ ③

◉ **빵의 주원료** : 밀가루, 이스트, 물, 소금

12 ▸ ③

분할 무게 = 600[g] ÷ (1 − 0.12) ≒ 681.8[g]

13 ▸ ②

퍼프 페이스트리 제조 시 충전 유지가 많을수록 부피가 커진다.

14 ▸ ④

정형한 파이 반죽은 제품에 기포나 수포가 생기는 것을 막기 위해 파이 반죽에 구멍자국을 낸다.

15 ▸ ②

온도가 낮고 팬에 기름칠이 적으면 슈 껍질 굽기 후 밑면이 좁고 공과 같은 형태가 된다.

16 ▸ ③

- **발한 현상** : 튀김 온도가 높아 수분이 낳이 남아 있을 때 수분이 설탕을 녹이는 현상
- **발한 시 조치사항**
  - 도넛 위에 뿌리는 설탕 사용량 증가
  - 튀김 시간을 늘려 도넛의 수분 함량 줄임.
  - 40[℃] 전후로 충분히 식힌 뒤 아이싱
  - 설탕 접착력이 좋은 튀김 기름 사용
  - 도넛의 수분 함량을 21 ∼ 25[%]로 함.

17 ▸ ②

발전 단계는 반죽이 끈기가 있는 상태로 탄력성이 최대가 된다.

18 ▸ ②

발효는 탄수화물이 이스트에 의하여 탄산가스와 알코올로 전환하여 가스 유지를 좋게 한다.

19 ▸ ③

◉ **제품 생산 순서** : 제빵법 결정 − 배합표 작성 − 재료 계량 − 원료의 전처리 − 반죽(믹싱) − 1차 발효 − 분할 − 둥글리기 − 중간 발효 − 정형 − 팬닝 − 2차 발효 − 굽기 − 냉각 순이다.

20 ▸ ④

온도는 따뜻함과 차가움의 정도 또는 그것을 나타내는 수치이며 우리나라에서는 섭씨(Celsius)를 사용한다. 계량의 단위는 부피가 아닌 중량(무게)을 사용하여 측정하는 것을 말한다.

21 ▸ ①

강력분과 유지는 같은 비율이다.

22 ▸ ①

오버 베이킹은 낮은 온도로 장시간 굽는 것으로 제품에 수분이 적고 노화가 빠르다.

23 ▸ ②

반죽의 온도에 영향을 주는 변수에는 실내 온도, 재료의 온도, 마찰열 등이 있다. 훅의 온도는 반죽 온도에 영향을 미치기는 하나, 변수 값으로 산정하지 않는다.

24 ▸ ②

◉ **클린업 단계** : 글루텐이 형성되기 시작하는 단계로 믹싱기 안쪽이 깨끗해지는 단계. 이 단계에서 유지를 넣는다.

25 ▸ ②

2차 발효실의 상대습도가 높았을 때 표피에 수포가 생긴다.

26 ▸ ④

물엿이나 전화당 시럽은 점성이 있는 액체 재료들로 수분 보유력을 높인다.

27 ▸ ②

스펀지 케이크는 거품형 케이크이다.

실전마무리고사 CBT

28 ▶ ①

커스터드 크림에서 계란 노른자는 결합제 역할을 하여 재료를 섞어준다.

29 ▶ ②

식빵 제조의 이스트의 최적 사용 범위는 2 ~ 3[%]이다.

30 ▶ ①

제빵 발효에 직접적인 영향을 주는 재료에는 밀가루, 설탕, 이스트가 있으며, 쇼트닝은 노화 지연 효과, 공기 혼입, 연화 작용을 한다.

31 ▶ ②

이당류에는 자당, 유당, 맥아당이 있다.

32 ▶ ①

① 유화 작용은 물과 기름이 섞이는 작용을 말한다.

⊙ **물의 기능**
 • 효모와 효소의 활성을 제공한다.
 • 제품에 따라 맞는 반죽 온도를 조절할 수 있다.
 • 원료를 분산하고 글루텐을 형성시키며 반죽의 되기를 조절할 수 있다.

33 ▶ ②

과당은 단당류이다.

34 ▶ ④

갈락토오스(Galactose)는 포도당과 결합하여 젖당을 이루며, 지방과 결합하여 뇌, 신경조직의 성분이 된다.

35 ▶ ③

오븐 온도가 75[℃]를 넘으면 단백질이 응고하기 시작하여 열변성을 일으키고, 반대로 전분은 호화하여 글루텐 막을 더욱 얇게 만든다.

36 ▶ ④

⊙ **식품첨가물의 조건**
 • 미량으로 효과가 클 것
 • 인체에 무해하거나 독성이 낮을 것
 • 사용하기 간편하고 값이 쌀 것
 • 무미, 무취이고 자극성이 없을 것

37 ▶ ④

단백질만 질소를 함유하고 있다.

38 ▶ ③

과자 100[g]의 열량은
$(70 \times 4[kcal]) + (5 \times 4[kcal]) + (15 \times 9[kcal]) = 435[kcal]$
한 개의 무게가 50[g]인 과자 10개의 열량은
$435 \times 5 = 2,175[kcal]$

39 ▶ ④

매운맛과 향기로 혀, 코, 위장을 자극하여 식욕을 향상시킨다.

40 ▶ ③

설탕은 감미제로서 캐러멜화 작용과 메일라드 반응으로 껍질을 생성하며 수분을 보유하여 빵의 노화를 지연시킨다. 밀가루 단백질을 부드럽게 하고, 발효가 진행되는 동안 이스트에 발효성 탄수화물을 공급한다.

41 ▶ ②

버터는 크림에서 지방을 분리시켜 만들어진 지방성 유제품으로 융점이 낮고 가소성의 범위가 좁다. 쇼트닝, 마가린, 버터, 라드 순으로 크림성과 유화성이 뛰어나 사용하기가 좋다.

42 ▶ ②

전란은 수분 75[%], 고형분 25[%]로 이루어져 있다.

43 ▶ ①

계란 흰자는 전란의 60[%]를 차지하며, 수분 88[%], 고형분 12[%]로 이루어져 있다.

44 ▶ ①

전분은 수천 개의 포도당이 결합되어 있으며 열량을 공급한다.

45 ▶ ④

폐디스토마의 제1중간숙주는 다슬기이며, 제2중간숙주는 가재 · 게다.

46 ▶ ④

곰팡이 독은 땅콩에 번식하는 곰팡이로 발암성이 있다.

47 ▶ ②

인수공통감염병은 동물과 사람이 같이 걸리는 감염병으로 탄저병, 광견병, 결핵 등이 있다.

48 ▶ ①

글리코겐을 포도당으로 분해하여 혈액에 방출함으로써 혈당량을 높여주는 작용을 통해 혈당량을 조절한다.

49 ▶ ①

단맛의 강도는 과당 > 설탕 > 포도당 > 맥아당 > 갈락토오스 > 유당 순이다.

50 ▶ ①

pH 9 + pH 4 = pH 13 ÷ 2 = pH 6.5(약산성)

51 ▶ ③

▶ **템퍼링**(Tempering) : 45 ～ 50[℃]로 처음 용해한 후 27[℃]로 냉각시켰다가 30 ～ 31[℃]로 두 번째 용해시켜 사용한다.

52 ▶ ③

▶ **스펀지 케이크의 기본 배합률** : 밀가루 100[%], 계란 166[%], 설탕 166[%], 소금 2[%]이다.

53 ▶ ③

우유의 주된 단백질은 카제인이며 70 ～ 80[%]를 차지한다.

54 ▶ ②

럼주는 당밀을 발효시킨 후 증류해서 만든 술로 숙성기간에 따라 라이트, 헤비, 미디엄으로 나눈다.

55 ▶ ①

이타이이타이병은 각종 식기, 기구, 용기에 도금되어 있는 카드뮴(Cd)이 용출되면서 중독되어 생기는 병이다.

56 ▶ ①

결핵균의 병원체를 보유하는 동물은 소와 양이다.

57 ▶ ④

지방은 연소될 때 당질이 부족하면 케톤체가 발생된다.

58 ▶ ①

필수 지방산은 아라키돈산, 리놀레산, 리놀렌산 등이 있다.

59 ▶ ②

유화성이란 유지가 물을 흡수하여 물과 기름이 잘 섞이게 하는 성질로, 계란과 유지가 같은 양으로 들어가는 파운드 케이크 제조 시 중요한 기능이다.

60 ▶ ①

▶ **항산화 보완제** : 비타민 C, 구연산, 주석산, 인산 등은 자신만으로는 별 효과가 없지만 항산화제와 같이 사용하면 항산화 효과를 높여준다.

실전모의고사 CBT

제2회 제빵기능사 실전모의고사 ✦ 문제 p. 172

01	①	02	③	03	①	04	①	05	②
06	②	07	①	08	②	09	③	10	③
11	③	12	①	13	③	14	②	15	④
16	②	17	④	18	③	19	③	20	③
21	①	22	①	23	②	24	③	25	②
26	②	27	④	28	②	29	④	30	②
31	①	32	④	33	②	34	②	35	②
36	②	37	④	38	④	39	④	40	④
41	③	42	④	43	④	44	①	45	①
46	①	47	②	48	②	49	④	50	①
51	④	52	②	53	④	54	①	55	①
56	③	57	①	58	④	59	①	60	②

01 ▶ ①
스트레이트법에서의 생이스트의 양은 2 ∼ 3[%]이다.

02 ▶ ③
흡수율은 온도 5[℃] 상승에 3[%]씩 떨어지며, 온도 5[℃] 하강에 3[%]씩 상승한다.

03 ▶ ①
②, ③, ④는 빠르게 냉각하는 방법이다. 냉각실의 공기 흐름이 지나치게 빠르면 껍질에 잔주름이 생기며, 빵 모양의 붕괴와 옆면이 끌려들어 가는 키홀링 현상이 생기므로 자연 냉각법과 가장 비슷한 환경인 ①이 가장 적합하다.

04 ▶ ①
◐ 고율 배합과 저율 배합의 특징

현상	고율 배합	저율 배합
믹싱 중 공기 혼입 정도	많다.	적다.
반죽의 비중	낮다.	높다.
화학 팽창제 사용량	줄인다.	늘린다.
굽기 온도	낮다.	높다.

05 ▶ ②
휴지는 밀가루를 비롯한 건조 재료가 수화되고 이산화탄소 가스가 발생되어 반죽을 조절하고 표피가 마르는 현상을 느리게 한다. 밀가루의 수분 흡수는 건조 재료의 수화를 의미하며, 수분 흡수가 충분히 이루어져야 반죽이 끈적이지 않게 되어 작업성이 좋아진다.

06 ▶ ②
흰자 = 쇼트닝 × 1.43
쇼트닝 = 흰자(78[%]) ÷ 1.43 = 54.5[%] ≒ 55[%]

07 ▶ ①
핑거 쿠키는 평철판에 종이를 깔고, 짤주머니에 모양깍지를 끼운 후 반죽을 담아 짜서 만든다.

08 ▶ ②
시퐁 케이크는 이형제로 물을 팬에 분무하여 사용한다.

09 ▶ ③
퐁당은 설탕 100에 대하여 물 30을 넣고 114 ∼ 118[℃]로 끓인 후 재결정화시킨 것으로 38 ∼ 44[℃]로 식혀서 사용한다.

10 ▶ ③
커스터드 푸딩(Custard pudding)을 제조할 때 설탕과 계란의 비는 1 : 2이다. 설탕보다 계란을 많이 넣으면 부드러워지고, 계란을 적게 넣으면 딱딱해진다.

11 ▶ ③
◐ 빵의 밑바닥이 움푹 들어가는 이유
- 지나친 2차 발효
- 2차 발효실의 습도 높음.
- 믹싱 조절의 오류
- 진 반죽
- 철판에 기름칠을 하지 않았을 때
- 초기 굽기의 지나친 온도

12 ▶ ①
분할 시간이 길어지면 숙성 면에서 차이가 생기므로 최대한 신속하고 정확하게 20분 내에 한다.

13 ▶ ③
일반적으로 1차 발효는 온도 27[℃], 상대습도 75[%] 조건에서 1 ∼ 2시간 발효하여야 한다.

14 ▶ ②
- 완제품 반죽 무게 = 600[g] × 65 = 39,000[g]
- 발효 전 반죽 무게 = 22,000 × 180 ÷ 100 = 39,600[g]

즉, 발효 손실은 600[g]

∴ 발효 손실률
= (발효 중 손실된 무게 ÷ 반죽의 무게) × 100
= (600[g] ÷ 39,000[g]) × 100 = 0.01538462··· × 100
≒ 1.53[%]

15 ▶ ④
🔎 쿠키의 퍼짐을 좋게 하기 위한 조치
- 전체 믹싱 시간을 늘려준다.
- 팽창제를 사용한다.
- 입자가 큰 설탕을 사용한다.
- 알칼리 재료의 용량을 늘려 알칼리화로 만들어준다.

16 ▶ ②
슈 굽기 중 오븐 문을 자주 여닫으면 제품이 주저앉기 쉽다.

17 ▶ ④
얼음 사용량

$$= \frac{\text{사용할 물의 양} \times (\text{수돗물 온도} - \text{사용할 물 온도})}{80 + \text{수돗물 온도}}$$

$$= \frac{4,000 \times (20-10)}{80+20} = 400[g]$$

18 ▶ ③
🔎 발한 대처 방법
- 40[℃] 전후로 충분히 식히고 나서 아이싱을 한다.
- 도넛의 수분 함량을 21 ~ 25[%]로 만든다.
- 튀김 시간을 늘려 도넛의 수분 함량을 줄인다.
- 도넛 위에 뿌리는 설탕 사용량을 늘린다.
- 설탕 접착력이 좋은 튀김 기름을 사용한다.

19 ▶ ③
파이롤러는 롤러의 간격을 조절하여 반죽의 두께를 조절하여 밀어펴는 기계이다. 제조 가능한 제품들에는 스위트롤, 퍼프 페이스트리, 데니시 페이스트리, 케이크 도넛 등이 있다.

20 ▶ ③
팬닝 시 팬의 온도는 30 ~ 32[℃]가 적당하다.

21 ▶ ①
🔎 이탈리안 머랭
- 흰자를 거품 내면서 뜨겁게 끓인 시럽을 부어 만든 머랭이다.
- 흰자의 일부가 응고되어 기포가 안정된다.
- 무스나 냉과를 만들 때 좋다.

22 ▶ ①
유동파라핀은 이형제로 빵 반죽 분할기에서 분할할 때나 구울 때 달라붙지 않게 하고 모양을 그대로 유지하기 위하여 사용되는 첨가물이다.

23 ▶ ②
연속식 제빵법의 단점은 일시적 기계 구입 비용 부담, 산화제 첨가로 인한 발효 향 감소이다.

24 ▶ ③
🔎 표준 스트레이트법 → 비상 스트레이트법 전환할 때 필수적인 조치사항

조치사항	내 용
물 사용량	1[%] 증가(작업성 향상)
설탕 사용량	1[%] 감소(껍질색 조절)
믹싱 시간	20 ~ 30[%] 증가(반죽의 신장성 증대)
이스트 양	2배 증가(발효 속도 촉진)
반죽 온도	30[℃](발효 속도 촉진)
1차 발효 시간	15 ~ 30분(공정 시간 단축)

25 ▶ ②
노른자의 비율이 높은 경우에는 부서지기 쉬우므로 노른자를 줄이고 전란을 증가시킨다.

26 ▶ ②
분할 무게 = 500[g] ÷ 0.90 = 555.56[g] ≒ 556[g]

27 ▶ ④
곰팡이 발생은 발효나 부패 현상이다.

28 ▶ ②
압착 이스트의 고형분의 함량은 30 ~ 35[%]이고, 나머지는 70 ~ 75[%]의 수분을 함유하고 있다.

실전모의고사 CBT

29 ▶ ④

제과에서 설탕의 기능은 감미제로서 캐러멜화 작용과 수분을 보유하며, 밀가루 단백질을 부드럽게 하고, 방부제 역할을 한다.

30 ▶ ②

젤리 롤 케이크는 구운 후 철판에서 꺼내어 냉각시킨다.

31 ▶ ①

초콜릿을 습도가 높은 곳에서 보관할 때 설탕의 재결정이 생기는데, 이를 슈가 블룸이라 한다.

32 ▶ ④

맥미카엘 점도계는 케이크, 쿠키, 파이, 페이스트리용 밀가루의 제과 적성 및 점성을 측정하는 기구이다.

33 ▶ ②

효소는 단백질로 구성되어 있다.

34 ▶ ②

냉각이 부족한 상태로 포장 시 수분의 발생으로 변패의 원인이 가장 크다.

35 ▶ ②

❯ 트립신 : 췌액에서 분비되고 십이지장에서 단백질을 가수분해하는 필수적인 물질이다.

36 ▶ ②

❯ 지용성 비타민 : 비타민 A, D, E, K

37 ▶ ④

포도상구균이 체외로 분비될 때는 독소인 엔테로톡신은 120[℃]에서 20분간 가열해도 완전 파괴되지 않는다.

38 ▶ ④

결핵균의 병원체를 보유하는 것은 불완전 살균우유이다.

39 ▶ ④

치마아제는 포도당, 과당 같은 단당류를 알코올과 이산화탄소로 분해시키는 효소이다.

40 ▶ ④

탄수화물의 단당류는 그대로 흡수되나, 이당류와 다당류는 소화기관 내에서 포도당으로 분해되어 소장에서 흡수된다.

41 ▶ ③

❯ 감미도 비교

과당(175) > 전화당(135) > 설탕(100) > 포도당(75) > 맥아당, 갈락토오스(32) > 유당(16)

42 ▶ ④

분말계란은 취급이 용이하나, 생란에 비해 공기 포집력이 떨어진다.

43 ▶ ④

초콜릿의 함량은 코코아 $\frac{5}{8}$, 카카오버터 $\frac{3}{8}$이다.

초콜릿 $\times \frac{5}{8} = 20[\%]$

$\therefore$ 초콜릿 = 32[%]

44 ▶ ①

화이트 초콜릿에는 코코아의 고형분이 0[%] 들어 있다.

45 ▶ ①

❯ 콜레스테롤(Cholesterol) : 동물성 스테롤로 뇌, 골수, 신경계, 담즙, 혈액 등에 많다.

46 ▶ ①

미생물은 영양소, 수분, 온도, pH, 산소, 삼투압 등의 환경이 갖추어졌을 때 증식, 발육되는 것이다.

47 ▶ ②

역성비누는 무독, 무해, 무미, 무취이므로 조리기구, 식기류 소독에 이용된다.

48 ▶ ②

튀김 기름의 질을 저하시키는 요인으로는 공기, 온도, 수분, 이물질이다.

49 ▶ ④

구각염은 비타민 B_2 부족에서 온다.

50 ▶ ①

오레가노는 마조람의 일종으로 쏘는 향기가 특징이다.

51 ▶ ④

우유의 유당에 의해 껍질색이 진하게 된다.

52 ▶ ②

$$\frac{25}{100+25} \times 100 = 20[\%]$$

53 ▶ ④

생크림의 보관 온도는 0 ~ 4[℃]이다.

54 ▶ ①

설탕 시럽 제조 시 설탕이 냉각되었을 때 재결정을 막기 위해 주석산 크림을 사용한다.

55 ▶ ①

에르고스테롤은 자외선을 쐬면 비타민 D가 되며, 식물성 스테롤로 버섯, 효모, 간유 등에 함유되어 있다.

56 ▶ ③

버터는 우유에서 지방 성분들만 빼서 만든 것이고, 마가린은 옛날에 버터가 부족했을 때 버터 대용으로 만든 것으로 팜유나 야자유 등 식물성 기름으로 만든다.

57 ▶ ①

작업 공간은 자주 일광소독을 하는 것이 가장 좋다.
- **일광소독** : 일광의 조사에 의한 소독방법으로, 일광에 약 1[%] 포함되어 있는 자외선의 살균력을 이용한 것이다.

58 ▶ ④

세균성 식중독은 2차 감염이 잘 일어나지 않는다.

59 ▶ ①

우유에 들어 있는 단백질은 필수 아미노산이 골고루 함유되어 있는 카제인, 글로불린 등이 있다.

60 ▶ ②

장염 비브리오균 식중독 증상은 간경변 증상, 구토, 복통, 설사, 신경마비 증상이 있으며, 간질환이 있는 경우의 중독은 패혈증 우려도 있다.

제3회 제빵기능사 실전모의고사 ✦ 문제 p. 182

01	④	02	②	03	①	04	②	05	①
06	①	07	②	08	③	09	③	10	①
11	①	12	②	13	②	14	③	15	④
16	①	17	④	18	④	19	④	20	④
21	②	22	④	23	④	24	③	25	④
26	④	27	①	28	④	29	②	30	④
31	①	32	④	33	①	34	①	35	①
36	④	37	④	38	④	39	③	40	④
41	④	42	④	43	①	44	②	45	①
46	②	47	④	48	④	49	③	50	①
51	①	52	①	53	③	54	③	55	①
56	④	57	③	58	③	59	③	60	④

01 ▶ ④

발효 중 발효성 탄수화물이 이스트에 의하여 탄산가스와 알코올, 유기산으로 전환되고 가스 유지력을 좋게 한다.

02 ▶ ②

▶ **밀가루를 체로 치는 이유**
- 가루 속의 불순물 제거
- 공기의 혼입
- 재료의 고른 분산
- 흡수율 증가
- 밀가루의 공기 혼입으로 15[%] 이내 부피 증가

03 ▶ ①

박력분은 연질소맥으로 단백질 함량이 7 ~ 9[%], 회분은 0.4[%] 정도이다.

04 ▶ ②

제과 반죽의 일반적인 반죽 온도는 18 ~ 24[℃]이다.

05 ▶ ①

케이크 도넛에 대두분을 사용하는 목적은 흡수율 감소, 껍질 구조 강화, 껍질색 강화, 식감의 개선을 위해서이다.

실전모의고사 CBT

06 ▶ ①

이탈리안 머랭은 흰자를 거품 내면서 뜨겁게 조린 시럽을 부어 만든 머랭으로 흰자의 일부가 응고되어 기포가 안정된다.

07 ▶ ②

찜기의 내부 온도는 97[℃]이다.

08 ▶ ③

❯ **외부 특성**
- **부피** : 분할 무게에 대한 완제품의 부피로 평가한다.
- **껍질색** : 식욕을 돋우는 황금 갈색이 가장 좋다.
- **외형의 균형** : 좌우 앞뒤의 균형이 대칭인 것이 좋다.
- **균형** : 좌우 앞뒤가 균일하게 구워진 것이 좋다.
- **껍질 형성** : 두께가 일정하고 너무 질기거나 딱딱하지 않아야 한다.
- 터짐과 찢어짐이 없어야 한다.

09 ▶ ③

비스킷 반죽을 오랫동안 믹싱하면 글루텐이 단단해지고, 크기가 작아지고, 성형이 어렵다.

10 ▶ ①

원가는 특정 재화나 용역을 제공하기 위해 소비되는 경제 가치를 화폐단위로 표시한 것을 말하며, 원가의 3요소는 재료비, 노무비, 경비로 나타낼 수 있다.

11 ▶ ①

❯ **유지의 발연점에 영향을 주는 요인**
- 유리지방산의 함량
- 노출된 유지의 표면적
- 외부에서 들어온 미세한 입자상의 물질들

12 ▶ ②

- **효모의 최적 pH** : pH 4.7
- **정상반죽 pH** : pH 5.7

13 ▶ ②

$$변경할\ 이스트\ 양 = \frac{정상\ 이스트의\ 양 \times 정상\ 발효\ 시간}{변경할\ 발효\ 시간}$$

$$= \frac{2 \times 4}{3} ≒ 2.66[\%]$$

14 ▶ ③

$$1인당\ 생산가치 = \frac{생산가치}{인원수}$$

15 ▶ ④

비스킷의 갈변은 메일라드 반응과 캐러멜화 반응에 의한 것이다.

16 ▶ ①

반죽에 밀가루의 양이 많으면 무거운 제품이 된다.

17 ▶ ④

케이크 반죽의 비중은 일정한 온도에서 반죽의 무게를 같은 부피의 물의 무게로 나눈 값이다.

18 ▶ ④

❯ **반죽 부족**(Under mixing) : 어린 반죽이라고도 하며, 반죽이 다 되지 않은 상태로 제품의 모서리가 예리하게 된다.

19 ▶ ④

ppm이란 part per million의 약자로 g당 중량 백만분율을 의미한다.

20 ▶ ④

곰팡이 발생은 발효나 부패 현상이다.

21 ▶ ②

제품의 수율은 믹싱 시간과 관련이 적다.

22 ▶ ④

제품의 중앙부가 오목하게 되면 단백질 함량이 높은 밀가루를 사용하고, 수분의 양을 줄이고, 오븐의 온도를 낮추어 굽는다.

23 ▶ ④

1[g] = 1,000[mg], 1[mg] = 0.001[g]

24 ▶ ③

$$비중 = \frac{같은\ 부피의\ 반죽\ 무게}{같은\ 부피의\ 물\ 무게}$$

25 ▶ ④

연속식 제빵법의 장점으로는 발효 손실에 따른 생산 손실 감소와 균일한 제품 생산 가능, 자동화 기계로 공간 · 설비 · 인력 감소 등 이 있다.

26 ▶ ②

- 완제품 총중량 = 단위 중량 × 개수
  $= 440[g] × 500개$
  $= 220,000[g]$
- 분할 중량 = 100 × 완제품 총중량 ÷ (100 − 굽기 손실)
  $= 100 × 220,000 ÷ (100 − 12)$
  $= 250,000[g]$
  $= 250[kg]$

27 ▶ ①

❯ 쿠키의 퍼짐을 좋게 하기 위한 조치
- 팽창제를 사용한다.
- 입자가 큰 설탕을 사용한다.
- 알칼리 재료의 사용량을 늘린다.
- 오븐 온도를 낮게 한다.

28 ▶ ②

계란을 많이 넣으면 부드러워지고, 계란을 적게 넣으면 딱딱해 진다.

29 ▶ ②

연수는 60[ppm] 이하의 물을 의미하며, 연수로 반죽할 시 글루텐 연화로 반죽 시간을 단축시킬 수 있다.

30 ▶ ①

발효 손실은 발효 전보다 발효한 뒤의 반죽 무게가 1 ~ 2[%] 줄어 드는 현상을 말한다.

31 ▶ ①

❯ 인버타아제 : 설탕을 포도당과 과당으로 분해

32 ▶ ④

❯ 밀가루의 분류

구분	강력분	중력분	박력분	듀럼밀
용도	제빵용	제면용, 다목적용 (우동, 면류)	제과용	스파게티, 마카로니
단백질량 [%]	11.0 ~ 13.5	9 ~ 10	7 ~ 9	11 ~ 12
글루텐 질	강하다.	부드럽다.	아주 부드럽다.	
원료밀	경질밀	중간 경질, 연질	연질밀	

33 ▶ ①

❯ 넛메그(Nutmeg) : 과육을 일과 건조시킨 것이다.

34 ▶ ①

난황계수가 작을수록 신선도가 떨어지는 계란이다.

35 ▶ ①

소르빈산은 보존료이다.

36 ▶ ②

❯ 젤라틴(Gelatin)
- 동물의 껍질이나 연골조직의 콜라겐을 정제한 것이다.
- 한천과 마찬가지로 끓는 물에 용해되고 냉각되면 단단하게 굳는다.
- 1[%]의 농도로 사용하고 완전히 용해시켜 사용한다.
- 산 용액에서 가열하면 화학적 분해가 일어나 젤 능력이 줄어 들거나 없어진다.

37 ▶ ④

먹던 음식물은 보존한다.

38 ▶ ④

❯ 섬유상 단백질 : 콜라겐, 엘라스틴, 케라틴

39 ▶ ③

인지질은 복합지질이다. 난황, 콩에 함유되어 있고 혈액 응고에 관여한다.

40 ▶ ①
- **인슐린** : 이자의 랑게르한스섬의 β세포에서 분비되는 호르몬
- 프로테아제 · 펩신은 단백질, 리파아제는 지방과 관계가 깊다.

41 ▶ ④
❯ **쇼트닝** : 지방이 100[%]인 가소성 제품이다.

42 ▶ ④
과당과 포도당은 효모에 들어 있는 치마아제에 의해, 맥아당은 효모에 들어 있는 말타아제에 의해 발효가 되는 당이지만, 유당은 효모가 아닌 분유에 들어 있는 락타아제에 의해 유당으로 변한다.

43 ▶ ①
소맥분의 질은 단백질(글루텐)의 함량으로 판단한다.

44 ▶ ②
전분의 노화와 가장 관련이 적은 요인은 당의 종류이다.

45 ▶ ①
필수 지방산은 특히 콩기름에 많이 함유되어 있다.

46 ▶ ②
장염 비브리오균에 감염되었을 경우 주요 증상은 간염, 구토, 상복부의 복통, 발열, 설사 등 급성 위장염이 있다.

47 ▶ ②
로프균은 공기 중에 떠도는 균으로 밀가루에 들어 있을 수 있으며 내열성이다.

48 ▶ ④
제품의 껍질색을 진하게 한다.

49 ▶ ③
패리노그래프는 흡수율 측정, 믹싱 시간 측정, 믹싱 내구성 측정, 500[B.U.] 도달 시간 측정 등을 한다.

50 ▶ ④
초콜릿의 함량은 코코아 $\frac{5}{8}$, 코코아버터 $\frac{3}{8}$ 이다.

51 ▶ ①
① **모노글리세리드** : 글리세롤의 −OH기 3개 중 하나에만 지방산이 결합된 것
② 유지에 알칼리를 넣어 가열하면 지방의 비누화가 진행된다.
③ 가수분해가 많이 일어나 유리지방산 함량이 많으면 발연점이 낮아진다.
④ 이중결합수가 많을수록 기름의 산패가 가속화된다.

52 ▶ ①
식품첨가물에서 ADI는 1일 섭취허용량을 말한다.

53 ▶ ③
경구 감염병은 잠복기가 비교적 길다.

54 ▶ ③
건전한 전분이 손상전분으로 대치되면 약 5배의 흡수율이 증가하며, 손상전분의 적당한 함량은 4.5 ~ 8[%]이다.

55 ▶ ①
껍질 : 노른자 : 흰자 = 10 : 30 : 60[%]
$1,000 \div (60 \times 0.9) = 18.51 ≒ 19$개

56 ▶ ④
포도당은 단당류이다.

57 ▶ ③
마가린에 풍미를 강화하고 방부제의 역할을 하는 것은 소금이다.

58 ▶ ③
- 젖은 글루텐[%]
  = (젖은 글루텐 반죽의 중량 ÷ 밀가루 중량) × 100
  = (39 ÷ 100) × 100 = 39
- 밀가루 단백질 = 젖은 글루텐[%] ÷ 3 = 39 ÷ 3 = 13[%]

59 ▶ ③
❯ **프리믹스** : 건조 재료 등과 팽창제 및 유지 재료를 알맞은 배합률로 균일하게 혼합한 원료

60 ▶ ④
S−S 결합(유기결합)을 가지는 것은 시스틴이다.

제과제빵기능사 집필진

기능장 | 김경진

- 대한민국 제과기능장
- 한경대학교 이학석사(영양조리)
- 現 제과제빵기능사 시험감독

[저서]
- 제과제빵산업기사 필기(신지원)
- 제과제빵기능사 필기(신지원)
- 제과제빵기능사 실기(시대고시기획)

기능장 | 최성은

- 대한민국 제과기능장
- 단국대학교 이학석사(식품영양정보)
- 現 남양유업 R&D Team Top Patissier
  기능경기대회 심사위원

[저서]
- 제과제빵산업기사 필기(신지원)
- 제과제빵기능사 필기(신지원)

2025
제과제빵기능사 (필기)

- **발   행** 2025년 1월 10일
- **편 저 자** 김경진·최성은
- **발 행 인** 최현동
- **발 행 처** 신지원
- **주   소** 07532
  서울특별시 강서구 양천로 551-17, 813호(가양동, 한화비즈메트로 1차)
- **전   화** (02) 2013-8080
- **팩   스** (02) 2013-8090
- **등   록** 제16-1242호
- **교재구입문의** (02) 2013-8080~1

저자와의
협의하에
인지 생략

정 가 22,000원
ISBN 979-11-6633-484-9 13590